Effektive Arbeitsvorbereitung

Rainer Weber

Effektive Arbeitsvorbereitung

Produktions- und Beschaffungslogistik

5., überarbeitete Auflage

Kontakt & Studium
Band 697
Herausgeber: Prof. Dr.-Ing. Dr. h.c. Wilfried J. Bartz
Dipl.-Ing. Hans-Joachim Mesenholl

Bibliografische Information der Deutschen Nationalbibliothek
Die Deutsche Nationalbibliothek verzeichnet diese Publikation in der Deutschen Nationalbibliografie; detaillierte bibliografische Daten sind im Internet über http://dnb.dnb.de abrufbar.

5. Auflage 2020
4. Auflage 2017
3. Auflage 2015
2. Auflage 2014
1. Auflage 2010

Dischingerweg 5 · D-72070 Tübingen

Internet: www.expertverlag.de
eMail: info@verlag.expert

Unveränderter Nachdruck
Elanders Waiblingen GmbH

ISBN 978-3-8169-3512-4 (Print)
ISBN 978-3-8169-8512-9 (ePDF)

INHALT

Inhaltsverzeichnis

Block 1 Organisation der Arbeitsvorbereitung innerhalb der Produktions- und Beschaffungslogistik als vernetztes Logistikzentrum

Die logistische Leistungsfähigkeit der AV- / Produktions- und Beschaffungslogistik beeinflusst bis zu 40 % des Umsatzwachstums, bis zu 27 % die Höhe der Umsatzrendite und in erheblichem Maße die Liquidität eines Unternehmens[1)]

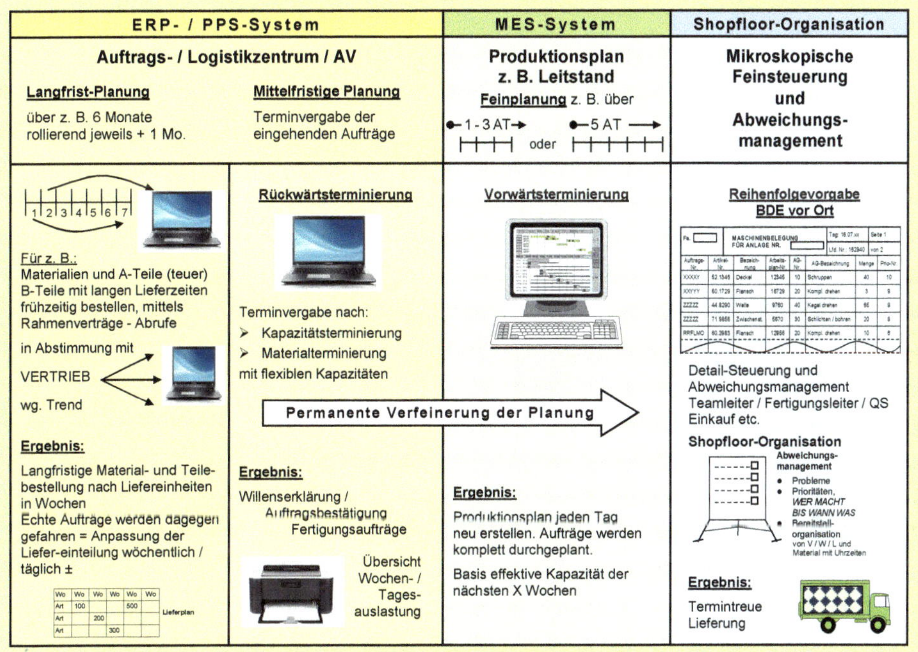

Effiziente Logistikstrukturen führen zu verbesserten Bestands- und Produktivitätswirkungen, zur Senkung von Fehlleistungs- und Gemeinkosten und durch verbesserten Lieferservice zu zusätzlichen Umsätzen / Deckungsbeiträgen

[1)] Prof. Dr. Dr. Wildemann, TU-München

Einleitung

Der Zwang des Marktes stellt an die Produktionsbetriebe immer größere Herausforderungen. Insbesondere muss auf Kundenwünsche individueller, schneller und flexibler eingegangen werden, was bedeutet:

- ⇨ **Absolute Kundenorientierung**
- ⇨ **Schnellere Auftragsbearbeitung**
- ⇨ **Höhere Lieferbereitschaft und Termintreue**
- ⇨ **Kürzere Lieferzeiten und höhere Flexibilität**
- ⇨ **Häufigere Auftragszyklen und kleinere Lose**
- ⇨ **Steigende Variantenvielfalt und Reduzieren von Rüstzeiten**

In Verbindung mit den heute weiter geforderten Notwendigkeiten

- ⇨ **Schlanke Produktion**
- ⇨ **Senkung der Bestände**
- ⇨ **Verkürzung der Durchlaufzeiten**
- ⇨ **Verbesserung der Liquidität**

führt dies zu steigenden Anforderungen an schlanke Unternehmensformen auf allen Ebenen der Organisation, und insbesondere an die Durchsetzungssysteme:

Arbeitsvorbereitung – Produktions- und Beschaffungslogistik

Um also schneller als die Konkurrenz reagieren zu können, muss die Organisation eines Unternehmens diesen Notwendigkeiten so angepasst werden, dass

a) ein effektiver IT- / ERP- / PPS- / MES-Einsatz erreicht wird

und

b) durch Schaffen von Auftrags- / Logistikzentren Durchlaufzeiten und Kosten gespart werden sowie eine höhere Effizienz erreicht wird

und

c) unter Einbeziehung aller betrieblichen Führungskräfte eine zeitgemäße Fertigungsorganisation und Fertigungssteuerung nach dem Fließprinzip, also eine leistungsfähige Just-in-time-Auftragsabwicklung prozessorientiert sowie eine wettbewerbsfähige Kostensituation geschaffen wird.

Ein Umdenkungsprozess erreicht wird, bezüglich:

> ***Es muss das gefertigt werden, was der Kunde will, nicht was das System will.***

Betriebliche Leistung und damit verbundene Unternehmensziele, müssen also bezüglich heutiger Anforderungen

ERFOLG AM MARKT / KURZE LIEFERZEITEN / HOHE EIGENKAPITALQUOTE / LIQUIDITÄT

neu definiert werden.

Leistung ist nur das, was hergestellt und auch umgehend termintreu verkauft werden kann. Nicht, was an Lager geht, oder als Arbeitspuffer zwischen den Maschinen liegt.

Aber durch die steigende Auftrags- und Variantenzahl werden wir immer langsamer / unflexibler, obwohl im PPS- / ERP-System mit hohem Aufwand Material- und Kapazitätsterminierungen durchgeführt werden, die häufig unrealistisch sind. Grund: Termindiktat!

Darstellung dieser Entwicklung:

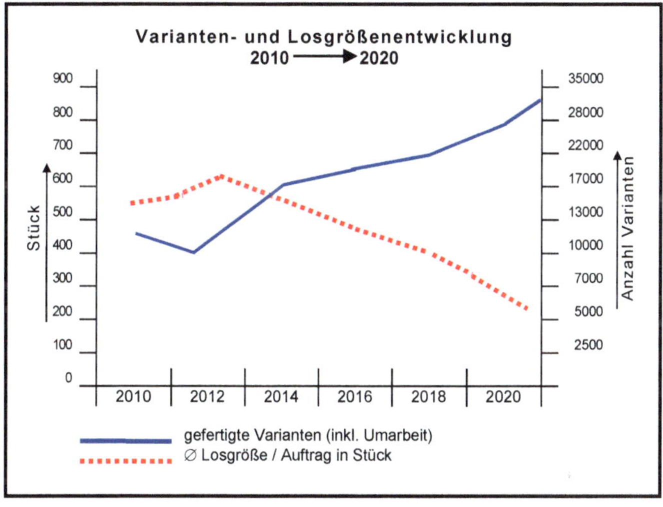

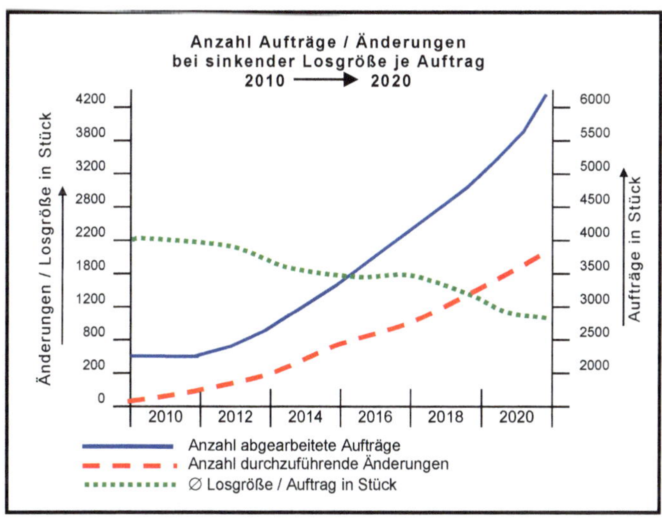

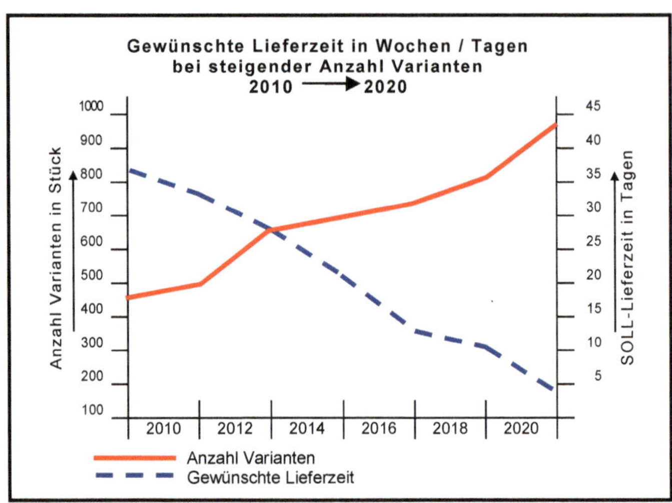

Darstellung dieser Problematik an einem Zahlenbeispiel, das die steigende Anzahl Geschäftsvorgänge in der Auftragsabwicklung und das Warteschlangenproblem in der Fertigung, vor den Arbeitsplätzen sowie die Entwicklung des Lagerbestandes aufzeigt:

Jahr	Anzahl Artikel	Anzahl Mitarbeiter / Arbeitsplätze	Warte-schlangen-faktor je Artikel	Wie häufig kann der Artikel gefertigt werden	Höhe des Lagerbestandes in € bei Preis / Stück = 2,-- € und gleich bleibende Bestandsmenge 100 Stück je Artikelnummer
1	2	3	4 = 2 : 3	5 (Ø)	6 = 2,-- € x 100 Stück x Pos. 2
2000	200	100	1 : 2	alle 2 Tage	= 40.000,00 €
2010	2.000	200	1 : 10	alle 10 Tage	= 400.000,00 €
heute	5.000	250	1 : 20	alle 20 Tage	= 1.000.000,00 €
Jahr xx	12.000	300	1 : 40	alle 40 Tage	= 2.400.000,00 €

Bei gleichbleibendem Dispositions- und Fertigungsverhalten kann es sein, dass der gesamte Gewinn eines Unternehmens in Form von Material und Teilen an Lager gelegt wird und davon Steuern bezahlt werden müssen. **Die Liquidität geht verloren und wir werden immer langsamer, sollen aber schneller und flexibler werden.**

Es muss also die Frage gestellt werden:

Machen wir heute, bei einer ständig steigenden Auftragseingangs- und Variantenzahl mit immer kleiner werdenden Losen (bedeutet steigende Anzahl Geschäftsvorgänge), unsere Arbeit noch richtig, oder müssen wir uns effektivere Abläufe einfallen lassen, bei gleichzeitig optimaler Nutzung der IT-Systeme?

1.1 Zielerreichung durch den Einsatz eines modernen PPS- / ERP-Systems

ERP → **E**nterprise-**R**essource-**P**laning-Software hilft, die dispositiven Ressourcen – Mensch – Maschine – Werkzeug – Material – sowie Transportkapazitäten eines Unternehmens, optimal aufeinander abzustimmen. Dies ist das Vertriebsschlagwort vieler Anbieter von Handware- und Softwaresystemen geworden.

Der potenzielle Anwender will allein mit Technik, durch Investitionen in Hard- und Software, seine Problemlösung kaufen bzw. glaubt, sie kaufen zu können. So die Werbung.

Demnach soll ein zentrales Produktionsplanungs- und Steuerungs- / ERP- / PPS- / MES-System in der Lage sein, Auftragseingänge, Variantenkonstruktion, Produktionsprozesse und -kapazitäten, Lager- und Umlaufbestände, sowie Wareneingang / Warenverbrauch und Versand – Logistik so zu koordinieren und aufeinander abzustimmen, dass mit minimalen Beständen die richtigen Fertigprodukte zur rechten Zeit, in der gewünschten Menge und Qualität, mit kürzesten Lieferzeiten zum Kunde gelangen.

Das Problem ist nur, man hat den Verbraucher, den Endabnehmer vergessen!

Plötzliche und immer häufiger kurzfristige Auftragsänderungen in Menge und Termin, Schnellschüsse und verspätete Materialanlieferungen bringen die im System geplanten Annahmen und Prozesse völlig durcheinander.

In der Folge entsteht eine mehr oder weniger große Diskrepanz zwischen PLAN- und IST-Situation, was tatsächlich beschafft bzw. gefertigt werden muss. Permanente Umplanungen sind notwendig, Termine können nicht, oder nur unter erheblichen Mehrkosten eingehalten werden. Die Bestände und Rückstände steigen. Was morgens neu geplant oder eingeteilt wurde, ist nachmittags bereits hinfällig oder überholt. Auch der enorme Aufwand für Stammdatenpflege und laufende Anpassungen machen den Anwendern das Leben schwer. Die Konsequenz kann sein: An so mühsam aufgebauten IT-Systemen wird vorbeigeplant.

Bisher erfolgreiche Regelwerke und Organisationswerkzeuge funktionieren somit nicht mehr zufrieden stellend und müssen in Frage gestellt werden, insbesondere dann, wenn das ERP-System sagt *„es geht nicht"*, der Auftrag aber bis zum Termin XX / YY doch gefertigt werden muss.

Nicht genügend bedacht wird bei Nutzung dieser Systeme, dass die oberste Aufgabe eines Unternehmens ist:

Es muss das gefertigt werden, was der Kunde will, nicht was das System will.

Es gibt heute kundenseitig ein Preis- und Termindiktat.

Auch wurde in den Systemen hinterlegt bzw. den Mitarbeitern beigebracht, dass es wichtig ist, dass die Maschinen ständig laufen müssen und in *„wirtschaftlichen Losgrößen"* produziert werden soll (kalkulatorische Stückkosten müssen stimmen). Die Überproduktion liegt dann im Lager. Hohe Anlagennutzung, wenig umrüsten soll wichtig sein. Dies führt zu künstlichen Engpässen in der Fertigung, geringer Flexibilität, hohen Lagerbeständen. Es wird also etwas produziert, was man derzeit nicht braucht, aber anderes, was terminlich dringend benötigt wird, kann nicht gefertigt werden. Verschwendung an Zeit und Kapital ist das Ergebnis.

Bild 1.1: *Zielerreichungsgrad durch verbesserten IT- / PPS- / ERP-Einstellungen, in Anlehnung an Prof. Ellinger UNI Köln, Prof. Dr. Dr. Wildemann TU-München*

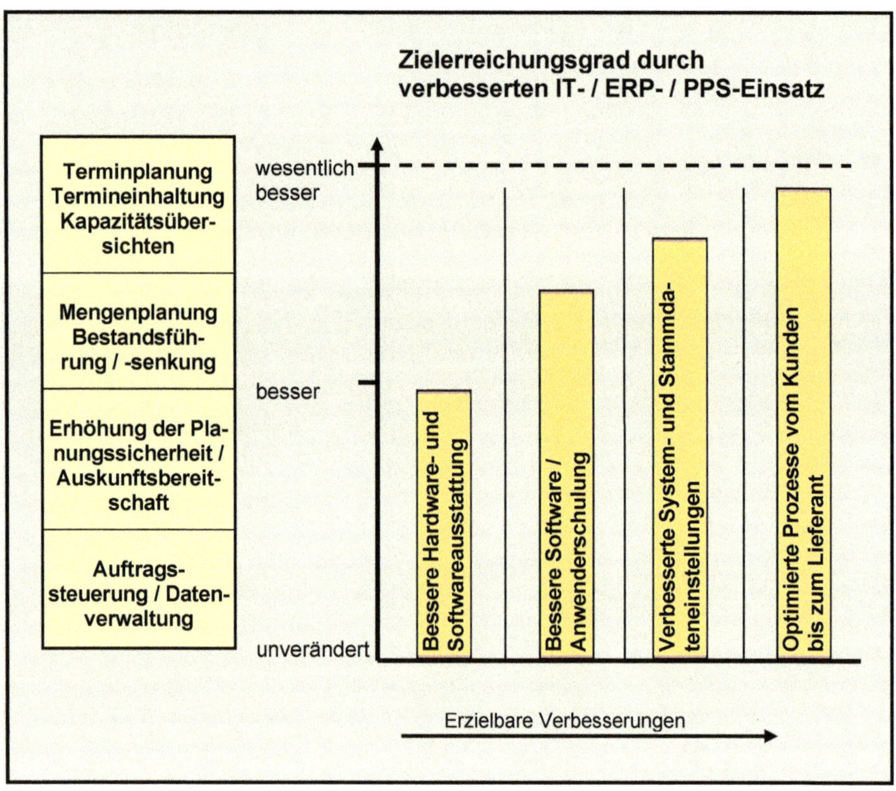

Wenn wir also wesentlich besser werden wollen, müssen wir die modernsten und effizientesten Konzepte in unseren IT-Systemen, in den Köpfen der Mitarbeiter hinterlegen. Die Variantenvielfalt, Termindiktat, Just-in-time-Erfordernisse zwingen dazu. Denn wenn Ihre Kunden auch ihre Bestände reduzieren, bestellen sie später, wollen die Lieferung aber früher. Die Ausschläge in den Bedarfsmengen werden größer und die Anzahl der Auftragsabwicklungsprozesse steigt erheblich.

Was ist machbar bezüglich Durchlaufzeitreduzierung / Termintreue bei Umsetzung moderner ERP- / PPS- / MES-Organisationsgrundsätze

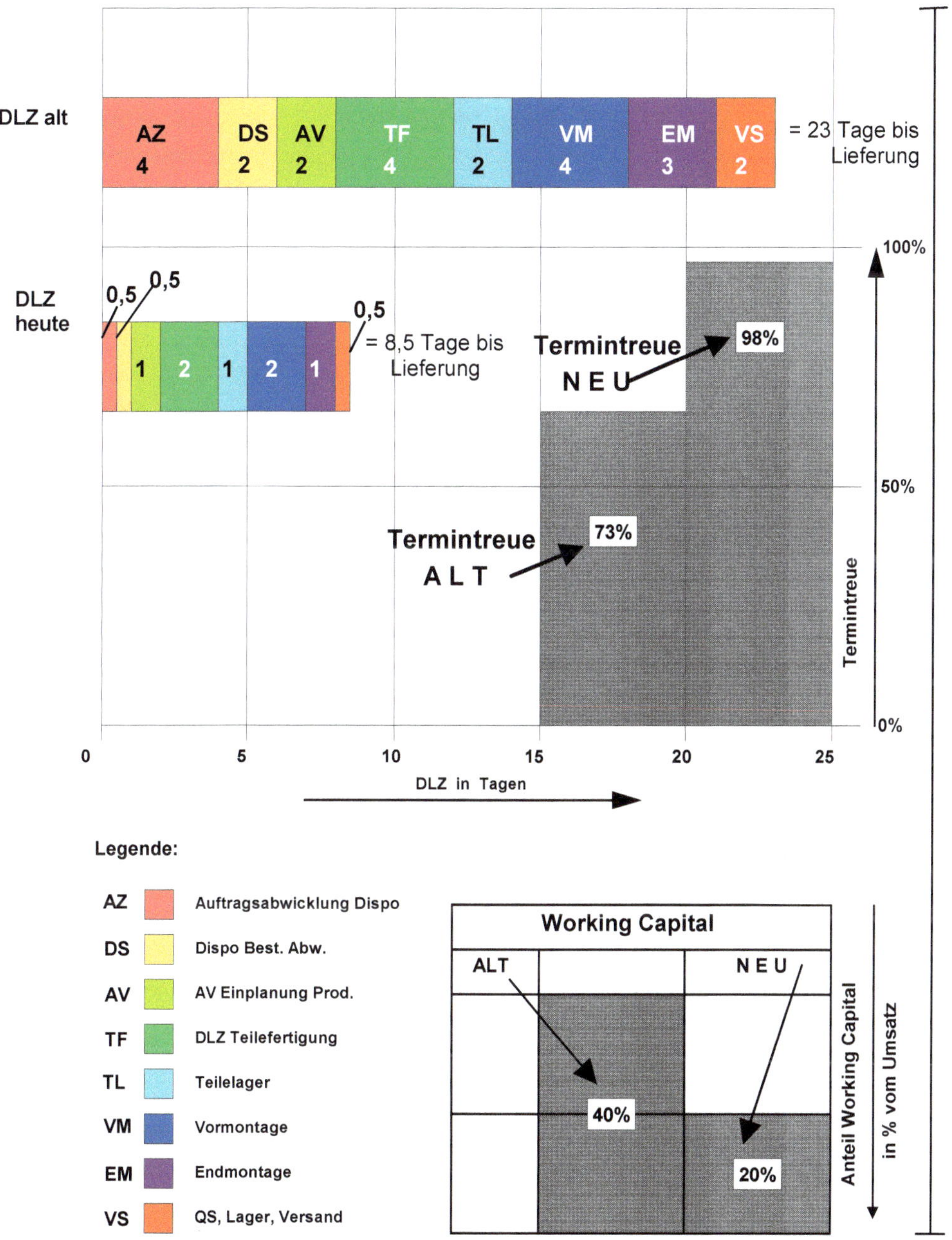

1.2 Die Arbeitsvorbereitung, Produktions- / Beschaffungslogistik innerhalb der Unternehmensorganisation

Die Kostengröße einer Arbeitsvorbereitung kann im Verhältnis zu Umsatz und Art der Fertigung (Serien- / Varianten- / Einzelfertiger) aufgrund statistischer Erhebungen wie folgt dargestellt werden:

Bild 1.2: *Kosten einer AV-Näherungsformel*[2)]

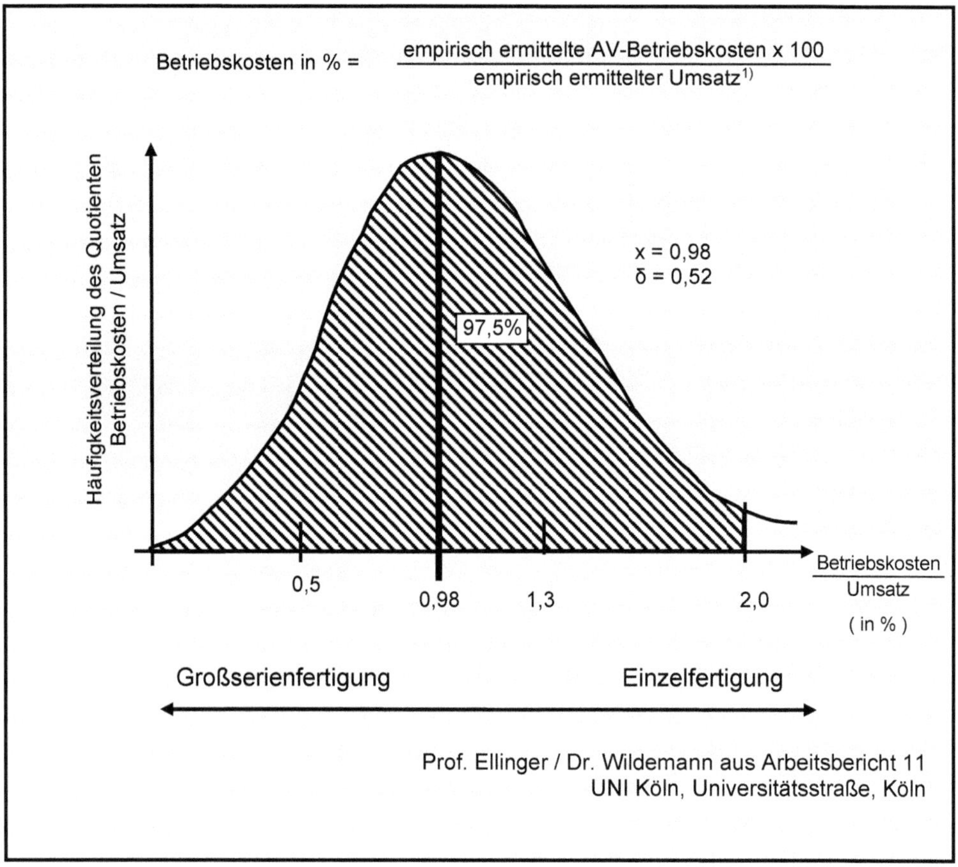

[1)] ohne Umsatz Handelsware und ohne Vorkalkulation

[2)] bei Umstellung auf ein Auftrags- / Logistikzentrum mit KANBAN- / SCM-Abläufen verringert sich der Aufwand um ca. 25 % (Erfahrungswert aus der Praxis)

ZUSAMMENWIRKEN VON ERP-, MES-SYSTEMEN UND ABWEICHUNGSMANAGEMENT – SHOPFLOOR[1)]

Die IT-Werkzeuge besser nutzen
Abläufe optimieren

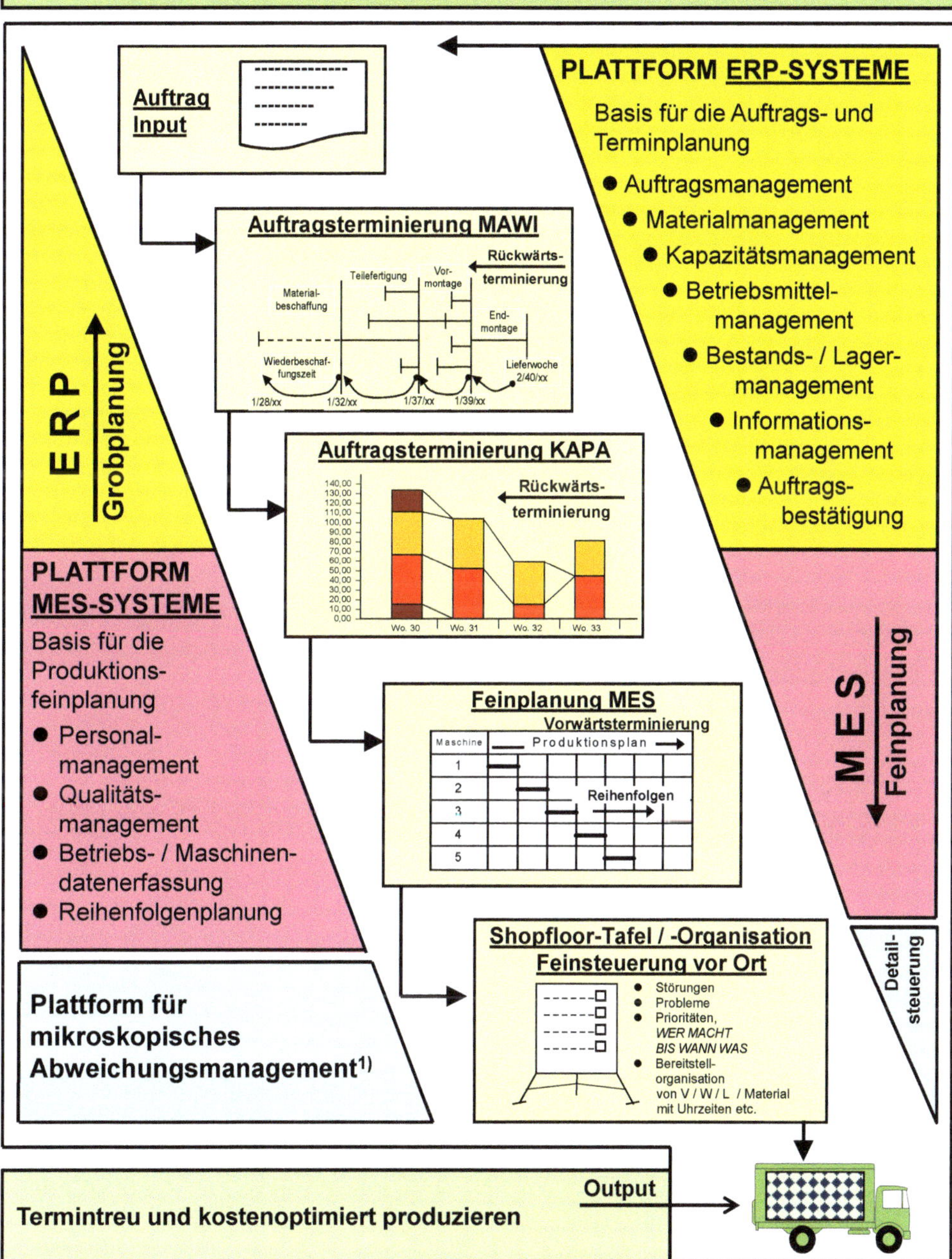

[1)] In Anlehnung an Zeitschrift UDZ 2/2018, Unternehmen der Zukunft, Herausgeber FIR an der RWTH Aachen

Schemadarstellung einer konventionellen Organisation „Disposition - Beschaffen - Lager - Planung und Steuerung der Aufträge“ – mit vielen Schnittstellen

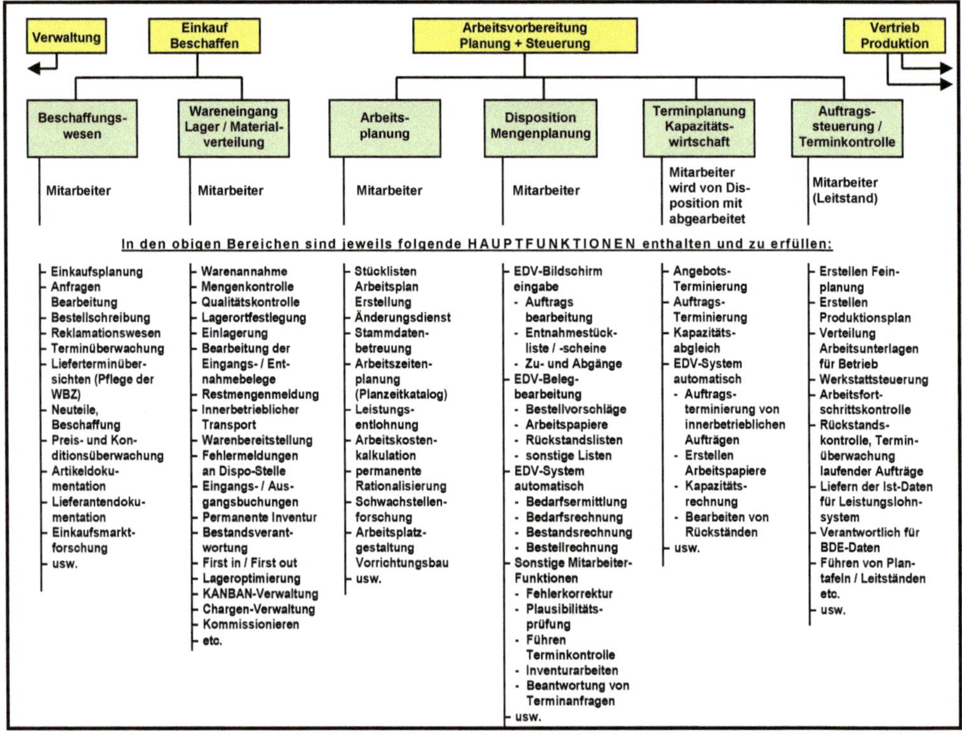

Schnittstellen: Wobei es innerhalb der einzelnen Abteilungen teilweise weitere spezielle Schnittstellen gibt:

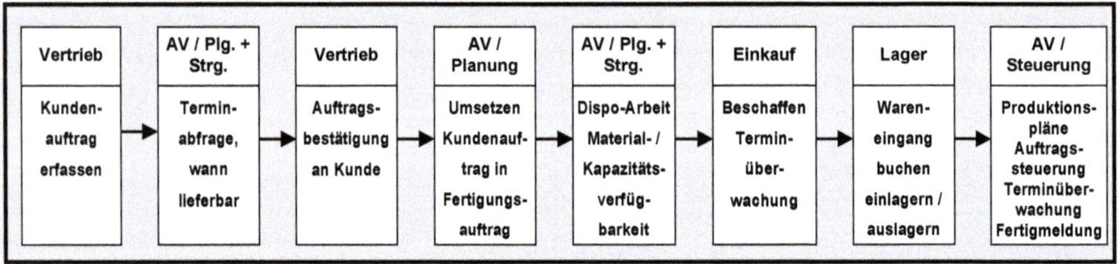

Sofern dieser tayloristische Ablauf in einen prozessorientierten Ablauf geändert werden kann, wird je nach IST-Zustand eine Effizienzsteigerung um bis zu 25 % und eine Durchlaufzeitverkürzung um bis zu 70 % erreicht.

Erfolgsfaktor Change-Management

Neuorganisation der Produktionsplanung und -steuerung

Prozessorganisation von der Auftragsabwicklung bis zur Fertigung

- **Auftragsmanagement / Kundenwert erhöhen / Prozesse optimieren, Informationstransparenz verbessern, Aktivitäten exakt auf die Kundenbedürfnisse ausrichten**
- **Logistikmanagement – Material- und Informationsfluss verbessern, in das Auftrags- / Logistikzentrum integrieren**
- **Schnittstellen abbauen / Abläufe zusammenlegen, Verschwendung in Zeit und Kapazität vermeiden / aus Kundenaufträgen in kürzester Zeit Fertigungsaufträge erstellen, Bedarfe ermitteln und schnelle Beschaffung**

Durch das Einrichten von produktgruppen- oder kundenorientiert ausgerichteten Auftrags- / Logistikzentren erreichen Sie folgende Ziele:

- **Kostenreduzierung in der Auftragsabwicklung von ca. 20 %**
- **Durchlaufzeitreduzierung in der Auftragsabwicklung bis zu 50 %**
- **Umsatzsteigerung ca. 30 %, bei Reklamationsquote null**

Gestaltungsgrundsätze für das neue Auftrags- / Logistikzentrum / Prozessmanagement

Kurzfristige Termin- und Bedarfsermittlung und schnelle, terminsichere Beschaffung und Produktion realisieren:

Die in der Vergangenheit angewandten Strategien und die getrennte Optimierung der einzelnen Fachbereiche, wie Vertrieb, Arbeitsvorbereitung, Produktion, Materialwirtschaft, Fertigungssteuerung, verursachen eine Vielzahl von Schnittstellen mit geringem Auftrags- und Kundenbezug und zu lange Durchlaufzeiten.
Versuche, die Probleme ausschließlich mit PPS- / ERP-Systemen zu lösen, erreichen nur selten die gewünschten Besserungen.

Erfolgsfaktoren einer effizienten, kundenorientierten Auftragsabwicklung sind ganzheitliche Logistikkonzepte mit in sich schlüssigen, vertikal gegliederten Verantwortungsbereichen. Gefordert sind also durchgängige Strukturen mit überschaubaren, eigenverantwortlich geführten Einheiten, die in ihrer Aufbau- und Ablauforganisation konsequent auf eine schnelle, terminsichere Abwicklung des Kundenauftrages ausgerichtet sind.

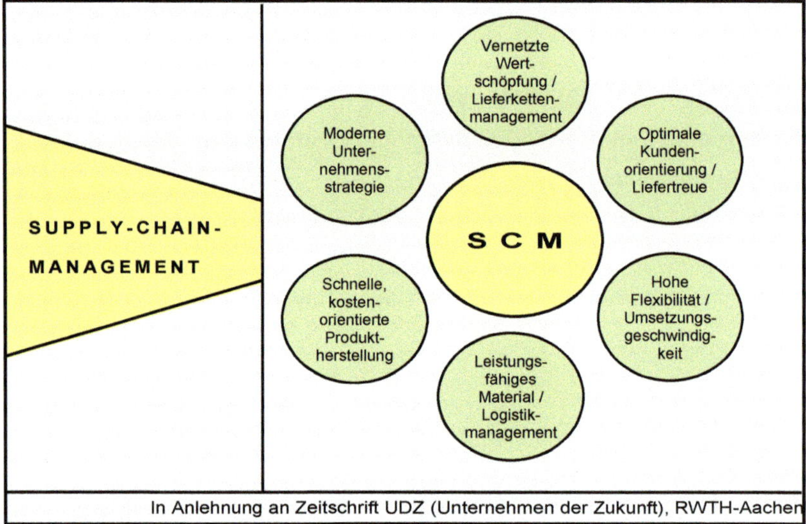

In Anlehnung an Zeitschrift UDZ (Unternehmen der Zukunft), RWTH-Aachen

Ein schneller Auftragsdurchlauf in einer Lean Organisation zeichnet sich dadurch aus, dass nur abgeschlossene, vollständige Arbeitsinhalte in den nächsten Prozess übergeben werden. Dies senkt Kosten, durch Vermeiden von Schnittstellenproblemen und nicht wertschöpfenden Tätigkeiten, wie z. B. Informationsübermittlung, Einlesen, Doppelarbeit, Vermeiden von Rückfragen, da nur so genannte i.O.-(in Ordnung)Vorgänge weitergegeben werden.

Außerdem verbessert eine SCM-Prozessorganisation die Kunden-Lieferanten-Beziehung. Beide profitieren durch die transparente Gestaltung der Abläufe. Die direkten Ansprechpartner sind bekannt und sind auch kontinuierlich, z. B. über den aktuellen Status in der Logistikkette, intern und extern informiert.

Außerdem können mittels Wertstromdessins (= Arbeitsplan für Bürotätigkeiten) über die gesamte Prozesskette die Kosten bzw. das Kosten-Nutzen-Verhältnis je Kunde / je Auftrag ermittelt werden. Dienstleistungen können so wie Arbeitsgänge in der Produktion kalkuliert und zu Einzelkosten gemacht werden.

1.3.1 Mittels Wertstromdessin Doppelarbeit und Verschwendung erkennen und beseitigen

Was ist ein Wertstromdessin?

Ein Wertstromdessin[1)] umfasst die Darstellung aller Tätigkeiten die notwendig sind, um einen Vorgang abzuarbeiten. Es ist quasi ein sehr detaillierter Arbeitsplan, aufgegliedert in die einzelnen Arbeitsprozesse / -schritte, wie dies aus der Arbeitswissenschaft bekannt ist und für die Produktion schon längst genutzt wird (Arbeitsplanorganisation).

Ergänzend kommt hinzu, dass in Form einer Matrixdarstellung alle Abteilungen / Personen die daran beteiligt sind, *„bildhaft“*, in Form von Flussbildern, wie sie aus der Logistik bekannt sind (hier Informationsfluss genannt), aufgeführt werden, um daraus eine ganzheitliche Betrachtung des analysierten Bereiches, mit all seinen Schnittstellen, von z. B. *„Auftragseingang bis Start Produktion“*, oder ab *„Erstellen Lieferschein / Rechnungserstellung bis Geldeingang“* zu erhalten.

Informations-fluss → / Tätigkeiten	Abteilung / Name →	Lauf meter ca.	Durchlauf-zeit in Tagen		Zeitbedarf in Minuten		Häufigkeiten Anzahl Vorg./Wo.		Hilfs-mittel	Musterbeleg Nr.	Be-mer-kun-gen
			min.	max.	min.	max.	min.	max.			
	Hier muss eine Tätigkeit gemacht werden, neu Einlesen erforderlich	3 m	0,5	1,0	10'	20'	400	500	ERP	---	
↓		20 m	1,0	2,0	20'	40'	400	500	ERP	1	
		15 m	0,1	0,5	5'	10'	---	---	manuell	1	
		Mail	0,5	1,0	15'	25'	---	---	Excel	2	
		12 m	0,5	1,0	20'	30'	---	---	manuell	4	

Mittels dieser Methode wird schnell und einfach erkennbar, wo Doppelarbeit, permanentes neu Einlesen in den Vorgang, o. ä., entsteht (nicht wertschöpfende Tätigkeit / Verschwendung), welcher Zeitaufwand dafür notwendig ist und welche Auswirkung dieser Ablauf auf die gesamte Durchlaufzeit, z. B. eines Auftrages, hat.

Daraus können gezielt Abstellmaßnahmen entwickelt werden, die sich grob in vier verschiedene Aktivitäten gliedern lassen:

1. Was kann / muss getan werden, damit das viele *„NEU IN DIE HAND NEHMEN“* (zu verstehen wie Rüsten in der Fertigung) vermieden werden kann, z. B. durch prozessorientierte Arbeitsabläufe und welche Auswirkungen dies auf die Mitarbeiter und die Organisation insgesamt hat

2. Welche Tätigkeitsschritte können ganz entfallen, weil sie auf reinen Überlieferungen – *„wurde immer so gemacht“* – aufgebaut sind, bzw. entfallen automatisch, wenn mehr Tätigkeiten in einer Hand abgearbeitet werden

---

Legende: ● hier muss eine Tätigkeit gemacht werden

●>● geht in eine andere Verantwortlichkeit, Einlesen erforderlich

[1)] Dessin = franz. für Zeichnung / Muster / Vorlage / Analyse der Abläufe

3. Welche Tätigkeiten können optimierter abgearbeitet werden, z. B. durch

- C-Teile-Management im Lager
- Anlieferung per Lieferset (fiktive Baugruppe)
- Ausbau EDI-System / *„my open factory"* zu den Kunden
- Durchgängiges CAD-System bis zum Kunden

4. Wo kann mit neuen Techniken / Abläufen Abhilfe geschaffen werden, z. B. mittels

- Prozessoptimierung, Durchgängigkeit der Mengen- / Termin- und Kapazitätsplanung
- Automatische Arbeitsplanerstellung / Zeitkalkulation
- Barcode- / RFID- / Transponder-Systeme
- Der Lieferant disponiert für uns
- SCM- / KANBAN-Systeme
- Einrichten von Lagern in der Produktion
- E-Business-Abläufe / Selbstauffüllende Lager
- Elektronische Leitstände / Plantafeln (MES-Nutzen)

Untersuchungen haben gezeigt, dass

- ➢ ca. 25 % der Arbeitszeit im Büro, durch Lesen und Rückfragen von Vorgängen entsteht,
- ➢ bis zu 70 % der Durchlaufzeit im Büro reine Liegezeiten darstellen,
- ➢ das Denken in Wellen, beschaffen und lagern von gleichen Mengen / Stückzahlen für ein Produkt, über alle Dispo-Stufen, nicht realisierbar ist.

Was bedeutet:

Abkehr von der horizontalen Organisationsform, hin zu vertikalen, in die Tiefe gegliederten Organisationsformen, die als überschaubare, flexible Einheiten, für bestimmte Produktgruppen, bzw. Kunden eigenverantwortlich tätig sind. Das ERP-System also durchgängig nach Warengruppen freischalten.

Also durch **„Nicht schneller, sondern anders, *intelligenter* arbeiten"**

⇨ viel Zeit im Durchlauf und unnötige Kosten

gespart werden können. Siehe nachfolgendes Wertestromdessin „IST- und SOLL-Zustand".

Ablaufuntersuchungen / Tätigkeitsanalysen mittels „Wertstromdessin“ machen Liegezeiten, Doppelarbeit und Blindleistungen sowie unnötige Kosten auf einfachste Weise sichtbar.

Ablauf- / Tätigkeitsschritte von Auftragseingang – Disposition – Beschaffen – Einlagern – Versand, als grobes Wertstromdessin dargestellt

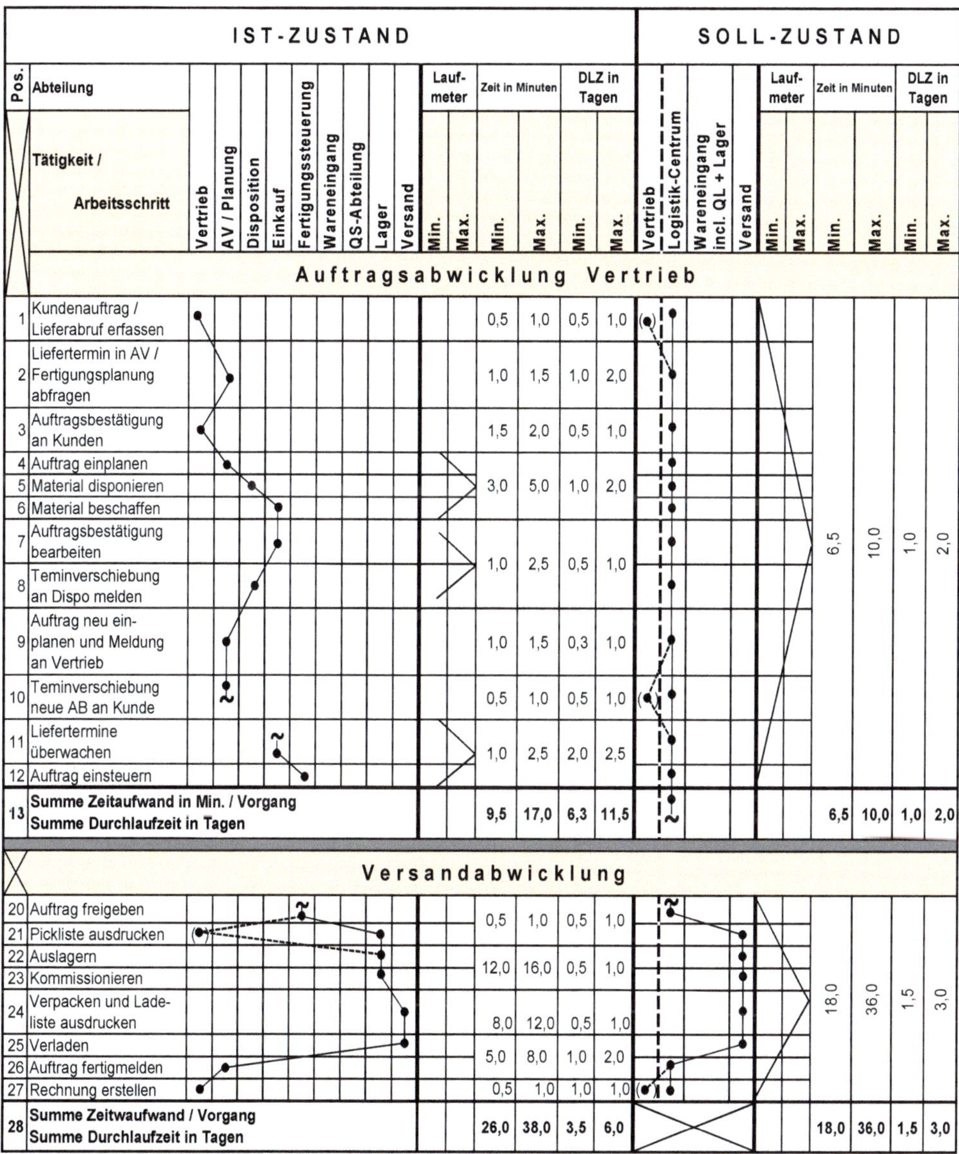

Pos.	Tätigkeit / Arbeitsschritt	IST Zeit in Minuten Min.	IST Zeit in Minuten Max.	IST DLZ in Tagen Min.	IST DLZ in Tagen Max.	SOLL Zeit in Minuten Min.	SOLL Zeit in Minuten Max.	SOLL DLZ in Tagen Min.	SOLL DLZ in Tagen Max.
	Auftragsabwicklung Vertrieb								
1	Kundenauftrag / Lieferabruf erfassen	0,5	1,0	0,5	1,0	6,5	10,0	1,0	2,0
2	Liefertermin in AV / Fertigungsplanung abfragen	1,0	1,5	1,0	2,0				
3	Auftragsbestätigung an Kunden	1,5	2,0	0,5	1,0				
4	Auftrag einplanen	3,0	5,0	1,0	2,0				
5	Material disponieren								
6	Material beschaffen								
7	Auftragsbestätigung bearbeiten	1,0	2,5	0,5	1,0				
8	Teminverschiebung an Dispo melden								
9	Auftrag neu einplanen und Meldung an Vertrieb	1,0	1,5	0,3	1,0				
10	Teminverschiebung neue AB an Kunde	0,5	1,0	0,5	1,0				
11	Liefertermine überwachen	1,0	2,5	2,0	2,5				
12	Auftrag einsteuern								
13	**Summe Zeitaufwand in Min. / Vorgang Summe Durchlaufzeit in Tagen**	**9,5**	**17,0**	**6,3**	**11,5**	**6,5**	**10,0**	**1,0**	**2,0**
	Versandabwicklung								
20	Auftrag freigeben	0,5	1,0	0,5	1,0	18,0	36,0	1,5	3,0
21	Pickliste ausdrucken								
22	Auslagern	12,0	16,0	0,5	1,0				
23	Kommissionieren								
24	Verpacken und Ladeliste ausdrucken	8,0	12,0	0,5	1,0				
25	Verladen	5,0	8,0	1,0	2,0				
26	Auftrag fertigmelden								
27	Rechnung erstellen	0,5	1,0	1,0	1,0				
28	**Summe Zeitwaufwand / Vorgang Summe Durchlaufzeit in Tagen**	**26,0**	**38,0**	**3,5**	**6,0**	**18,0**	**36,0**	**1,5**	**3,0**

Ist der abgebildete Ablauf (Ist-Zustand) noch zeitgemäß, bezüglich Kundennähe, Durchlauf- / Lieferzeit, kurze Reaktionszeit, Flexibilität?

Prozesskostenbetrachtung:

Aus dieser Analyse kann berechnet werden: Was kostet die Abwicklung eines Lagerauftrages, von Bestellungseingang bei Vertrieb bis Versand der Ware, ohne Fertigungskosten, ohne Buchhaltungsarbeit, ohne erstellen Arbeitspapiere, ohne Frachtkosten etc., also reine Arbeitszeit im Büro und im Versand.

Tätigkeiten	Abtlg.	Zeitbedarf in Min.		Bezugs-größen	Angen. Std.-Satz	Kosten pro Auftrag in €	
		Min.	Max.			Minimum	Maximum
1	2	3	4	5	6	7 =(3x5x6)	8 =(4x5x6)
Auftragserfassung Vertrieb / AV (Zeit / Position)	Vertrieb Innen-dienst / AV	9,50	17,00	Auftrag mit 4 Positionen	0,70 €/Min.	26,60	47,60
Versandarbeit (pro Auftrag)	Lager / Versand	26,00	38,00	1 Auftrag	0,60 €/Min.	15,60	22,80
GESASMT						42,20	70,40

Neue, vertikale Organisationsformen für einen schnellen und effektiven Auftragsdurchlauf sind gefordert, also

Bild 1.3: *Abkehr von der horizontalen Organisationsform hin zu vertikalen, in die Tiefe gegliederten Organisationsformen, die als überschaubare, flexible Einheiten, für bestimmte Produktgruppen bzw. Kunden eigenverantwortlich tätig sind*

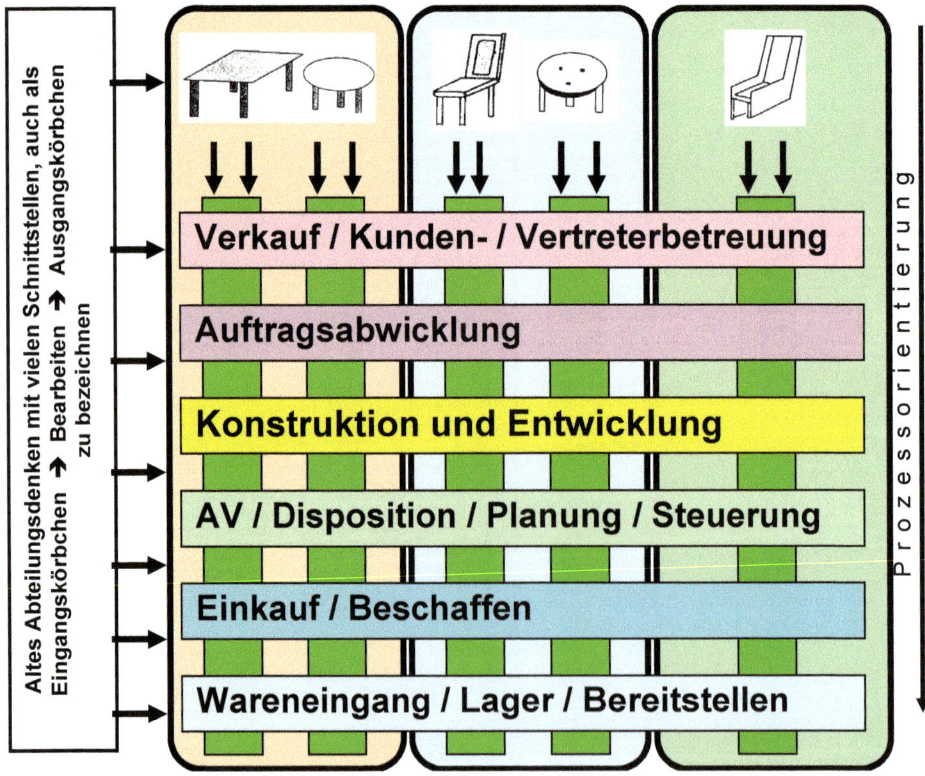

Das Ergebnis könnte sein:

Zusammenführen der zuvor getrennten Abteilungen Vertrieb-Support, Arbeitsplanung, -steuerung, Disposition und Beschaffen zu einer Einheit. Durchgängigkeit der Mengen-, Termin- und Kapazitätsplanung herstellen.

Bild 1.4: **Schemadarstellung eines Logistik- / Auftragszentrums (nach Kunden oder Warengruppen gegliedert)**

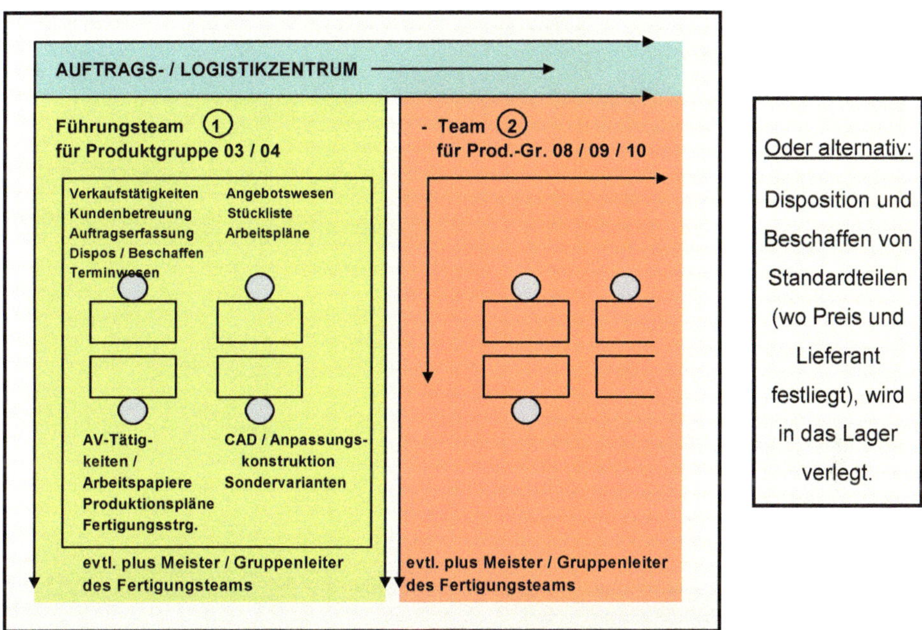

Durch eine so genannte Pärchenbildung und Jobrotation (im Rahmen des Möglichen) werden alle Teammitglieder schrittweise so ausgebildet, dass sie weitestgehend alle notwendigen Tätigkeiten für eine komplette Auftragsabwicklung beherrschen. Jeder kann jede Arbeit[1)] machen, jeder kann jeden vertreten.

Ziel: **Das Prinzip:** Ein Kunde hat einen Ansprechpartner, muss erhalten bleiben, daher kann es sein, dass der Vertrieb-Support nicht mit in das Logistikzentrum integriert wird, sondern weiter, z. B. nach Ländergruppen, gegliedert bleibt.

Die Teammitglieder haben Ziele, wie z. B.:

- → wöchentlicher Umsatz mit Kunden / zu Fertigungsteams
- → Angebote müssen innerhalb von drei Tagen bei Kunde sein
- → Aufträge müssen innerhalb von zwei Tagen in Fertigung sein
- → Standardprodukte innerhalb von 24 Std. bei Kunden

etc.

Wobei es selbstverständlich ideal wäre, wenn auch gleichzeitig die Fertigung in entsprechende Fertigungszellen / Fertigungslinien ausgerichtet werden könnte, zur Minimierung des Steuerungsaufwandes, von der Teilefertigung bis zur Montage.

[1)] für bestimmte Arbeiten wird es immer einen Spezialisten geben

Im Idealfall kann der Vertrieb-Innendienst, also die eigentliche Auftragserfassung und Kundenbetreuung, in das AZ integriert werden, der örtliche Sitz der einzelnen Teams / Zimmer im Verwaltungstrakt bleibt.

Oder Vertrieb-Innendienst kann aus Gründen

- Sprachen (weltweiter Verkauf)
- ein Kunde kauft die verschiedensten Produkte aus dem Angebot des Unternehmens mittels eines Auftrages (ein Kunde will nur einen Ansprechpartner haben)

nicht in das AZ integriert werden, dann beginnt das nach Produktgruppen ausgerichtete AZ erst eine Ebene darunter, wobei das AZ dann örtlich direkt in die Fertigung verlagert werden kann, so dass der jeweilige Meister / verantwortliche Teamleiter für das entsprechende AZ mit eingebunden ist.

In das Auftrags- / Logistikzentrum integrierte Funktionen

Hauptfunktionen / Integriert	Ja	Nein
Vertrieb		
Marktforschung		X
Marketingstrategien		X
Absatzplanung		X
Programmplanung	X	(X)
Absatzüberwachung	X	(X)
Auftragsannahme / Auftragsklärung	X	
Fakturierung	X	
Versandauslösung	X	
Bestandsüberwachung Fertigwarenlager	X	
Kundenbetreuung	X	(X)
Außendienstbetreuung		X
Entwicklung		
Anpassungskonstruktion	X	
Variantenbildung	X	
Neuentwicklung / Innovation		X
Einkauf		
Lieferantenauswahl		X
Lieferantenbewertung		X
Rahmenverträge		X
Lieferkonditionen		X
Beschaffen		
Disposition	X	
Materialbeschaffung	X	
Bestell- / Terminüberwachung	X	
Abrufe aus Rahmenverträgen verwalten	X	
Lagerbestandsüberwachung	X	
Verfügbarkeitsprüfung / Auftragsterminierung	X	
KANBAN-Bestände	X	
Produktion		
Arbeitspläne	X	
Produktionsplanung	X	(X)
Kapazitätswirtschaft	X	
Feinsteuerung	X	(X)
Terminüberwachung	X	(X)
K V P	X	

Eine Alternative könnte sein (Schemadarstellung):

SUPPLY-MANAGEMENT

LOGISTIK-CENTRUM

Team: T1 Rondomat / Ventile Guss- / Klein-apparate

Team: T2 Enthärter Water + More Ersatzteile

Team: T3 Projekte / Sonder-anlagen

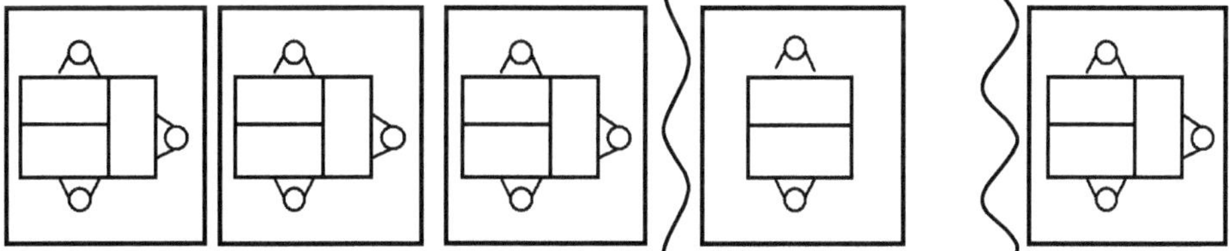

Teamleitung Hr. xxx ①
Hr. xxx
Hr. yyy
Fr. zzz

Teamleitung Fr. CCC ②
Hr. AAA
Hr. BBB
Fr. CCC

Teamleitung Hr. EEE ③
Hr. DDD
Hr. EEE
Hr. FFF

Grobe Aufgabenzuordnung je Warengruppe

- Auftrags- und Terminplanung -überwachung →
- Kapazitätswirtschaft →
- Disposition / Beschaffen Nachschubautomatik →
- Beschaffen / Mahnwesen →
- Lieferantenbetreuung →
- Fertigungssteuerung / Erstellen[1)] von Produktionsplänen →
- KANBAN-Pate dieser Artikel →
- Pflege der Stammdaten →
- Stücklisten / Arbeitspläne erstellen →
- Zeit- / Ablaufstudien →
- Prozessoptimierung / KVP →
- Sonstiges, wie z. B. Arbeitspapiere erstellen etc. →
- Arbeitskostenkalkulation →

Wobei diese prozessorientierte Ausrichtung auch neue Denkansätze / Fertigungsabläufe in der Produktion erzeugt

1) Wenn die zugehörigen Fertigungsbereiche / Montagelinien zum jeweiligen Logistikteam 1:1 sind, ansonsten zentrale Fertigungssteuerung

Strategischer Einkauf + Investitionen

Team: Strategischer Einkauf

Teamleitung Fr. KKK
Hr. III
Fr. KKK

- Preise / Lieferanten-ausw.
- Neuteile beschaffen
- Erhöhung der Verfügbarkeit / Lieferflexibilität / -qualität
- Minimieren der Bestände / Einkaufs- und Bestandskosten, Fehlleistungen durch folgende Aufgabenzuordnung

die Anzahl Lieferanten jährlich zu reduzieren
die Anzahl Einzelbestellungen zu reduzieren / Anzahl Abrufe erhöhen
die Anzahl Lieferanten, die für Fa. Vorräte halten jährlich zu erhöhen
das KANBAN-System jährlich auszuweiten
Lieferanten bei denen wir nur C- oder D-Kunde ist, völlig ausscheiden (optimale QL und Termintreue ist ausschlaggebend)
einen jährlich Einkaufserfolg von X € erzielen
Gemeinkosten / Logistikkosten permanent zu reduzieren
Kauf von Komponenten / Liefersets, Einkauf jährlich steigern
Kosten pro Bestellung / pro Lieferant zu reduzieren
Kosten pro Wareneingang reduzieren
Senken der durchschnittlichen Lieferzeit in Tagen
Verpackungsvorschriften

Lager-logistik

Team: Lager / WE / Versand

Teamleitung Hr. LLL
Hr. LLL

Aufgaben wie heute
- Wareneingang
- Lagerlogistik
- Bereitstellung
- Versand
- Bestandsverantwortung / -Korrektur

Fertigung

Fertigungsteams

Team ① – Linie 1 – Rondomat etc.

Team ② – Linie 2 – Enthärter etc.

Team ③ – Linie 3 – Sonderanlagen

Fertigungshilfsbereich

Team ① – Innerbetr. Logistik

Team ② – Instandhaltung

Team ③ – Vorrichtungsbau

Team ④ – Werkzeuge

Kompetenz Teamsprecher je Fertigungslinie	
Produktion / Arbeitsaufgabe	Montage
	Teilaufgabe Verpacken, Kennzeichnen, Buchungen
	Transport innerhalb der Montagelinie
	Unterweisung Kollegen
	Organisation Personal
	Setzen von Prioritäten in Abstimmung mit Fertigungssteuerung
Qualitätssicherung / Kontrolle	Selbstkontrolle / Visuell / Messprüfungen
	Funktionsprüfungen / Vollständigkeit
	Dokumentation der Abnahmeprotokolle
	Selektion Ausschussteile, Kennzeichnung und Meldung an QS
Rüsten / Einrichten Prozessvorbereitung und -sicherung	Umrüstung der Fertigungslinie(n)
	Rechtzeitiges Anfordern der Materialbereitstellung (Vorrichtungen, Schablonen, Messmittel etc.)
Prozesssicherung / Arbeitssicherheit	Prozesssicherung der eigenen Arbeit / Fehlererkennung (rote Kiste = gut / schlecht)
	Wartungspläne beachten / kontrollieren (Wer macht wann was?)
	Werkzeuge und Vorrichtungen betreuen (einlagern, sortieren)
	Arbeitssicherheit
Verantwortung KANBAN-Lager / Bereitstell-Lager / Bahnhof	Bestandsverantwortung KANBAN-Teile
	Bestandsverantwortung Kommissionsteile
	Sauberkeit / Ordnung
	Behälter- / Lagerordnung
	Mindestbestands-Fehlmengenmeldung
Organisation / Planung der Arbeit / Ausführung Steuerung / Transport	Verantwortung für KANBAN-Karte und KANBAN-Behälter
	Anfordern von Handlagerteilen / KANBAN-Teile
	Anlieferung / Zuordnung
	Abklären Fehlteilsituation
	Veranlassen Abtransport montierte Teile
	Leergutorganisation
Selbstorganisation / Arbeitszeit / Termine	Planung Jahresurlaub, Resturlaub unter Berücksichtigung betrieblicher Erfordernisse
	Planung Schichteinteilung / Schichtübergabe in Abstimmung mit FL
	Entsorgung Leergut, Kartonagen, Abfall
	Ordnung und Sauberkeit im gesamten Gruppenbereich
	Einhaltung von Terminen
Produktivität	Optimale Maschinen- / Anlagennutzung
	Optimale Produktivität der Gruppe / Stückzahlmeldung
	Minimierung von Nacharbeit / Geko-Zeiten
K V P	Setzen von Zielen
	Verbesserung innerhalb der Gruppe permanent
	Teilnahme an KVP-Sitzungen
	Einbringen von Verbesserungsvorschlägen
Visualisierung	Führen von Visualisierungstafeln gem. Vorgaben

Sofern alle Warengruppen-Teams dieselben Maschinen / Anlagen benötigen, muss die Fertigungssteuerung in ein separates Team überführt werden = Zentrale Fertigungssteuerung

LOGISTIK-CENTRUM

Team: T1 Rondomat / Ventile Guss- / Kleinapparate

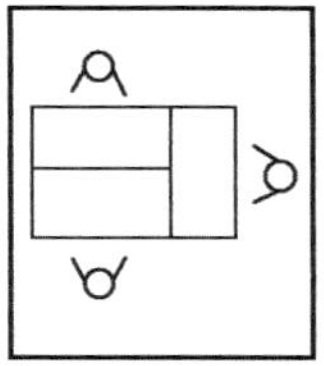

Teamleitung Hr. XXX ①
Hr. XXX
Hr. YYY
Fr. ZZZ

Team: T2 Enthärter Water + More Ersatzteile

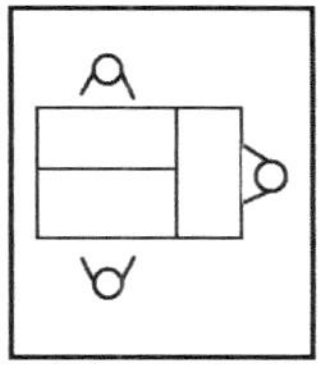

Teamleitung Fr. CCC ②
Hr. AAA
Hr. BBB
Fr. CCC

Team: T3 Projekte / Sonderanlagen

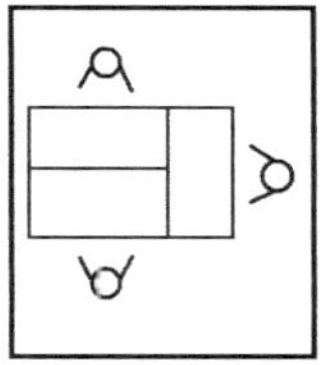

Teamleitung Hr. EEE ③
Hr. DDD
Hr. EEE
Hr. FFF

Grobe Aufgabenzuordnung je Warengruppe

- Auftrags- und Terminplanung -überwachung →
- Kapazitätswirtschaft →
- Disposition / Beschaffen Nachschubautomatik →
- Beschaffen / Mahnwesen →
- Lieferantenbetreuung →
- KANBAN-Pate dieser Artikel →
- Pflege der Stammdaten →
- Stücklisten / Arbeitspläne erstellen →
- Zeit- / Ablaufstudien →
- Prozessoptimierung →
- Sonstiges, wie z.B. Kennzahlen, Logistik, Bestände, Terminreue etc. →

Fertigungssteuerung

Team: FS-Strg.

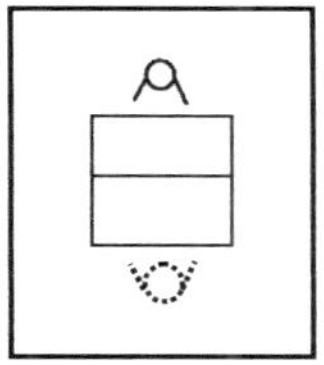

Teamleitung Hr. WWW
Hr. WWW
Produktionsteams

- Produktionsplanung / Druck Arbeitspapiere
- Erstellen von Produktionsplänen / Reihenfolgenplanung
- Führen elektr. Plantafel
- Abstimmung Ressourceneinsatz je Planungshorizont
- Fertigungssteuerung / Shopfloor-Management
- Kontaktstelle Logistik-Vertrieb / Abweichungsmanagement
- Kennzahlen, Personaleinsatz, Fertigung, Effizienz, Servicegrad

Strategischer Einkauf

Team: Strategischer Einkauf

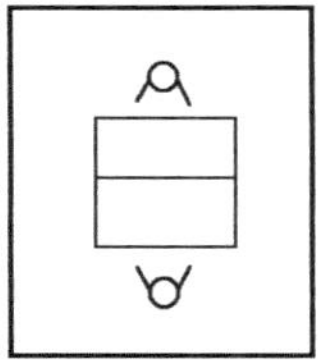

Teamleitung Fr. KKK
Hr. III
Fr. KKK

- Neuteile beschaffen
- Erhöhung der Verfügbarkeit/ Lieferflexibilität / -qualität
- Minimieren der Bestände / Einkaufs- und Bestandskosten, Fehlleistungen durch folgende Aufgabenzuordnung

die Anzahl Lieferanten / Reklamationen jährlich zu reduzieren
die Anzahl Einzelbestellungen zu reduzieren / Anzahl Abrufe erhöhen
die Anzahl Lieferanten, die für Fa. Vorräte halten jährlich zu erhöhen
das KANBAN-System jährlich auszuweiten
Lieferanten bei denen wir nur C- oder D-Kunde ist, völlig ausscheiden / Stammdatenpflege
einen jährlich Einkaufserfolg von X € erzielen
Gemeinkosten / Logistikkosten permanent zu reduzieren
Kauf von Komponenten / Liefersets, Einkauf jährlich steigern
Kosten pro Bestellung / pro Lieferant zu reduzieren
Kosten pro Wareneingang reduzieren
Senken der durchschnittlichen Lieferzeit in Tagen

Lagerlogistik

Team: Lager / WE / Versand

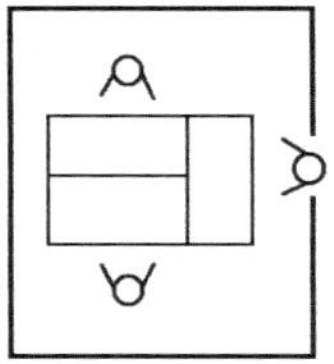

Teamleitung Hr. LLL
Hr. LLL

Aufgaben wie heute
- Wareneingang
- Lagerlogistik
- Bereitstellung
- Versand
- Bestandsverantwortung / -Korrektur

Unterschiede – Traditionelle Arbeits- und Organisationsstrukturen = Taylorismus, zu zukunftsweisenden Arbeits- und Organisationsstrukturen prozessorientiert zum Kunden

Traditionelle Arbeits- und Organisationsstrukturen Taylorismus	Zukunftsweisende Arbeits- und Organisationsstrukturen produkt- und teamorientiert zum Kunden
Arbeitsteilung / -strukturen	
◆ Einfache Arbeit, daher ausgeprägte Arbeitsteilung / Taylorismus / Spezialistentum ◆ Geringe Arbeitsinhalte und Verantwortung der einzelnen Mitarbeiter ◆ Zentralisierte IT-gestützte Planungs- und Steuerungssysteme mit wenig Eigeninitiative der Mitarbeiter, die IT ist an allem schuld; geringer Handlungsspielraum	◆ Qualifizierte Arbeit mit hoch qualifizierten Mitarbeitern, dadurch geringe Arbeitsteilung / wenig Schnittstellen ◆ Große Arbeitsinhalte und in sich schlüssige Verantwortung ◆ selbst steuernde Regelkreise ◆ Abgespeckte IT und Planungs- und Steuerungssysteme; viel Handlungs- und Entscheidungsspielraum
Kommunikations- und Informationsfluss	
◆ Kommunikationsprobleme, durch eine Vielzahl von Abteilungsgrenzen und Hierarchiestufen ◆ Abteilungsbezogene Betrachtung der Informationen / der Informationssysteme, daher Schnittstellenprobleme in der Informationsübertragung mit teilweise falschen Entscheidungen ◆ Gegenseitiges Abgrenzungs- / Konkurrenzverhalten, Misstrauen ◆ Bürokratische Kontakte, Vernachlässigung der Kundenorientierung ◆ Verzögerte Informationspolitik ◆ Entscheidungen in Form von Einzeloptima	◆ Hohe Kommunikationsqualität durch z.B. produktgruppenorientiert arbeitende Teams mit wenig Schnittstellen und Hierarchien ◆ Integrierte / kundenorientierte Betrachtung der Informationen / der Informationssysteme und Abbau von Schnittstellen, verbesserter Informationsaustausch ◆ Kunden- / Lieferantenpflege und -entwicklung, Vertrauen, Partnerschaften aufbauen ◆ Transparente Spielregeln, Markt- und Kundennähe durch Entbürokratisierung ◆ Intensiver Informationsaustausch
Arbeitsausführung	
◆ Arbeitsgang- / abteilungsorientiert mit Abläufen, die über viele Abteilungsgrenzen und Hierarchiestufen hin und her wechseln ◆ Starre sequenzielle Arbeitsabläufe nach dem Verrichtungsprinzip ◆ Wenig Transparenz und Flexibilität ◆ Bringschuld, Prozesse werden auslastungsorientiert abgearbeitet mit hoher Bearbeitungszeit durch a) immer neue Einarbeitungszeit b) nicht rechtzeitig vorhandene oder falsche Informationen ◆ Lange Durchlaufzeit, viele Eingangs- / Ausgangskörbchen ◆ Hohe Einarbeitungszeiten (Rüstzeit) je Arbeitsgang ◆ Qualitätskontrollen nach Liefereingang	◆ Kunden- und produktorientiert über viele Arbeitsstufen, durchgängig mit schlüssigen Verantwortungen mit hoher Flexibilität ◆ Vermeidung wiederholender Tätigkeiten / Informationsbeschaffung durch die Transparenz des gesamten Ablaufprozesses ◆ Holschuld, Prozesse sind ablauforientiert mit eindeutiger, schlüssiger Verantwortung ◆ Wenig nicht wertschöpfende Tätigkeiten da alle notwendigen Informationen bekannt sind ◆ Kurze Durchlaufzeiten, wenig Eingangs- / Ausgangskörbchen ◆ Durchgehendes Qualitätsmanagement (TQM) über die gesamte Wertschöpfungskette ◆ Weniger E-Mails
Arbeitsaufwand	
◆ Minimal je Arbeitsgang / Tätigkeitsart ◆ Schlechtes Verhältnis von Durchlaufzeit zur Arbeitszeit, da zu große Liegezeiten (z.B. durch Bringschuld) Eingangs- / Ausgangskörbchen ◆ Viele Entscheidungspunkte / -träger, daher hoher Zeitaufwand und große Fehlerwahrscheinlichkeit in Bezug auf Kundenerwartung	◆ Minimal je Auftrag da hohe wertschöpfende Tätigkeiten mit wenig Leerlauf ◆ Verringerung der Liegezeiten durch Holschuld und wenig Schnittstellen ◆ Aufbau von kleinen, schnell reagierenden Regelkreisen (= Arbeitsgruppen) mit hoher Eigenverantwortung und Entscheidungsfreiraum
Erzeugt in der Organisation / bei den Menschen	
BRINGSYSTEM = VERWALTER	**HOLSYSTEM = KÜMMERN**

Was zu folgender Grundsatzphilosophie führt:

- Kurze Lieferzeiten sind genauso wichtig wie der Preis
- Der Kunde bestimmt was produziert wird
- Der Kunde bezahlt nur den wertschöpfenden Anteil am Produkt (Wert aus Kundensicht)
- Ein Kunde kauft kein Produkt, sondern nur
  - ► Kapazität
    und
  - ► Know-how
    - ⇨ Know-how ist das Produkt
    - ⇨ Kapazität ist die Anzahl Maschinen / Mitarbeiter über die gesamte Herstellprozesskette
- Termintreue und hohe Liquidität ist auch Leistung
- Ein ERP- / PPS-System verwaltet nur – wir brauchen aber Lösungen

Mit folgender Zielsetzung / Fertigungsphilosophie:

- Die Produktion muss fließen, also Segmentieren der Fertigung prozessorientiert als Röhrensystem (Fließ-Prinzip)
- Abkehr vom Schiebeprinzip zum SAUGSYSTEM (PULL statt PUSH)
- Kapazitäten schaffen und nicht verwalten
- Nur fertigen was gebraucht wird / Kapazitätsverschwendung vermeiden
- Reduzieren der Umlauf- und Lagerbestände durch Fertigen kleiner Lose
- Nicht so viele Aufträge in der Fertigung wie möglich, sondern so wenig, dass die Ware fließt aber keine Abrisse entstehen
- Kapazitäten und Mitarbeiter flexibilisieren
- Verbesserte Steuerungsinstrumente / Engpassplanung und Raupenorganisation / KANBAN-Steuerung
- Feinsteuerung vor Ort, durch mitarbeitende Produktmanager je Fertigungslinie
- Kurze Durchlaufzeiten erreichen / Liegezeiten minimieren
- Qualität ist auch Leistung (Perfektion)
- Verbesserung der Produktivität und Transparenz durch den Einsatz von TOP-Logistik-Kennzahlen, die die tatsächliche betriebliche Leistung widerspiegeln

1.4 Organisation der Arbeitsvorbereitung / des Auftrags- / Logistikzentrums als Order-Control-Center

Voraussetzung für eine ERP- / PPS-gestützte Auftrags- / und Terminplanung / Fertigungssteuerung mit minimierten Beständen / Umlaufkapital ist eine sachlich korrekte Systemeinstellung damit

- eine Langfristplanung für alle Materialien und Teile mit langen Lieferzeiten, mittels Rahmen- und Abrufimpulse gesteuert werden können
- eine mittelfristige Kapazitätsplanung, aus der die Auslastung der Fertigung über alle Aufträge ersichtlich ist (Basis Arbeitspläne und Kapazitätsgruppen) geführt werden kann
- eine Feinplanung über XX Wochen, die täglich, bzw. zwei- bis dreimal pro Woche befüllt wird, gemäß festgelegter Start-Termine von Kundenaufträgen, bzw. bei Vorratsaufträgen nach Reichweitenanalysen und Start-Termin eingerichtet werden kann
- die Werkstattsteuerung ihre Aufgabe, gemäß den Vorgaben aus dem Produktionsplan (Aufträge, Termine, Mengen und Prioritäten) optimal erfüllen kann (Just-in-time-Fertigung)

Die Planungsebenen in Anlehnung an A. Büchel, ETH Zürich

Planungs-zeitraum	Planungs-zyklus	Planungs-bereich	Übliche Bezeichnung	Informationsfluss Planung	Informationsfluss Aus-führung
Langfristig, z. B. über 6 Monate	z. B. einmonatlich oder quartalsweise	Konstruktion, AV, Einkauf, Fabrikation	**Grobplanung**		
Mittelfristig, z. B. ein oder zwei Monate	z. B. wöchentlich / täglich	Kapazitäts-gruppen / Fertigungslinien	**Mittelfristige Planung**	↓ ↑	↑
Kurzfristig, einige Tage, eine Woche	Produktions-plan über z. B. 1 - 3 AT	Kapazitäts-gruppen / Fertigungslinien	**Feinplanung**	↓ ↑	↑
Durchsetzung des Produktionsplanes		Arbeitsplätze / Fertigungslinien	**Werkstatt-steuerung** **Arbeits-verteilung**	**Fertigungsteam** ↓	↑

Bild 1.5: *Die Planungsebenen in ERP- / PPS-Systemen*

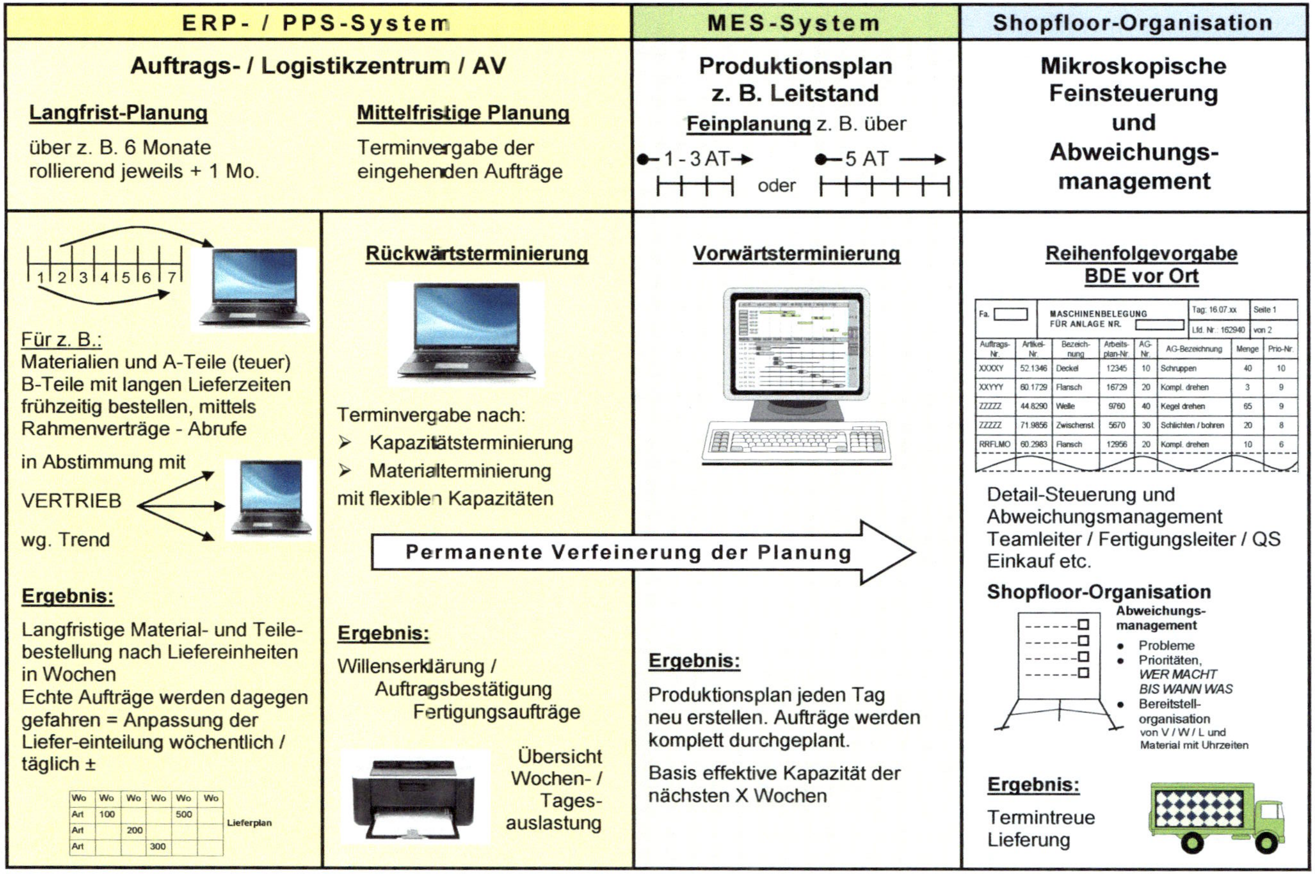

ERP- / PPS-System

Auftrags- / Logistikzentrum / AV

Langfrist-Planung

über z. B. 6 Monate
rollierend jeweils + 1 Mo.

1 2 3 4 5 6 7

Für z. B.:
Materialien und A-Teile (teuer)
B-Teile mit langen Lieferzeiten frühzeitig bestellen, mittels Rahmenverträge - Abrufe

in Abstimmung mit

VERTRIEB

wg. Trend

Ergebnis:

Langfristige Material- und Teilebestellung nach Liefereinheiten in Wochen
Echte Aufträge werden dagegen gefahren = Anpassung der Liefer-einteilung wöchentlich / täglich ±

Wo	Wo	Wo	Wo	Wo	Wo
Art	100			500	
Art		200			
Art			300		

Lieferplan

Mittelfristige Planung

Terminvergabe der eingehenden Aufträge

Rückwärtsterminierung

Terminvergabe nach:
- Kapazitätsterminierung
- Materialterminierung

mit flexiblen Kapazitäten

Ergebnis:

Willenserklärung /
Auftragsbestätigung
Fertigungsaufträge

Übersicht
Wochen- /
Tages-
auslastung

MES-System

Produktionsplan z. B. Leitstand

Feinplanung z. B. über

1 - 3 AT oder 5 AT

Vorwärtsterminierung

Ergebnis:

Produktionsplan jeden Tag neu erstellen. Aufträge werden komplett durchgeplant.

Basis effektive Kapazität der nächsten X Wochen

Permanente Verfeinerung der Planung

Shopfloor-Organisation

Mikroskopische Feinsteuerung und Abweichungs-management

Reihenfolgevorgabe BDE vor Ort

Fa. MASCHINENBELEGUNG FÜR ANLAGE NR. | Tag: 16.07.xx | Seite 1 | Lfd. Nr.: 162940 | von 2

Auftrags-Nr.	Artikel-Nr.	Bezeichnung	Arbeitsplan-Nr.	AG-Nr.	AG-Bezeichnung	Menge	Prio-Nr.
XXXXY	52.1346	Deckel	12345	10	Schruppen	40	10
XXYYY	60.1729	Flansch	16729	20	Kompl. drehen	3	9
ZZZZZ	44.8290	Welle	9760	40	Kegel drehen	65	9
ZZZZZ	71.9856	Zwischenst.	5670	30	Schlichten / bohren	20	8
RRFLMO	60.2983	Flansch	12956	20	Kompl. drehen	10	6

Detail-Steuerung und Abweichungsmanagement
Teamleiter / Fertigungsleiter / QS
Einkauf etc.

Shopfloor-Organisation

Abweichungs-management
- Probleme
- Prioritäten, *WER MACHT BIS WANN WAS*
- Bereitstell-organisation von V / W / L und Material mit Uhrzeiten

Ergebnis:

Termintreue
Lieferung

Bei der gesamten Planung und Steuerung muss unterschieden werden zwischen **Einzel-** und **Serienfertigung**. Besonders in der Grobplanung ist die Vorgehensweise je nach Fertigungstyp vollständig unterschiedlich. Bei Serienproduktionen geht es um das Bilden von Produktionsprogrammen für einen bestimmten Planungszeitraum, z. B. einem Jahr. Diese Planung wird rollierend, z. B. monatlich, überarbeitet und den Gegebenheiten angepasst. Siehe auch Abschnitt „Abrufaufträge für A-Teile und *atmen*“.

Bei der Einzelfertigung muss die Grobplanung möglichst frühzeitig durchgeführt werden, auch wenn Unsicherheiten in der Planung bestehen, weil die Aufträge noch nicht exakt spezifiziert werden können. Die Gründe können in den Konstruktionsarbeiten liegen oder in den Fertigungsplanungen, die eventuell noch nicht abgeschlossen sind. Diese Unsicherheiten müssen in Kauf genommen werden, da sonst kein Überblick über die Produktionsauslastungen vorliegt. Siehe Abschnitt „Grobplanung Einzelfertiger“.

Insgesamt muss verdeutlicht werden:

Die Arbeitsvorbereitung / das Auftrags- / Logistikzentrum stellt die Schaltzentrale eines Produktionsbetriebes dar. Sie entscheidet nicht nur über die Produktivität des Betriebes, indem sie die betrieblichen Notwendigkeiten plant und überwacht, sondern sie entscheidet durch die Konzeption und Führung der Ablauforganisation auch über Flexibilität, Durchlaufzeit, Kosten und Kapitalbindung.

Merke:** **Kurze Lieferzeiten sind heute genauso wichtig, wie ein optimaler Preis!

Daher muss größten Wert auf den richtigen Aufbau der Ablauforganisation gelegt werden. Hinzu kommt, dass alle Einführungs- und Verbesserungsmaßnahmen Zeit in Anspruch nehmen. Daher müssen die Maßnahmen frühzeitig getroffen werden.

Darstellung der Gesamtkonzeption

Bei der Sollkonzeption der AV / des Auftrags- / Logistikzentrums als Order-Control-Center wird davon ausgegangen, dass im Regelfalle die Schwerpunkte in

- Verbesserung der Langfristplanung (Grobkapazitätsplanung),
- der Verbesserung der Nachschubautomatik (Materialwirtschaft),
- der Verbesserung der Auftrags- und Terminplanung / Kapazitätswirtschaft,
- Aufbau eines entsprechenden Steuerungssystems zur termintreuen Durchsetzung der geplanten Aufträge,
- vom Push- zum Pull-System in der Fertigung

liegen.

Das ERP- / PPS- / MES-System mit seinen Einzelmodulen ist das Werkzeug dazu.

Das ERP- / PPS-Werkzeug mit seinen logistischen Systemfunktionen[1)]

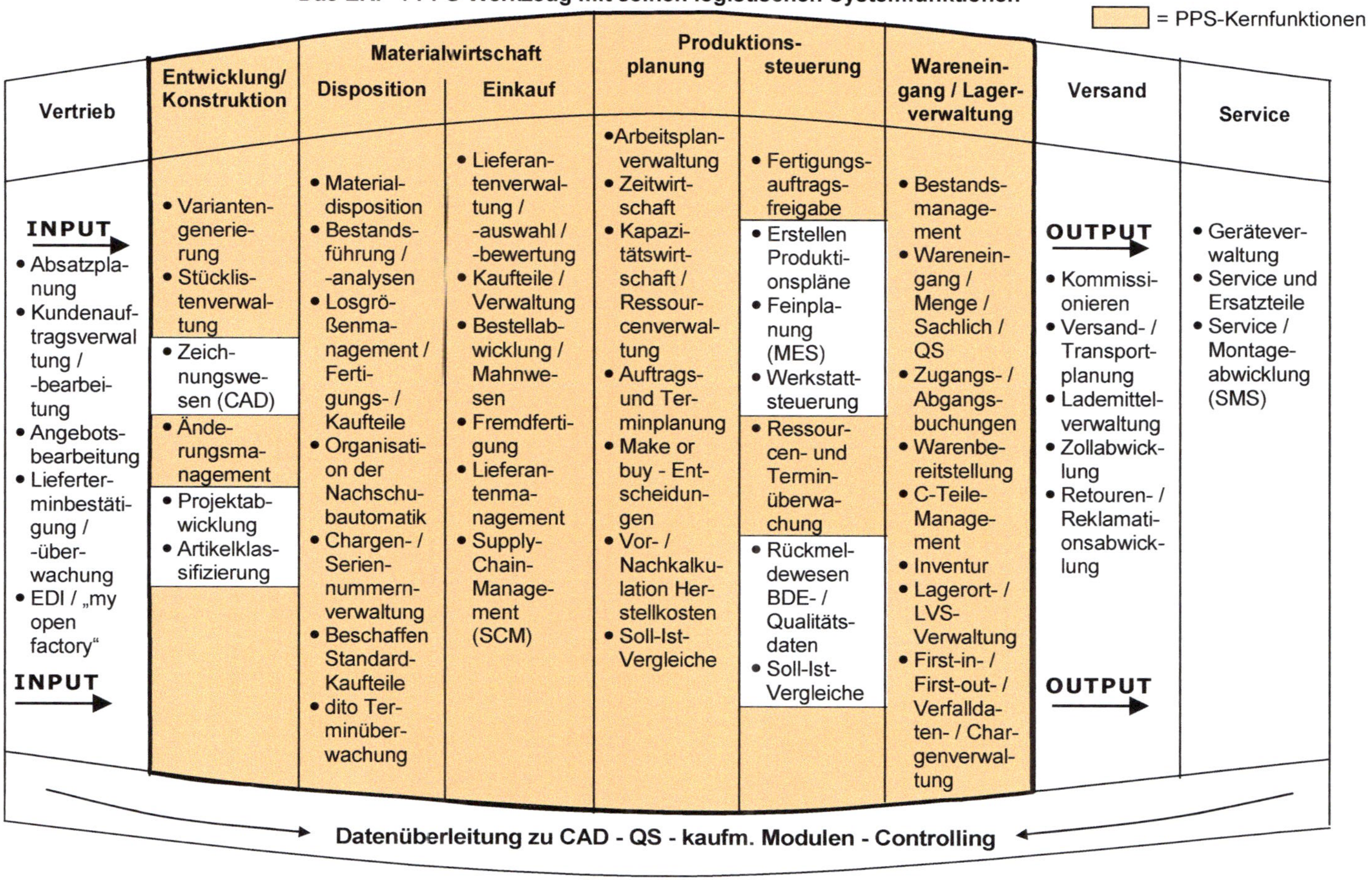

▭ = PPS-Kernfunktionen

Vertrieb	Entwicklung/ Konstruktion	Materialwirtschaft: Disposition	Materialwirtschaft: Einkauf	Produktions-planung	Produktions-steuerung	Wareneingang / Lagerverwaltung	Versand	Service
INPUT → • Absatzplanung • Kundenauftragsverwaltung / -bearbeitung • Angebotsbearbeitung • Lieferterminbestätigung / -überwachung • EDI / „my open factory“ INPUT →	• Variantengenerierung • Stücklistenverwaltung • Zeichnungswesen (CAD) • Änderungsmanagement • Projektabwicklung • Artikelklassifizierung	• Materialdisposition • Bestandsführung / -analysen • Losgrößenmanagement / Fertigungs- / Kaufteile • Organisation der Nachschubautomatik • Chargen- / Seriennummernverwaltung • Beschaffen Standard-Kaufteile • dito Terminüberwachung	• Lieferantenverwaltung / -auswahl / -bewertung • Kaufteile / Verwaltung • Bestellabwicklung / Mahnwesen • Fremdfertigung • Lieferantenmanagement • Supply-Chain-Management (SCM)	• Arbeitsplanverwaltung • Zeitwirtschaft • Kapazitätswirtschaft / Ressourcenverwaltung • Auftrags- und Terminplanung • Make or buy - Entscheidungen • Vor- / Nachkalkulation Herstellkosten • Soll-Ist-Vergleiche	• Fertigungsauftragsfreigabe • Erstellen Produktionspläne • Feinplanung (MES) • Werkstattsteuerung • Ressourcen- und Terminüberwachung • Rückmeldewesen BDE- / Qualitätsdaten • Soll-Ist-Vergleiche	• Bestandsmanagement • Wareneingang / Menge / Sachlich / QS • Zugangs- / Abgangsbuchungen • Warenbereitstellung • C-Teile-Management • Inventur • Lagerort- / LVS-Verwaltung • First-in- / First-out- / Verfalldaten- / Chargenverwaltung	OUTPUT → • Kommissionieren • Versand- / Transportplanung • Lademittelverwaltung • Zollabwicklung • Retouren- / Reklamationsabwicklung OUTPUT →	• Geräteverwaltung • Service und Ersatzteile • Service / Montageabwicklung (SMS)

→ Datenüberleitung zu CAD - QS - kaufm. Modulen - Controlling ←

1) In Anlehnung an Prof. Dr. Schuh / Prof. Dr. Stich, FIR-RWTH-Aachen

Was zu folgendem Organisationsaufbau führt (Beispiel):

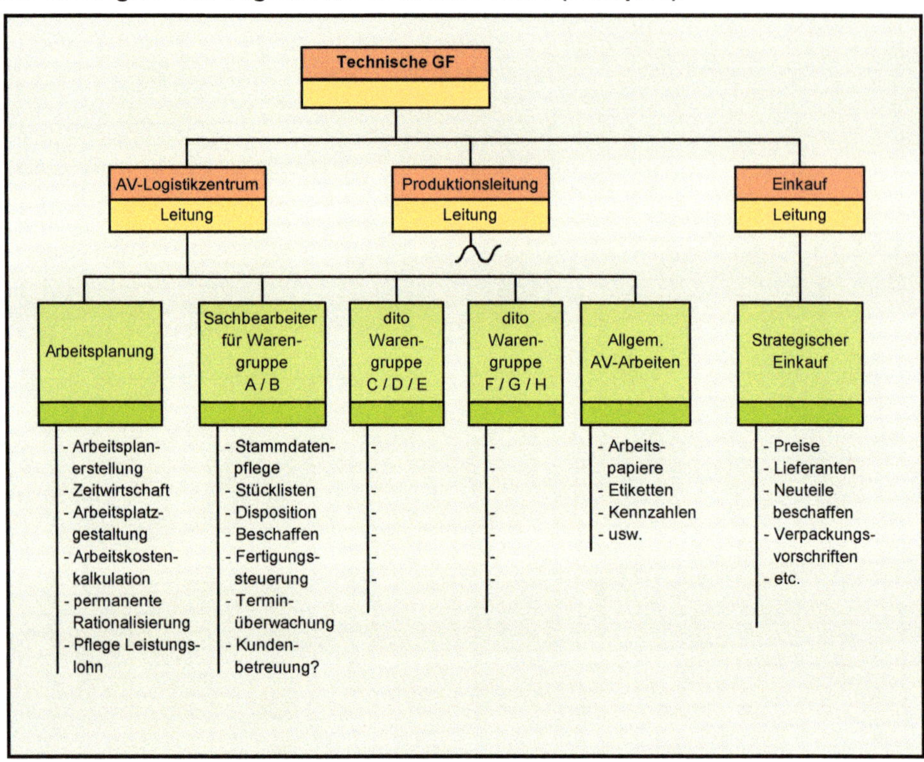

Mit folgender ca. Kapazitätsbetrachtung je Sachbearbeiter, je nach Branche und Organisationsgrad. Basis 100%-ige Nutzung eines PPS- / ERP-Systems. AV / Fertigung ist prozessorientiert nach Warengruppen ausgerichtet.

Art der Tätigkeit	Mögliche Kapazität / MA ca. Werte	Bezugsgröße	Bemerkung
Disponieren und Beschaffen (Abarbeiten von Dispo-Positionen)	120 - 180	Positionen pro Tag	incl. Terminkontrolle der Bestellungen
Anzahl zu betreuende Artikel bei Disponieren über Wiederbestell-punkt	3000 - 5000	Zugeordnete Artikelnummern je Disponent	je nach Wiederhol-häufigkeit
Anzahl zu betreuende Artikel bei Disponieren nach Reichweiten	1000 - 1500		
Einsteuern / terminliche Überwachung der Betriebsaufträge	30 - 50	Betriebsaufträge pro Tag	bei dezentraler Steuerung
	60 - 100		bei zentraler Steuerung, MES-Leitstandsysteme
Anzahl neue Arbeitspläne zu erstellen, incl. vorhandene vor Einsteuerung auf Aktualität überprüfen, Zeitwirtschaft betreuen	20 - 30	neue Arbeits-pläne pro Tag	je nach Anzahl Arbeitsgänge und Umfang

Wobei sich insbesondere bei Zulieferunternehmen, in Bezug auf das angesprochene Teamdenken nach in sich geschlossenen Verantwortungsbereichen, eine weitere Gliederung / Zuständigkeit nach Kunden und deren Artikeln, insbesondere im Bereich Fertigungsplanung, bewährt hat.

Bild 1.6: *AV-Matrix-Organisation „Fertigungsplanung"*

Zuständigkeit nach Kunde und dessen Artikel / Artikelgruppe — Zuständigkeiten nach Tätigkeiten und Technologien	MITARBEITERNAMEN						Steuernde Tätigkeiten bis Werkzeug- / Teilefreigabe	Werkzeugtechnologie
	Angebotswesen / Kundenbetreuung			Planerische Tätigkeiten				Leitung Werkzeugtechnik
	Weber	Walter	Werner	Weber	Walter	Werner		
	Pate für Kunde, bzw. dessen Teile						Zentrale Steuerung	QS-Berater
	XY	RZ	LMN	XY	RZ	LMN		
Kundenbetreuung / Technische Klärung / Betreuung	X	X	X	X	X	X		
Vorkalkulation – Werkzeuge								X
Vorkalkulation – Neuteile	X	X	X					
Abgabe Angebot / Nachfassen	X	X	X					
Werkzeugtechnologie: Konstruktion / Werkzeugbau				(X)	(X)	(X)		X
Terminplanung / Terminüberwachung von Werkzeugen und 0-Serie							X	
Musterbetrg., 0-Serienanlauf				X	X	X	(X)	(X)
Pate für n.i.O.-Teile incl. Sicherstellung der Fertigungsqualität				(X)	(X)	(X)		X
Stücklisten Arbeitsplan = Stammdaten				X	X	X		
Zeitwirtschaft und allgemeine Rationalisierung				X	X	X		
Nachkalkulation / Preis-Kosten-Kontrolle	X	X	X					
QS und Technologie der Fertigung:	(ehemalige) Meister der Abteilung / Technologieberater							
Mitarbeiterqualifikation - Gießen				X				(X)
- Entgraten / Scheuern				X				(X)
- Bohren, Reiben					X			(X)
- Fräsen, Schleifen					X			(X)
- Stanzen						X		(X)
- Kunststoffspritzen				X				(X)
- Montage						X		(X)
Pate für Kunde / Artikelgruppe	XY	RZ	LMN	XY	RZ	LMN	-	Spezialfragen

Block 2 Materialwirtschaft / Logistik / Nachschubautomatik / Losgrößenmanagement

Welche Logistikstrategien sind für Ihre Produkte / Warengruppen die Richtigen?
Dynamisches Bestandsmanagement
Bedarfs- / verbrauchsgesteuerte Verfahren – *WAS* ist *WANN* besser?

Strategien und Ansätze des Supply-Chain-Management in der Materialwirtschaft

- **Mit SCM-KANBAN Prozessen systematisch verbessern, Lieferzeiten verkürzen, Fehlteile, Fehlleistungskosten minimieren**
- **Vermeiden Sie Überproduktion – Es ist immer das Falsche vorhanden / es wird immer das Falsche zum falschen Zeitpunkt produziert – Dies ist Verschwendung von Zeit, Kapazität und Kapital**

Abwicklungskosten, Prozesskosten Intern / extern, Fehlleistungskosten senken

REDUZIERUNG DES WORKING CAPITALS

Aufträge

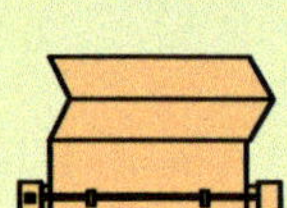

Bestellungen bei Lieferanten

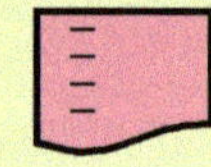

Fertigungsaufträge

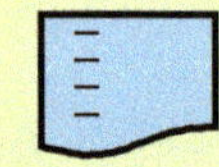

Umterminierung / Kapazitätsgrenzen öffnen

Produktionspläne

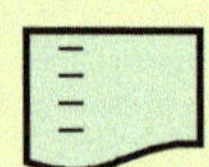

Aufbau der mittelfristigen Planung Materialwirtschaft / Nachschubautomatik

Ein dynamisches Bestandsmanagement ist ein wesentlicher Teil der logistischen Leistungsfähigkeit im Unternehmen. Es entscheidet mit über die Höhe der Liquidität der verfügbaren Mittel, z. B. für Investitionen.

Es zeichnet sich dadurch aus, dass die Herausforderungen

Kriterium				Ziel
	● Minimale Kapitalbildung	Geringe Vorräte / Umlaufvermögen	↘	
	● Minimale Bestandskosten	Geringe Beschaffungs- / Lagerkosten	↘	
	● Hohe Liquidität	Hohe Verfügbarkeit / kurzfristig verfügbare Mittel (Basel III)	↗	
	● Hoher Lieferservice	Hohe Lieferfähigkeit / Lieferbereitschaftsgrad	↗	

in einer bestmöglichen Relation zueinanderstehen. Versorgungssicherheit für eine kostenoptimierte Produktion muss ebenso sichergestellt sein, wie die kostenoptimierte Beschaffung bezüglich kurzer Lieferzeiten und hoher Termintreue.

Wodurch sich folgende Aufgaben in der mittelfristigen Planung für Material- / Kapazitätswirtschaft ergeben:

Vorgehen	Maßnahmen	Auswirkungen
<u>SCHRITT 1</u> **Durchführen von Materialbedarfsplanung**	**Ermittlung des Nettobedarfes an Material in den einzelnen Perioden (Wochen / Tage)** **Auslösen der Nachschubautomatik incl. Terminüberwachung**	**Schaffen der Voraussetzungen, dass für die termingerechte Auftragsdurchführung das notwendige Material vorhanden ist, zeitnah, mit minimierten Beständen**
Durchführen der Kapazitätsplanung / -Terminierung (siehe Kapitel 7)	Belasten der Arbeitsplatzgruppen mit dem Kapazitätsbedarf lt. Fertigungsauftrag. Überprüfung der Kapazitätsbelegung. Evtl. Umdisposition der Aufträge zum Kapazitätsausgleich, bzw. Schaffen von Zusatzkapazitäten	Schaffung der Voraussetzungen, dass zur Abwicklung der Aufträge keine Kapazitätsengpässe entstehen (Kapazitäten schaffen, nicht verwalten). Frühzeitiges Erkennen von Auslastungsschwierigkeiten. Treffen geeigneter Maßnahmen, flexible Kapazitäten

[1] Basel III = Bankenregeln / Ranking für die Kreditvergabe

2.1 Disposition / Bedarfs-, Bestell-, Bestandsrechnung / Nachschubautomatik

Sicher ist, dass der Einsatz der IT allein keine wesentlichen Ergebnisse im Hinblick auf eine Just-in-time-Materialwirtschaft mit niederen Beständen mit sich bringt. Ganz im Gegenteil: In manchen Firmen ist man durch den Einsatz von zu starren Programmen und Abläufen unbeweglich geworden, was sich längerfristig, aber sicher bessert:

a) Die Warenwirtschaftsmodule in Verbindung mit LVS – Lagerverwaltungssysteme, Barcode-, Transpondersysteme immer weiter verbessert werden und somit vermehrt Einzug in den Unternehmen halten

u n d

b) Der KANBAN- / Supply-Chain-Gedanke in der Materialwirtschaft (SCM genannt), mit selbst auffüllenden Lägern nach dem Min.- / Max.-System immer mehr Einzug hält

Bild 2.1: *Zusammenhänge der Produktions- und Beschaffungslogistik*

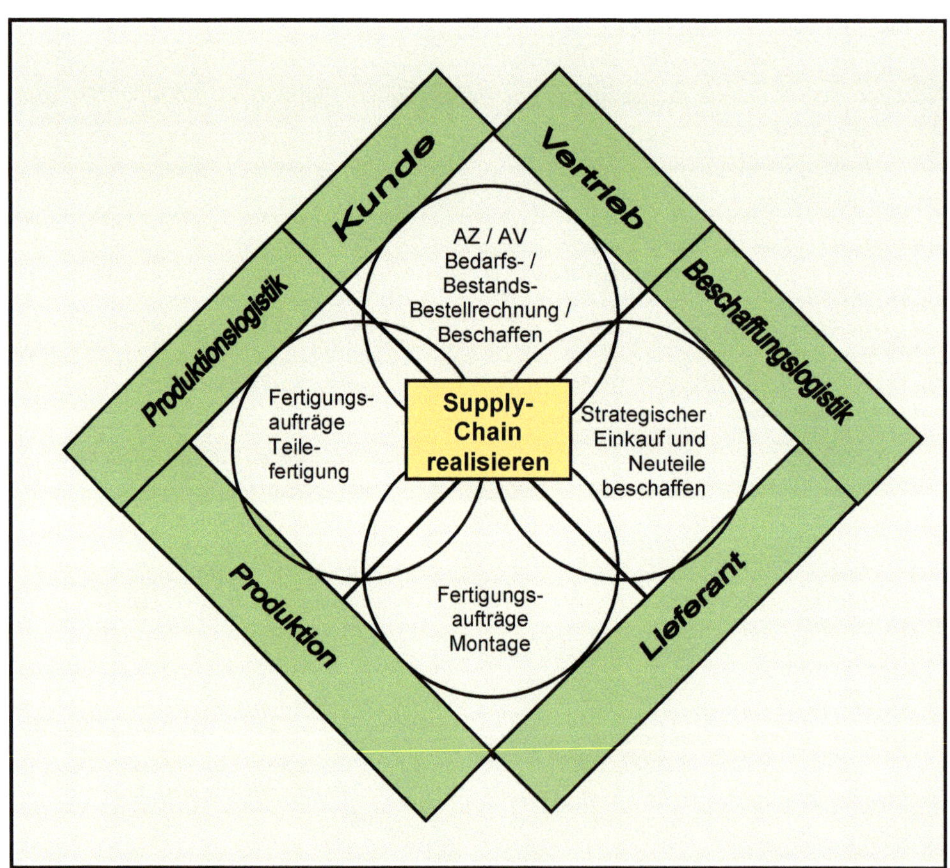

Was zu folgender Methodensammlung zur Prozess- und Bestandsoptimierung führt:

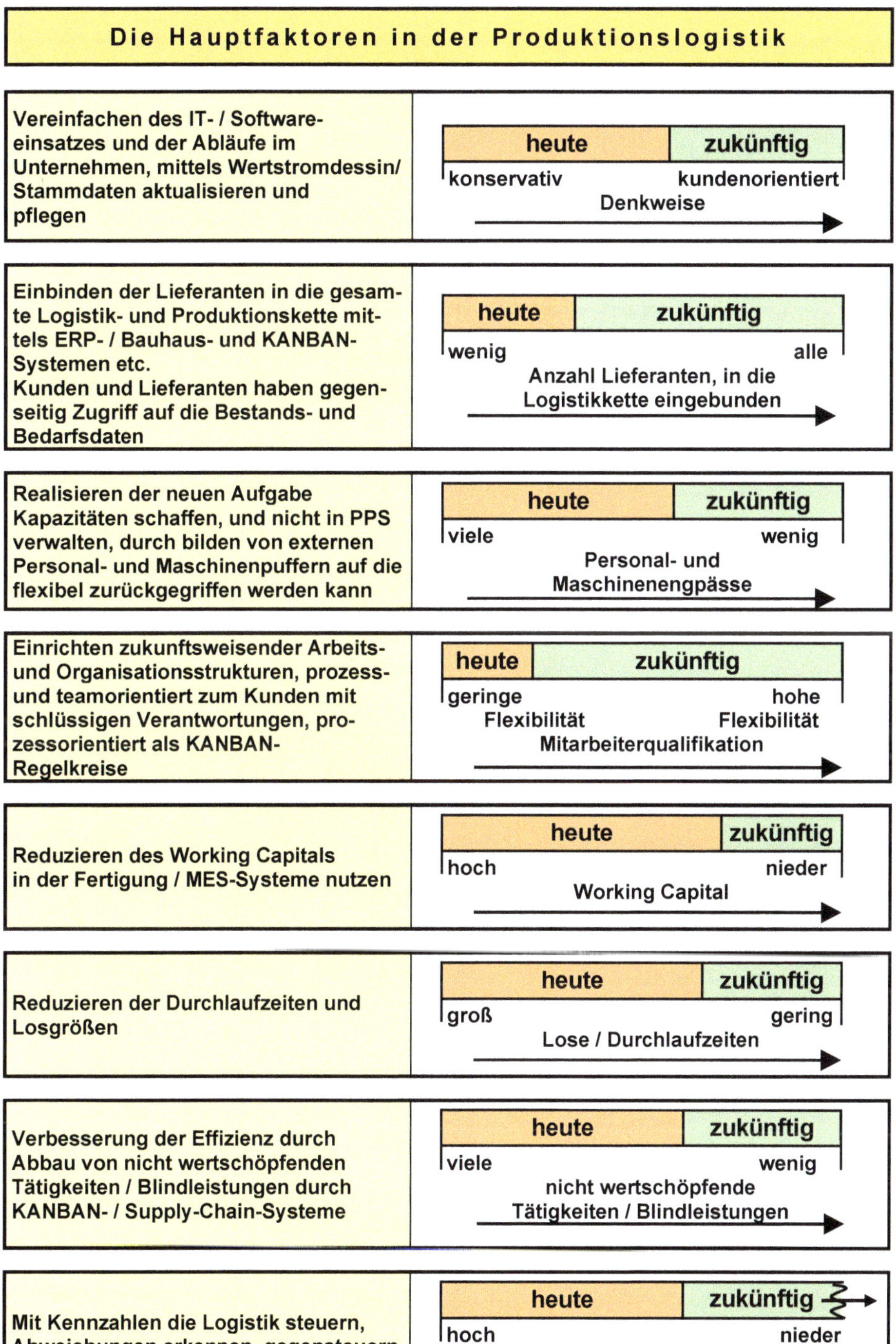

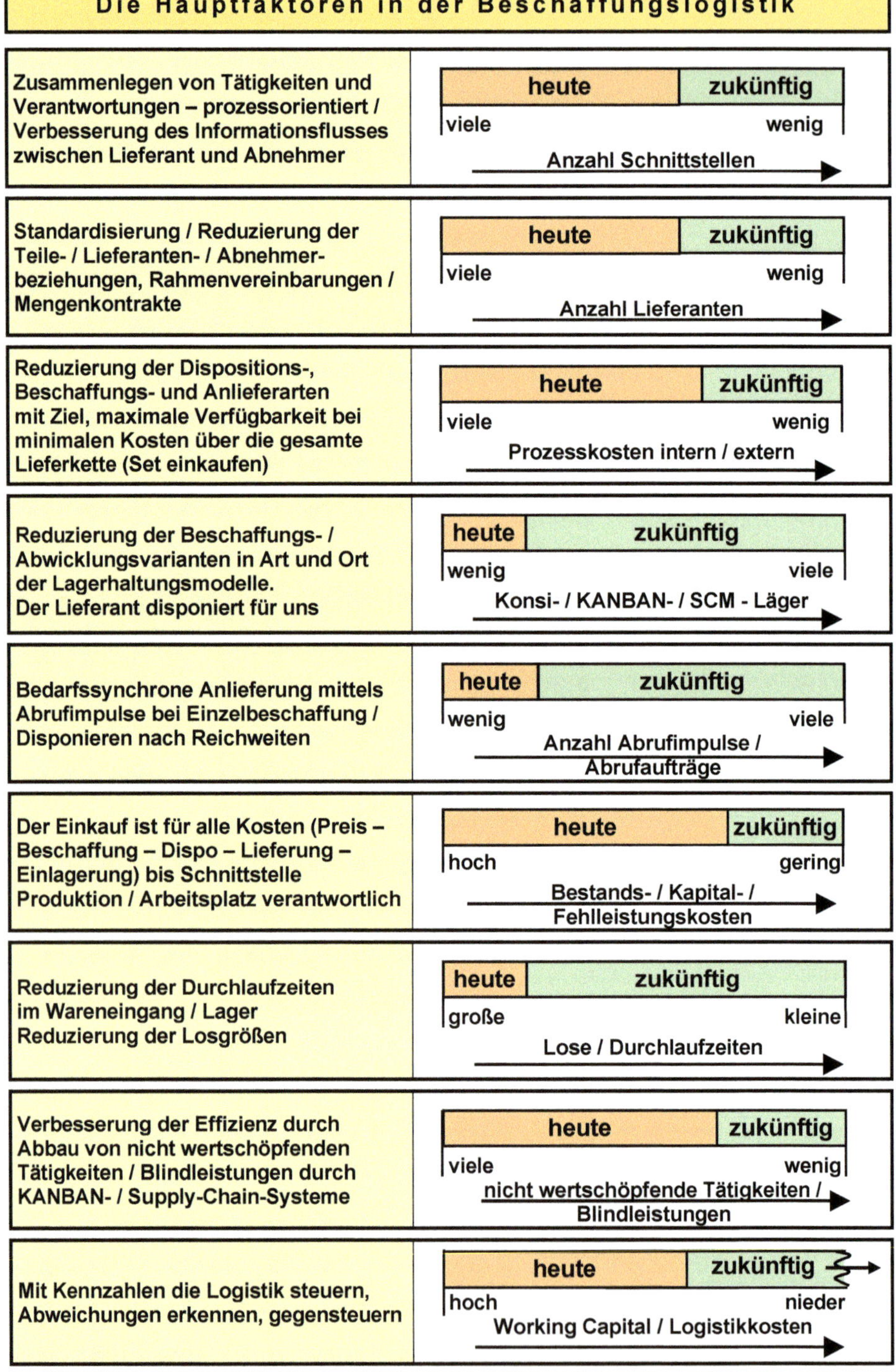
Die Hauptfaktoren in der Beschaffungslogistik
Zusammenlegen von Tätigkeiten und Verantwortungen – prozessorientiert / Verbesserung des Informationsflusses zwischen Lieferant und Abnehmer
heute
zukünftig
viele
wenig
Anzahl Schnittstellen
Standardisierung / Reduzierung der Teile- / Lieferanten- / Abnehmerbeziehungen, Rahmenvereinbarungen / Mengenkontrakte
heute
zukünftig
viele
wenig
Anzahl Lieferanten
Reduzierung der Dispositions-, Beschaffungs- und Anlieferarten mit Ziel, maximale Verfügbarkeit bei minimalen Kosten über die gesamte Lieferkette (Set einkaufen)
heute
zukünftig
viele
wenig
Prozesskosten intern / extern
Reduzierung der Beschaffungs- / Abwicklungsvarianten in Art und Ort der Lagerhaltungsmodelle. Der Lieferant disponiert für uns
heute
zukünftig
wenig
viele
Konsi- / KANBAN- / SCM - Läger
Bedarfssynchrone Anlieferung mittels Abrufimpulse bei Einzelbeschaffung / Disponieren nach Reichweiten
heute
zukünftig
wenig
viele
Anzahl Abrufimpulse / Abrufaufträge
Der Einkauf ist für alle Kosten (Preis – Beschaffung – Dispo – Lieferung – Einlagerung) bis Schnittstelle Produktion / Arbeitsplatz verantwortlich
heute
zukünftig
hoch
gering
Bestands- / Kapital- / Fehlleistungskosten
Reduzierung der Durchlaufzeiten im Wareneingang / Lager Reduzierung der Losgrößen
heute
zukünftig
große
kleine
Lose / Durchlaufzeiten
Verbesserung der Effizienz durch Abbau von nicht wertschöpfenden Tätigkeiten / Blindleistungen durch KANBAN- / Supply-Chain-Systeme
heute
zukünftig
viele
wenig
nicht wertschöpfende Tätigkeiten / Blindleistungen
Mit Kennzahlen die Logistik steuern, Abweichungen erkennen, gegensteuern
heute
zukünftig
hoch
nieder
Working Capital / Logistikkosten
Radikalität in der Umsetzung ist der Erfolg

2.1.1 Der Disponent wird Beschaffer / Pate für seine Teile und Produkte

Terminplanung / Material- und Kapazitätswirtschaft – eine Einheit

Ein wesentlicher Punkt zur termintreuen Lieferung mit minimierten Beständen liegt in der Reduzierung der Entscheidungsebenen und der Zuordnung von genau definierten Verantwortlichkeiten für Disposition und Beschaffung nach Produkt- / Artikelgruppen. Sie wird durch eine zweckentsprechende Matrixorganisation erreicht. Wenn der Preis und der Lieferant bekannt sind, wird der Disponent auch Beschaffer. Also Aufteilung des Einkaufes in einen strategischen Teil (z. B. Preise, Lieferantenauswahl etc.) und in einen operativen Teil (wiederkehrendes Beschaffen wird in die Disposition integriert).

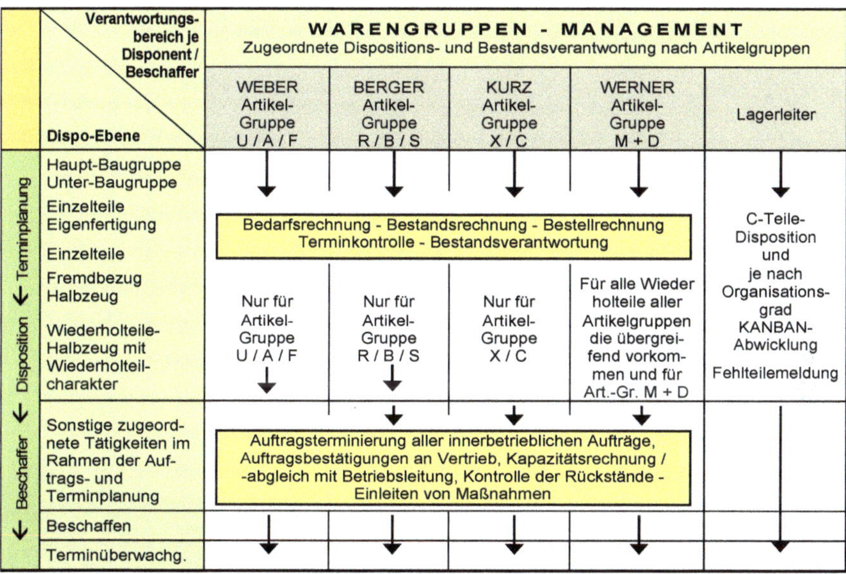

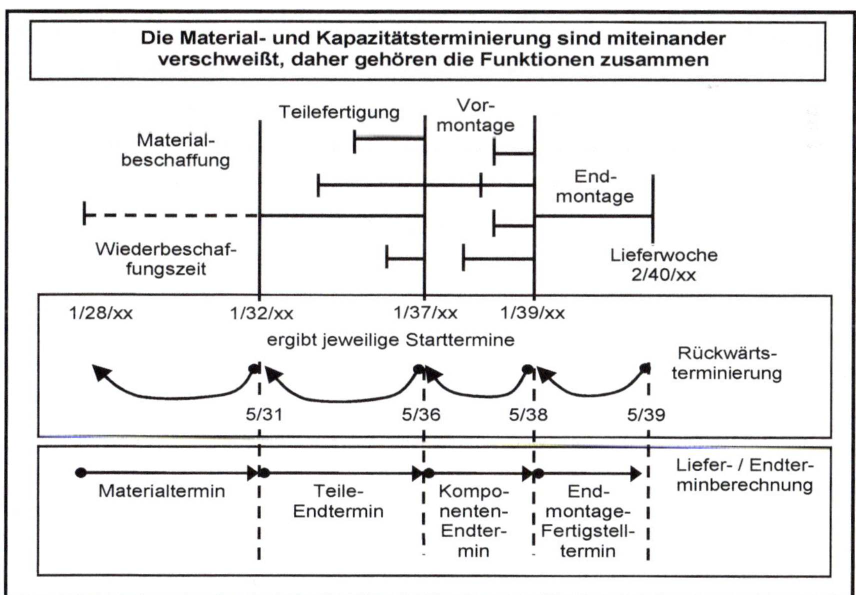

Diese Zuordnung der Auftragsterminierung der Material- und Kapazitätsverfügbarkeit nach Produktgruppen hat den Vorteil, dass jeder Disponent / Beschaffer im Detail bis hin zum Halbzeug über seine Bestände / Fehlteile / Lieferterminsituation etc. genauestens Bescheid weiß, er sofort auskunftsbereit ist und durch diese Zuordnung nach Artikelgruppen auch ein abgestimmtes Disponieren der Teile untereinander nach Reichweiten und das Beschaffen in Wellen eingerichtet werden kann).

Der Erfolg der Arbeit je Produktgruppenverantwortlichem kann mittels Kennzahlen einfachst dargestellt werden.

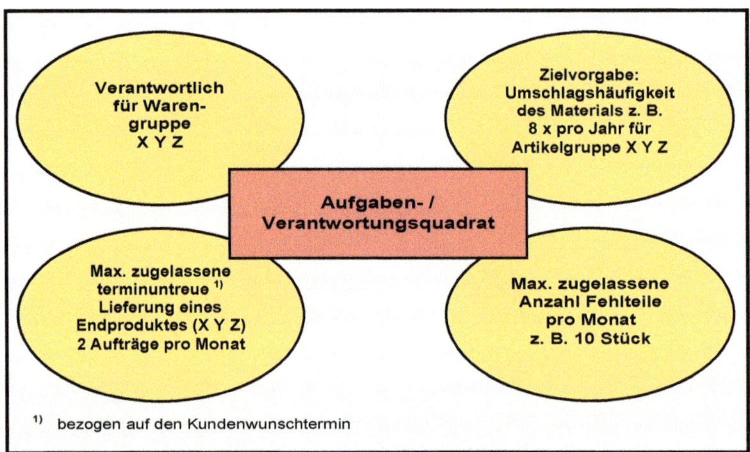

Niedere Bestände benötigen ein verbessertes Material- und Kapazitätsmanagement / Verantwortungsbewusstsein über die gesamte Prozesskette.

Bild 2.2: *Darstellung von Bestandshöhe und Organisationsmängel*

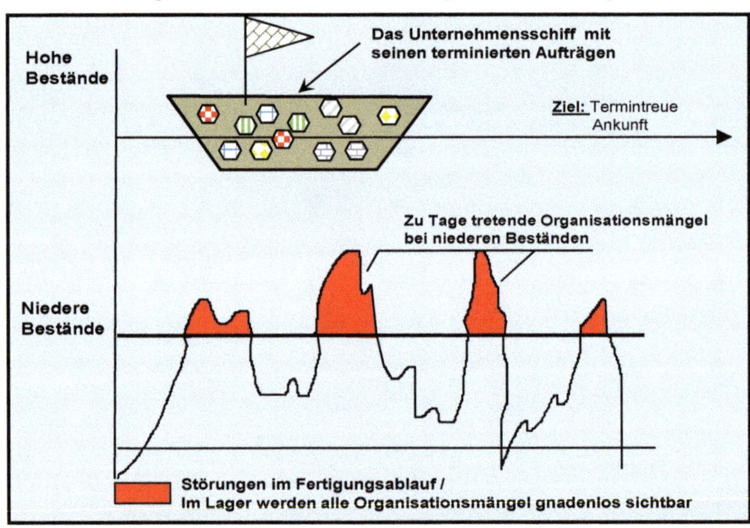

Wichtige Voraussetzung für eine zeitgerechte Material- / Teileanlieferung ist jedoch ein stimmendes Bestandswesen, d. h. dass sowohl die körperlichen als auch reservierten Bestände in der IT mit den tatsächlichen Beständen übereinstimmen, wobei SCM-Systeme durch die automatische Nachschubregelung Bestandsfehler minimieren.

Mehr Verantwortung und Arbeitsinhalte ins Lager verlegen / Fehlleistungen minimieren / die AV näher an den Kunden bringen

Die Softwaresysteme sind heute durchgängig angelegt (Datenbanksysteme), so dass prinzipiell nur Zugriffsberechtigungen freigegeben werden müssen.

Die Erfahrung hat gezeigt, je näher (örtlich) die Bestandsführung / Nachschubautomatik am Lagerfach ist, je besser stimmen die Bestände, je weniger Fehlleistungen gibt es.

Die steigende Anzahl Dispo-Vorgänge, durch steigende Anzahl Aufträge mit kleineren Stückzahlen, bei permanent steigender Variantenanzahl, sowie die Schnittstellenproblematik / Erkenntnisse aus dem Wertstromdessin, führen dazu, dass immer mehr Unternehmen die Bestandsführung (zumindest für bestimmte Artikel) in die Hände des Lagers/ des Lagerleiters legen.

Auch die Überlegung, wie kann die AV / Auftrags- und Terminplanung näher an den Kunden gebracht werden, führt dazu, die komplette Bestandsverantwortung bezüglich Wert und Datenqualität ins Lager zu geben, also die Arbeitsinhalte im Lager bezüglich Disposition / Nachschubautomatik immer weiter zu erhöhen.

Ziel: Da wo der Hauptlieferant und der Preis bekannt sind, ist es sinnig die Nachschubautomatik in die Verantwortung des Lagerleiters zu legen. Prozesse werden minimiert, die Datenqualität steigt.

Der Just-in-time- und Supply-Chain-Gedanke, sowie die Umstellung von der bedarfsorientierten Disposition, in eine verbrauchsorientierte Disposition fördert dies weiter.

SCM-System = Selbst auffüllende Lager durch den Lieferanten über Internet-Plattform mit Min.- / Max.- Beständen

KANBAN-System = Nachschubautomatik durch das Lager, 2-Behälter-System

C-Teile-Management = Das Supermarktsystem für Industriebetriebe
Lieferant füllt in eigener Verantwortung die Lager auf, 2-Kisten-System, Ware gehört noch dem Lieferanten

E-Business / niedere Bestände werden die Bedeutung des Lagers, bezüglich einer funktionierenden Nachschubautomatik mit stimmenden Beständen, weiter erhöhen. Fehlleistungen / Fehlleistungskosten werden minimiert.

Niedere Bestände zeigen im Lager jegliche Art von Organisations- / sonstiger Mängel auf.
Egal wo sie in der Logistik-Kette entstehen.
Im Lager werden sie sichtbar.

Eine Vollständigkeitskontrolle der einzelnen Funktionen, *„Wer macht was?“*, *„Wer hat für was Verantwortung?“*, hier dargestellt als Funktions- / Tätigkeitsmatrix, ist sinnvoll. Lücken werden dadurch eindeutig festgestellt.

Grobablauf und Funktion / Tätigkeiten nach Hauptfunktionen	**Konstruktion Techn. Büro**	**Arbeitsplanung**	**Disponent 1)**	**Einkauf**	**Fertigungssteuerung**	**Lagerist bzw. Wareneingang**	**Qualitätskontrolle**
Vergabe von Artikelnummern	X						
Pflege aller Konstruktionsbasisdaten, Erstellen Konstruktionsstückliste	X						
Erstellen Fertigungsstückliste und Pflege der Stücklisten / dito. Arbeitspläne		X					
Pflege der Material- / Teile-Stammdaten, wie z. B. Materialbemessung, Bruttogewichte		X					
Pflege der Dispo-Stammdaten, wie z. B. Bestellpunkte, Ø-Verbräuche, Mindestbestände			X				
Bedarfsrechnung und Verbuchen der Reservierungen / Bestandsrechnung			X				
Bestellrechnung incl. Festlegung der Bestellmengen und Termine			X				
Beschaffen / Verarb. Auftragsbestätig.			X	(X)			
Terminüberwachung, Bearbeiten / Führen von Rückstandslisten			X				
Bestandshöhenverantwortung			X				
Führen Differenzkonto der Bestände						X	
Lagerbestandsführung incl. Buchen von Zu- und Abgängen						X	
Lagerortzuordnung incl. Lagerordnung insgesamt						X	
Mengenkontrolle / Bestandskontrolle						X	
Verfügbarkeitskontrolle vor Auftragsfreigabe					X		
Fehlermeldung bei Auftragsbereitstellung bzw. Restmengenmeldung						X	
Terminverantwortung Fremdteile			(X)	X			
Terminverantwortung Eigenteile			X		X		
Bestandsstatistiken / Kennzahlen			X			X	
Qualitätskontrolle / Reklamationsbearbeitung							X
Inventurbearbeitung			X			X	
Plausibilitätskontrollen / Restmengenmeldung		X	X	X		X	
Pflege Wiederbeschaffungszeiten Kaufteile				X			
dito Fertigungsteile					X		
Verantwortung für Lieferanten incl. Preise, Rabatte etc., Einkaufsstammdaten				X			
Neuteile - Beschaffung				X			
Lieferantenbewertung				X			
Erstellen Vorcash, bzw. Festlegen von Langfristplanzahlen für A-Teile bzw. Teile mit langen Lieferzeiten			X Vertriebsleitung in Zusammenarbeit mit Disposition				

1) Für Fertigerzeugnisse: Disponent und Lagerist Fertigwarenbereich
Für Halbzeug / Einzelteile / Baugruppen: Disponent und Lagerist AV-Bereich

( ) Wenn Disponent und Beschaffer 1 Person, geht diese Tätigkeit in die Verantwortung des Disponenten / Beschaffers

2.1.2 Die Stücklisten- / Rezepturauflösung – Basis der Material- / Teile- und Baugruppendisposition

Für die Materialdisposition müssen die Stücklisten / Rezepturen aufgelöst, das heißt der Teile- / Rohstoffbedarf ermittelt werden. Dadurch erfahren wir, wie viel Material / Rohstoff beschafft und welche, bzw. wie viel Teile / Baugruppen neu angefertigt werden müssen, bzw. was lagerfähig vorrätig ist (Brutto- / Netto-Bedarfsrechnung).

Im ersten Durchlauf werden die auf der obersten Ebene benötigten Baugruppen und Einzelteile auf Verfügbarkeit geprüft. Wenn o. k. → Ende. Wenn nicht verfügbar, dann nächste, darunter liegende Ebene prüfen usw., bis zum Schluss Einzelteile, Rohmaterial abgeprüft wird. Das Ergebnis dieser Bedarfsermittlung gibt Aufschluss über die zu produzierenden oder einzukaufenden Einzelteile bzw. Rohmaterialien.

Nachfolgende Darstellung zeigt, wie häufig disponiert und im Lager die Ware in die Hand genommen und gebucht werden muss.

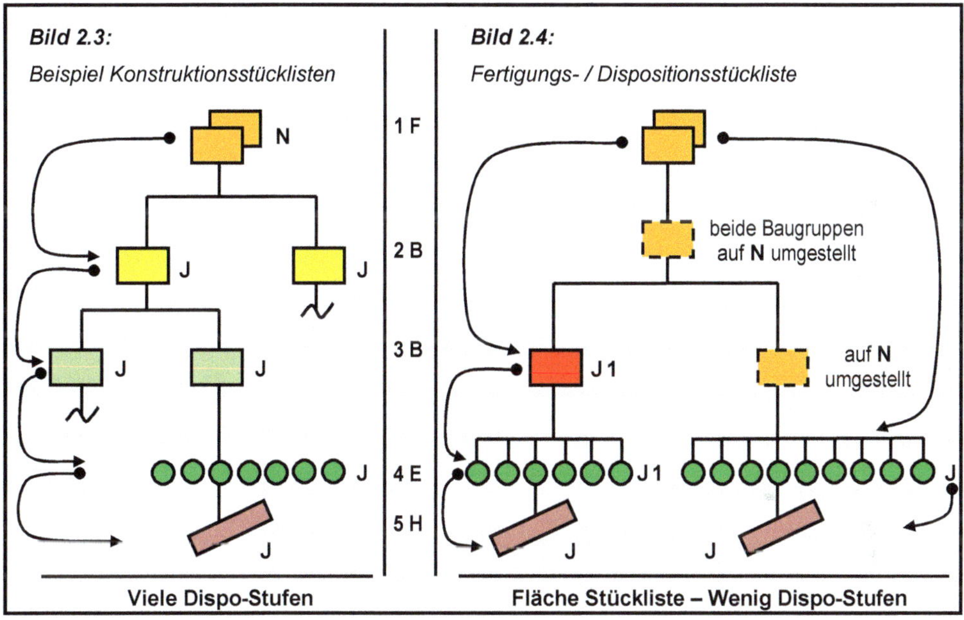

Legende:

1 F	=	Fertigprodukt	Ebene 1
2 B	=	Baugruppe	Ebene 2
3 B	=	Unterbaugruppe	Ebene 3
4 E	=	Einzelteile	Ebene 4
5 H	=	Halbzeug	Ebene 5

N = Nicht lagerfähig, also keine Dispo-Stufe, nur Strukturstufe für F + E Baugruppen-Nr. bleibt bestehen

J = Lagerfähig, wird dispositiv behandelt. Lagerfach vorhanden und gleichzeitig Strukturstufe für F + E

J 1 = wird über KANBAN-System durch die Fertigung selbst gesteuert

Aus dieser Darstellung wird ersichtlich, je mehr Dispositionsstufen vorhanden sind:

- desto länger ist die Reaktionszeit,
- umso höher sind die Sicherheiten in Menge und Termin, die Bestände in den Dispo-Stufen addieren sich auf das X-fache des Notwendigen,
- umso mehr Dispositions- / Bereitstell- und Buchungsprozesse entstehen, die nach jeweils eigenen Regeln ablaufen,
- umso schwieriger wird es, die Einzeloptima, die einzelnen Entscheidungsprozesse aufeinander abzustimmen,

und der ursprüngliche Gedanke, kurze Lieferzeiten zum Kunden, ist durch die große Variantenvielfalt hinfällig geworden. Es fehlt doch immer etwas.

Flache Stücklisten und Einrichten von KANBAN-Lagern in der Fertigung minimieren den Aufwand in Disposition und Lager, senken die Bestände bei höherer Verfügbarkeit, Stellplätze werden frei. Sofern Baugruppen als Ersatzteile benötigt werden, werden separate Ersatzteil-Stücklisten angelegt. Ebenso sogenannte Entnahme- / Bereitstell-Stücklisten für das Lager, wenn nach Baugruppen bereitgestellt werden muss. Ebenso sogenannte Bereitstell-Stücklisten für das Lager, wenn nach Baugruppen bereitgestellt werden muss.

2.1.3 Mehrstufigkeit abbauen / Reduzierung der Dispositionsebenen / Lagerstufen

Reduzierung der Dispositionsebenen, ein Schritt zur Senkung der Bestände – Erhöhung der Verfügbarkeit und Flexibilität / freie Lagerplätze

Die Regeln der Materialwirtschaft lehren, dass in den einzelnen Dispositionsebenen die jeweiligen Lagermengen einzeln optimiert werden. Dadurch kann das Gesamtoptimum aus den Augen verloren werden und es wird zu viel Kapital in Lagerbeständen und -ausstattung investiert, weil Lagern in den Mittelpunkt aller Überlegungen gestellt wurde.

Das Ergebnis dieser nicht mehr zeitgemäßen Denkweise ist:

Unnötige Lagerstufen, sowohl auf den Ebenen

- Fertigungserzeugnisse
- Baugruppen
- Einzelteile,

als auch in der Fertigung, in Form von abzuarbeitenden Aufträgen.

Die Baugruppen-Zeichnungs- / Artikelnummern bleiben erhalten, im ERP-System wird nur der ✓ Haken von lagerfähig **J** auf lagerfähig **N** gesetzt, also eine fiktive Baugruppe dargestellt, damit u. a. auch für das Bereitstellen der Ware im Lager eine sogenannte Entnahme-Stückliste erzeugt werden kann, bzw. die Konstruktion weiter auf die Baugruppe zugreifen kann.

Die Durchlaufzeit wird insgesamt verkürzt. Die Warteschlangenproblematik geht gegen null, da die Mengen der zu fertigenden Baugruppen pro Auftrag kleiner wird.

Bild 2.5: *Schema Wertezuwachs- und Lagerbestandsprofil*

Dispositions-Stückliste mit L = Lagerebene	**Lagerwert bei 5 Lagerebenen**	**Durchlaufzeit bei 5 Lagerebenen**	**Lagerwert bei 2 Lagerebenen**	**Durchlaufzeit bei 2 Lagerebenen**
Fertigerzeugnis	------	0,1 Monate Endmontage	------	0,2 Monate Endmontage
Baugruppe 1. Ordnung	€ 200.000,--	0,5 Monate Fertigungsdurchlaufzeit 1,0 Monate Liegezeit Lager	------	entfällt
Baugruppe 2. Ordnung	€ 150.000,--	0,5 Monate Fertigungsdurchlaufzeit 1,0 Monate Liegezeit Lager	------	entfällt
Baugruppe 3. Ordnung	€ 120.000,--	0,5 Monate Fertigungsdurchlaufzeit 1,0 Monate Liegezeit Lager	------	
Einzelteile F = Fremdbezug E = Eigenfertigung	€ 100.000,--	0,5 Monate Fertigungsdurchlaufzeit 1,0 Monate Liegezeit Lager	€ 200.000,--	0,5 Monate Fertigungs-durchlaufzeit 1,0 Monate Liegezeit Lager (als Konsi-Lager?)
Halbzeug	€ 50.000,--	1,5 Monate Liegezeit Lager	€ 50.000,--	1,5 Monate Liegezeit Lager
Summen: 5 Lagerebenen	**€ 620.000,--**	**7,6 Monate Gesamt-Durchlaufzeit**	**€ 250.000,--**	**3,2 Monate Gesamt-Durchlaufzeit NEU**

Praxisrat:

Nur auf der untersten Stücklistenebene Materialsicherheit (hoher Servicegrad) herstellen, evtl. werden Bereitstellstücklisten für das Lager notwendig, wenn Baugruppen zeitversetzt oder an verschiedenen Montageplätzen angeliefert werden müssen.

Wenn Dispositionsstufen und Arbeitsstationen im Produktionsprozess nicht abgebaut werden können, ist zumindest eine Synchronisation im Durchlauf (Grüne Welle) anzustreben, damit Warteschlangen vermieden werden können / Disponieren nach Wellen (gleiche Mengen).

Basis für eine bedarfsdispositions- und fertigungsgerechte Stücklistenauflösung sind so genannte **Fertigungs- / Dispositionsstücklisten**.

Die Konstruktions- / Fertigungs- oder Dispositionsstücklisten unterscheiden sich untereinander dadurch, dass die Fertigungsstücklisten nicht nach konstruktiven Gesichtspunkten, sondern nach Dispositions- und Lagerstufen aufgebaut sind, wie sie in der Fertigung zusammengeführt werden, reine Strukturstufen als fiktive Baugruppen außer Acht bleiben und möglichst nicht an Lager gelegt werden. Durch paralleles Montieren, Vor- / Endmontage, werden Ihre Lieferzeiten zum Kunden nicht länger, eher kürzer; und die Montage kann flexibler reagieren, da nicht durch große Fertigungslose verstopft.

Einkaufsstücklisten für den Kauf von fiktiven Baugruppen (SET) anlegen

Durch die steigende Anzahl Varianten wird der Aufwand im Wareneingang / Lager / in der Beschaffung, in der gesamten Logistik immer größer.

Eine Möglichkeit dies zu vermeiden (wenn möglich) ist, zusammengehörige Teile als SET einzukaufen. Ein SET ist eine fiktive Baugruppe, die es so im normalen Stücklistenaufbau nicht gibt, z. B. Welle und Lager die als eine Einheit beschafft werden. Dies gilt insbesondere auch für Elektronik-Bauteile die als komplette Einheiten für z. B. eine Anlage (KIT-Lösung) auftragsbezogen eingekauft werden.

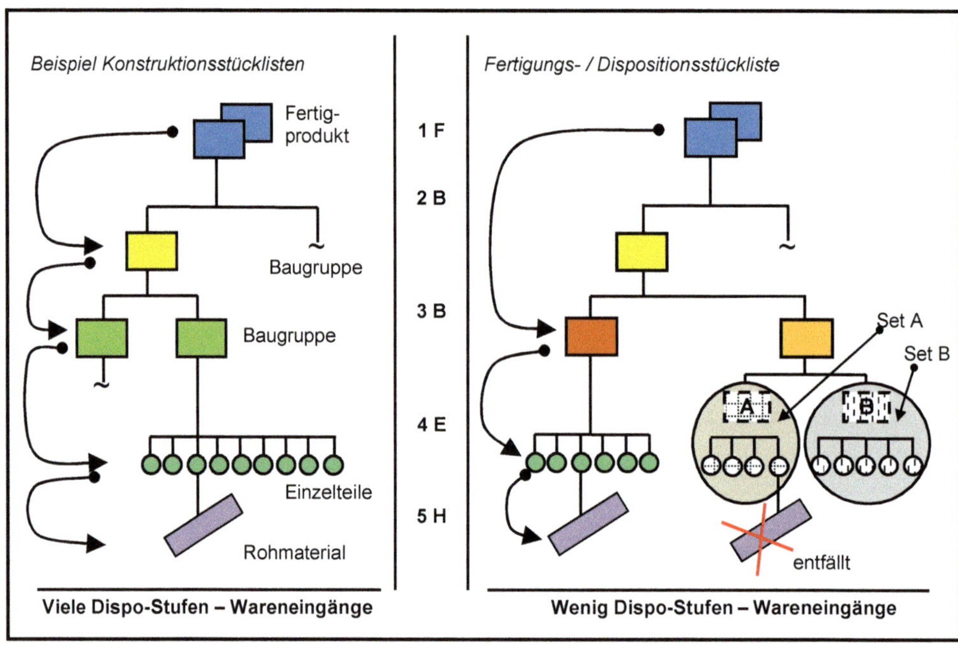

In einer weiteren Stufe stellt sich dann die Frage nach der Lagerstufe, nach welchem Arbeitsgang soll gelagert werden. Neben organisatorischen Maßnahmen kann der Abbau von Fertigerzeugnissen im Vertrieb, bzw. von Baugruppen im Betrieb durch eine flexible Material- / Teileeindeckung erreicht werden. Per Saldo ergibt dies eine deutliche Bestandsreduzierung.

Alles mit Ziel: ***NICHT SCHNELLER – SONDERN ANDERS ARBEITEN***

Bild 2.6: *Beispiel einer Strukturstückliste*

```
Strukturstückliste                                  Datum:       22.04.xx

Stüli-Nr.   00814
Alte Art.-Nr.                  Bezeichnung MEMBRANPUMPE 220/50 IP00 N06
Gruppe/Typ MEPU / N06
Zeich.Nr.   8.0707             Abmessung   00064.00 / 00102.00 / 00106.00
Matchcode   MEPU-00814
```

Baustufen										
0	1	2	3	4	5	6	Sachnummer	Bezeichnung	Zeichnungsnummer	Menge
X							00814	MEMBRANPUMPE 220/50 IP00 N 06	8.0707	1.00
	X						06054	KOPF KN BGRN06	8.03290	1.00
		X					06089	RIPPENDECKEL (HOSTALEN)N06	8.03290-010	1.00
		X					06090	ZWISCHENPLATTE (HOSTALEN)N06	8.03290-020	1.00
		X					06088	DRUCKSCHEIBE (AL)N06	8.03290-030	1.00
		X					06087	KOPFDRUCKPLATTE (AL)N06	8.03290-040	1.00
		X					06086	MEMBRANE (NEOPREN)N06	8.03290-050	1.00
		X					06083	VENTILPLATTE (NEOPREN)N06	8.03290-060	1.00
		X					05402	LINSENSCHRAUBE DIN 7985STGALZN	8.03290-070	4.00
		X					04331	FEDERRING DIN7980 STGALZN	8.03290-080	4.00
		X					05470	SENKSCHRAUBE DIN 963(KEL-F)1	8.03290-090	1.00
		X					02433	O-RING PERBUNAN	8.03290-100	2.00
	X						06048	KOMPRESSORGEHÄUSE BGRN06	8.03291	1.00
		X					06092	KOMPRESSORGEHÄUSE N06 GDALSI12	8.03291-010	1.00
		X					04499	EXZENTER (SPP-MOTOR)BGR N75	8.03218	1.00
			X				01010	EXZENTER NK7.04.01A 9SMNPB28K	8.03218-010	1.00
			X				01154	GEWINDESTIFT DIN913 STGALZN	8.03218-020	1.00
		X					01009	GEGENGEWICHT NV79 9S20K D10x10	8.03291-030	1.00
		X					06091	PLEUEL N06 GDALSI12	8.03291-040	1.00
		X					01092	ZYLINDERSCHRAUBE DIN84 STGALZN	8.03291-050	1.00
		X					07761	KUGELLAGER 6001-2Z	8.03291-060	1.00
		X					01190	ZYLINDERSCHRAUBE DIN912STGALZN	8.03291-080	2.00
	X						06603	SPALTMOTOR 220/50 BGRN05	8.03415	1.00
		X					03576	SPALTMOTOR N05	8.03415-010	1.00
		X					02958	FUSSPLATTE N05 ALCUMG1	8.03415-020	1.00
		X					03571	SENKSCHRAUBE DUN965 4.8 GALZN MIT KREUZSCHLITZ	8.03415-030	2.00
		X					01169	ERDUNGSZEICHEN SELBSTKLEBEND	8.03415-040	1.00
		X					01096	ZYLINDERSCHRAUBE DIN84	8.03415-050	1.00

Schneller Auftragsdurchlauf bedeutet bei Variantenfertiger den Einsatz von

VARIANTEN-STÜCKLISTEN / VARIANTEN-GENERATOR

Die Übernahme der Varianten, also die Eintragung in die auftragsbezogene Stückliste aus den Auftragsdaten muss weitestgehend automatisch (maschinell), entweder nach Einflussgrößen (Formeln und Tabellen) oder anhand der Ausprägung der Auftragsparameter erfolgen.

Bild 2.7: *Schemadarstellung – Funktionsweise einer Variantenstückliste,*

Zusammenspiel Variantenstückliste – Auftragsdaten – Auftragsstückliste

Variantenstückliste für Grundtyp AA

Stufe	Teilefam.	Variantenleiste Farbe, Qualität	Struktur-menge	TNR
. 1	Schrank			1000
.. 2	Tür		1	1001
... 3	Türrahmen		1	1002
... 3	Scharnier		2	1003
.. 2	Korpus		1	2000
.. 2	Boden		2	3000
... 3	Seite	rot eiche	2	4711
... 3		gelb eiche	2	4712
		grün fichte–	← 2 →	4713
		blau fichte	2	4714
... 3	Rückwand	.. ..	1	5000
....	......		.	...

Bestelldaten für Grundtyp AA

Artikel Nr. AA Farbe grün fichte 02

Menge vv Termin: Woche 12/xx

Auftragsbezogene (temporäre) Stückliste

Stufe	Teilefam.	Variantenleiste Farbe, Qualität	Struktur-menge
. 1	Schrank		
.. 2	Tür		1
... 3	Türrahmen		1
... 3	Scharnier		2
.. 2	Korpus		1
... 3	Boden		2
... 3	Seite	XY 02 ←	2
... 3	Rückwand		1

Weitere Stücklistenarten sind:

- Mengenübersichtsstücklisten für die Kalkulation / Ersatzteilstücklisten / Entnahmestücklisten, woraus sich die Struktur- und Baukastenstücklisten entwickeln
- Außerdem wird unterschieden zwischen Stücklisten für Einmalaufträge (kundenbezogen), sowie Wiederholaufträgen, eventuell mit Variantencharakter

Das Zusammenspiel Kunden- / Betriebsaufträge zu Stücklistenauflösungen – Brutto- / Netto-Bedarfsrechnung – Disposition – Beschaffen – Lagern – Versenden, aus der die Wichtigkeit der Stücklistenorganisation hervorgeht, ist nachfolgend dargestellt.

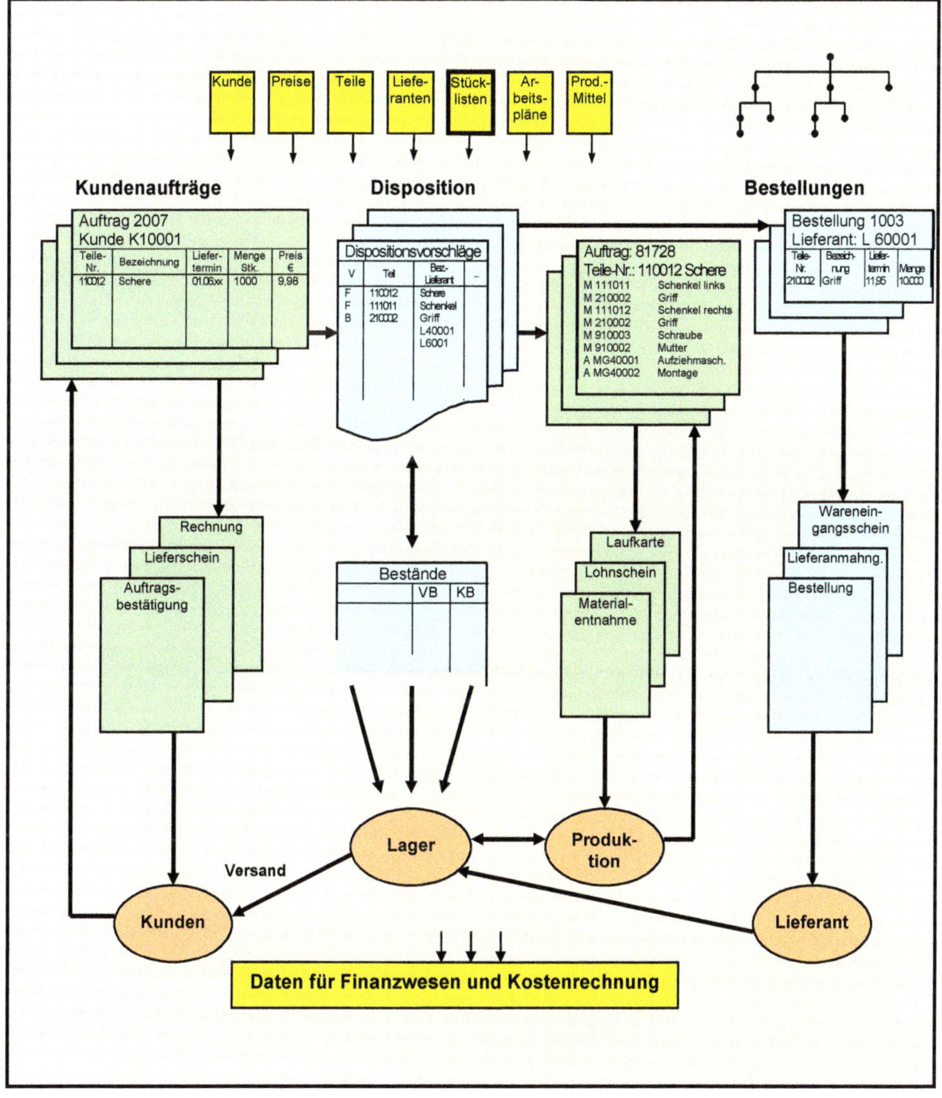

Quelle: *Fa. ISB - Calw, INFRA-Software*

2.1.4 Nach welchem Arbeitsgang soll gelagert werden?

Ein weiterer wichtiger Punkt zur Verkürzung der Durchlaufzeit und Erhöhung der Flexibilität und Reduzierung der Bestände ist die Überlegung

„Nach welchem Arbeitsgang wird an Lager gelegt?"

Im Regelfall wird davon ausgegangen, dass z. B. Einzelteile montagefähig, also direkt einbaufähig, gelagert werden, was aber zu folgenden Nachteilen führen kann:

→ Trotz hoher Bestände im Teilelager, fehlt immer gerade das Teil / die Variante, die gerade gebraucht wird, was insbesondere bei Teilen mit langen Durchlaufzeiten zu großen Problemen in der Termintreue führen kann, und

→ dies gegen wesentliche Gesichtspunkte der Kapitalbindung spricht, aber nie auffällt

da an dieses Kriterium einfach nicht gedacht wird.

Bild 2.8: *Grundsätzliche Überlegung, nach welcher Wertigkeit soll gelagert werden? Erst kurz vor Auslieferung sollte die größte Wert- und Kostensteigerung eintreten*

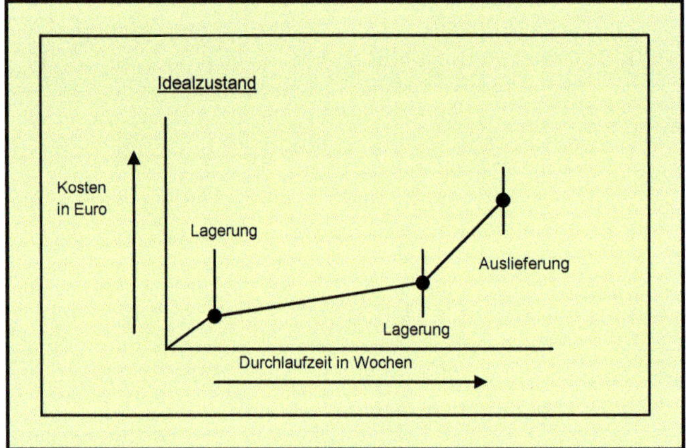

Bild 2.9: *In der Praxis häufig angetroffene Wertigkeit der Lagerung*

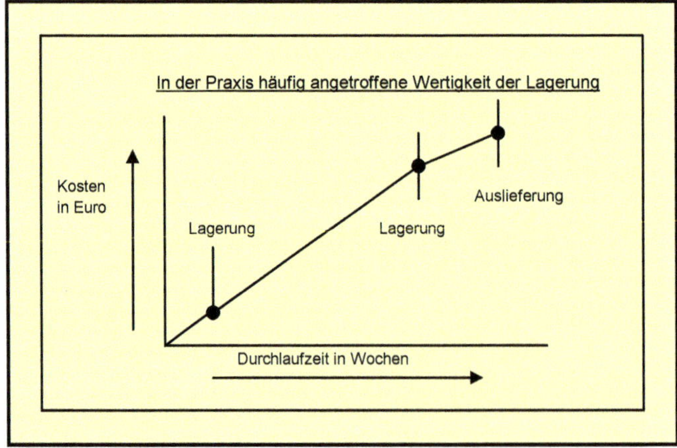

Am einfachsten kann dies an einem realen Beispiel im Detail verdeutlicht werden:

Bild 2.10: *Herkömmliche Betrachtung, Teil liegt einbaufertig / montagefähig an Lager*

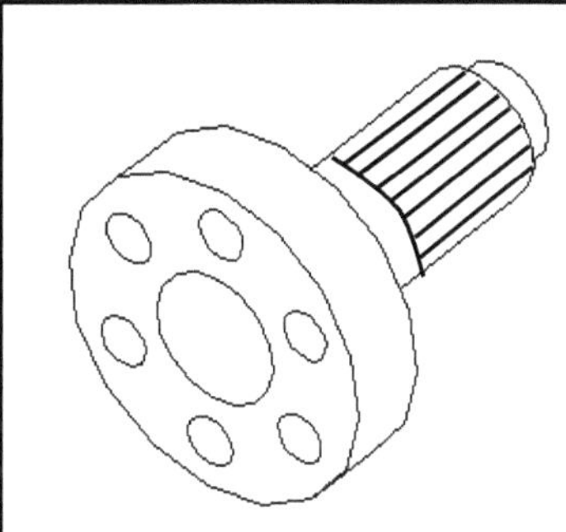

Diesen Antriebs-Flansch gibt es in 20 verschiedenen Bohrungsvarianten, die alle am Lager liegen.

Bestand pro Teil: **100 Stück im Ø**
Ø-Preis pro Teil: **40,– €**

Woraus sich ergibt:

Lagerbestand in € ca. 80.000,-- (20 x 100 x 40 €)
Anzahl belegte Lagerfächer 20

Ø verfügbare Teile in Stück: 0 - 180
(je nach Lagerbestand)

Bild 2.11: *Vorschlag zur Einlagerung, Teil liegt als Rohling, also nicht mehr einbaufertig an Lager, Bohrungen für Motoranschlüsse sind noch nicht gesetzt*

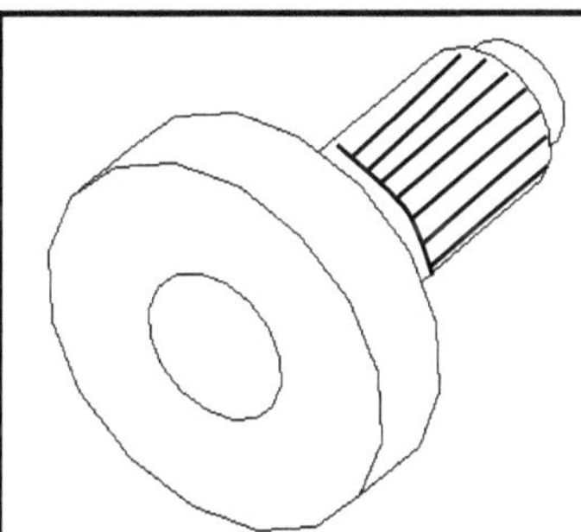

Montageteam erhält eine CNC-Bohrmaschine und produziert gewünschte Variante vor Einbau.

Es liegen 800 Teile am Lager, also das 8-fache
Ø-Preis pro Teil: **32,– €**

Woraus sich ergibt:

Lagerbestand in € 25.600,-- (1 x 800 x 32 €)
Anzahl belegte Lagerfächer 1

Ø verfügbare Teile in Stück: 100 - 800

Aussage:	Einsparung in €	=	54.400,-- (80.000,-- - 25.600,--)
	Einsparung Lagerfächer	=	19
	Einsparung Artikelnummern	=	19 (Stammdatenverwaltung)

- Teileverfügbarkeit = ist um 800 % höher
- die Wahrscheinlichkeit, dass eine bestimmte Variante nicht gefertigt werden kann, das Teil also fehlt, geht jetzt gegen null
- Die gekaufte CNC-Maschine finanziert sich selbst, durch Abbau Lagerbestand und entfallene Eilaufträge in Teilefertigung (ungeplantes Rüsten) / mehrmals anfangen, weglegen in der Montage, also vermiedene Fehlleistungskosten / Versandkosten, die in der Kalkulation nicht sichtbar sind
- Rohlingteilenachschub kann mittels KANBAN-Organisation einfachst gehandhabt werden – Montage → Lager → Vorfertigung

Hilfreich zur Findung von KANBAN-Regelkreisen, ist die Visualisierung der Arbeitsabläufe in Form einer so genannten Sprengzeichnung. Sie zeigt auf, dass, bezogen auf eine Warengruppe, letztlich immer *„DAS GLEICHE“* hergestellt wird und wo die Varianten entstehen.

Immer dort, wo aus einer Vorstufe weitere Varianten entstehen, bietet es sich an, KANBAN-Regelkreise einzurichten, insbesondere dann, wenn die Durchlaufzeit, auf Grund vieler Arbeitsgänge, über 5 Arbeitstage liegt.

Die Varianten liegen z. B.

- in der Legierung
- im Durchmesser
- in den Wandstärken
- in den Härtegraden

wobei Artikel z. B. mit kleinem Durchmesser, ab einem bestimmten Durchmesser auf anderen Anlagen hergestellt werden als diejenigen mit großem Durchmesser, wodurch sich die Segmentierung der Anlagen, der Regelkreise im Prozess ergibt.

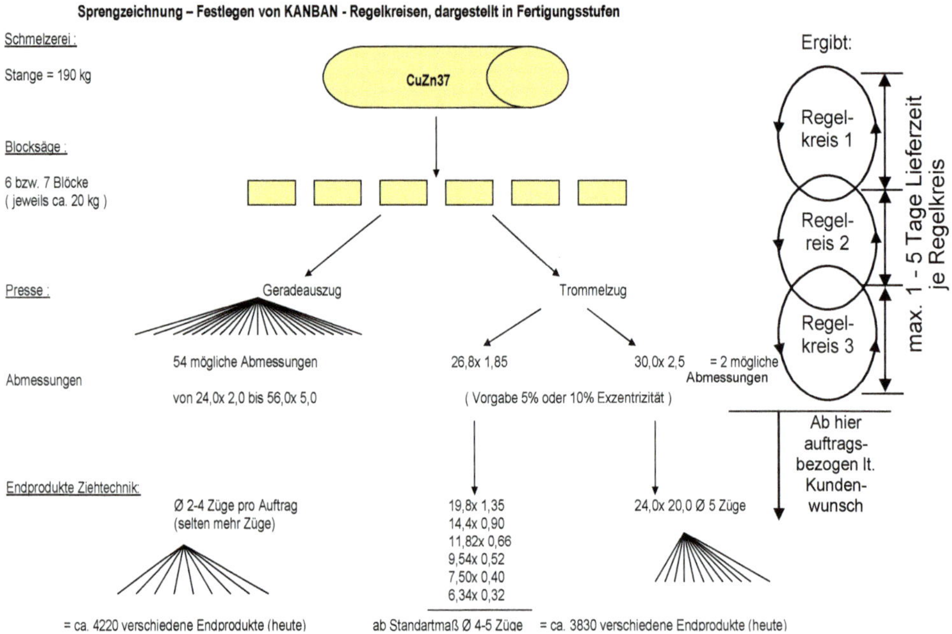

2.1.5 Nummernsystem / Produktnorm / Teile- / Rüstfamilien

Teile- / baugruppentypischer Nummernschlüssel

Die Einführung eines nach Teilen und Baugruppen typisierten Nummernschlüssels (Teilsprechend), Basis für Normung, Zeichnungs- und Arbeitsplanablage / Arbeitsplanerstellung nach Teilefamilien ist in Verbindung mit CAD-gestützten Suchbegriffen die rationelle Voraussetzung für eine systematische Teile- und Stücklistenorganisation.

Sie vereinfachen das Erstellen von auftragsneutralen Stücklisten, die sowohl nach Konstruktions- und Dispositions-, sowie fertigungsgerechten Gesichtspunkten ausgerichtet sind, und erreichen automatisch eine Typisierung (soweit technisch möglich) aller Teile / Baugruppen auf Wiederverwendbarkeit nach Teilefamilien und Anwendungsbereichen. Zusätzlich erleichtern sie der Fertigungssteuerung das Einsteuern der Aufträge nach Teilefamilien mit dem Ziel der Rüstzeitminimierung in der Fertigung.

Eine konsequente Anwendung der innerbetrieblichen Normung führt zu einer wesentlichen Verminderung der Teilevielfalt.

Oder, wenn dies aus betriebsinternen Gründen nicht möglich ist, sollte zumindest eine so genannte Verkettungsnummer für Teile- / Rüstfamilien eingeführt werden.

Was bedeutet, die Konstruktion muss zumindest versuchen Rüstfamilien nach gleichartigen Spannflächen, Werkzeugeinsatz etc. zu erzeugen.

Bild 2.12: *Prinzipieller Aufbau von Nummernsystemen*

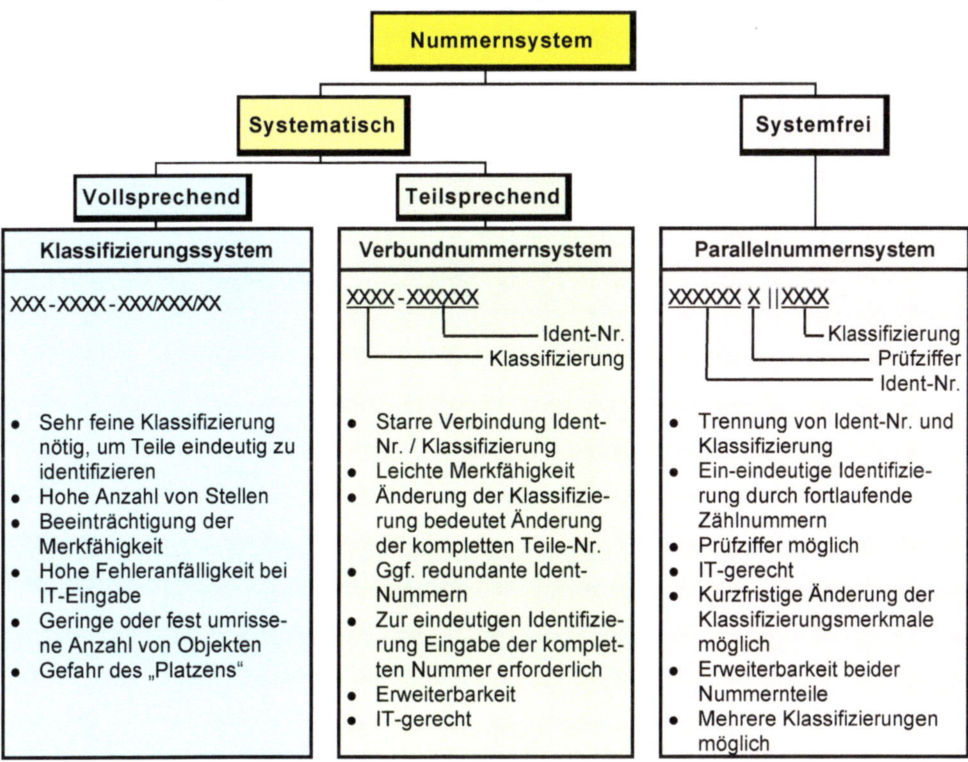

Bild 2.13: *Schemadarstellung Produktnorm / Bilden von Rüstfamilien*

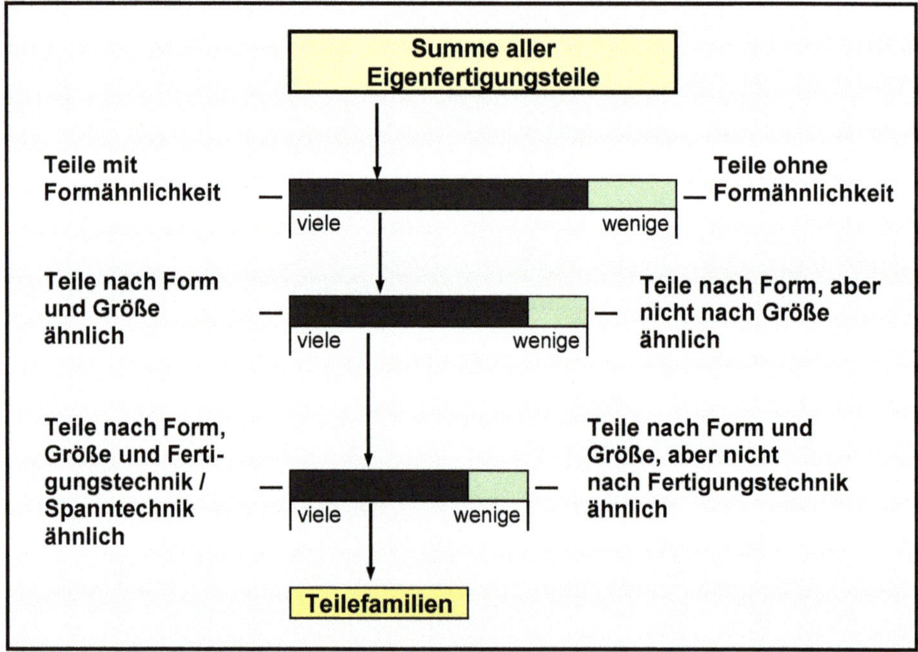

Vorteile der Produktnorm:

1.	Weniger Projektierungs- und Angebotsarbeit, da Sonderlösungen von Standardlösungen verdrängt werden.
2.	Kürzere Rüstzeiten / Bilden von Rüstfamilien in der Fertigung.
3.	Weniger Konstruktionsarbeit, da nur Variantenkonstruktion.
4.	Weniger AV-Arbeit, da Basis-Arbeitsunterlagen vorliegen.
5.	Geringere Fertigungskosten (größere Lose / Rüstfamilien, Fertigungs- und Montageerfahrung liegt vor, bessere Fertigungssteuerung bei bekannten Teilen, Sondermaschinen, Vorrichtungen).
6.	Geringere Lieferzeit, da in allen Abteilungen kürzere Durchlaufzeiten erreicht werden können und weniger Verwechslungen und Fehler vorkommen.
7.	Geringere Reklamationsquote / Qualitätsprobleme
8.	Geringere Ersatzteilkosten und Ersatzteillieferzeit
9.	Geringere Herstellkosten / Lagerkosten, da weniger Varianten
10.	Niedere Bestände, weniger Lagerhüter (Null-Dreher)

2.2 Dispositionsregeln für eine bestandsminimierte Material- und Lagerwirtschaft mit hohem Liefer- und Servicegrad

Jeder geordnete Materialdurchlauf setzt voraus, dass geeignete Unterlagen vorliegen. Dies sind Stücklisten / Rezepturen und in begrenztem Umfang Arbeitspläne. Denn ohne richtig aufgebaute Stücklisten können die Teile für die Fertigung und Montage nicht korrekt beschafft / bereitgestellt werden. Mangelt es aber an der terminlich richtigen Bereitstellung, fehlen Teile, so liegen andere Teile / Materialien in den Lägern, binden Kapital, führen zu Produktionsstockungen, erhöhen die Bestände, da nichts abfließt.

Höhere Variantenvielfalt bedeutet kleinere Lose je Fertigungsauftrag. Kleinere Lose bedeutet in allen Bereichen der Auftragsabwicklung / in der Logistik, von Beschaffung, bis die Ware im Lager, und bei Komponentenmontage auf Vorrat, bist die Ware in der nächst höheren Fertigungs- / Stücklisten-Strukturstufe wieder eingelagert ist, mehr Aufwand in Disposition und Beschaffung. Dieser Mehraufwand muss durch einen verbesserten Arbeitsablauf / Informationsfluss, ERP-gestützt, minimiert werden.

Voraussetzungen für eine geordnete Materialwirtschaft sind:

a) Systematisierte Lagerbestandsführung, IT-dialogorientiert für A- und B-Teile / die Bestände müssen stimmen, zeitnah buchen mittels Barcode / RFID-System.

b) Verbesserung der Zusammenarbeit mit unseren Lieferanten, mittels Leitbildern als Lieferantenanforderungen, systematische Auswahl von Hauptlieferanten.

c) Einrichten von Konsignationslägern bzw. Abrufaufträgen für die teuren A- und B-Teile mit punktgenauen Abrufen und Verlagerung der Bestände zu Lieferanten, bzw. in Zwischenlagern bei z. B. Spediteuren, wenn die Entfernungen zu groß sind.

d) Disponieren nach Reichweiten, für alle Artikel die nicht über Abrufaufträge disponiert werden können.

e) Ein Wiederbestellpunktverfahren nur für billige C-Teile, wie Schrauben, Splinte, etc.

f) Einführung von Regalservice-Verfahren, bzw. E-Business- / KANBAN- / SCM-Lösungen. Selbstauffüllende Läger durch den Lieferanten

g) Wir haben bei unserem Lieferanten bzw. unser Lieferant hat bei uns Zugriff auf die Bestands-, Bedarfsdaten.

h) Einrichten eines Restmengenmeldesystems zur frühzeitigen Aufdeckung von Bestandsfehlern, in Verbindung mit einer permanenten Inventur.

i) Integration der Lieferanten und Kunden in die neuen Strukturen, mittels Internet-Plattform / E-Business / SCM-Lösungen.

und

k) Kleine Lose sind gefordert. Dem stehen häufig hohe Rüstzeiten gegenüber. Hohe Rüstzeiten erhöhen die Fertigungslose und somit die Durchlaufzeiten. Daher müssen Maßnahmen getroffen werden, um Rüstzeiten zu verringern, bzw. wird der Rüstzeit (Einzeloptima) insgesamt zu viel Bedeutung beigemessen?

2.2.1 Die neue A- / B- / C-Analyse als Bestandswertstatistik und Dispositionsgrundlage – Wichtige Stammdaten

Bei der Suche, wie bekomme ich die Materialwirtschaft noch besser in den Griff, bietet sich die A- / B- / C-Analyse an. Es wird ein Maßstab für die Wertigkeit der Lagerhaltung eines jeden Einzelteiles geschaffen.

In früheren Jahren war die Klassifizierung ausschließlich durch Multiplikation der beiden Faktoren Verbrauchs-Menge pro Jahr x Preis / Stück und danach Einteilung in drei Gruppen üblich: **(ALT „NICHT MEHR ZEITGEMÄSS")**

A-Positionen	=	20 - 25 %	aller Teile entsprechen ca. 70 - 75 % des Gesamtwertes
B-Positionen	=	25 - 30 %	aller Teile entsprechen ca. 20 - 25 % des Gesamtwertes
C-Positionen	=	40 - 50 %	aller Teile entsprechen ca. 5 - 10 % des Gesamtwertes

Da in diese Berechnungen nur Mengen und Werte eingehen, was in Bezug auf Verwirklichung des Just-in-time-Gedankens nicht die richtigen Entscheidungskriterien sind, werden heute als Merkmale:

der Preis pro Teil absolut und die Dauer der Wiederbeschaffungszeit in Wochen sowie das Teile-Volumen

zur Bestimmung der A- / B- / C-Einteilung verwendet.

Das bedeutet, dass z. B. geringwertigere B- oder C-Teile mit langen Lieferzeiten, z. B. 18 Wochen, dadurch zu A-Teilen werden, die über Abrufaufträge mittels Liefereinteilungen nach Wochen sowie Anpassungen (wöchentliche Erhöhung / Verminderung der Liefereinteilungen, auch ATMEN genannt) abgerufen werden.

Bild 2.14: *A- / B- / C-Bestimmung nach Wertigkeit, Kosten, Wiederbeschaffungszeit, und Volumen U- / V- / W* **(NEU „ZEITGEMÄSSE EINTEILUNG")**

Wert	Teileart nach Wert	Wiederbeschaffungszeiten	Teileart nach WBZ und Wert	Platzbedarf? U / V / W	Mindesthaltbarkeit
Größer 10,-- €	A	**5 Wochen**	**A-Teil**	Teile mit großem Ausmaß/ Volumen U- können wegen hohem Platzbedarf auch zu A-Teilen werden	Teile mit geringer Mindesthaltbarkeit / Verfalldatum sollten auch A-Teile sein
		17 Wochen	**A-Teil**		
Größer 1,-- €	B	4 Wochen	B-Teil		
		20 Wochen	**A-Teil**		
Kleiner 1,-- €	C	3 Wochen	C-Teil		
		18 Wochen	**A-Teil**		

C-Teile können also nur Teile sein, die preiswert sind und kurze Wiederbeschaffungszeiten haben und B-Teile von der Zielsetzung her, quasi aussterben, da sie entweder zu A-Teilen oder zu C-Teilen werden. Diese Einteilung entspricht mehr den heutigen Notwendigkeiten nach Erfüllung aller kurzfristigen Kundenwünsche mit den damit verbundenen Dispositions- und Beschaffungsregeln als die frühere Praxis.

Welche Dispositions- und Beschaffungsmodelle sind für welche Artikel- / Warengruppen die Richtigen?

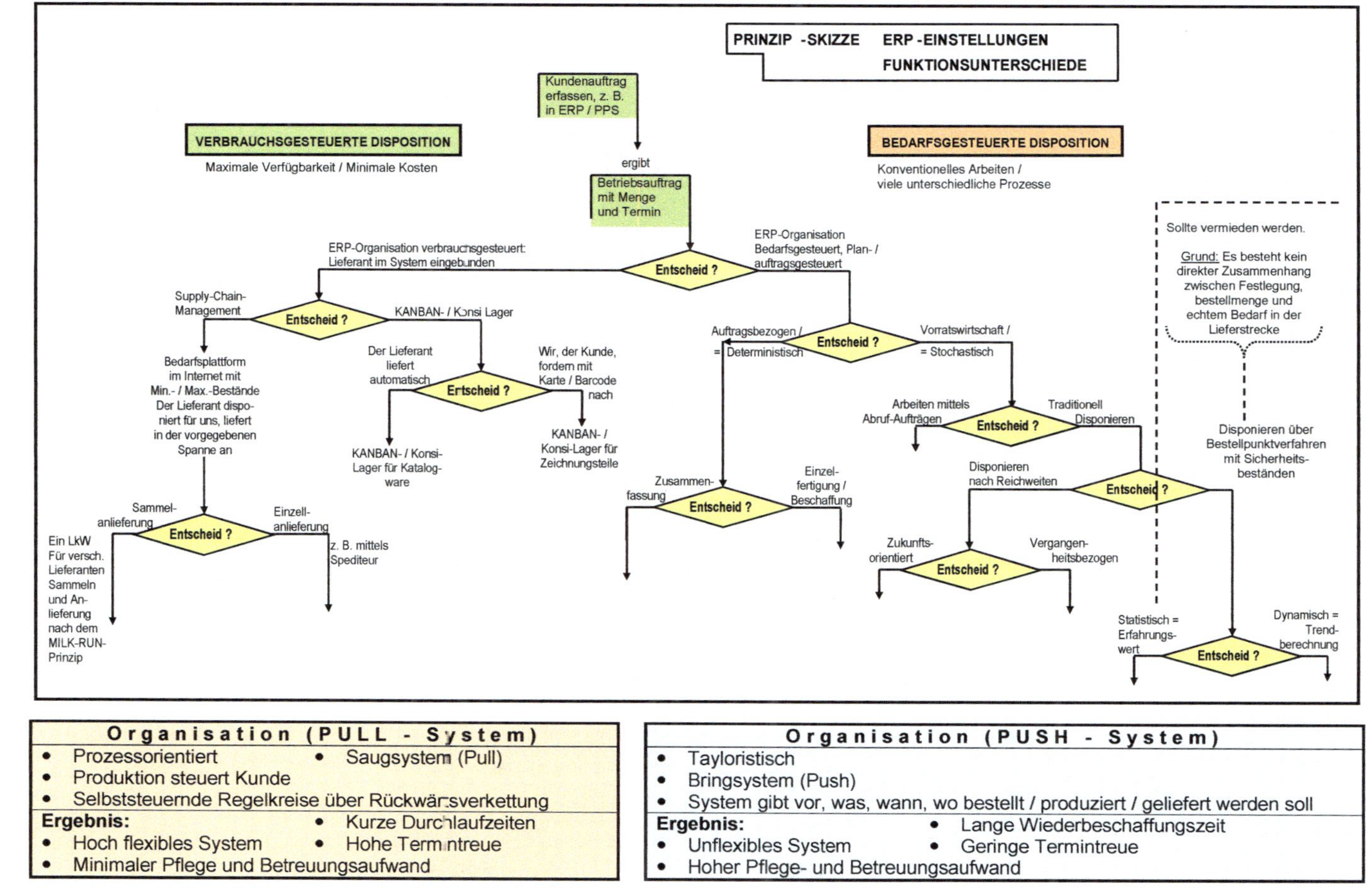

2.2.2 Bedarfsgesteuerte Disposition = Push-System

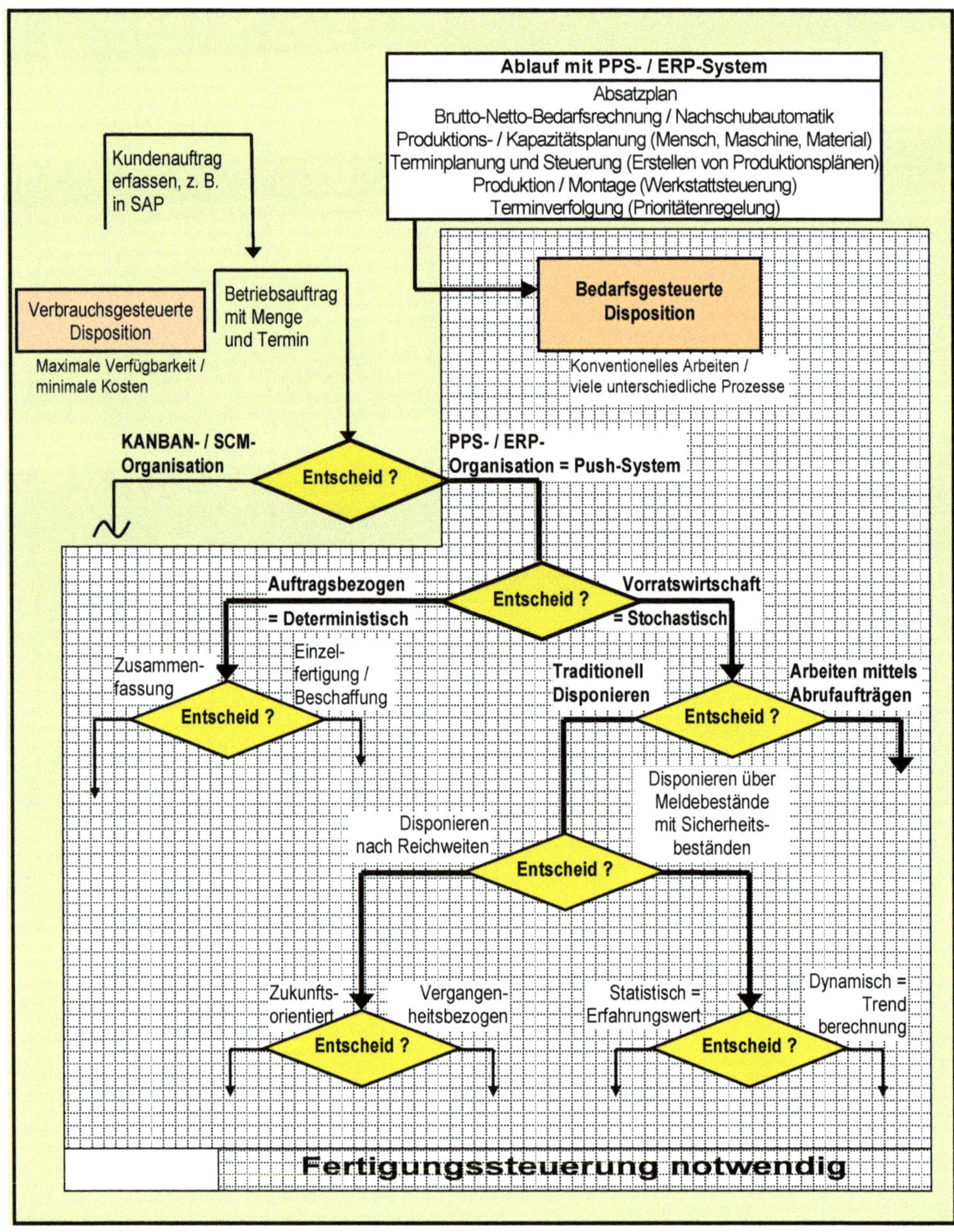

2.2.2.1 Abrufaufträge für A-Teile und *„atmen“*

Planungsstrategien und Prognoseverfahren verbessern Supply-Chain in der Materialwirtschaft

Bestände können reduziert werden durch die Einbeziehung des Vertriebes in die Dispositionsverantwortung von teuren A-Teilen, Materialien oder Vorprodukte mit langer Lieferzeit, denn die Wandlung vom Verkäufer- zum Käufermarkt verlangt mehr Marktorientierung. Sichere Prognosen über das Käuferverhalten sollten eine Grundlage für Fertigungsprogramm und -plan sein. Was durch die steigende Variantenvielfalt für den Vertrieb immer schwieriger wird.

Bild 2.15: *Schemadarstellung der rollierenden Planung:*

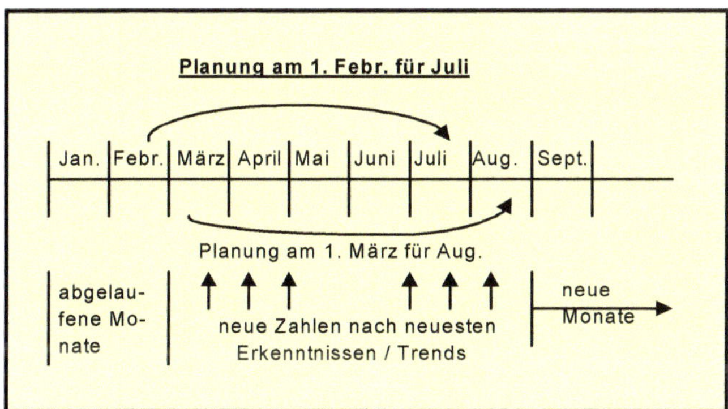

Untersuchungen zeigen jedoch, dass der Bestand eines Betriebes zu 10 % bis 30 % durch mangelnde Prognosequalität verursacht sein kann. Oft ist die Prognosequalität unzureichend, der Kunde bestellt doch anders als geplant.

Der Verzicht auf absolute Zahlen auf Endproduktebene für die Vorplanung der nächsten Zeiträume erleichtert dem Vertrieb seine Entscheidungen, wenn sie durch eine Trendangabe für alle A-Teile / -Materialien auf der untersten Stücklistenebene ersetzt wird. Basis Vergangenheitswerte / Wiederholteilelisten / Trend für die Zukunft

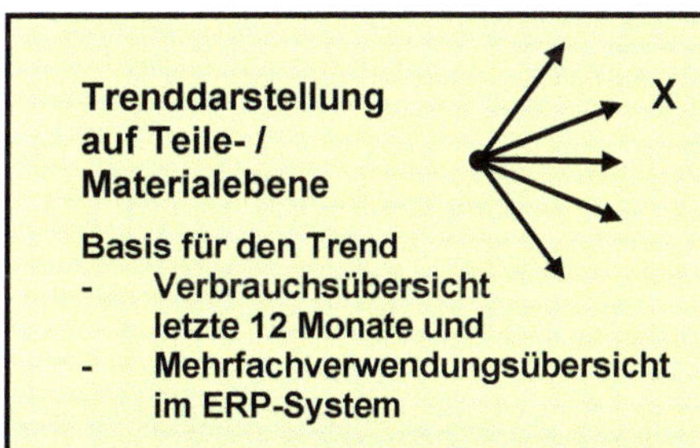

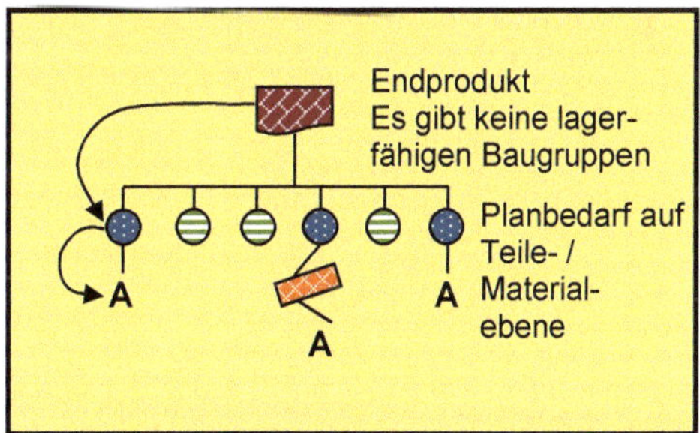

Die eigentlichen Mengenfestlegungen werden von den Disponenten / dem Einkauf festgelegt. Sie müssen letztlich für den Lagerbestand am Jahresende doch geradestehen.

In regelmäßiger Abstimmung werden auf dieser Basis alle A-Teile / Materialien bzw. Vorprodukte mit längerer Lieferzeit als der eigenen Lieferzusagemöglichkeit festgelegt und Rahmenvereinbarungen mit den Lieferanten getroffen und punktgenau angepasst.

Diesen Liefereinteilungen wird wiederum der echte Bedarf, laut tatsächlichem Auftragseingang und Liefertermin, dagegen gefahren und die Abrufe entsprechend gesteuert (erhöht, vermindert, terminlich vorgezogen oder zurückgestellt = „Atmen“ genannt).

Bestandssicherheit auf der untersten Ebene wird verbessert.

2.2.2.2 Kann der Lieferant für uns disponieren? Die ideale Systemeinstellung

Prognosen müssen sein, aber der Kunde bestellt doch anders.
Der echte Bedarf wird gegen die Planmengen gefahren. Der Lieferant disponiert für uns auf Basis unserer wöchentlichen Bedarfsübersichten.

Der Lieferant wird in den Informationskreis einbezogen. Er erhält die Bedarfsübersichten z. B. 1 x pro Woche, disponiert und produziert danach (= punktgenaue Anlieferung). Eine bessere Einhaltung von Lieferzusagen und eine Verminderung des Bestandsrisikos ist für Lieferant und Kunde eine Zwangsfolge.

Bild 2.16: *Bestell- / Bedarfsanalyse = Informationsfluss zum Lieferanten verbessern*

Datum: 13.06.xx Artikelgruppe von: 3005000 Bestell / Bedarf berechnet für Zeitraum ab 23 xx KW-Abstand 1 Blatt: 1
bis: 3006000

Pos.	Mat-Nr.	Bezeichnung	Lagermenge	verfügbare Menge	reservierte Menge	bestellte Menge	Bestellpunkt	Bestellmenge	Besch-Zeit Wochen
A	**4 030-0569.0**	**Transformator EI 30/15.5**	838.00	-12162.00	13000.00	10000.00	1000.00	0.00	10 Wochen
		220/2 x 9 V 1,8 VA		*** Kennzeichen : ***					

Woche →	23xx-23xx	24xx-24xx	25xx-25xx	26xx-26xx	27xx-27xx	28xx-28xx	29xx-29xx	30xx-30xx	31xx-31xx	32xx-32xx	33xx-33xx	34xx-34xx
eingeteilte Abrufe →	10000	0	0	0	6000	0	0	0	0	0	8000	0
echter Bedarf: →	2000	3000	0	0	0	0	4000	0	0	4000	0	0

Hier Abrufe rausschieben + reduzieren

nächstes Teil:
↓ ↓

Pos.	Mat-Nr.	Bezeichnung	Lagermenge	verfügbare Menge	reservierte Menge	bestellte Menge	Bestellpunkt	Bestellmenge	Besch-Zeit Wochen
B	**40 030-0507.0**	**Transformator EI 30/12.5**	355.00	-38645.00	39000.00	8000.00	1000.00	0.00	10 Wochen
		220/24 V 1,2 VA		*** Kennzeichen : ***					

Woche →	23xx-23xx	24xx-24xx	25xx-25xx	26xx-26xx	27xx-27xx	28xx-28xx	29xx-29xx	30xx-30xx	31xx-31xx	32xx-32xx	33xx-33xx	34xx-34xx
eingeteilte Abrufe →	0	5000	0	0	0	3000	0	0	0	0	0	3000
echter Bedarf: →	0	0	3000	3000	0	2800	0	0	0	0	4899	0

Hier Abrufe vorziehen + erhöhen

Basis für diese Art der flexiblen Beschaffung / Anlieferungen, sind entsprechend gestaltete Rahmenvereinbarungen / Abrufaufträge. Die Reaktionsfähigkeit des Lieferanten hängt von der Art der Vereinbarung ab:

- Entweder hat der Lieferant Fertigware für uns an Lager oder
- seine Reaktionsfähigkeit entspricht der Durchlaufzeit in Tagen (Zeit von Start-Termin der Produktion, bis Fertigstellung)

Das Risiko von Fehlplanungen (zu viel – zu wenig wird geliefert) wird minimiert. Die Zusammenarbeit wird wesentlich verbessert. Vorteil für den Lieferanten: *„Kapazitätsverschwendung wird vermieden“.*

[1] Geht bei KANBAN zu Lieferant automatisch über die Frequenz der Abrufe mittels KANBAN-Karte, die Vorschau dient dazu, dass sich der Lieferant auf die obigen Veränderungen einstellen kann, bei Supply-Chain-Teilen über Bestandsplattform mit Min.- / Max.-Bestandsplattform im Internet. Lieferant hat täglichen Zugriff.

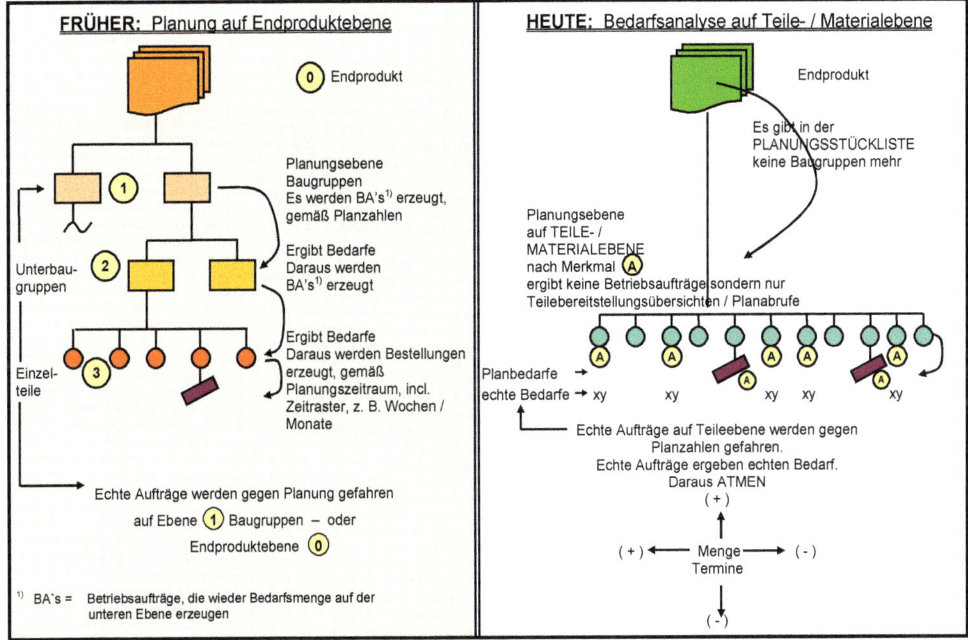

A) Sofern der Lieferant anhand dieser Übersichten aber nicht für uns disponiert, ist die rollierende Planung (konventionell eingesetzt) ein Dispositionsprinzip, das großen Pflege und Dispositionsaufwand bedeutet. Bei mangelhafter Betreuung der Zahlenwerte (Mengen erhöhen / vermindern, Termine vorziehen / nach hinten verschieben[1)]), weil die Kunden doch anders bestellen als geplant / gedacht wurde, kann dieses Verfahren zu hohen Beständen führen.

B) Auch Ihre Kunden geben Planmengen vor, die rollierend angepasst werden. Ihr Vertrieb ist glücklich und lässt danach produzieren. Nimmt der Kunde aber auch die Planmengen tatsächlich ab? Oder liegen diese am Lager und treiben die Bestände in die Höhe?

Deshalb:

Bevor im Vertrieb eine Planmenge zur Produktion freigegeben wird, also in einen Fertigungsauftrag umgesetzt werden soll, muss zuvor mit dem Kunden abgestimmt / gesprochen werden, ob er diese Menge, zu diesem Termin auch tatsächlich benötigt.

Diese Vorgehensweise reduziert Bestände und das Working Capital. Auch die Kapazitäten werden nicht mit unnötigen Fertigungsaufträgen verstopft. Sie werden flexibler und können das produzieren, was tatsächlich gebraucht wird.

1) Vorgezogen wird im Regelfalle, da ansonsten Schwierigkeiten in der Produktion / Termintreue entstehen. Wird aber auch immer in die Zukunft verschoben? Zeitprobleme?

2.2.2.3 Materialwirtschaft dynamisieren / Smarte Dispositionsverfahren nutzen

Für B-Materialien lassen sich nur schwer Richtlinien aufstellen. Einige B-Teile / -Materialien liegen näher bei der A-Kategorie, einige näher bei der C-Kategorie. Die Behandlungsweise muss deshalb von Fall zu Fall festgelegt werden. Wobei der Trend Entscheidung zu A-Teil überwiegt. B-Teile also immer weniger werden.

Übliche Dispositionsverfahren für Teile die nicht über KANBAN / SCM gesteuert werden können, sind:

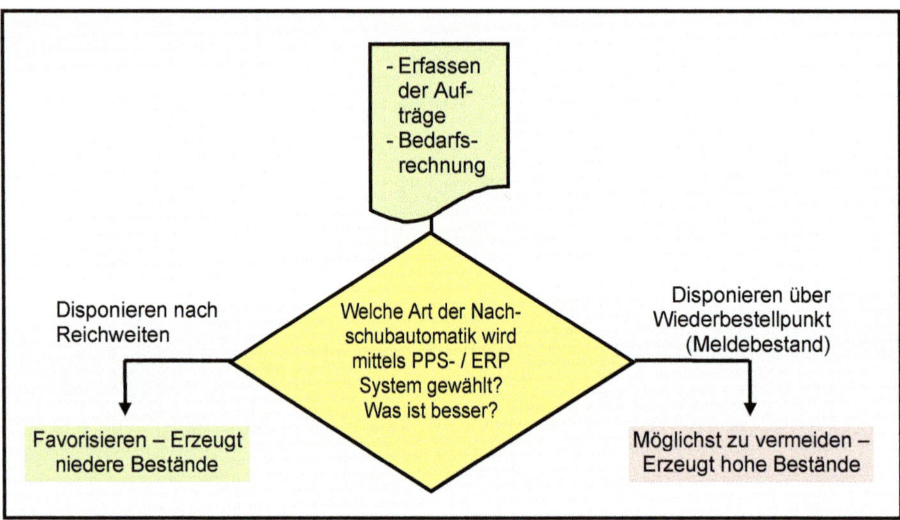

Bemerkung – Ziel muss längerfristig lauten:

A) Es gibt nur noch A- und C-Teile, bzw. Bauhaus- und KANBAN- / SCM-Teile

Grund: Die aufwendige Pflege der Stammdaten, für z. B.

Wiederbestellpunkt
Wiederbeschaffungszeit
Sicherheitsbestand etc.

entfällt bei A- und KANBAN- / SCM-Teilen weitestgehend, da nach Bedarf abgerufen wird.

Bei C-Teilen kann die Pflege großzügiger gehandhabt werden.

Bei Bauhaus- / Supply-Chain-Teilen wird durch den Lieferanten die Nachschubautomatik geregelt (Min.- / Max.-Regelungen).

B) Für alles Restliche, z. B. Fertigungsteile, sollte Disponieren über Wiederbestellpunkt, durch Disponieren nach Reichweiten ersetzt werden.

Grund: Es besteht bei dem Bestellpunktverfahren kein zeitlicher Zusammenhang zwischen Festlegung der Bestellmenge zu echtem Bedarf, bezogen auf die Lieferstrecke (= Bestelldatum bis Lieferdatum). Die Kunden bestellen doch anders als gedacht.

2.2.2.4 Disponieren nach Reichweiten minimiert Bestände und Fehlleistungen

Sofern Teile mittels wirtschaftlicher Losgrößenformel und über Wiederbestellpunkte disponiert werden,

- erzeugt dies je Teil immer ein Einzeloptima (d. h. von jedem Teil ist eine andere Menge vorrätig, aber es kann immer nur nach der kleinsten Menge montiert / geliefert werden = Verschwendung, denn wenn ein Teil fehlt ist dies, wie wenn alle Teile fehlen)[1)],
- ergeben solche Berechnungen aus heutiger Sicht nicht vertretbare, viel zu große Bestellmengen, die Fertigung wird verstopft und die Bestände erhöht (Bestandstreiber).

und die Bestellmengenrechnung nach der Andlerschen Losgrößenformel, u. a. auch ein gewolltes Ziel = **Gesamtoptima, z. B. Lagerumschlag 8 x / Jahr, unmöglich macht.**

Nach dem gewinnwirtschaftlichen Prinzip *„Geld ist wie ein Produkt zu betrachten"*, und dem Zwang *„Verbesserung der Liquidität"*, setzt sich für die Teile die nicht nach KANBAN / SCM laufen, das Disponieren nach Reichweiten immer mehr durch.

Beim Disponieren nach Reichweiten wird an die Disponenten die Bedingung gestellt:

Die Reichweite der Bestellmenge, plus vorhandenem Bestand, darf z. B. zwei Monate nicht überschreiten.

Bild 2.17: *Darstellung unterschiedlicher Reichweitenanalysen*

Auch die Festlegung eines so genannten Reichweitenkorridors hat sich für eine bestandsminimierte Disposition bewährt, siehe nachfolgend.

1) Fehlteile treiben die Bestände nach oben, da nicht geliefert werden kann

Darstellung: ***Reichweitenkorridor für reine Vorratswirtschaft (Ampel 🔴 🟡 🟢 für Dispo-Arbeit)***

Die Visualisierung der Bestandshöhe als Reichweite in Tagen (ohne Si-Bestand) setzt obere und untere Interventionspunkte für den Disponenten

Ampel-Reichweite festlegen	WBZ: 17 AT		
Ampel	🔴○○	○🟡○	○○🟢
☑ Best.-Reichweite ± 1 S	20	26	33
☐ Best.-Reichweite ± 2 S	13	26	40

Dadurch werden nur die relevanten Artikel angezeigt, die am dringlichsten zu bearbeiten sind

Bestandshöhe als Reichweite in Tagen [1] z.B.	Farbskala bei WBZ = 17 Tage	Aktivitätenplan
größer 40 Tage	**rot**	**überhöhter Bestand weitere Abrufe hinausschieben**
34 - 40 Tage (Ø 37 AT)	**gelb**	**überhöhter Bestand, Bewegungen sorgfältig beobachten**
20 - 33 Tage (Ø 26 AT)	**grün**	**Reichweite entspricht dem festgelegten Drehzahl-Ziel / der Wiederbeschaffungszeit**
13 - 19 Tage (Ø 16 AT)	**gelb**	**Bestand zu nieder Abrufe / Bestellungen vorziehen**
kleiner 13 Tage	**rot**	**Bestand zu nieder, es entsteht Produktionsstillstand, Notfallplan mit Lieferant aktivieren**

Errechnet aus den Bedarfsschwankungen der einzelnen Verbrauchsperioden, z. B. Tage / Wochen, mittels Gaußscher Normalverteilung ($\overline{X}$) und Standardabweichung (S)

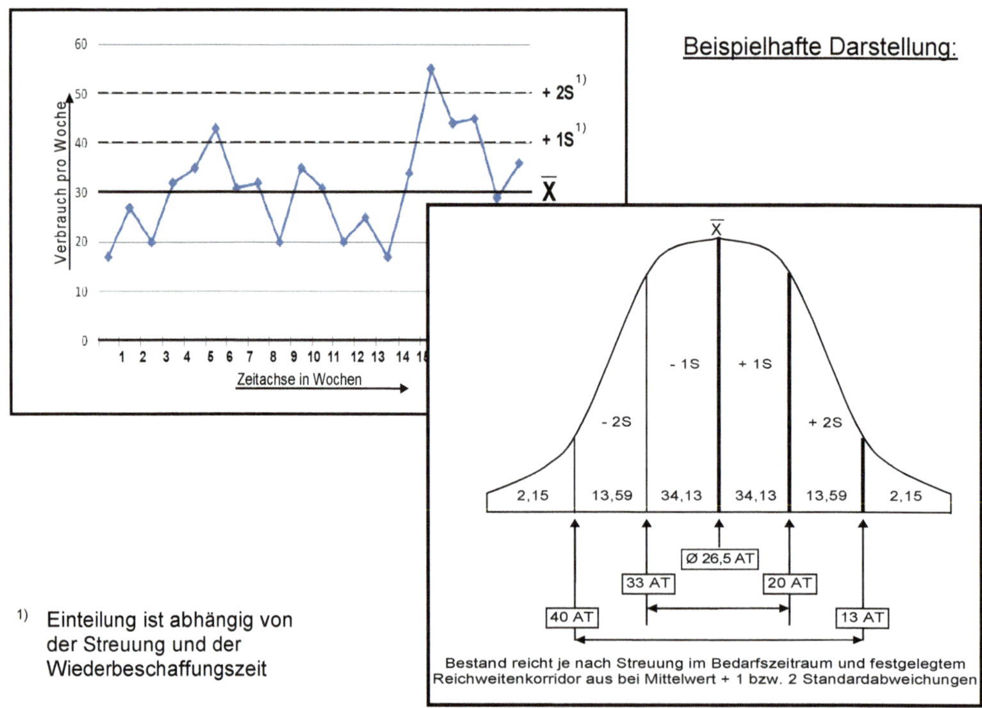

[1] Einteilung ist abhängig von der Streuung und der Wiederbeschaffungszeit

Die Berechnung des Reichweitenkorridors ist nachfolgend beispielhaft dargestellt. Der Zeitraum für den Rückgriff auf die Vergangenheitswerte muss variabel sein, in Wochen- oder Monatswerten, über z. B. 3, 6, 12 Monate, oder Wochenwerten.

Wochen-verbrauch	**Standard abweichung**	**Ein Service-grad von 84 % errechnet sich aus Mittelwert plus einer Standard-abweichung**	**Ein Service-grad von 95 % errechnet sich aus Mittelwert plus zwei Standard-abweichungen**	**Ein Service-grad von 99,9 % errechnet sich aus Mittelwert plus drei Standard-abweichungen**
21				
33				
16				
19				
12				
20				
24				
22				
31				
19				
10		Servicegrad	Servicegrad	Servicegrad
21	**1 S =**	84 % entspr.	95 % entspr.	99,9 % entspr.
20,67	**6,67**	**27,33**	**34,00**	**40,66**

REICHWEITENKORRIDOR		**Aktueller Bestand (Stck.)**	**Reichweite in Wo.**	**Aktuelle WBZ**
Bei 50 %	Sevicegrad	120	**5,81**	4 Wo.
Bei 84 %	Sevicegrad	120	**4,39**	4 Wo.
Bei 95 %	Sevicegrad	120	**3,53**	4 Wo.
Bei 99.9 %	Sevicegrad	120	**2,95**	4 Wo.

Bei einem Servicegrad von 84 % müsste noch nicht nachbestellt werden, bei 95 % muss!

Faktorentabelle auf Basis $\overline{X}$ + 1 S = 84 % = F 1,0 für Zwischenwerte					
Service-grad	**Faktor**	**Service-grad**	**Faktor**	**Service-grad**	**Faktor**
50,00 %	0,0000	82,00 %	0,9154	98,50 %	2,1701
52,00 %	0,0502	**84,00 %**	**0,9945**	99,00 %	2,3263
54,00 %	0,1004	86,00 %	1,0803	99,10 %	2,3656
56,00 %	0,1510	88,00 %	1,1750	99,20 %	2,4089
58,00 %	0,2019	90,00 %	1,2816	99,30 %	2,4573
60,00 %	0,2533	91,00 %	1,3408	99,40 %	2,5121
62,00 %	0,3055	92,00 %	1,4051	99,50 %	2,5758
64,00 %	0,3585	93,00 %	1,4758	99,60 %	2,6521
66,00 %	0,4125	94,00 %	1,5548	99,70 %	2,7478
68,00 %	0,4677	**95,00 %**	**1,6449**	99,80 %	2,8782
70,00 %	0,5244	95,50 %	1,6954	**99,90 %**	**3,0903**
72,00 %	0,5828	96,00 %	1,7507	99,95 %	3,2906
74,00 %	0,6433	96,50 %	1,8119	99,96 %	3,3528
76,00 %	0,7063	97,00 %	1,8808	99,97 %	3,4317
78,00 %	0,7722	97,50 %	1,9600	99,98 %	3,5401
80,00 %	0,8416	98,00 %	2,0537	99,99 %	3,7191

Bild 2.18: *SAP-Artikelkonto – Reichweiten-gesteuert*

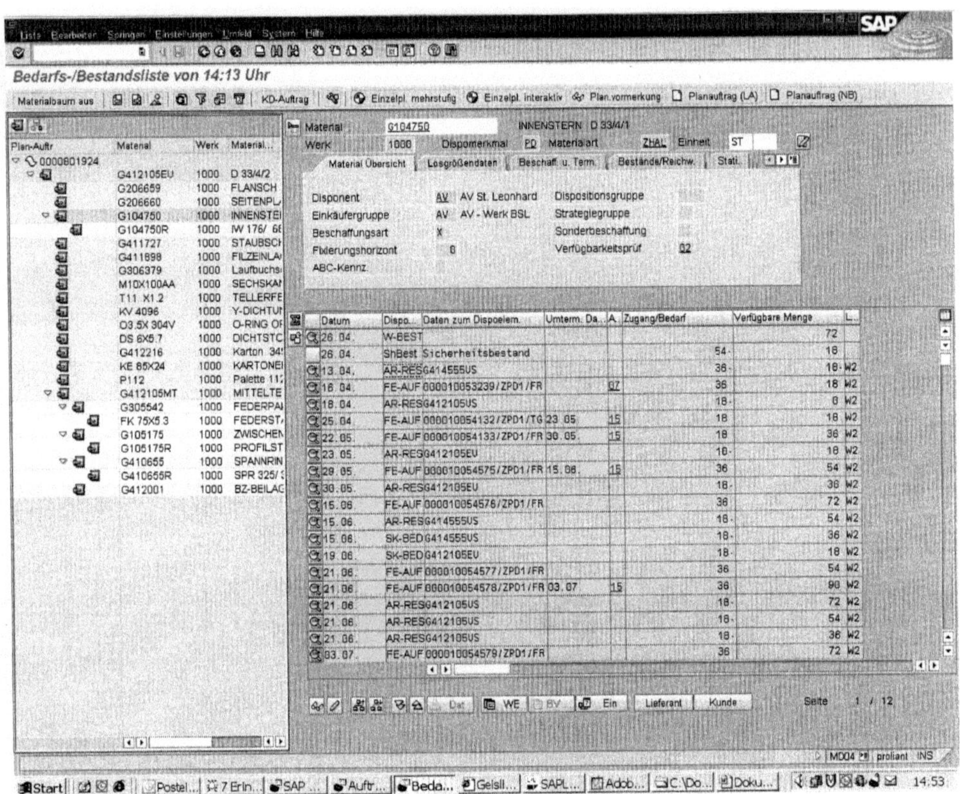

atum	Dispo...	Daten zum Dispoelem.	Umterm. D...	A...	Zugang/Bedarf	Verfügbare Menge
6.04.20	W-BEST			96		0
6.04.20	ShBest	Sicherheitsbestand			2-	2
7.04.20	AR-RES	G412298EUAB			1-	3
7.04.20	AR-RES	G412298EUAB			5-	8
8.04.20	AR-RES	G412298			1-	9
9.04.20	BS-EIN	07-6082 /00100	16.04.20	10	3	6
0.04.20	AR-RES	G411729UM			1-	7
3.04.20	BS-EIN	07-6103 /00070	17.04.20	10	6	1

Sofern diese sinnvollen IT-Einstellungen mit Hinweis *„Umterminieren / vorziehen – rausschieben“*, *„Menge erhöhen – reduzieren“*, in Ihrem ERP-System nicht machbar sind, bieten sich Excel-Lösungen an, siehe nachfolgend.

Bildschirmübersicht im ERP-System oder als Excel-Tabelle sortierbar, z. B. nach Teileart, Lieferant, Endprodukt mit Filter, wo ist Reichweite kürzer als WBZ in Wochen:

Artikel-Nr.	körperl. Lager-bestand	zu liefern innerhalb WBZ	verfügb. Lager-bestand	offene Bestellungen	fest-gelegter Sicher-heits-bestand [2]	Abgang letzte 12 Monate	Ø / Wo. Letzte 12 Mo-nate	Reichweite in Wochen[1] verf. Bestand			Reichweite in Wo.[1] incl. Bestellbestand (innerhalb WBZ)			WBZ in Wochen
								Ø	+ 1 S	+ 2 S	Ø	+ 1 S	+ 2 S	
1	**2**	**3**	**4**	**5**	**6**	**7**	**8**	**9**	**10**	**11**	**12**	**13**	**14**	**15**
6-500039	10	2	8	0	0	41	1	3	2	1	3	2	1	3
6-500048	113	11	102	200	50	491	9	6	4	2	14	12	10	6
6-500050	36	42	-6	300	100	754	15	3	2	1	23	21	20	2
6-500051	5	0	5	50	10	55	1	11	9	7	15	19	10	2
6-500052	0	8	-8	20	10	27	1	5	4	3	9	8	7	2
6-500053	4	0	4	0	0	21	1	2	1	0	2	1	0	1
6-500054	0	40	-40	40	20	260	5	1	0	0	41	40	39	1
6-520001	0	1	-1	4	0	1	0	12	11	10	12	11	10	2
8-500031	2	2	0	0	0	1	0	20	20	19	20	20	19	5
8-500033	11	10	1	0	0	17	0	1	0	0	1	0	0	1
8-501204	6	0	6	8	0	22	1	1	0	0	9	8	7	4
8-501206	0	70	-70	4	0	30	1	2	1	0	4	3	2	4
8-501207	8	72	-64	6	0	28	1	1	0	0	7	6	5	3
8-501208	4	25	-21	4	0	25	1	2	1	0	4	3	2	4

[1] gerechnet über $\overline{X}$ und Gaußsche-Normalverteilung und + 1 und + 2 Standardabweichungen

[2] bei liefertreuen Lieferanten kann der Sicherheitsbestand auf null gesetzt werden

Oder Reichweitenübersicht wochengenau bei Auftragsfertiger nach Teilenummer:

BEDARFSUEBERSICHT NACH TEILENUMMERN — **DATUM: 07.08.xx**

NACH KALENDERWOCHEN — **BIS KW: 53/xx**

WBZ = 6 Wo. | **Si = 10** | **körperl. Best. 19** | **Reichweite bis KW 27** — **SEITE: 1**

Buchungsdatum	Lief.-Nummer	Bestellnummer	Auftragsnummer	Menge/ Bedarf	Soll-Termin in Tagen	Reserv. je KW	Bestell je KW	Lagerbestand *
11304	HOLZGESTELL SESSEL					WBZ:6	Wo. Si: 10	19.00 *
18.04.xx	7051	9324	50.00	50.00	200		18	
24.06.xx	7295	250	50.00	50.00	290		28	
05.07.xx	7051	2289	80.00	80.00	390		40	
KW. 35.xx			64	1.00	358	1.00		R
KW. 3.xx			102	1.00	38			E
KW. 3.xx			237	2.00	38	3.00		I
KW. 9.xx			583	1.00	98	1.00		C
KW. 12.xx			1216	2.00	128	2.00		H
KW. 14.xx			1230	2.00	148	2.00		W
KW. 21.xx			2263	1.00	218	1.00	Si - Bestand wird unterschritten	E I
KW. 24.xx			1865	1.00	248	1.00		T E
KW. 26.xx			2430	2.00	268			
KW. 26.xx			2291	2.00	268	4.00		
KW. 27.xx			2369	1.00	278			
KW. 27.xx			2513	1.00	278			
KW. 27.xx			2425	1.00	278	3.00		Unterdeckung
KW. 28.xx			2512	3.00	288			

Disponieren nach Reichweiten senkt die Bestände

- Durch Reichweitenvorgabe haben Sie die gewollte Umschlagshäufigkeit nach Teileart im Griff.
- Steigt oder fällt der Bedarf, so wird mit diesem Dispositionssystem automatisch mehr oder weniger bestellt. Die Bestellmenge passt sich dem jeweiligen Bedarf an.
- Das Disponieren nach Wellen[1)] kann einfachst eingeführt werden. Sie erhalten ein Gesamtoptima und kein Einzeloptima. Vom linken Teil ist in etwa die gleiche Menge verfügbar, wie vom rechten Teil.
- Es ist alles verfügbar, oder alles nicht verfügbar.

  Wichtig: Geliefert / montiert kann immer nur nach der kleinsten Stückzahl werden.
- Der Sicherheitsbestand kann bei Disponieren nach Reichweiten und termintreuen Lieferanten auf null abgesenkt werden. Ein Schritt zur weiteren Bestandssenkung.
- Das Disponieren über Wiederbestellpunkte / Mindestbestände o. ä. und Losgrößen „kostenoptimiert berechnet", erzeugt reine Einzeloptimas, die nicht aufeinander abgestimmt sind und treibt somit die Bestände in die Höhe. Insbesondere wenn die Bestellpunkte mit einem hohen Sicherheitsbestand berechnet und lange Wiederbeschaffungszeiten in den Stammdaten hinterlegt sind (Bestandstreiber).

Das Visualisieren von Fehlteilen ist wichtig

Aktuelle Rückstandsliste	Woche	14 / xx	Datum	30.03.xx
FERTIGWARE	Disponent	XX	Blatt-Nr.	1

Woche / Jahr	Artikel-nummer	Bezeichnung	Menge	Kunde	Paneele	Voraussichtlicher Fertigstelltermin	Kundenwunschtermin	Bemerkung
13 / xx	Aqua Classic	Filter-System	2	A	-	KW 15	23.03.xx	Deckel fehlt
13 / xx	Bewa X	Filter-System	1	B	J	KW 14	24.03.xx	Pumpe fehlt
13 / xx	Bona 12	Abscheider	5	C	-	KW 15	26.03.xx	Metallschlauch fehlt
14 / xx	Aqua Classic	Filter-System	4	D	-	KW 15	31.03.xx	Manometer fehlt
14 / xx	Medo First	Druck-Behälter	2	A	-	KW 15	31.03.xx	Display fehlt
14 / xx	Cilla Neu	Durchfluss-Zähler	10	E	-	KW 15	01.04.xx	Zähler fehlt
14 / xx	Mara 10	Doppel-Filter	8	F	J	KW 16	03.04.xx	Stegleitung fehlt
⇩	⇩	⇩	⇩	⇩	⇩	⇩	⇩	⇩

LISTE WIRD AN INFO-TAFEL AUSGEHÄNGT

[1)] C-Teile fallen nicht unter diese Betrachtung

2.2.2.5 C-Teile-Management – Das Supermarktprinzip für Industrie und Handel

Bei C-Materialien kann das Dispositionsverfahren gelockert werden. Es kann entweder

a) **nach dem Zwei-Kisten-System gearbeitet werden,**
   - Bestandsverantwortung liegt in den Händen des Lageristen, oder

b) **es werden nur komplette Abgänge nach**
   - Menge pro Kiste / Lagereinheit / fixe Entnahmemengen

im körperlichen Bestand auf Kostenstelle abgebucht. Nachdispositionen erfolgen über einen festgelegten Wiederbestellpunkt, der großzügig ausgelegt ist.

c) **Oder es wird ein so genanntes Bauhaus- / Regalservice-verfahren eingerichtet, das ähnlich dem Auffüllen eines Zigarettenautomaten funktioniert.**

Alle IT-gestützten Bestandsführungsverfahren erfordern einen bestimmten Aufwand in Führung und Pflege. Bei niederen Beständen kommt noch das Risiko von Fehlmengen / Fehlbeständen hinzu, Bildschirmbestand entspricht nicht dem Lagerbestand vor Ort, was für die geforderte Flexibilität und Liefertreue ein verhängnisvoller Zielkonflikt ist.

Gelöst werden kann dieser Zielkonflikt durch die Einführung von so genannten Bauhaus- / Regalserviceverfahren und / oder KANBAN-Systemen, wie sie im Handel bereits üblich sind, die Kosten senken (Abbau von Geschäftsvorgängen, wie z. B. Buchungs- und Bestellvorgänge), bei gleichzeitiger Erhöhung der Verfügbarkeit.

Darstellung der verschiedenen Ausprägungen von Regalserviceverfahren

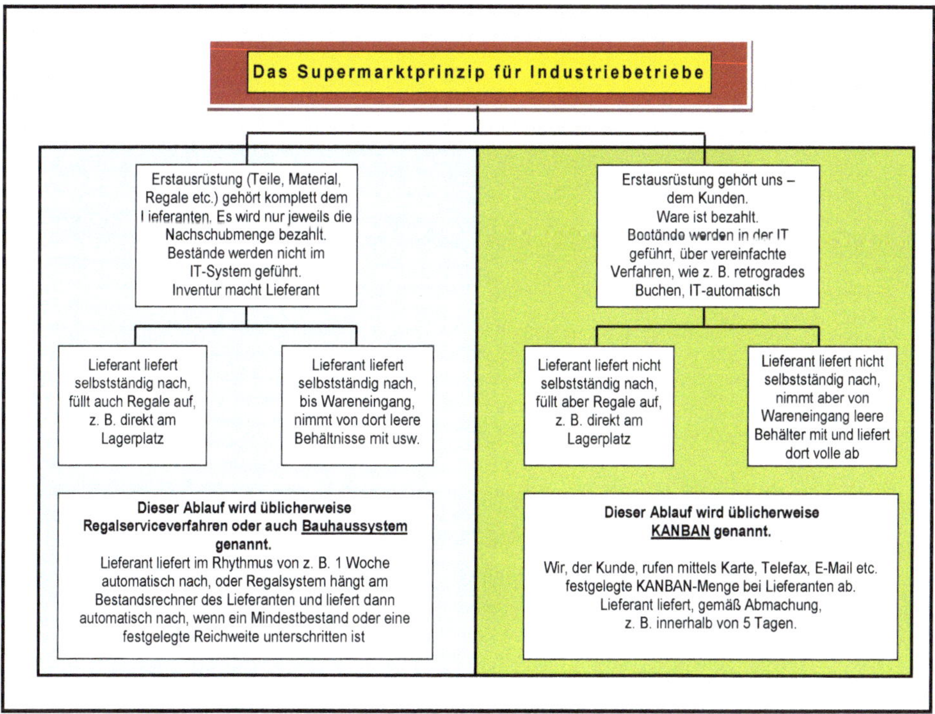

Durch den Einsatz von Waagen und Transponder- / RFID-Systemen können heute die Bestandsdaten über Internet dem C-Teile-Logistiker / der Lieferfirma zugespielt werden, damit er seinen Einsatz variabler gestalten kann (E-Business).

Auswirkungen von Regalservice- / Bauhaus- / KANBAN-Systemen auf die Logistik / Logistikleistung des Unternehmens

Bestandsreduzierung | **Durchlaufreduzierung**

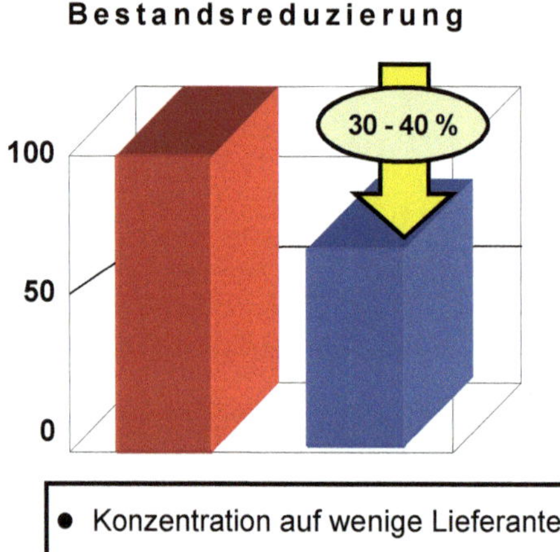

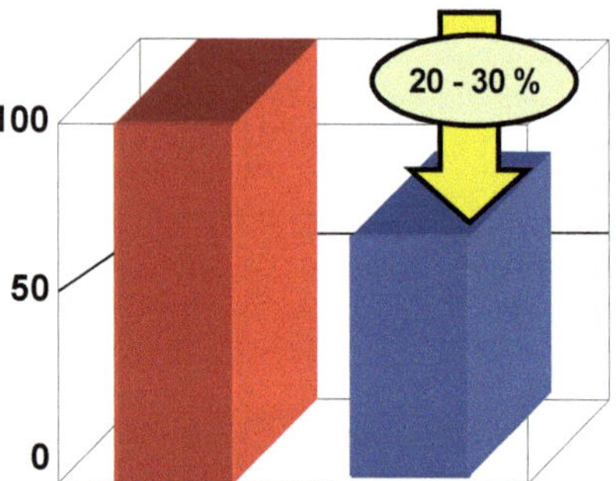

- Konzentration auf wenige Lieferanten
- Keine Disposition
- Erhöhung der Termin- und Liefertreue
- Keine Störungen des Produktionsablaufes
- Erhöhung der Lieferbereitschaft
- Senkung des operativen Beschaffungsaufwandes, keine Bestellung, keine WE-Kontrolle, kein Buchen

- Just-in-time-Lieferung
- Reorganisation der internen Logistik vom Einzelteil bis zur Baugruppe
- Senkung der Wiederbeschaffungszeiten
- Es ist immer das richtige in richtiger Menge da
- Reduzierung der Logistikkosten

Bei dieser Art der Nachschubautomatik muss eine entsprechende Kennung in den Stammdaten hinterlegt werden und das System wird auf eine rein körperliche Bestandsführung (nur Zugangs- und Abgangsbuchungen) für KANBAN-Teile umgestellt, wobei die Abgangsbuchungen meist so eingestellt sind:

> Zentrallager → Umbuchen auf Produktionslager – bei Fertigstellung retrogrades Abbuchen von PL-Lager, bei paralleler Zugangsbuchung auf Versand- / Fertigwarenlager.

Sofern die Erstausstattung noch dem Lieferanten gehört, entfällt eine Bestandsführung komplett. Es gibt nur eine Dummy-Bestellung, damit die Rechnungen vom Lieferanten bezahlt werden.

2.2.2.6 Bestellpunktverfahren – Ist dies noch zeitgemäß?

Bestellpunktverfahren kann zu überhöhten Beständen / Fehlleistungen / Fehlteilen führen (siehe Beispiel Pkt. 3.1.1, Seite 88)

<u>**Grund**</u>: Es besteht kein zeitlicher Zusammenhang zwischen Festlegung Bestellmenge zu echtem Bedarf in der Lieferstrecke. Die Kunden bestellen anders als gedacht, wodurch das ermittelte Mengen- und Termingefüge nicht mehr zufriedenstellend funktioniert. Die Disposition nach Reichweiten überwindet Fehlleistungen, ist näher am Kunden.

Bild 2.19: *Ermittlung des Wiederbestellpunktes*

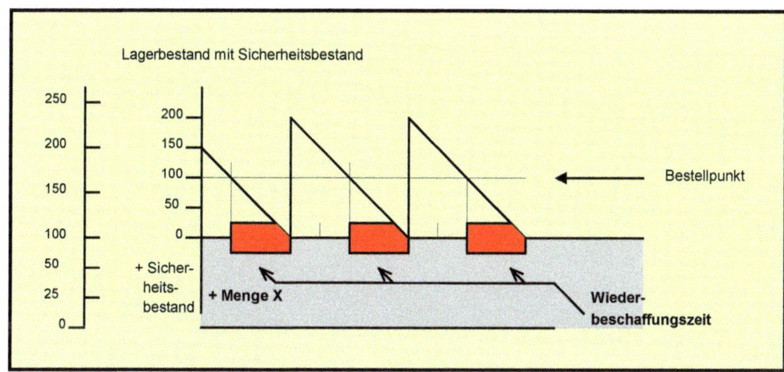

Formel:

(Wiederbeschaffungszeit in Wochen x Durchschnittsverbrauch / Woche)
+ gewollter Sicherheitsbestand

Dieses Verfahren sollte in der heutigen Just-in-time-Zeit auf Grund der Variantenvielfalt und zweier gravierender Kriterien nicht, bzw. nur noch für C-Teile angewandt werden:

1. Der Pflege- und Betreuungsaufwand dieser Stammdaten ist hoch (wird häufig vernachlässig). Insbesondere die Berechnungen sollten für A- und B-Teile alle 6 - 8 Wochen überprüft, bzw. fallweise sofort angepasst werden.

2. Der größte Nachteil ist jedoch:
   Es wird eventuell eine Bedarfslawine vom Endprodukt, über Baugruppen, bis hin zum Einzelteil / Halbzeug erzeugt, wenn der so errechnete Bestellpunkt unterschritten wird. Die Fertigung wird verstopft, erzeugt hohe Bestände, denn die Kunden bestellen doch anders.

Bild 2.20: *Festlegung und Pflege von Wiederbeschaffungszeiten – Standard-Mail*

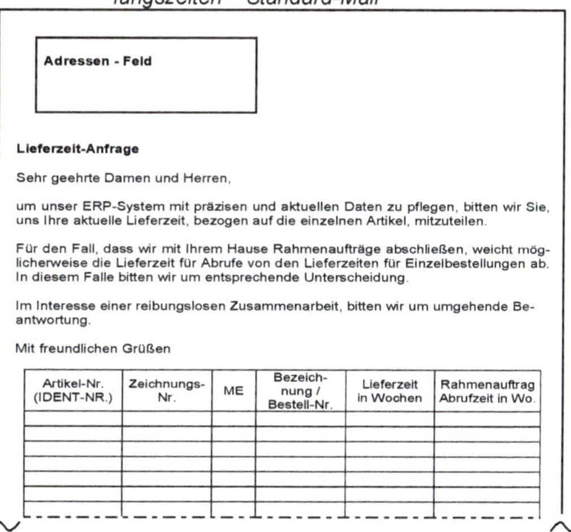

Adressen - Feld

Lieferzeit-Anfrage

Sehr geehrte Damen und Herren,

um unser ERP-System mit präzisen und aktuellen Daten zu pflegen, bitten wir Sie, uns Ihre aktuelle Lieferzeit, bezogen auf die einzelnen Artikel, mitzuteilen.

Für den Fall, dass wir mit Ihrem Hause Rahmenaufträge abschließen, weicht möglicherweise die Lieferzeit für Abrufe von den Lieferzeiten für Einzelbestellungen ab. In diesem Falle bitten wir um entsprechende Unterscheidung.

Im Interesse einer reibungslosen Zusammenarbeit, bitten wir um umgehende Beantwortung.

Mit freundlichen Grüßen

Artikel-Nr. (IDENT-NR.)	Zeichnungs-Nr.	ME	Bezeichnung / Bestell-Nr.	Lieferzeit in Wochen	Rahmenauftrag Abrufzeit in Wo.

Oder in den Liefervereinbarungen je Artikel sind fixe Lieferzeiten mit entsprechenden Vermerken, was bei Nicht-Einhaltung eintritt, vermerkt.

In der Praxis hat sich gezeigt: Je näher die Disposition am Lager / am Lagerfach organisatorisch angesiedelt ist, je besser stimmen die Bestände im Warenwirtschaftssystem mit den tatsächlichen Beständen vor Ort überein.

Merke: ***Je niederer die Bestandsmengen umso höher muss die Genauigkeit der Bestandszahlen werden!***

2.2.2.7 Restmengenmeldungen verbessern die Bestandsgenauigkeit

Optisch / elektronische Warenerfassungssysteme, Warenerfassungssysteme im Wareneingang / Lager senken Kosten und verbessern wesentlich die Bestandsqualität.

Strichcode / das Vier-Augen-System vermeidet Fehler. Restmengendarstellungen am Scanner verbessern die Arbeitsqualität im Lager wesentlich.

Die Einführung von so genannten Restmengenmeldungen, die automatisch vom PPS-System in den Barcode-Scanner eingestellt werden, oder vom Lagerverwalter bei Erreichen einer überschaubaren Bestandsmenge im Warenwirtschaftssystem überprüft werden, erhöht die Sicherheit, dass

a) die Bestände stimmen, die Kontenauskünfte also glaubhaft sind,

b) Bestandsdifferenzen zwischen Buchungsbestand und körperlichem Bestand am Lager frühzeitig erkannt, rechtzeitig reagiert werden kann und es so nicht zu ärgerlichen Fehlbeständen kommt.

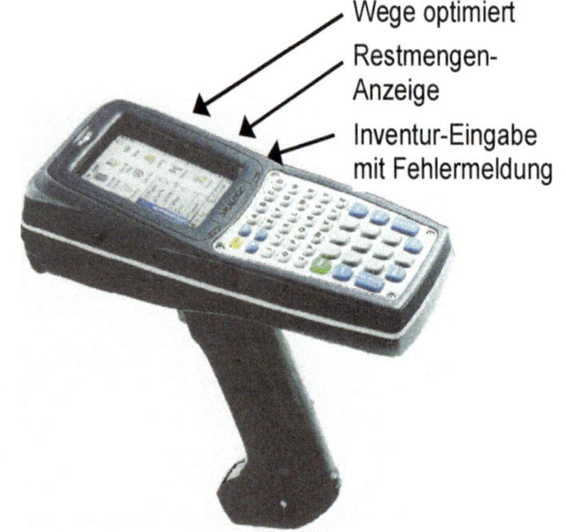

Außerdem kann das System Restmengenmeldung so ausgebaut werden, damit es eine ähnliche Funktion wie das KANBAN-System erhält. In Verbindung mit der permanenten Inventur erhöht dies wesentlich die Genauigkeit der Bestandszahlen.
Die SOLL-Restmenge wird am Display des Scanners angezeigt. Bei Abweichung wird sofort korrigiert. Datum = Inventurdatum. Der Lagermitarbeiter führt auch das Differenzkonto in eigener Verantwortung (Verantwortung für Geld wird übertragen).

Differenzkonto

Durch Vorgabe von Obergrenzen wird das System budgetiert / geregelt:

- Die Gesamtabweichung darf über das Jahr gesehen nicht mehr als X % vom Gesamtbestand überschreiten u n d
- eine einzelne Abweichung über XX € muss gemeldet und genehmigt werden (Ursachenforschung ist angesagt)

Wird dieses Verfahren mit den testierenden Wirtschaftsprüfungsinstitut und den Finanzbehörden abgesprochen, kann auf eine Inventur jeglicher Art verzichtet werden. Für die Bilanzierung reicht dann eine sogenannte Stichprobeninventur / -prüfung durch das testierende Wirtschaftsprüfungsinstitut.

2.2.2.8 Ermittlung des Sicherheitsbestandes – Welche Systemeinstellung ist sinnvoll?

Mathematische Bestimmung des Sicherheitsbestandes oder der Servicegrad als das wesentliche Kriterium zur Bestimmung der Bestandshöhe

Jeder Disponent hat das Bedürfnis, gegenüber dem Verkauf möglichst immer lieferbereit zu sein. Dies bedeutet in der Praxis, dass er häufig mit überhöhten Beständen und hohen Sicherheitsreserven arbeitet.

Insbesondere dann, wenn bei Unterdeckung dem Disponenten Fehlverhalten vorgeworfen wird. Die tatsächlichen Gründe können aber sein

- hohe Mengenschwankungen in den Bedarfen
- hohe Schwankungen in den Wiederbeschaffungszeiten
- vom Vertrieb zu kurzfristig zugesagte Liefertermine mit der Auswirkung: **„Die Teile wegstehlen“**, von Auftrag A für neuen Auftrag X.

Diese Problematik ist u. a. lösbar, mit dem Instrument „Servicegrad“.

Der Servicegrad in Abhängigkeit der Bedarfsschwankungen kann mathematisch ermittelt und somit vorgegeben werden.

Bild 2.21: *Servicegradfaktoren zur Bestimmung des Servicegrades nach Gaußscher Normalverteilung*

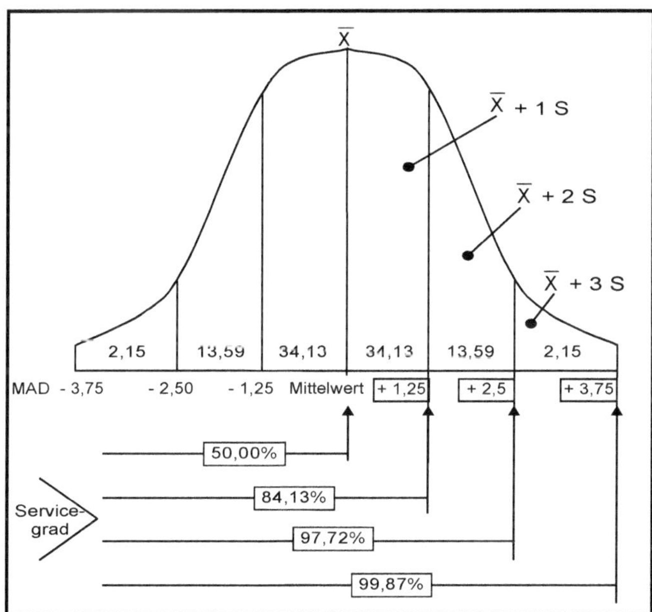

Mit dieser Messzahl des Lagerservices ist es möglich:

1. Den gewünschten Servicegrad in Form der zulässigen Unterdeckung pro Jahr festzusetzen, oder
2. den Prozentsatz der Bestellabläufe, die keine Unterdeckung aufweisen sollen, zu berechnen und diesen Prozentsatz zur Ermittlung des richtigen Sicherheitsfaktors heranzuziehen

Wenn die Systemeinstellungen diese Art der Si-Berechnung nicht zulässt, eine Excel-Berechnung nicht gewollt ist, kann auch eine pragmatische Si-Festlegung genutzt werden:

a)	Liefertreuer Lieferant	Si = 1 - 5 AT
b)	Weniger liefertreu, aber noch akzeptabel	Si = 50% des Verbrauches in der WBZ
c)	Lieferuntreuer Lieferant	Anderen Lieferant suchen

Achtung: Hohe Sicherheitsbestände treiben die Bestände um das X-fache nach oben, insbesondere bei langen Wiederbeschaffungszeiten und hohen Bedarfsschwankungen. Deshalb:

- Legen Sie eine vertretbare Lieferbereitschaft je Artikel / Warengruppe fest
- Akzeptieren Sie in Einzelfällen Null-Bestand

Ziel muss sein, Lieferanten halten für uns Vorräte, wir rufen nach SCM- / KANBAN-Regeln ab. Senkt Bestände und steigert Servicegrad auf 100 %, ohne Mehrkosten. Der Sicherheitsbestand im eigenen Lager kann auf null gesetzt werden.

Art der Sicherheits- / Mindestbestandsabsicherung bei den Lieferanten ergibt:

Lieferbereitschaftsgrad	↓	niedrig → hoch	
Ware liegt beim Lieferanten / über Sicherheitsbestand abgesichert	**NIEDER**		Über Sicherheits-bestand abgesichert
Ware liegt beim Lieferanten, körperlich reserviert für uns	**MITTEL**		Bei Lieferant körperlich für uns reserviert
Ware liegt bei uns im Unter-nehmen, gehört noch Lieferant Konsignationslager	**HÖHER**		Gehört noch Lieferant
In Abstimmung mit Kunde Ware liegt bei uns im Unternehmen, gehört uns, Lieferant liefert nach Min.- / Max.-Prinzip selbstständig nach	**OPTIMAL FÜR LIEFERANT + KUNDE**		Lieferant liefert nach Min.- / Max.-Prinzip selbststän-dig nach

2.2.2.9 Ersatzteilmanagement / Disposition von Ersatzteilen

Für die Disposition / Lagerhaltungshöhe von Ersatzteilen lassen sich kaum Regeln aufstellen. Die Handhabung hängt größtenteils von der Unternehmensphilosophie / dem Zwiespalt ab, was will das Unternehmen:

- Eine hohe Verfügbarkeit, damit eine umgehende, termingerechte Versorgung sichergestellt ist.
  Mit dem Ergebnis: Hohe Lagerhaltungskosten, aber geringe Maschinenstillstandszeiten.
- Eine geringere Verfügbarkeit, mit dem Risiko, dass höhere Maschinenstillstandszeiten im Schadensfalle in Kauf genommen werden müssen.

Es sei denn, es können mit den Lieferanten / Maschinenherstellern KANBAN- / Konsignationslager oder besser, ein so genanntes Zentrales Informationsmanagement mittels IT-Plattform, *„BEI WEM LIEGT WAS?“* eingerichtet werden.

Bild 2.22 *Die gesamte Problematik kann am einfachsten anhand eines Entscheidungsmodells dargestellt werden:*

Kriterium	Ausprägungen[1] (mit beispielhaften Gewichtungsfaktoren) hoch	mittel	niedrig
Wiederbeschaffungszeit	4	2	1
Preis	1	2	3
Bedarfsregelmäßigkeit	1	2	3
Lagerhaltungskosten	1	2	3
Haltbarkeit	4	2	1
Lieferzuverlässigkeit	1	2	3
Stillstandskosten	6	3	1
Funktionsrisiko	6	3	1

1) Quelle: Zeitschrift ZWF 12 / 03
Carl Hanser Verlag,
Autor Dipl.-Ing. K. Kaiser,
Dipl.-Ing. M. Vogel, Dipl.-Ing.
A. Werding

Nach der Höhe der Punktezahl wird dann die Lagerhaltungsstrategie für einzelne Teile oder Teilegruppen festgelegt.

Natürlich müssen noch weitere Einflussfaktoren Beachtung finden, wie z. B.:

- Lagerkapazität / Lieferant Helfer in der Not
- sowie Liquiditätsfragen grundsätzlicher Art
- Vertragliche Regelungen mit Kunden

Kenntnisse über Anzahl eingesetzter Anlagen, deren Laufstunden, bzw. planmäßige Wartungen / Generalüberholungen, also Daten wie sie aus modernen Instandhaltungsprogrammen geliefert werden, erleichtern die Arbeit wesentlich.

Eine völlig andere Strategie ist, das Ersatzteillager gegen null zu setzen und mit Unternehmen in der Nähe vertraglich vereinbaren, dass notwendige Reparaturen / Ersatzteile innerhalb von z. B. 24 Stunden, oder weniger, hergestellt / in einwandfreier Qualität geliefert werden. Ein höherer Stundensatz in der Bezahlung kann das Lockmittel sein.

2.2.2.10 Problem Minusbestände im verfügbaren Bestand bei Vorratswirtschaft

Problem: System reserviert innerhalb der WBZ im verfügbaren Bestand ins Minus bei Vorratswirtschaft

Manche Warenwirtschaftssysteme sind so eingestellt, dass bei **Vorratsteilen** innerhalb der Wiederbeschaffungszeit ins Minus reserviert werden kann. Es entsteht bei terminlich nachfolgend, bereits zugesagten Aufträgen innerhalb der Wiederbeschaffungszeit **UNTERDECKUNG**. Dies bedeutet, es werden Teile für einen bereits bestätigten Auftrag weggestohlen. Dies ist **NICHT** zulässig und führt zu Problemen in der Liefertreue (Flexibilität bedeutet nicht Chaos). Es sei denn, die Nachschubautomatik wird über KANBAN gesteuert.

Bild 2.23: *Artikelkonto eines Vorratsteiles Kennung, z. B. B / X*

Mat.-Nr.	von Termin	bis Termin		
030.0507.0	Wo.20 xx	Wo.30 xx		
Bezeichnung:		TRANSFORMATOR EI 30/12.5 220/24 V 1,2 VA		Datum: 13.06.xx
Lagerbest. 355,00		Verf. Bestand -38.645,00	Wiederbestellpunkt 1.500,00	
Termin		**Bedarf**	**Bestellt**	**Verfügbar**
20	xx	0,00	4.000,00	4.355,00
21	xx	3.000,00	0,00	1.355,00
22	xx	0,00	0,00	1.355,00
23	**xx**	**2.500,00**	**0,00**	**-1.145,00**
24	xx	0,00	5.000,00	3.855,00
25	xx	3.000,00	0,00	855,00
↓	↓	↓	↓	↓
42	yy	4.000,00	0,00	-23.645,00
43	yy	0,00	0,00	-23.645,00
44	yy	0,00	0,00	-23.645,00
45	yy	3.000,00	0,00	-26.645,00
46	yy	0,00	0,00	-26.645,00
47	yy	0,00	0,00	-26.645,00
48	yy	0,00	0,00	-26.645,00
49	yy	0,00	0,00	-26.645,00

In dieser Zeitachse, WBZ 20 AT, darf nicht automatisch ins Minus reserviert werden
Hinweisfeld **KLÄRUNG** notwendig

Körperlicher Bestand
– Bedarf + Bestellung
= **verfügbare Menge**

Je Artikelnummer kann in den Stammdaten hinterlegt werden, ob dies zugelassen werden soll J N
Haken entsprechend setzen

Bei reiner Auftragsfertigung (kein Vorratsteil) muss immer ins Minus reserviert werden. Stammdaten müssen entsprechend gepflegt sein.

2.2.2.11 Zusätzliche Dispo-Kennzeichen – X - Y - Z – als Dispositionshilfen

Ein weiteres, wichtiges Hilfsmittel zur Verbesserung der Dispositionsqualität ist folgende Zusatzinformation an den Disponenten, bzw. das Hinterlegen eines zusätzlichen Dispo-Kennzeichens in den Stammdaten nach der 1- / 2- / 3- bzw. X- / Y- / Z-Methode:

Bild 2.24: *Dispo-Kennzeichen nach Artikelklassifizierung (1- / 2- / 3- = pragmatische Einteilung)*

Dispo-Vorgabe		Zusatz - Dispo - Kennzeichen			
		Wiederholteil **1 (X)**	Sonderteil mit Wiederholcharakter für 1 Kunde **2 (Y)**	Reines Sonderteil **3 Z (S)**	Ersatzteil **4**
A - B - C - Klassifikation	A	Vorratshaltung: Ja Mindestbestand: Lt. Vertriebsplanvorgabe Bestellmenge: Lt. echtem Kundenbedarf Art der Bestellung: Punktgenaue Abrufaufträge	Vorratshaltung: Ja Mindestbestand: 0	Vorratshaltung: Nein Mindestbestand: 0	Nach Vorgabe bzw. festgelegtem Servicegrad
	B	Vorratshaltung: Ja Mindestbestand: Ja Bestellmenge: Nach Reichweitenberechnung	Bestellmenge: In Abstimmung mit Kunde über Vertrieb max. z.B. 1 - 2 Monate Dispo-Art: Reichweitenberechnung gemäß freigegebener Liefereinteilung	Bestellmenge: Reine, auftragsbezogene Fertigung, ohne Losgrößenberechnung	
	C	Vorratshaltung: Ja Mindestbestand: Ja Bestellmenge: Lt. Losgrößenberechnung möglich, aber z.B. max. für 6 Monate Oder besser C-Teile - Management, Lieferant liefert automatisch nach			

Bild 2.25: *Mathematische Artikelklassifizierung[1], wobei je nach Unternehmen: Variantenfertiger, Auftragsfertiger, die Anteile X-, Y-, Z- (S-) erheblich streuen können*

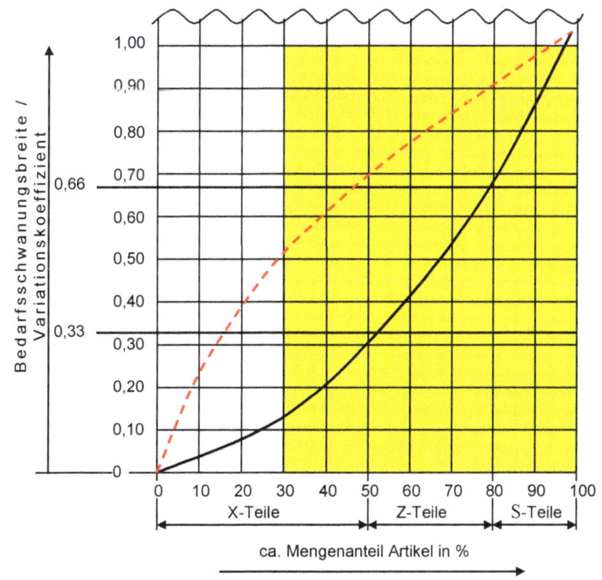

[1] In Anlehnung an Prof. Dr. Ing. Helmut Ables, Fachhochschule Köln und Dipl. Ing. Maik Schürmer und weitere FIR / RWTH Aachen Zeitschr. UOZ 1/2013

Die früher praktizierte pragmatische 1- / 2- / 3-Klassifizierung wird heute

X- / Y- / Z-Analyse genannt

und in den ERP- / PPS-Systemen mathematisch auf der Basis große – kleine Bedarfsstreuung ermittelt. Mittels mathematischer Statistik, hier VARIATIONSKOEFFIZIENT (V) genannt, wird die Schwankungsbreite der Bedarfe in der Zeitachse ermittelt und danach Dispositionsverfahren und Servicegradhöhe bestimmt[1)].

Beispiel:

V = Verhältnis Standardabweichung S zu Mittelwert $\overline{X}$

Beispielrechnung (S 6,67 : $\overline{X}$ 20,67 = 0,32 = X-Artikel) (Basiszahlen siehe S. 61)
mit folgender Aussage:

- ► je kleiner die Schwankungsbreite = je regelmäßiger der Bedarf
- ► je größer die Schwankungsbreite = je unregelmäßiger der Bedarf

woraus sich folgende Einteilungen / Lieferbereitschaftsgrade für die Praxis ergeben[1)]:

Schwankungsbreite	Ergibt Teileart [1)]	Bemerkung	Höhe des Si-Bestandes
≤ 0,33	X	Im Regelfalle[2)] Einser-Teile[3)]	Höher ↕ Niederer
≤ 0,66	Y	Im Regelfalle[2)] Zweier-Teile[3)]	
≤ 1,00	Z	Im Regelfalle Dreier-Teile[3)]	
Artikel kommen nur sporadisch vor, weiterer Bedarf ist nicht absehbar	S oder ZZ genannt	Immer Dreier-Teile	0 - auftragsbezogene Beschaffung
Alles unter Beachtung saisonaler Schwankungen und Trends. Dann gleiche Zeitfenster zur Berechnung heranziehen.			

Bild 2.26: *Berücksichtigung weiterer Dispositions-Wertigkeiten / Auftragsarten*

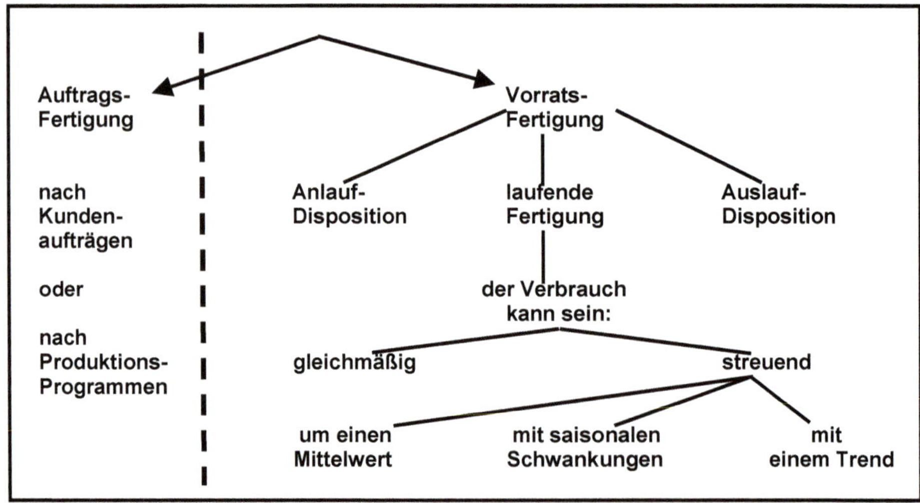

1) In Anlehnung an Prof. Dr. Ing. Dipl.-Wirtsch.-Ing. Helmut Ables, Fachhochschule Köln
2) Je nach Wiederbeschaffungszeit
3) frühere Bezeichnung

Je umfassender / zweckmäßiger die Bildschirmübersichten, umso besser die Dispo-Qualität

Der Disponent muss zum Zwecke einer geordneten Materialwirtschaft mit minimierten Beständen Kenntnis haben über

- Körperlicher Bestand (zeitnah – aktuell)
- den Bestellbestand, getrennt nach Eigenfertigung und Fremdbezug je Artikelnummer im terminlichen Zeitraster
- Werkstattbestand, Bestand, der aus dem Lager zwar entnommen ist, aber im Rahmen einer Bereitstellung, z. B. nach KANBAN-Prinzipien (ein voller Behälter / Palette wird bereitgestellt) nicht in voller Höhe für den Auftrag benötigt wird, auch *Bereitstellbestand* genannt
- Wareneingangsbestand
  Warenzugang, der noch nicht freigegeben ist[1)]
- Bestände in Sperrlager laut Qualitätskontrollmerkmalen[1)]
- Sicherheits- / eiserner Bestand
  Dies ist der Bestand, der eigentlich nicht unterschritten werden darf, und der eine sofortige Nachschub-Anmahnung auslösen muss
- Bei flexibler (chaotischer) Lagerführung Gesamtbestand, sowie Bestand pro Lagerfach / -ort
- Bei Versandlager bereits entnommen, für Kunde reserviert, aber noch nicht verladen (Bereitstellbestand)

Sowie für die tägliche Arbeit, gemäß Bestellvorschlagsübersicht (Mindestanforderung):

- Verfügbarer Bestand im terminlichen Zeitraster
- körperlicher Bestand / Sicherheitsbestand
- Mengeneinheit (Stück, kg, Liter, oder?)
- Reichweite und aktuelle Wiederbeschaffungszeit
- Bei Abrufaufträgen (bei Lieferanten) Restabrufmenge
- Min- / Max.-Bestand / Soll-Drehzahl / Umschlagshäufigkeit
- Farbige Hinweisfelder mit Datum für Vorziehen / Hinausschieben von Bestellungen / Fertigungsaufträgen, entstanden durch kurzfristige Kundenänderungen in Menge und Termin
- A-, B-, C- / X-, Y-, Z-Teil / Ersatzteil
- Verkettungshinweis
- Menge / Verpackungseinheit / Losgröße / fixe Bestellmenge
- Trend / Prognosefaktor
- Verbrauch der letzten Perioden mit größtem und kleinstem Wert und Streuung, sowie vergleichbare Perioden in der Vergangenheit
- aktuelle Wiederbeschaffungszeit

1) Ware darf nicht länger als ein Arbeitstag im Wareneingang, bei der QS-Abteilung, auf dem Sperrlager liegen. Sofortiges bearbeiten, klären ist Pflicht. Wenn Feierabend ist, muss der Wareneingang / das Sperrlager „besenrein“ sein

2.2.2.12 Bestellmengenrechnung und Trendentwicklung

Wird von einem bestimmten Teil zu wenig erzeugt, können Aufträge verloren gehen. Wird zu viel produziert, wird Geld vergeudet, also scheint eine Vorhersage unentbehrlich, um den zukünftigen Bedarf während der Wiederbeschaffungszeit von Teilen zu bestimmen.

Es gibt zwei grundsätzliche Methoden zur Vorherbestimmung des Bedarfes:

Schätzung und Vorhersage.

- Die Schätzung ist eine begründete Annahme und umfasst nicht die geordnete Verwendung numerischer Daten.
- Die Funktion der Vorhersage liegt in der Untersuchung des Bedarfsverlaufes der Vergangenheit und in der Vorausbestimmung für einen gewünschten Planungszeitraum, z. B. Saison oder ein Jahr.
- In neueren Dispo-Programmen sind Vorhersage- / Trendprogramme installiert, die meist auf mathematischen Beziehungen zwischen den Mittelwerten aus der Vergangenheit mit dem Mittelwert der Gegenwart aufbauen und durch entsprechende Gewichtung dieser Werte eine zukünftige Trendentwicklung errechnen.

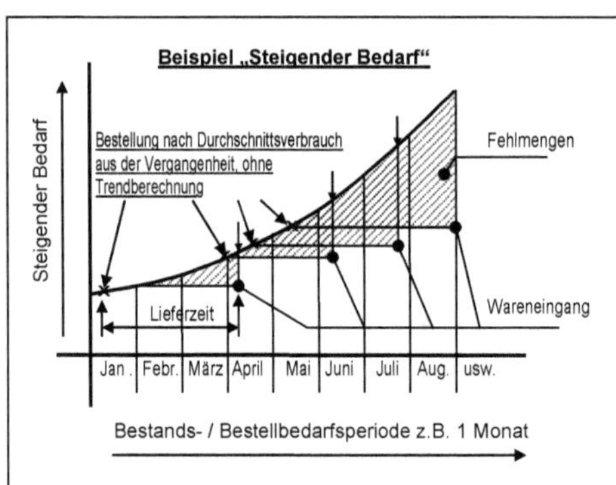

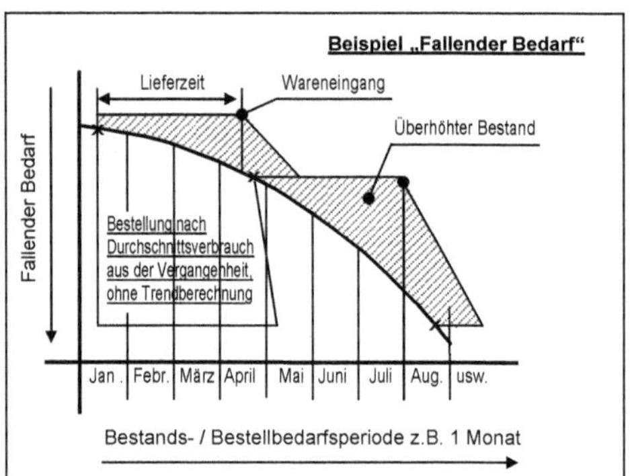

Z. B. Trendberechnung aus Gewichtung der letzten Monate

Eine Möglichkeit der mathematischen Trenddarstellung ist die Ermittlung des Durchschnittsverbrauches aus den letzten 12 Monaten (oder vergleichbare Perioden, bei Artikel mit saisonalen Schwankungen), mit einer Gewichtung der letzten drei Monate.

Beispiel (gleitender Mittelwert):

Monat	1	2	3	4	5	6	7	8	9	10	11	12
Ø-Verbr./Mo.	20	22	30	15	13	25	28	16	20	23	30	29
Ø	**Ø 21,0**									**Ø 27,3[1)]**		

Oder über die lineare Regressionsrechnung ermittelt.

1) ggf. gewichtet mit einem Trendfaktor, z. B. mode- / saisonbedingt

Bild 2.27: *Trendberechnung mittels exponentieller Glättung*

Darstellung: *Gewichtung der Daten bei Glättungskonstante 0,1 (je nach Trend / saisonal / Mode etc. können die Gewichtungsfaktoren nach Teileart unterschiedlich hinterlegt werden)*

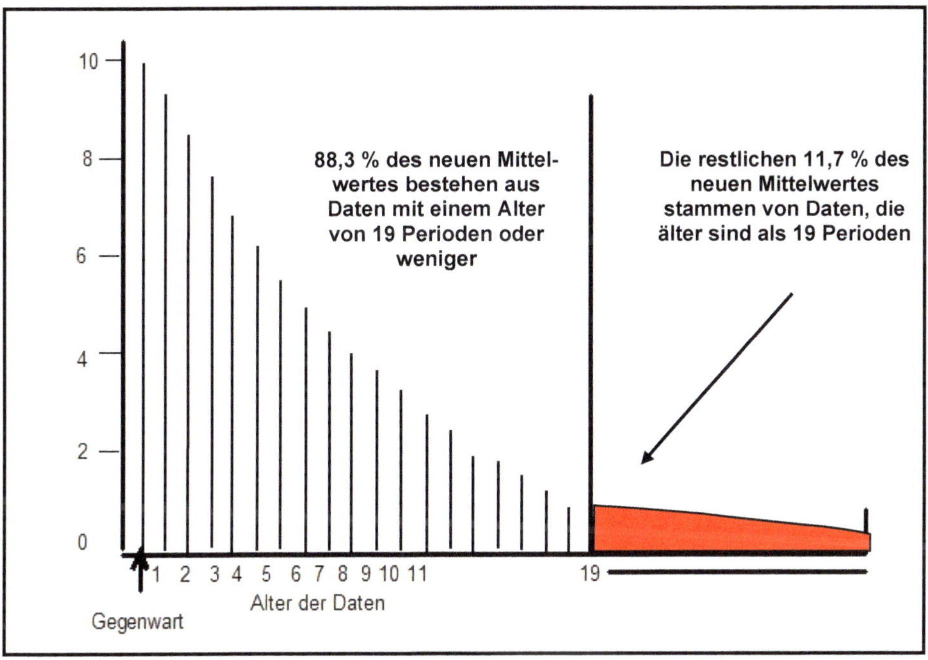

Beispielrechnung: Auswirkung der Einbeziehung von Trends (hier Faktor 0,1) in die Bestellmengenrechnung

(1) Monat	(2) Lagerabgang (kg)	(3) Bewertungs-faktor	(4) Gewichteter Wert (2) x (3)
Januar	400	0,66	264
Februar	350	0,73	256
März	420	0,81	340
April	480	0,90	432
Mai	450	1,00	450
SUMME	**2100 : 5 = 420**	**4,10**	**1742 / 4,10 = 425**

Nach dem arithmetischen Mittel beträgt der durchschnittliche Monatsverbrauch 2.100 : 5 = 420. Für die Festlegung der Bestellmenge sollte aber als Trend / Aktualitätsbewertung von 425 ausgegangen werden.

Die Betrachtung ist aber bezüglich der Cashflow Entwicklung gefährlich.

In Verbindung mit der damit einhergehenden, gewollten Anpassung der Bestellmengen (Sinn dieser Trendrechnung) wird die unsägliche Verbindung „Mehr Umsatz – mehr Materialbestand" nicht durchbrochen.

Schemabild: Darstellung Prozentanteil Working Capital bei bedarfsgesteuerter Nachschubautomatik über z. B. Wiederbestellpunkt und Trendberechnung zu verbrauchsgesteuert, z. B. mittels KANBAN- / SCM-System

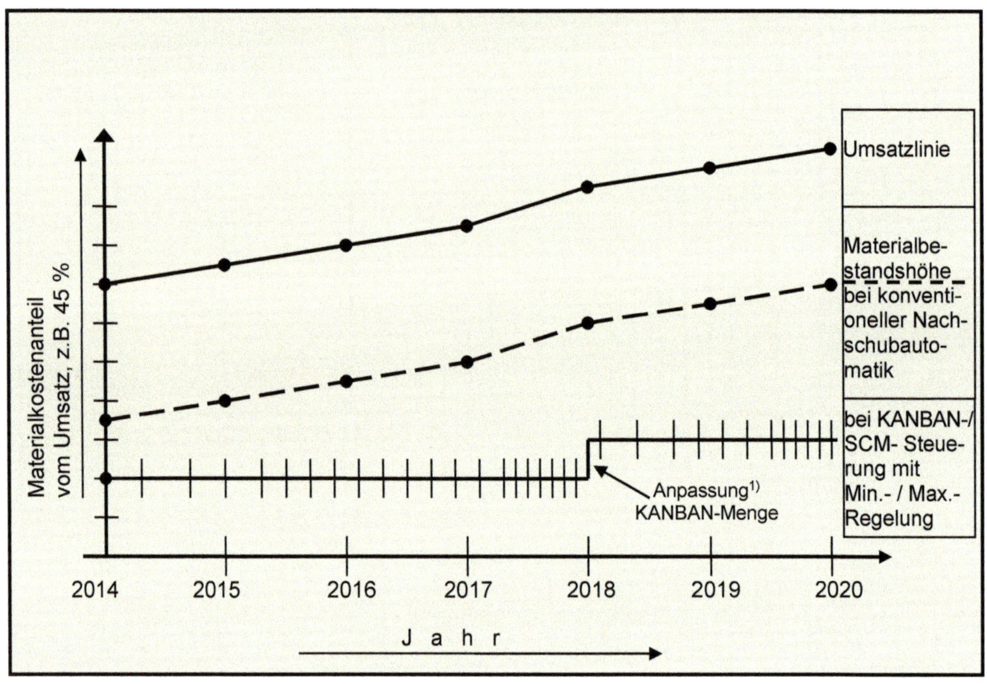

Wenn dieser unsägliche Zusammenhang durchbrochen werden soll, muss auf eine SCM- / KANBAN- oder Dispositionsart mit Min.- / Max.-Bestand und eine feste Bestellmenge[1)] umgestellt werden.

Die Nachschubautomatik wird dann über die Frequenz geregelt. Natürlich müssen bei gravierenden Abweichungen mittelfristig auch bei diesen Verfahren die Abrufmengen erhöht / vermindert werden.

Hinweis: Alle mathematischen Modelle, die für die bedarfsgesteuerte Nachschubautomatik entwickelt wurden, entstanden in früheren Jahren, als die Variantenvielfalt unbedeutend und der Just-in-time-Gedanke unbekannt war. Das Unternehmen hat seine Ware / Lieferungen dem Kunden zugeteilt.

1) Muss wie eine KANBAN-Menge mindestens 2 x / Jahr gepflegt werden.

2.2.2.13 Gefahren durch die Anwendung von Losgrößenformeln

Die Entscheidung, wie viel von einem Teil / Rohmaterial bestellt werden muss, ist eine der wichtigsten Gesichtspunkte für die Bestandsführung. Die Mengen der gefertigten oder gekauften Teile / Materialien stehen in direkter Beziehung a) zum Verbrauch während eines bestimmten Wiederbeschaffungszeitraums und b) zu den allgemeinen Kosten des Einkaufs, der Fertigung und des Einlagerungszeitraumes.

Die Entscheidung über die Größe der Bestellmenge beeinflusst das Working Capital wesentlich. Hier können wesentliche Einsparungen erzielt werden, wobei eine Reduzierung der Bestellmenge weder den Arbeitsablauf im Betrieb stören noch eine Erhöhung anderer Kosten mit sich bringen darf.

Nachfolgende Abbildung zeigt den Zusammenhang zwischen Lagerbestand und Bestellmenge. Der gesamte Durchschnittsbestand kann z. B. von 600 auf 300 Einheiten herabgesetzt werden, wenn die Bestellmenge von 900 auf 300 Einheiten sinkt. Das Teil müsste mittels Liefereinteilungen nachbestellt werden, wodurch sich die Zahl der zu verarbeitenden Wareneingänge bzw. die Zahl der Rüstvorgänge für ein Fertigungsteil in der Produktion erhöht, aber nicht unbedingt die Rüstzeit in Stunden pro Jahr. Grund: Verkettungsmöglichkeiten vor Ort steigen, auch der Aufwand im Wareneingang kann durch vereinfachte Prüfmethoden minimiert werden.

Bild 2.28: *Abhängigkeit des durchschnittlichen Lagerbestands von Bestellmenge*

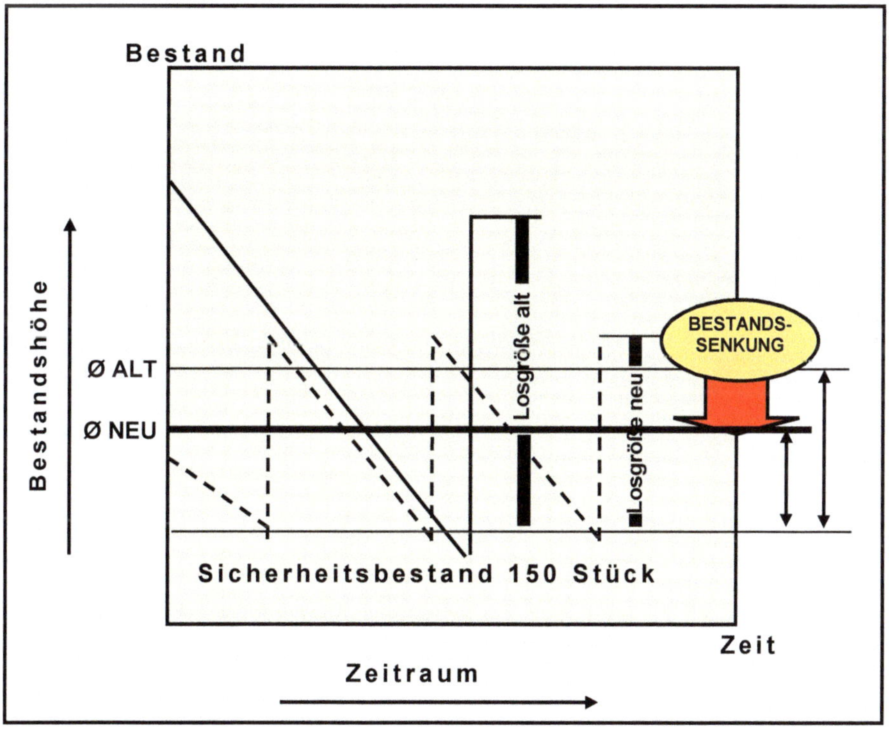

Quelle: *Prof. Dr. Ing. Brankamp*

Kleine Lose sind gefordert / keine Kapazitätsverschwendung zulassen

Ermittlung der optimalen Bestellmenge bzw. Losgröße, ist dies noch richtig?

Die Kosten, die mit der Bestellung zur Ergänzung des Lagerbestandes verbunden sind, steigen mit abnehmender Losgröße. Sie umfassen die Rüstkosten, Bestell- und Ausfertigungskosten, einen Anteil der Kosten für Transport, Wareneingang, Versand usw. Die mit der Höhe des Lagerbestandes zusammenhängenden Kosten sinken, wenn die Losgröße abnimmt. Sie werden als Lagerhaltungskosten bezeichnet und umfassen den Wert des gebundenen Kapitals, die Lagerungskosten, die Kosten für Veralterung, Zinsen etc.

Es sollte ein wirtschaftliches Gleichgewicht bestehen, zwischen den Kosten, die sich bei Veränderung der Bestellmenge erhöhen, bzw. verringern. Diese Festlegung ist der ursprüngliche Ansatz der Berechnung der optimalen Losgröße.

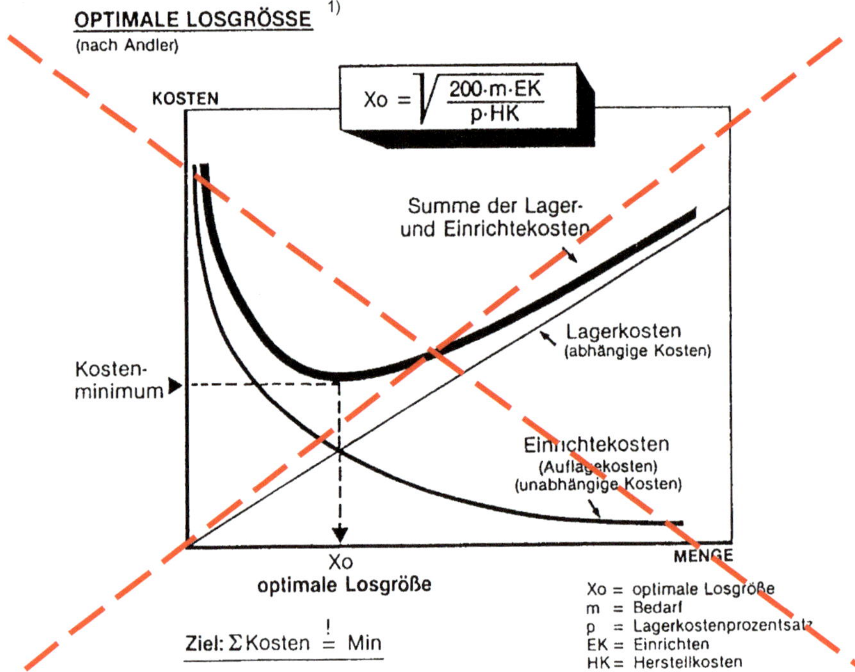

Diese Einzelbetrachtung kann dazu führen, dass bis zu 1/3 des Umsatzes in Beständen gebunden ist, große Lose zu langen Durchlaufzeiten in der Fertigung führen und trotz der hohen Vorräte immer wieder Fehlteile entstehen. Grund:

Die Kunden bestellen anders als geplant / gedacht war.

Hat diese Betrachtung – ***REINES EINZELOPTIMA*** – je Artikelnummer heute noch Bestand? Oder fehlen viele weitere Einflussgrößen zu einem ***GESAMTOPTIMA***? Wie z. B.:

„Hohe Liquidität / Flexibilität / kurze Durchlaufzeiten ist auch Leistung“ [1)]

Die Variantenvielfalt, der Just-in-time-Gedanke mit Ziel *niedere Bestände, hohe Umschlagshäufigkeit* setzt andere Regeln.

[1)] Die steigende Variantenvielfalt, Just-in-time-Denkweise bedeutet das Aus, das Ende von Andler

2.2.2.13.1 Losgrößenmanagement und Mythos Rüstzeiten

Auswirkungen von hohen Losgrößen nach Prof. Dr. Ing. Brankamp[1)]

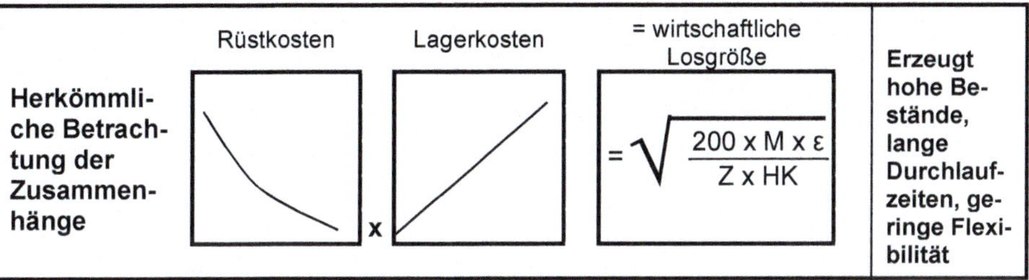

Fehlende / weitere Einflussgrößen mit gravierenden Auswirkungen auf Bestände, Flexibilität und Durchlaufzeiten:

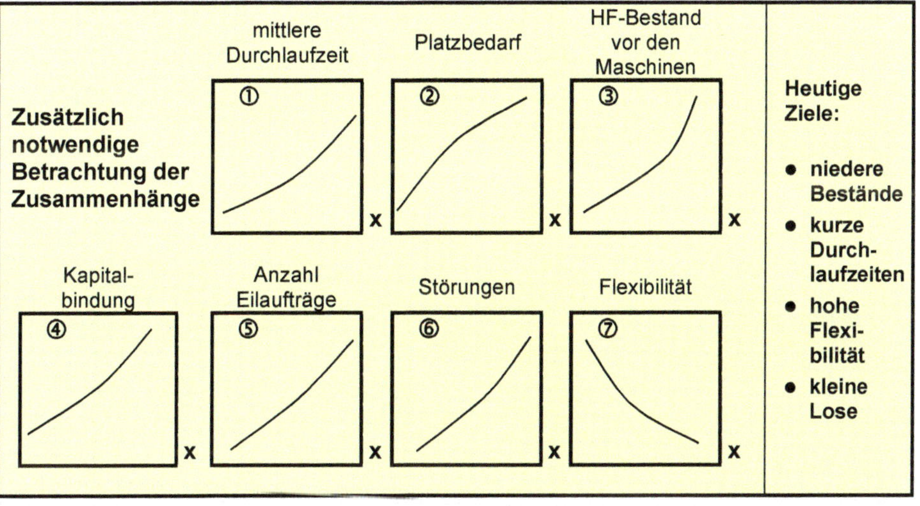

KEINE VERSCHWENDUNG IN ZEIT UND WERTSCHÖPFUNG ZULASSEN

Merksatz:

Wenn etwas produziert wird, was im Moment nicht gebraucht wird, dafür aber etwas nicht gefertigt werden kann, was gebraucht wird, ist dies pure Verschwendung. Leistung ist nur das, was gefertigt und auch umgehend, termintreu verkauft werden kann.

1) Aus Projekt *„ProzessMonitoring Technologie"*

Große Lose und viele Aufträge gleichzeitig in der Fertigung, verstopfen die Fertigung, erzeugen lange Lieferzeiten, beeinträchtigen die Flexibilität, treiben die Bestände in die Höhe.

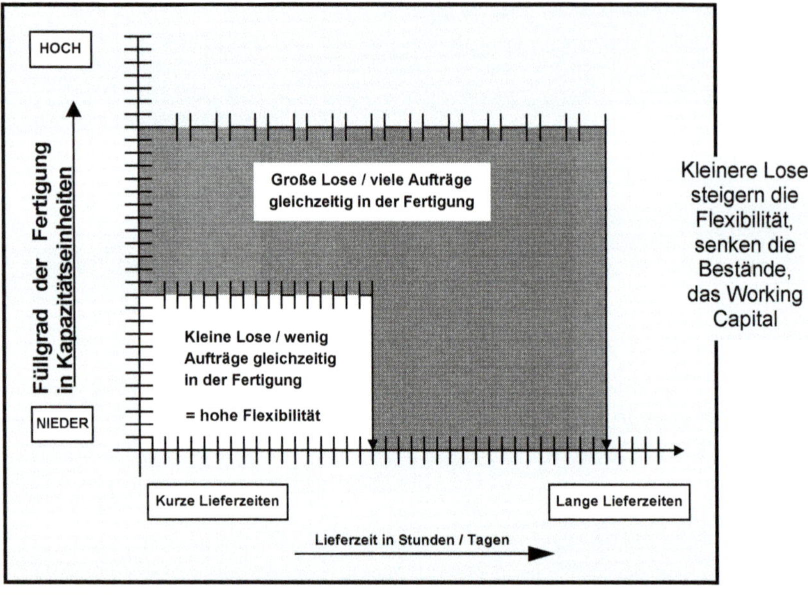

U N D

Können Sie sich vorstellen wie viel *„ungeplante"* Rüstvorgänge im Betrieb entfallen, das sind auch Kosten, oder um wie viel Euro Verschrottungskosten minimiert werden?

UNTERSCHIED EINZELOPTIMA – GESAMTOPTIMA

Pos.	Bezugsgröße Fertigungsteile	ca. Kosten pro Jahr in €	Bemerkung
1	Höhe der jährlichen Verschrottungskosten		**Und was kostet ein Umrüstvorgang einer Maschine *"in Euro absolut"*, wenn diese Maschine kein Engpass ist?**
2	Höhe der jährlichen Abwertungen		
3	Höhe der Kosten, die durch Sonderfahrten entstehen, wegen Fertigen von großen Losen an Engpassmaschinen		
4	**Summe Kosten Pos. 1 + 2 + 3**		
5	Durchschnittlicher Stundensatz der Anlagen[1)]		
6	Pos. 4 : Pos. 5 ergibt zusätzlich verfügbare Stunden für Umrüsten		
7	Durchschnittliche Rüstdauer in Stunden		
8	Pos. 6 : Pos. 7 ergibt ca. Anzahl "Mögliche zusätzliche Rüstvorgänge"		
9	Anzahl ungeplante Rüstvorgänge, die wegen Eilaufträgen getätigt werden, die nicht in die Stückkostenkalkulation einfließen		
10	Pos. 8 + Pos. 9 ergibt gesamt ca. Anzahl möglicher Zusatz-Rüstvorgänge		

1) Bei dieser Berechnung werden nur die variablen Anteile eines Stundensatzes angesetzt.

2.2.2.13.2 Die hausgemachte Konjunktur

Die hausgemachte Konjunktur ist eine Katastrophe bezüglich Flexibilität und Lieferzeit.

Durch die reine Betrachtung von Einzeloptima, z. B. Erreichen hoher Maschinennutzungsgrade, oder Verhältnis Rüstzeiten / Beschaffungskosten zu Lagerkosten, wurde den Mitarbeitern beigebracht, dass Maschinen ständig laufen müssen und in *„wirtschaftlichen Losgrößen"* produziert werden soll. Dies führt dann dazu, dass bei einem Bedarf von 50 Stück, 200 Stück oder mehr gefertigt werden, weil dann die kalkulatorischen Stückkosten stimmen. Was anschließend mit den restlichen 150 Stück geschieht, ist „Hoffnung".

So lange also Produktivität in Form von Anlagennutzung oder am Leistungsgrad pro Mitarbeiter und nicht am marktgerechten Verhalten gemessen wird, wird der Verschwendung bezüglich:

- **es wird etwas produziert was man im Moment nicht braucht**
- **die Fertigung wird verstopft, es gibt Warteschlangenprobleme Ergebnis: Terminprobleme, Mehrkosten aller Art**
- **Verschrottungsaktionen und Abwerten von wirtschaftlich gefertigten Teilen am Inventurstichtag**

weiter Vorschub geleistet.

Betriebliche Leistung und damit verbundene Motivationsziele müssen aber bezüglich heutiger Kundenanforderungen und Banken-Ziele

„Marktorientiert produzieren"

„Hohe Eigenkapitalquote / Liquidität"

neu definiert werden. *LIQUIDITÄT IST AUCH LEISTUNG.*

Leistung ist nur das, was hergestellt und auch umgehend verkauft werden kann. Nicht, was an Lager geht, oder als Arbeitspuffer zwischen den Maschinen liegt. Betriebliche Untersuchungen haben gezeigt, dass bis zu 50 % der gefertigten Mengen in absehbarer Zeit nicht benötigt werden.

Durch das Produzieren kleinerer Lose und nur Fertigen was gebraucht wird, erreichen Sie folgende Ziele:

- **Rückstandsfrei produzieren**
- **Reduzierung des Umlaufvermögens**
- **Reduzierung der Lagerbestände**
- **Reduzierung der Durchlaufzeit / höhere Termintreue**
- **Steigerung der Flexibilität**

Daraus resultiert weiter: Liefereinteilungen aus Kundenabrufen dürfen erst nach Rückfrage beim Kunden, welche Mengen tatsächlich und überhaupt gebraucht werden, also AKTUALISIERT / ANGEPASST, in Fertigungsaufträge umgesetzt werden.

Wird Rüsten / Rüstkosten überbewertet?

A) Was kostet ein Umrüstvorgang die Firma tatsächlich, wenn die Anlage freie Kapazität hat, also kein Engpass ist, und der/die Mitarbeiter ohne Probleme in ihrer Anwesenheitszeit die Anlage zusätzlich umrüsten könnte(n)? Sind Rüstkosten in solchen Fällen nur Papiergeld? Kostet ein Umrüsten in richtigem Geld dann 0,-- €? Und kann es sein, dass durch Fertigen kleinerer Lose, zwar öfter umgerüstet werden muss, aber durch mögliche Verkettungen (Bilden von Rüstfamilien) die Umrüstzahl zwar steigt, aber nicht die Stunden übers Jahr gerechnet?

B) **Höhere Flexibilität und steigende Anzahl Varianten, bedingt kleinere Lose in der Fertigung**

Beispiel:

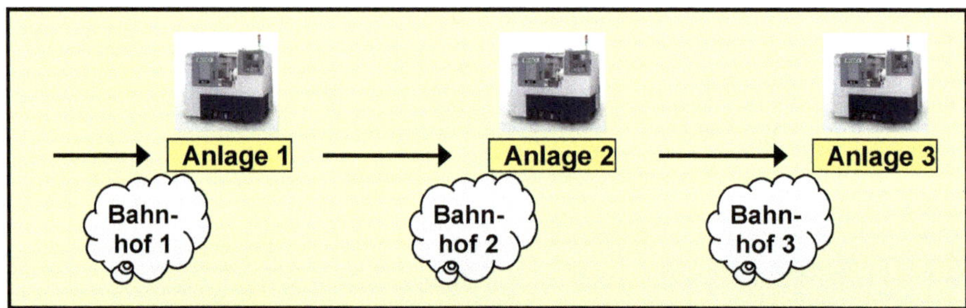

Fall 1 Über diese drei Anlagen müssen **40 verschiedene Artikel** gefertigt werden

Eine **Ø Losgröße** belegt diese Anlagen **0,5 Tage = Kapazitätsverzehr**

Dies bedeutet, dass **40 x 0,5**
also im Ø ein Artikel erst wieder in **20 Arbeitstagen** gefertigt werden kann.

Fall 2 Steigende Anzahl Varianten, es müssen jetzt **60 verschiedene Artikel** über diese Anlage gefertigt werden.

Bei gleichbleibender Losgröße bedeutet dies **60 x 0,5**
also im Ø ein Artikel erst wieder in **30 Arbeitstagen** gefertigt werden kann.

Fall 3 Das Unternehmen will zum Kunden flexibler werden, bzw. die Bestände reduzieren

a) ein Teil der Artikel wird zugekauft

oder

b) die Losgröße wird z.B. halbiert, also der **Kapazitätsverzehr / Los** beträgt im **Ø nur noch 0,25 Tage**

Was bedeutet: **60 x 0,25**
die Artikel können im Ø alle **15 Arbeitstage** neu hergestellt werden.

Natürlich kann ein Artikel immer vorgezogen werden, dann kommen andere aber erst später an die Reihe, Ø bleibt.

2.2.2.14 Andere Losgrößenformeln / -festlegungen

A) Losgrößen pragmatisch festlegen – Bewährt hat sich:

a)	Nach dem 20-80-Prinzip belegen ca. 20 % der zu produzierenden Artikel ca. 80 % des Kapazitätsbedarfs der Anlagen / Arbeitsplätze. Diese Lose z. B. halbieren. Der zusätzliche Rüstaufwand ist im Regelfalle minimal, kann von der Produktion problemlos aufgefangen werden. Auch wird dadurch häufig ungeplantes Umrüsten wegen Eilaufträgen vermieden. Kleinst-Lose werden nicht verändert.
b)	Die Losgrößen werden so berechnet, dass z. B. in einer Zeiteinheit „2 Wochen" (oder „4 Wochen"?) alle Artikel wieder neu produziert werden können. Nivelliert die Produktion, Spitzen werden vermieden. Die Mitarbeiter vor Ort verinnerlichen diesen Rhythmus. Rüstzeiten werden durch stetiges Umrüsten (Einübungseffekt) verringert.

Beide Varianten steigern die Produktivität und Liefertreue und was wichtig ist:

Es gibt pro Jahr zwar mehr Rüstvorgänge,
aber nicht unbedingt mehr Rüstzeit in Stunden.

UND

Reichweitenvorgaben berücksichtigen
„das Denken in Wellen".
Es kann nur nach der kleinsten vorhandenen
Teilmenge montiert, geliefert werden.

B) Gleitende wirtschaftliche Losgröße (WILO)

Die gleitende wirtschaftliche Losgröße will die Nachteile der Andlerschen Formel vermeiden, aber ein Nachteil liegt darin, dass zukünftige Bedarfe verschiedener Perioden zusammengefasst werden (man muss sammeln):

	1. Periode	2. Periode	3. Periode	4. Periode
Bedarf nach Zeitraster	**100**	**150**	**20**	**250**
Bedarfszusammenfassung:	**250**		**270**	

Der Vorteil ist, dass verschiedene Bedarfe zu einem vertretbaren / wirtschaftlichen Los zusammengefasst und gefertigt werden können. Wobei auch hierbei die gleichen Zusatzüberlegungen, wie bereits zuvor beschrieben, angewandt werden sollten.

Das Ergebnis ist ein Bestellvorschlag, der

⇨ bei Eigenteilen einen internen Fertigungsauftrag auslöst,

⇨ bei Bezugsteilen über den Einkauf einen entsprechenden externen Auftrag auslöst

Verbrauchsgesteuerte Disposition = Pull-System

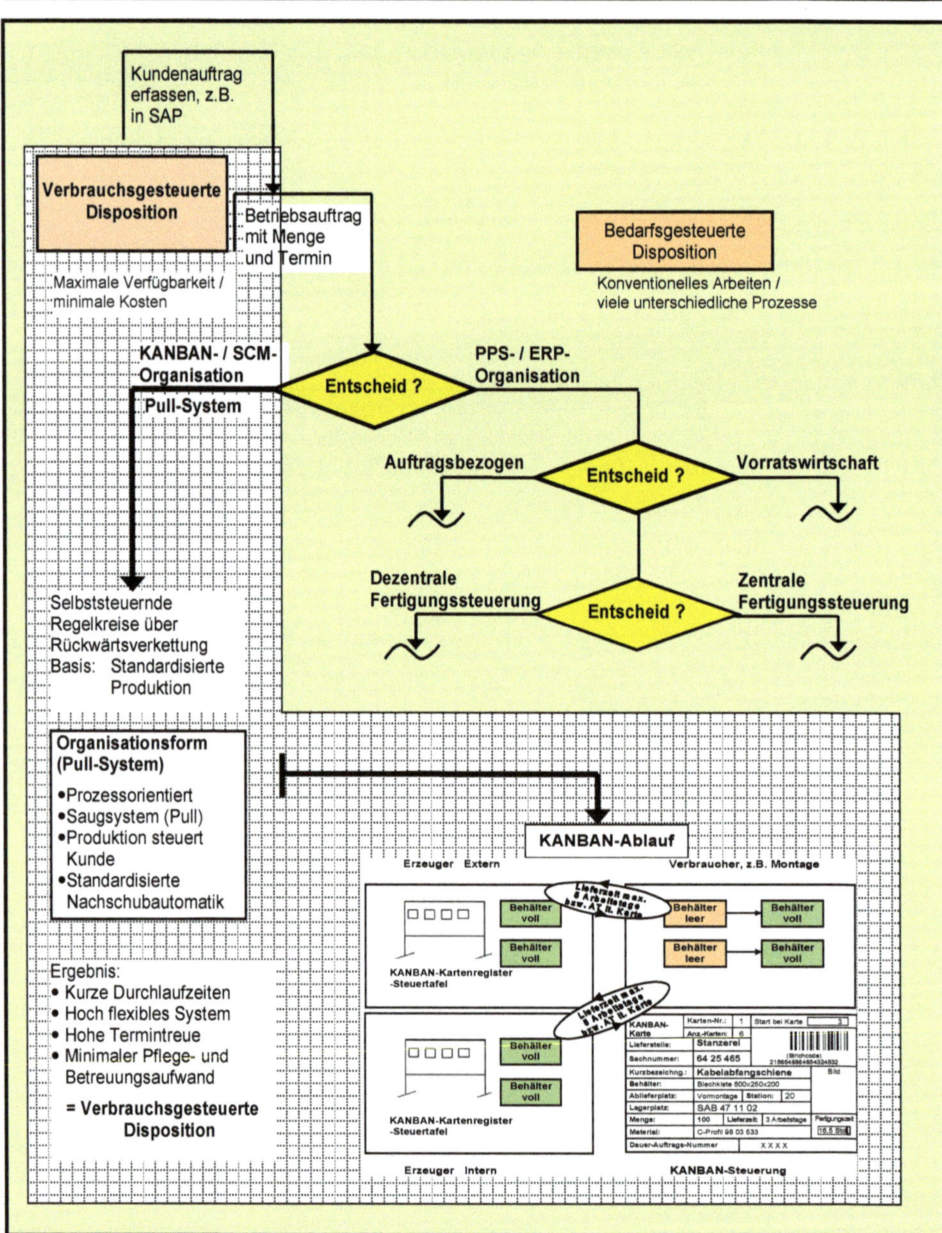

3.1 Logistik verbessern – Vom Push- zum Pull-Prinzip in der Nachschubautomatik

Produktionsbetriebe stehen vor großen Herausforderungen. Bisher erfolgreiche IT-Regelwerke funktionieren nicht mehr zufriedenstellend und müssen in Frage gestellt werden. Denn wenn Ihre Kunden auch die Bestände senken, bestellen sie später, unregelmäßiger und wollen die Ware früher. Die Bedarfsschwankungen und kurzfristige Änderungen in Menge und Termin werden größer, bringen die im PPS- / ERP-System geplanten Annahmen und Prozesse völlig durcheinander. Permanente Umplanungen sind notwendig, Termine können nicht oder nur unter erheblichen Mehrkosten eingehalten werden. Die Bestände und Rückstände steigen. Was morgens geplant / eingeteilt wurde, ist nachmittags bereits hinfällig. Auch der hohe Zeitaufwand für Stammdatenpflege macht den Anwendern das Leben schwer.

Welche Teile- / Materialnachschubart, bzw. welches Steuerungssystem ist für das Unternehmen, bezogen auf eine bestimmte Artikel- / Produktgruppe, die / das geeignete?

Analyseblatt zur Findung der passenden Organisationsform:

Kriterium, wie wichtig ist	**Bedeutung / Zielsetzung**		
	gering	***wichtig***	***sehr wichtig***
Ein hoher Lieferservicegrad	1	3	5
Eine hohe Liefertermintreue	1	3	5
Eine kurze Lieferzeit	1	3	5
Eine kurze Durchlaufzeit	1	3	5
Ein niederer Sicherheitsbestand	1	3	5
Ein niederer Lagerbestand	1	3	5
Ein geringer Werkstattbestand	1	3	5
Eine hohe Liquidität	1	3	5
Eine hohe Flexibilität	1	3	5
Niedere Kosten in der Beschaffungslogistik	1	3	5
Niedere Kosten in der Produktionslogistik	1	3	5
Minimierte Rüstkosten	1	3	5
Eine hohe Bestandssicherheit	1	3	5
Geringe Abwertungs- / Verschrottungskosten	1	3	5

Wenn mehrheitlich *„sehr wichtig – 5“* angekreuzt wird, dann sollten KANBAN- / SCM-Nachschubregeln genutzt werden.

KANBAN / SCM-Systeme bedeuten mehr Flexibilität, niedere Bestände, kürzere Lieferzeiten

3.1.1 Problematik der bedarfsorientierten Disposition bei Vorratswirtschaft

Es besteht kein zeitlicher Zusammenhang zwischen Festlegung Bestellmenge zu echtem Bedarf in der Lieferstrecke. Die Kunden bestellen anders als gedacht. Das aufwendig ermittelte ERP-Mengen- und Termingefüge funktioniert nicht mehr zufriedenstellend, muss in Frage gestellt werden.

Beispiel:
Dispo-System auf Basis Wiederbestellpunkt, dargestellt an vier verschiedenen Artikeln, mit ca. gleich großen Bestell- / Bedarfsmengen und Wiederbeschaffungszeiten

Endprodukt / Baugruppe / Einzelteil / Halbzeug	Beispielzahlen:				
	Ident-Nr. A	Ident-Nr. B	Ident-Nr. C	Ident-Nr. D	usw. ...
Festgelegter Wiederbestellpunkt im PPS-System	100	120	110	150	
Bestand lt. Letzter Bedarfsrechnung	99	119	109	129	
Wiederbestellpunkt ist niederer als Bestand, also erzeugt PPS-System nach festgelegten Regeln Bestellvorschläge, die vom Disponenten in Aufträge umgewandelt werden					
Ergebnis: Bestellmenge mit Starttermin Wo./J. und Endtermin Wo./J.	200 32/xx 40/xx	220 32/xx 40/xx	210 32/xx 40/xx	240 32/xx 40/xx	
Darstellung weiterer Kundenbedarfe, eingereiht in das so genannte terminliche Zeitraster, wann die Bedarfe tatsächlich benötigt werden = Darstellung weiterer Aufträge					
Termin [1] / Kundenaufträge / mit Menge					
Wo. 32 A "	20	--	5	18	
Wo. 33 B "	10	--	5	12	
Wo. 33 C "	5	--	5	10	
Wo. 34 D "	15	--	--	2	
Wo. 34 E "	15	--	--	2	
Wo. 35 F "	10	--	5	2	
Wo. 36 G "	15	--	5	4	
Wo. 36 H "	10 xxx [2]	--	--	10	
Wo. 38 I "	10	--	1	10	
Wo. 39 K "	20	--	1	10	
Wo. 40 L "	10	--	8	--	
Ergibt Σ Bedarf bis Wo. 40	140	0	35	80	0
Ergibt Bestand in Wo 40 [1]	-41	119	74	49	0
Ergebnis der Dispo-Arbeit von Freitag Wo. 31 ↓ z. B. Donnerstag Wo. 40	zu wenig und zu spät bestellt	wird nicht benötigt	wird in Wo. 40 nicht benötigt	o. k.	Ergebnis aus Sicht eines Lageristen

[1] PPS-System erzeugt bei erneuter Unterdeckung / Unterschreitung des Wiederbestellpunktes neue Aufträge. Dieser Vorgang ist hier nicht dargestellt, da für Problembesprechung bedeutungslos.

[2] Ab hier Unterdeckung

Resümee:

Wenn alle vier Aufträge termintreu gefertigt werden, werden u. a. Produkte hergestellt, die momentan nicht benötigt werden. Übertragen Sie dieses Beispiel auf ein Unternehmen mit z. B. 2.000 verkaufsfähigen Artikeln und den damit verbundenen Stücklistenauflösungen. Wenn es der Zufall will, werden über Baugruppen und Unterbaugruppen, bis hin zu Einzelteilen / Halbzeug, Bedarfslawinen erzeugt, die zu den angenommenen Zeitpunkten tatsächlich nicht, oder nur teilweise benötigt werden.

Mit dem Ergebnis:

Die Auftragsflut verstopft die Fertigung, erzeugt ständig wechselnde Engpässe, die es u. a. nicht mehr ermöglichen die Artikel, die tatsächlich benötigt werden, rechtzeitig zu fertigen.

Was bedeutet:

Es wird das Falsche zum falschen Zeitpunkt bestellt / produziert. Überhöhter Lagerbestand, permanenter Platzmangel und trotz hoher Bestände ist das Unternehmen nicht lieferfähig.

KANBAN-Systeme dagegen, die auf dem Saugprinzip aufgebaut sind, lösen nur dort Aufträge aus, wo auch Abgänge vorhanden sind, wodurch automatisch auch nur das nachbestellt wird, was auch tatsächlich benötigt wird.

Unterschied - Traditionelle Arbeits- und Organisationsstrukturen = Bring-System / Schiebeprinzip

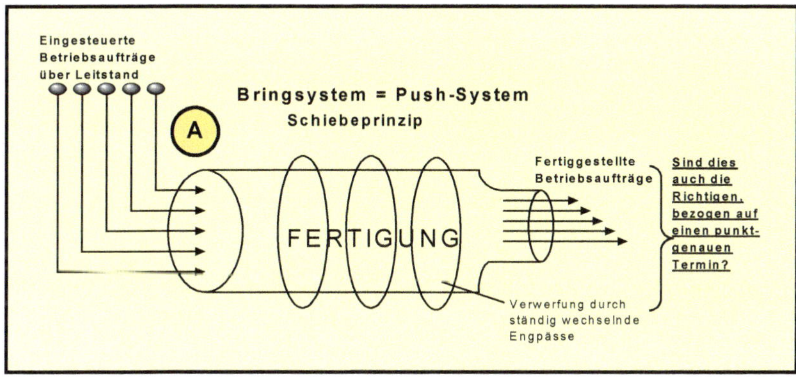

Zu Toyota-System =Produkt- und teamorientiert zum Kunden / Saug-System

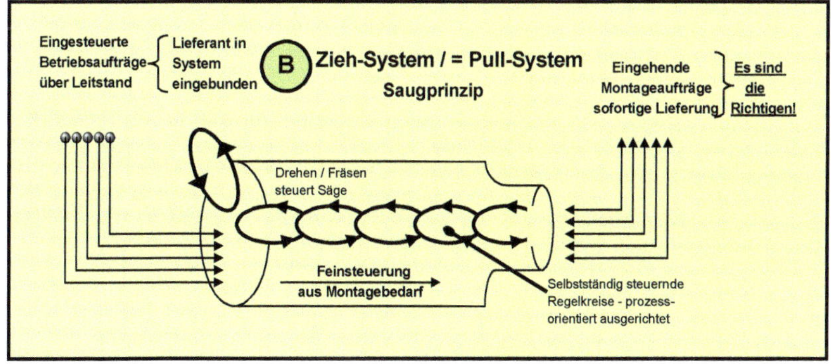

3.2 Einfach und rückstandsfrei produzieren / Bestände senken durch Einführung von KANBAN

Das Wort ***K A N B A N***

japanisch: Pendelkarte / Anzeigekarte auf der alle teilespezifischen Informationen, wie z. B. Teilenummer / Bezeichnung, Lieferant, Lagerort, Kunde, Bestimmungsort, Lagerplatz, Menge, Lieferzeit in Tagen, Behälterart / -größe etc. vermerkt sind.

3.2.1 Was ist KANBAN? / Vorteile von KANBAN in der Just-in-time-Gesellschaft

KANBAN ist ein in Japan, von Toyota entwickeltes dezentrales Produktionssteuerungssystem, das auf dem Pull-Prinzip basiert. Das bedeutet, eine Produktion wird nur durch Verbrauch in der Vorstufe ausgelöst. Ausgangspunkt für einen Lieferauftrag ist somit der Kunde – die Produktion erfolgt kundenorientiert. Dies geschieht über Selbststeuerung der produzierenden Bereiche, Kunden-Lieferanten-Prinzip, und visuelle Anzeigen mittels Steuertafeln und so genannten KANBAN-Karten, Behälter voll → Behälter leer.

Durch elektronische Unterstützung, z. B. Barcode oder RFID-System, kann KANBAN selbst über große Entfernungen realisiert werden. Die Datenübertragung lässt sich durch Nutzung von Wireless-LAN und Internet mit einfachen Mitteln realisieren, mit folgenden Vorteilen für die Kunden-Lieferantenbeziehung (intern – extern):

- ► Reduzierung der Abwicklungsvarianten und Kosten:
  - ♦ Prozesskosten (über die gesamte Lieferkette)
  - ♦ Kapitalkosten (Bestände und Umlaufvermögen)
  - ♦ Fehlleistungskosten (Qualität, Liefertreue)
- ► Verbesserung der Teile- / Lieferantenbeziehung in der Leistung, bezüglich
  - ♦ Materialverfügbarkeit bei minimalen Beständen
  - ♦ Verbesserte Liefertreue und Flexibilität
  - ♦ Verbesserung des Informationsflusses

KANBAN-Philosophie

KANBAN ist ein selbst steuerndes System, d. h. eine KANBAN-Steuerung benötigt im Normalfall keine besondere IT-Unterstützung oder Überwachung, beispielsweise für das Anstoßen einer Teilefertigung in Losgrößen oder für das Ordern von Nachschub für die Teilefertigung oder für die Montage. Dies geschieht durch die Mitarbeiter selbst.

1. Es existiert ein Informationskreis zwischen einer Fertigungsgruppe und seinem vorgelagerten Pufferlager. Das Informationshilfsmittel ist die KANBAN-Karte
2. Das KANBAN-System arbeitet nach dem Ziehprinzip, d. h. der Anstoß für einen Arbeitsgang oder Auftrag, wird durch einen leeren Behälter ausgelöst
3. Bei der Einführung des KANBAN-Systems befinden sich in allen Lägern für jedes Teil mindestens zwei gefüllte KANBAN-Behälter. Jedes Teil ist einem bestimmten Behälter zugeordnet.

4. Jeder KANBAN-Behälter ist mit einer KANBAN-Karte versehen. Auf dieser KANBAN-Karte befinden sich alle wichtigen Informationen, wie KANBAN-Menge, Fertig-, Teile-Nr., Behälterart, Lagerort und Empfängerlager.

5. Wird nun ein Behälter z. B. in einem Fertigwarenlager leer, so kommt dieser Behälter in das Montagelager und muss von der Montage 1 - 5 Tage später, mit montierten Artikeln aufgefüllt, an das Fertigwarenlager zurückgeliefert werden.

6. Durch diesen Montagevorgang werden ein oder mehrere Einzelteilbehälter in der Montage leer, die vom Zentrallager aufgefüllt und an die Montage geliefert werden. Werden im Zentrallager Behälter leer, müssen diese Teile vom Lager in der Teilevorfertigung, oder beim Lieferanten in der vorgegebenen Menge nachbestellt werden. Die Lieferungen müssen spätestens 1–5 Tage nach Bestellung pünktlich eintreffen.

7. Da von jedem Teil mindestens zwei gefüllte KANBAN-Behälter vorhanden sind, und sofort, wenn einer dieser Behälter geleert wurde, der Anstoß zum Füllen des Behälters, mittels KANBAN, gegeben wird, ist der Warenkreislauf und damit die Lieferbereitschaft gesichert.

8. Die Steuerung mittels KANBAN erfolgt jeweils nur für einen KANBAN-Kreislauf. Existieren mehrere Kreisläufe, so sind diese in ihrer Steuerungs- und Produktionsfunktion unabhängig voneinander. Auch die Behälterzahl / Teilemengen können verschieden sein.

9. Auch die Bereitstellarbeit im Lager wird wesentlich reduziert, da nur nach festen Mengen, sortenrein bereitgestellt wird. Auch die Produktivität[1)] in der Fertigung steigt, da immer das richtige Teil im sofortigen Zugriff ist.

Somit kreist zwischen vor- und nachgeschalteten Fertigungsgruppen eine Reihe von KANBAN-Karten mit den entsprechenden Behältnissen und es entsteht eine reibungslose Nachschubautomatik, die sich selbst steuert. Die Anzahl der KANBAN-Kreise hängt davon ab, inwieweit die Produktion eines Artikels aufgesplittet werden muss. Größe und Anzahl der Teile, lt. KANBAN-Menge, ist ausschlaggebend.

Versand / Fertigteilelager bestellt bei Endmontage, Endmontage bestellt bei Vormontage, Vormontage bestellt bei Zentrallager bzw. Lieferant, usw.

- Außer einer höheren Produktivität und Flexibilität, die durch Wegfall von so genannten *„nicht wertschöpfenden Tätigkeiten“* entsteht, verkürzt sich die Durchlaufzeit wesentlich. Auch das Auftreten von Fehlteilen / fehlende Baugruppen läuft gegen null, bei gleichzeitiger Senkung der Bestände.
- KANBAN glättet und nivelliert die Produktion, minimiert Wege
- Gleichzeitig erschließt KANBAN das Ideenpotential der Mitarbeiter. Durch Identifikation und Motivation wird Verantwortung und Leistung gefördert.
- KANBAN stellt den Produktionsprozess in den Vordergrund und ist für folgende Anwendungsbereiche geeignet:

  Serien- und Variantenfertiger, insbesondere auch Kleinserien- / Variantenfertiger, sowie für Zulieferer die fertigungssynchron anliefern müssen, in allen Branchen.

[1)] Grund: Für die dort herzustellenden Artikel wird ein Teilelager eingerichtet. Der Weg für den Entnahme-Pick sollte nicht weiter sein als ca. 5 Meter, besser weniger

KANBAN kann in verschiedenen Ausprägungen eingerichtet / geführt werden:

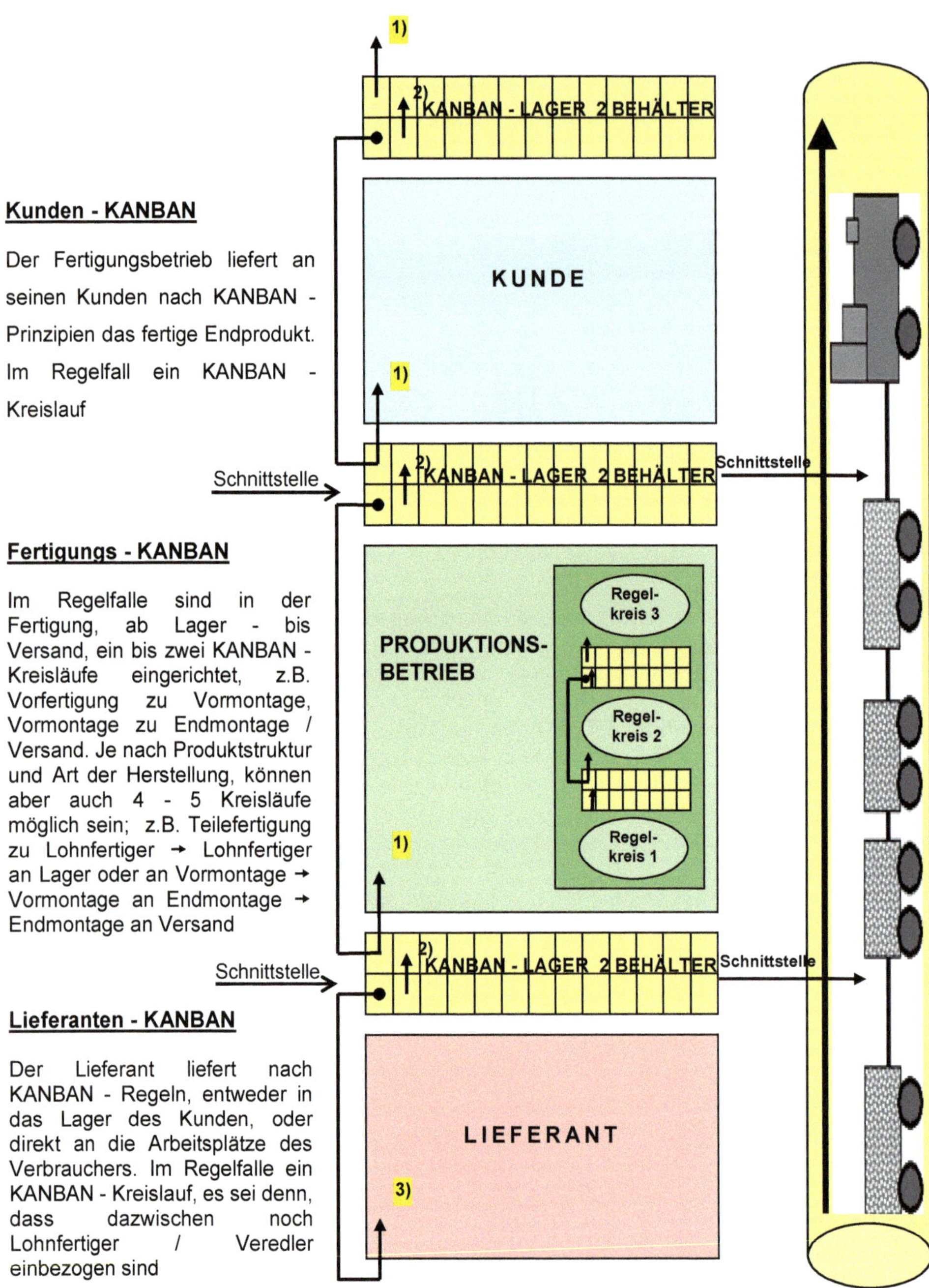

Kunden - KANBAN

Der Fertigungsbetrieb liefert an seinen Kunden nach KANBAN - Prinzipien das fertige Endprodukt. Im Regelfall ein KANBAN - Kreislauf

Fertigungs - KANBAN

Im Regelfalle sind in der Fertigung, ab Lager - bis Versand, ein bis zwei KANBAN - Kreisläufe eingerichtet, z.B. Vorfertigung zu Vormontage, Vormontage zu Endmontage / Versand. Je nach Produktstruktur und Art der Herstellung, können aber auch 4 - 5 Kreisläufe möglich sein; z.B. Teilefertigung zu Lohnfertiger → Lohnfertiger an Lager oder an Vormontage → Vormontage an Endmontage → Endmontage an Versand

Lieferanten - KANBAN

Der Lieferant liefert nach KANBAN - Regeln, entweder in das Lager des Kunden, oder direkt an die Arbeitsplätze des Verbrauchers. Im Regelfalle ein KANBAN - Kreislauf, es sei denn, dass dazwischen noch Lohnfertiger / Veredler einbezogen sind

1) Behälter leer

2) Reservebehälter wird nachgeschoben und gleichzeitig mittels KANBAN die Nachschubautomatik ausgelöst

3) KANBAN-Lager oder normales Dispo-Lager

Somit kreist zwischen vor- und nachgeschalteten Fertigungsgruppen eine Reihe von KANBAN-Karten mit den entsprechenden Behältnissen und es entsteht eine reibungslose Nachschubautomatik, die sich selbst steuert. Die Anzahl der KANBAN-Kreise hängt davon ab, inwieweit die Produktion eines Artikels aufgesplittet werden kann. Im nachfolgenden Bild wird ein KANBAN-Modell mit einer Teilefertigung und deren Endmontage dargestellt, ausgehend von einem Zentrallager für Rohlinge und Einzelteile mit drei KANBAN-Kreisläufen.

Versand / Fertigteilelager bestellt bei Endmontage, Endmontage bestellt bei Vormontage, Vormontage bestellt bei Zentrallager bzw. Lieferant.

Achtung: Aufträge die größer einer KANBAN-Menge sind, müssen wie normale Betriebsaufträge mit Liefertermin / Auftragsbestätigung erfasst und an Kunden bestätigt werden.

Grund: Riesenaufträge saugen das System leer, das KANBAN-System bricht zusammen.

Mögliche Ergebnisse: **Mittels KANBAN können Bestände, je nach Ausgangssituation des Unternehmens, über 50 % gesenkt werden!**

Bild 3.1: *Darstellung KANBAN-Bewegung*

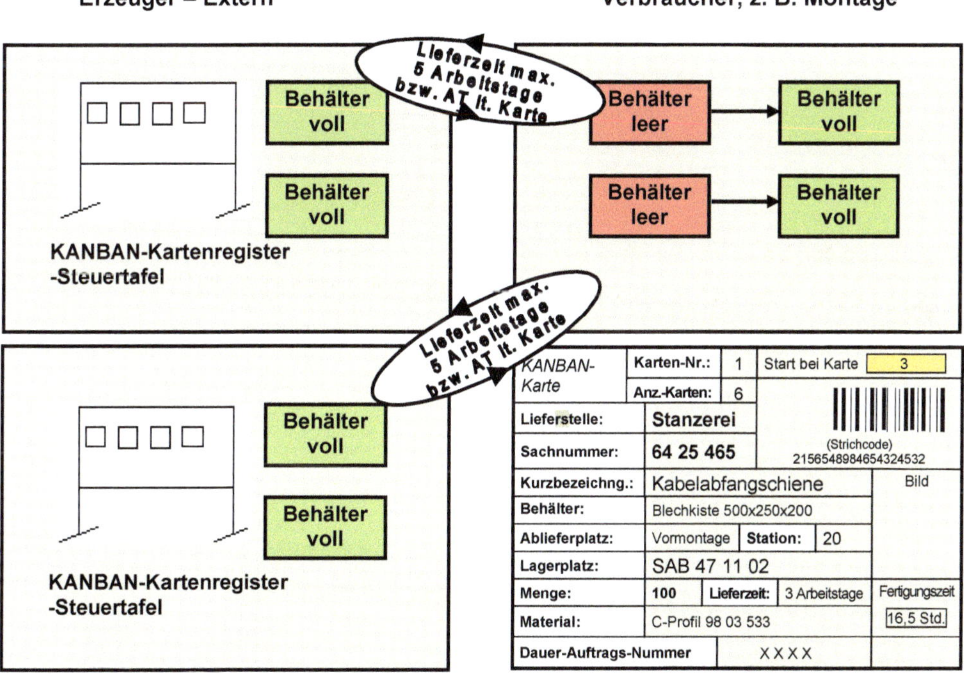

KANBAN mit RFID-Transponder-System

RFID[1], die berührungslose, digitale Datenerfassung, hält in der Logistik und somit beim Einsatz von KANBAN, Kartensystem immer mehr Einzug.

RFID-Labels / -Tags bieten die Möglichkeit, dass durch automatisches Abscannen bei der Entnahme / beim Stecken einer KANBAN-Karte eine entsprechende Buchung / Bestellung über das ERP-System oder einen vorgeschalteten Regelkreis vorgenommen wird.

Da diese Vorgänge elektronisch, mittels W-LAN vollautomatisch ablaufen (ohne händische Eingriffe), wird das System noch sicherer, ist dem Strichcode überlegen. Es können somit keine Karten verloren gehen. Auch die komplette Warenrückverfolgung mit Chargen-Nr., Herstellerdatum, Verfallsdatum, der komplette Prozessablauf etc. wird vereinfacht und sicherer.

Weitere Vorteile in der Logistik sind:

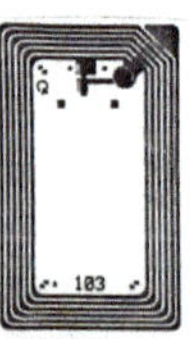

- Inventur per Mausklick / Bestände sind permanent im Zugriff
- Automatische Erfassung der Zu- und Abgänge durch Identifikation der Gegenstände, First in – First out, Chargennummer, Herstelldatum, Verfallsdatum, Behälterverwaltung
- Rückverfolgbarkeit durch Abbilden aller Prozesse, vom Lieferanten über Wareneingang, Fertigung, bis Fertigwarenlager und Kunde

Muster: ***e-KANBAN-Karte mit RFID-Transponder***

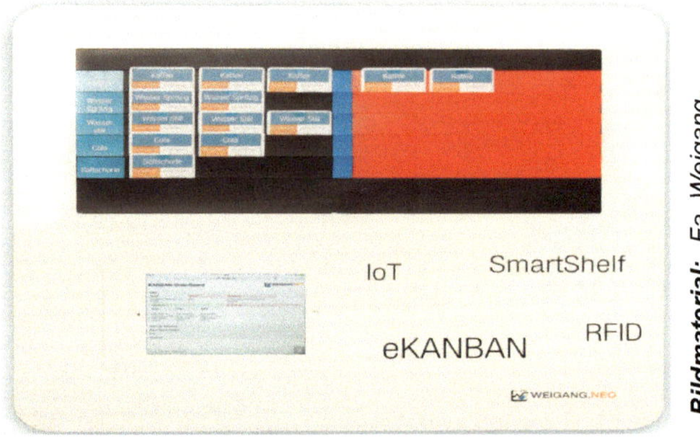

Bildmaterial: *Fa. Weigang-Vertriebs-GmbH 96106 Ebern*

Weitere Infos über das FIR-Aachen, Bereich Informationsmanagement, www.fir.rwth-aachen.de, oder über das Fraunhofer-Institut, die auch entsprechende Seminare zu diesem Thema anbieten, sowie z. B. der Organisationsmittelhersteller *Firma Weigang*, die Steuertafeln mit W-LAN ausgestattet und KANBAN-Karten mit Transponder anbieten.

[1] RFID = Radio Frequenz Identifikationssysteme = Programmierbarer Datenträger
Dieser Mikrochip speichert Daten und gibt sie als Information über eine Art Antenne ab. Chips gibt es in den unterschiedlichsten Ausprägungen

Bild 3.2: *Darstellung „KANBAN-REGELKREISE" für eine mehrstufige Warengruppe – Montagebetrieb*

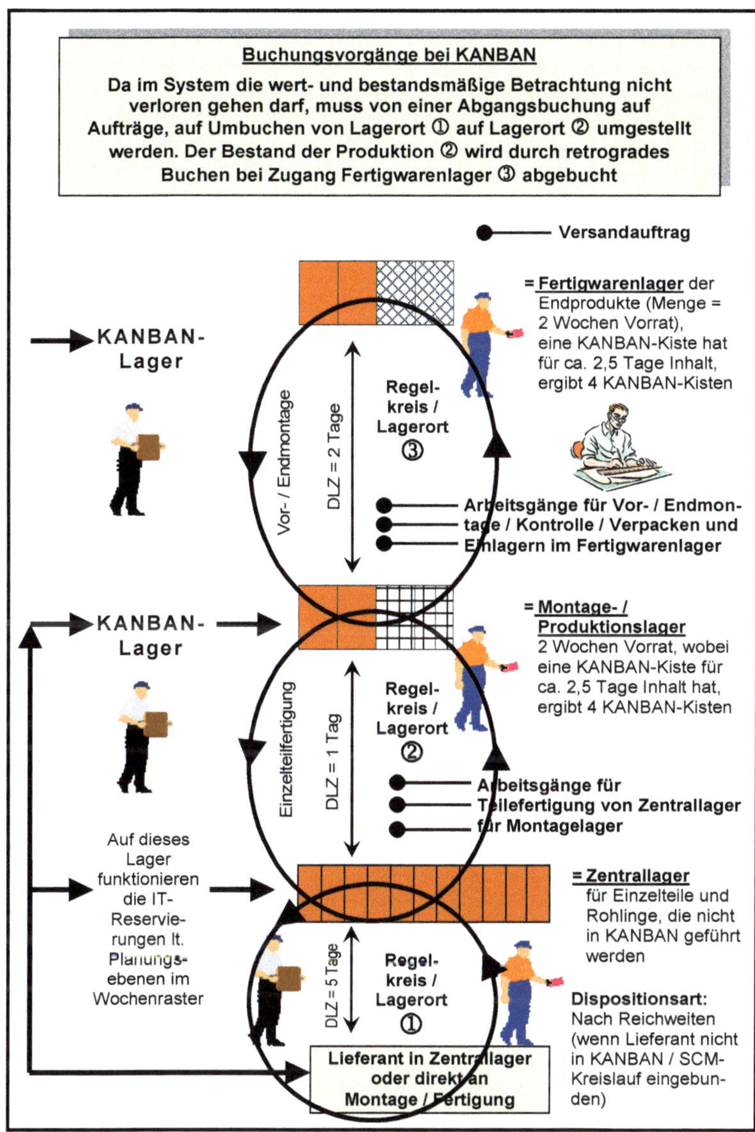

Wobei insbesondere die KANBAN-Regelkreise ① zu ②, bzw. ① zu ③, große Vorteile in der Prozessbetrachtung haben.

A) Die Anzahl Bereitstellvorgänge von Lager in Produktion reduziert sich gegenüber einer auftragsbezogenen Bereitstellung um ca. 50 %

UND

B) Die Produktivität in der Fertigung erhöht sich um ca. 10 %, da alle Artikel „sortenrein" in den Behältnissen liegen. Suchen / Sortieren entfällt, alles was benötigt wird, liegt oben auf

Buchungsvorgänge bei KANBAN

Da im System insgesamt die wert- und bestandsmäßige Betrachtung nicht verloren gehen darf, muss das IT-System für diese Organisationsform von einer Abgangsbuchung auf Aufträge umgestellt werden, auf Umbuchen von Lagerort auf Lagerort, was am einfachsten anhand eines Schemabildes dargestellt werden soll (für alle Teile):

Bei allen KANBAN-Teilen wird nur der körperliche Bestand geführt (Zugang ←→ Abgang), reservieren entfällt.

Bild 3.3: *Darstellung der KANBAN-Bewegungen und der Buchungen von Fertigwarenlager ←→ Montage ←→ Zentrallager ←→ Lieferant eingebunden J / N*

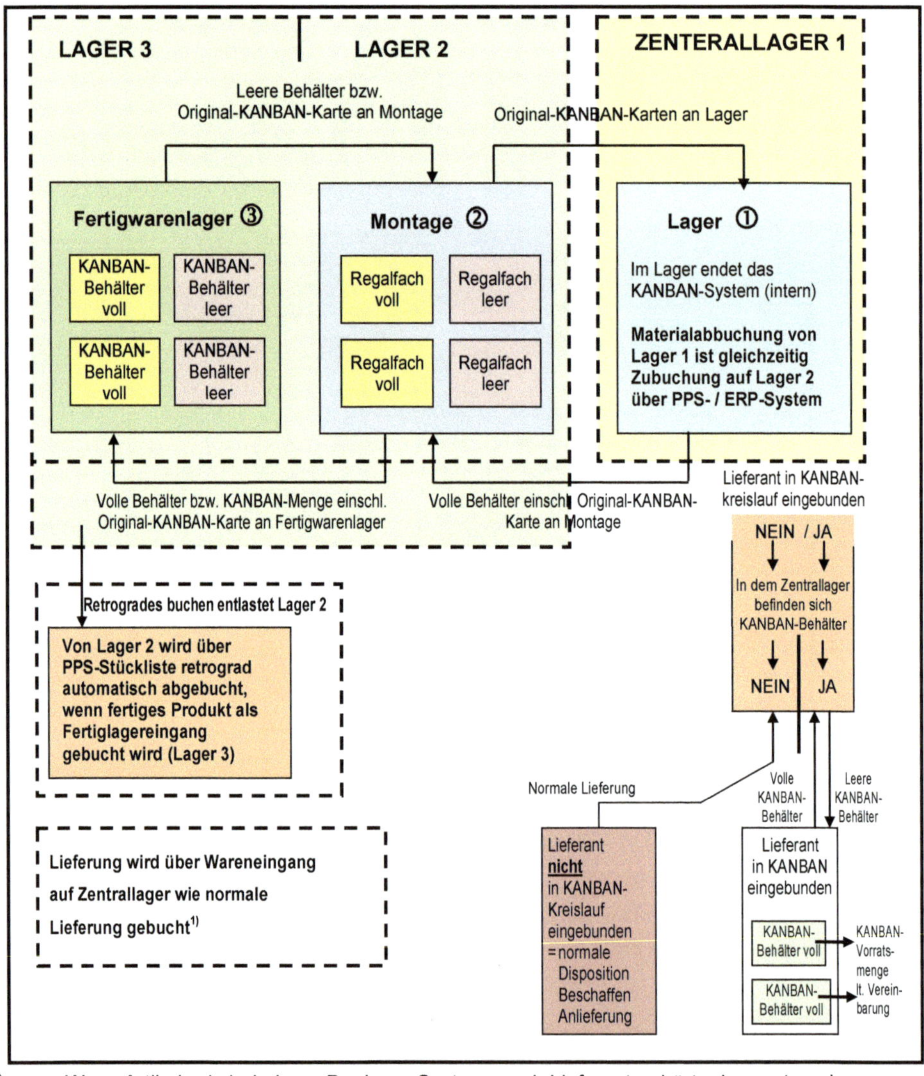

1) Wenn Artikel, wie bei einem Bauhaus-System, noch Lieferant gehört, also erst nach Verbrauch bezahlt wird, wird kein Zugang gebucht

Schnell und flexibel reagieren durch Linienfertigung und KANBAN-Abläufe

Bild 3.4: *Schemadarstellung einer Montagelinie und deren KANBAN-Regelkreise (mehrstufige Fertigung)*

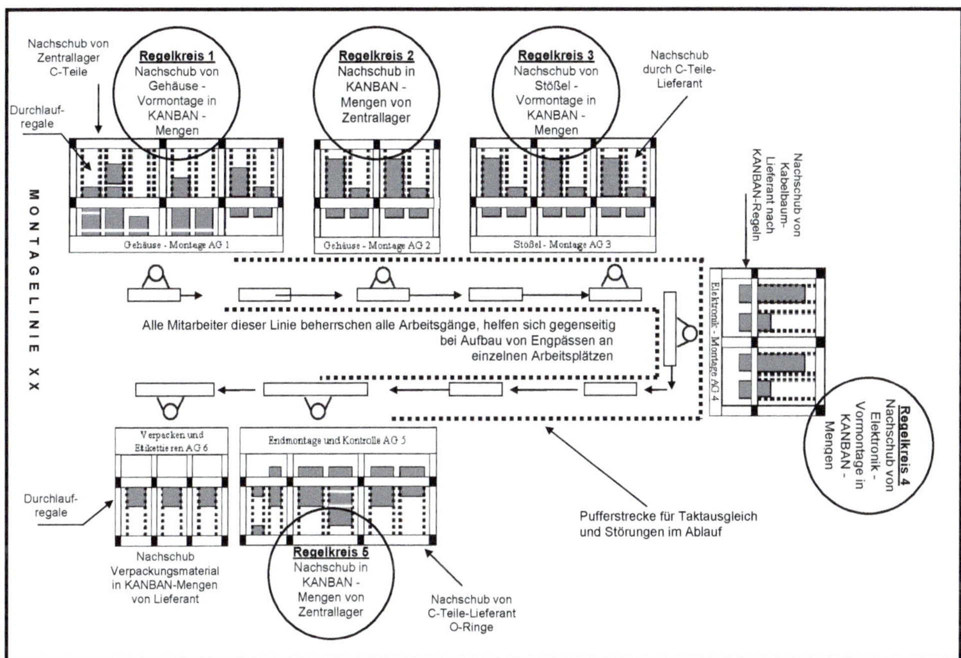

Die Reihenfolge der Entnahmen wird mittels *„Pick by Light“* über verschiedenfarbige Lampen an den Regalen angezeigt.

Bild: Bosch Rexroth

Die Montage-Produktivität wird bis zu 10 % gesteigert, da alle Teile „sortenrein“ und durch kurze Wege schnell erreichbar sind.

3.2.2 Prozesskettenvergleich: KANBAN zu PPS- / ERP-Abläufe

Alle IT-gestützten Steuerungssysteme erfordern einen hohen Aufwand in Führung und Pflege der Systeme, der durch häufiges Ändern der Aufträge, seitens der Kunden, in Menge und Termin permanent steigt. Bei niederen Beständen kommt noch das Risiko von Fehlmengen / Fehlbeständen hinzu, was für die geforderte Liefertreue ein verhängnisvoller Zielkonflikt ist.

KANBAN- / SCM-Systeme senken Kosten durch Abbau von Geschäftsvorgängen, wie z. B. Buchungs-, Bestellvorgänge, Erstellen von Betriebsaufträgen bei gleichzeitiger Erhöhung der Flexibilität.

Schemadarstellung: PPS- / ERP-Abläufe für Produktionsaufträge konventionell zu KANBAN

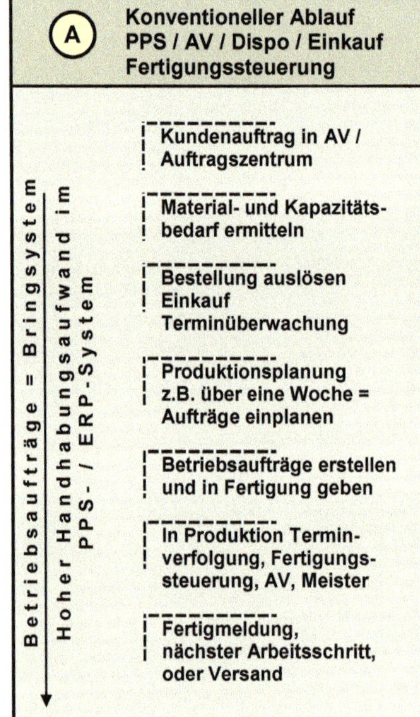

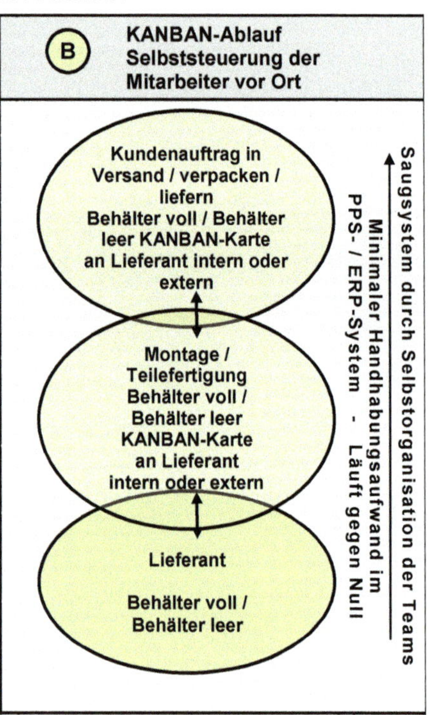

STAMMDATEN	STAMMDATEN
- Stücklisten mehrstufig nach Baugruppen - Arbeitspläne detailliert - Kapazitätsparameter detailliert - Wiederbestellpunkte	- Stücklisten flach - 1 Ebene (keine Reservierungen) (automatisiertes buchen) - Arbeitspläne grob - Kapazitätsparameter grob
WERKZEUGE	**WERKZEUGE**
- Bestellvorschlagsübersicht - Betriebsaufträge - Arbeitspapiere - Fertigmeldebeleg - QS - Belege - Leitstände	- KANBAN - Lager in der Produktion - KANBAN - Vereinbarung mit Lieferant - KANBAN - Karten + Frequenzen - Auslastungsübersicht / -Steuertafeln vor Ort

Vereinfachung der Arbeitsabläufe und Stücklistenaufbau bei einer KANBAN-Organisation

Damit die KANBAN-Steuerung / das Verbuchen der Zu- und Abgänge innerhalb der beschriebenen Regelkreise über die gesamte Logistikkette ohne Betriebsaufträge auf Teileeben funktioniert, müssen für die Buchungs- und Dispo-Vorgänge in allen Stücklisten die Baugruppen aufgelöst, die Stücklisten also flach gemacht und die Arbeitspläne entsprechend angepasst werden, siehe nachfolgende Schemadarstellung.

Die Baugruppenstruktur selbst bleibt z. B. für Konstruktionszwecke enthalten, es wird also im System nur der Haken ☑ „lagerfähig" entfernt.

Bild 3.5: *Schemadarstellung Stücklistenaufbau konventionell*

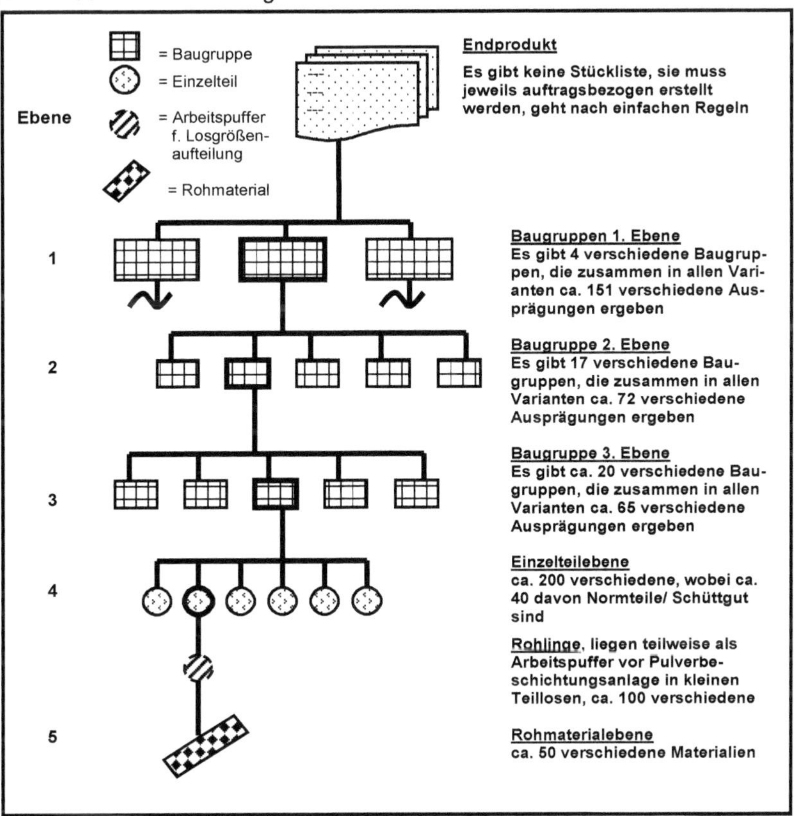

Bild 3.6: *Schemadarstellung Stücklistenaufbau KANBAN-Organisation*

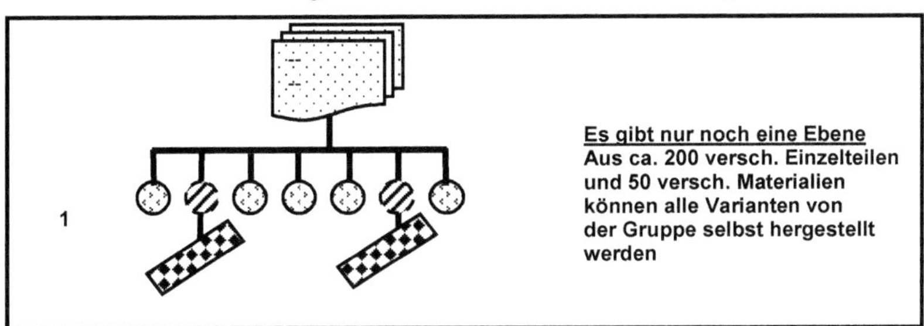

3.2.3 Welche Teile / Artikel können über KANBAN gesteuert werden? Intern – Extern

Damit ein einzelnes Teil, eine Baugruppe oder ein Endprodukt nach KANBAN gesteuert / beschafft oder produziert werden kann, sollten:

1. pro Jahr mindestens **6- bis 8-mal** Bedarf vorhanden sein, besser häufiger

2. der Bedarf nicht extrem schwanken, wobei die Schwankungsbreite über die Höhe der KANBAN-Mengenberechnung abgefangen werden kann

   <u>Formel:</u> $\overline{X}$ + 1S oder $\overline{X}$ + 2S, = Menge für 1 Behälter
   + gleiche Menge Reservebehälter

<u>Beispielhafte Darstellung:</u>

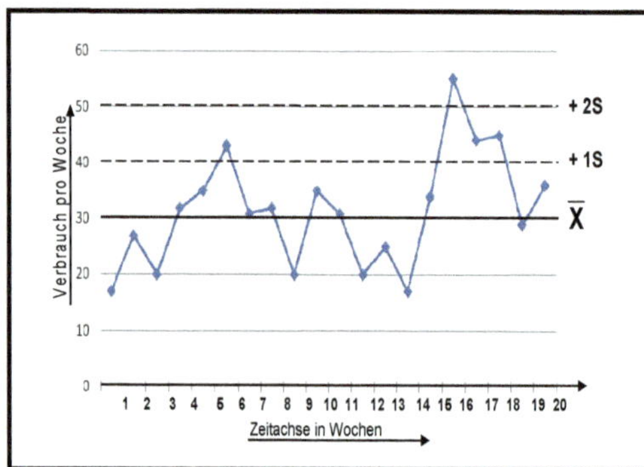

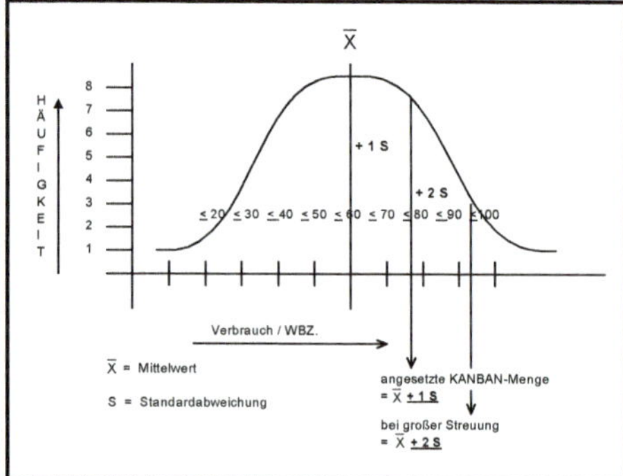

3. die Wiederbeschaffungszeit intern / extern nicht länger als **5 AT** betragen (besser weniger). Bei Eigenfertigungsteilen die länger als 5 AT Durchlaufzeit haben, über Einrichten weiterer KANBAN-Regelkreise die DLZ auf max. 5 AT ausgerichtet werden.

4. Indexänderungen nicht mehr als **1 x / Jahr** anfallen. Nicht ausgereifte Artikel / Teile sollten nicht über KANBAN gesteuert werden. Die Verschrottungsgefahr ist zu groß.

Riesenaufträge können nicht über KANBAN gesteuert werden, saugen alle Regelkreise leer, es muss daraus ein PPS-Auftrag gemacht werden und die Nachschubautomatik für diesen Auftrag separat / zusätzlich eingeleitet werden. In den Artikelstammdaten ist KANBAN-Menge zur Abfrage „Riesenauftrag J / N" hinterlegt.

<u>Hinweis:</u>

Je kleiner / preiswerter die Teile / je mehr Platz an den Fertigungsstätten vorhanden ist, desto größer können die Mengen gewählt werden. Die 5 AT sind ein Erfahrungswert, der sich daraus ergibt, dass 5 Tage vor Auslieferung die Kunden weder Menge noch Termin ändern (Zulieferindustrie hat kürzeres Timing).

Hinweise für eine erfolgreiche KANBAN-Organisation

Welche Artikel sollten über KANBAN gesteuert werden	**WENN FOLGENDE KRITERIEN FÜR DAS UNTERNEHMEN WICHTIG SIND**
	Sicherstellen eines hohen Lieferservicegrad
	Sicherstellen einer hohen Termintreue / Flexibilität
	Sicherstellen einer kurzen Lieferzeit
	Sicherstellen einer kurzen Durchlaufzeit
	Sicherstellen eines niederen Lagerbestandes
	Sicherstellen eines geringen Working Capitals
	Sicherstellen geringer Abwertungs- / Verschrottungskosten
	Sicherstellen einer hohen Liquidität
KANBAN hat Vorfahrt:	Die Wiederbeschaffungszeiten und Mengenvorgaben lt. KANBAN-Karte müssen 100 % eingehalten werden, sonst kann Abriss entstehen. KANBAN-Aufträge haben in der Fertigung immer höchste Priorität / Intercity-System
Behandlung von Riesenaufträgen:	Einzelne Kundenaufträge, die größer sind als die festgelegten KANBAN-Mengen, so genannte *Riesenaufträge*, müssen immer über Fertigungsaufträge mit Lieferzeiten, separat / zusätzlich produziert werden. Sie saugen ansonsten das System leer und es entsteht ein Abriss in der Nachschubversorgung, was nicht sein darf – Unternehmen wird für andere Kunden lieferunfähig.
IT-Merkmal bei der Auftragserfassung	Zur Visualisierung, ob ein Kundenauftrag größer / kleiner als die festgelegte KANBAN-Menge ist, wird bei der Auftragserfassung die festgelegte KANBAN-Menge eingeblendet.
KANBAN bei schwankendem Bedarf	Bei sehr schwankenden Bedarfen und Saisonbedingungen wird mit verlorenen KANBANS gearbeitet, die zur Aufstockung des Bestandes mit einer anderen Farbe ausgegeben und nach Verbrauch vernichtet werden.
Verantwortung für KANBAN erzeugen	Bewährt hat sich für einen stabilen KANBAN-Ablauf die Einführung des so genannten Patendenkens. Es sollte z. B. jeweils ein KANBAN-Pate gefunden werden für: • die KANBAN-Kartenverwaltung / -erzeugung • die Ordnung an den einzelnen KANBAN- Stell- / Lagerplätzen • Führen und Pflege der Auslastungs- / Steuertafeln • Führen und Pflege der Produktivitäts-, Qualitäts- oder sonstiger KVP-Kennzahlen
KANBAN und Kapazitätswirtschaft	Sofern bei Auslösung des Nachschubs mittels KANBAN-Karte die dadurch entstehende Kapazitätsbelegung IT-technisch mit abgebildet werden soll, ist es sinnvoll, je nach KANBAN-Artikel / (-Karte), eine Dauerauftragsnummer im System anzulegen, auf die BDE-gestützt, entsprechend gebucht wird

Entwicklung der Bestände und der Termintreue durch KANBAN

Sofern die logistischen und produktionstechnischen Möglichkeiten für den KANBAN-Einsatz geschaffen werden können, ist es möglich:

- **die Umlaufbestände um über 50 %**
- **die Lagerbestände bis zu 50 %**
- **die Durchlaufzeiten um über 70 %**

je nach Ausgangssituation, zu senken

- **die Termintreue auf 98 % – 99 % zu steigern**

unabhängig davon, ob KANBAN IT-gestützt, oder als Kartensystem eingerichtet ist.

(A) **ES IST IMMER DAS RICHTIGE VORHANDEN**

Die Termintreue / die Verfügbarkeit schnellt auf 98 % bis 99 % hoch.

Sie liefern alles in kürzester Lieferzeit, Ausnahme Riesenaufträge[1]. Hier muss die PPS- / ERP- / bedarfsorientierte Nachschubautomatik einspringen.

Praxis-Tipp

Es wird nie ein reines KANBAN- / Pull-System geben. Reine Sonderartikel, bzw. Artikel die nur 3 - 4 x im Jahr, oder weniger, benötigt werden, oder Riesenaufträge[1], müssen immer über das PPS- / ERP-Push-System dispositiv bearbeitet werden.

und was besonders wichtig ist:

Der unsägliche Trend *„MEHR UMSATZ – MEHR LAGER-BESTAND“* wird durch die Umkehrung vom Push- zum Pull-Prinzip dauerhaft durchbrochen.

U N D

Durch die Anzahl Behälter ist eine Bestandsobergrenze festgelegt. Bestände laufen nicht durch Überproduktion davon.

U N D

Kosten werden gesenkt durch Abbau von Geschäftsvorgängen, wie z. B. Buchungs- und Bestellvorgänge, Erstellen von Betriebsaufträgen, keine Fertigungssteuerung notwendig. Zentrallager: Anzahl Zugriffe / Picks werden wesentlich reduziert.

U N D

Selbst auffüllende Läger nach dem Min.- / Max.-Prinzip durch den Lieferanten, der täglich online in den Artikel- / Lagerbestand einsieht, ist eine verbesserte KANBAN-Methode (SCM-System)

1) größer als eine KANBAN-Menge

3.2.4 Analyse der Produktstruktur auf KANBAN-Fähigkeit für mehrstufige Produkte

Hilfreich für die Visualisierung dieser zeit- und buchungssaufwendigen Arbeitsweise eines falsch verstandenen ERP-Anwendungskonzeptes ist eine Produktstrukturanalyse mit der Erfassung der auftragsneutralen Teile und Varianten als Mengengerüst je Baugruppenstruktur.

So kann einfach und übersichtlich dargestellt werden: Aus wie viel **Einzelteilen und Baugruppen** werden die verschiedenen Endprodukte hergestellt und wie arbeitsaufwendig laufen die Dispositions- und Fertigungsabläufe ERP-gesteuert ab.

Bild 3.7: *Analyse der Produktstruktur Artikelgruppe Typ XX*

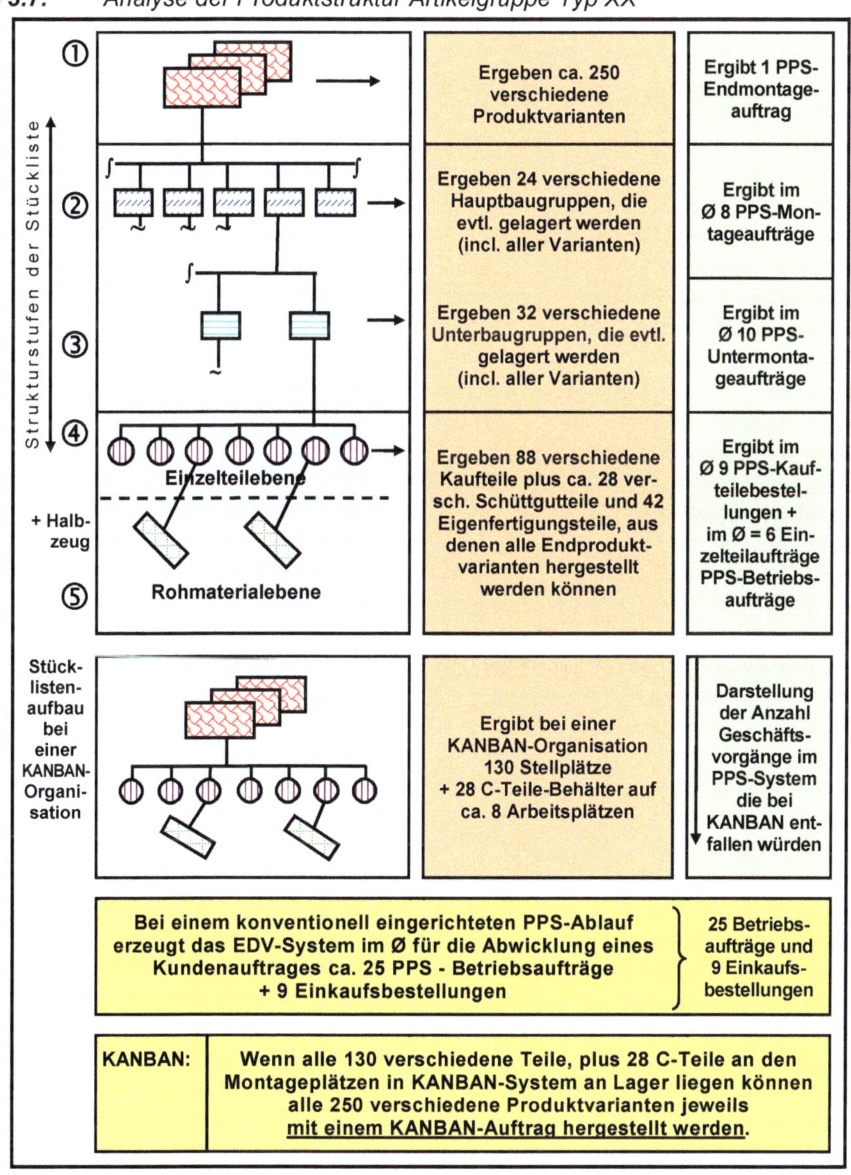

3.2.5 Darstellung von KANBAN-Karten

Bild 3.8: *Muster einer KANBAN-Karte für ein Einzelteil*

KANBAN-Karte	**Karten-Nr.:** 1	Start bei Karte 3
	Anz.-Karten: 6	(Strichcode) 2156548984654324532
Lieferstelle:	Blechraum / Säge	
Sachnummer:	**64 25 465**	
Kurzbezeichng.:	**Kabelabfangschiene**	**Dauer-Auftrags-Nummer**
Behälter:	Blechkiste 500x250x200	
Transportmittel:	Hubwagen	**923456.A**
Ablieferplatz:	Vormontage **Station:** 20	Bild
Lagerplatz:	SAB 47 11 02	
Menge:	**100** **Lieferzeit:** 3 Arbeitstage	
Material:	C-Profil 98 03 533	
Arbeitsfolgen:		
1. Sägen (Länge 170 mm) 2. Entgraten 3. Bohren / Lochen 4. Versenken 5. Schleifen		
Zeit:	4,5 Std.	

oder RFID- / Transponder-System

mit Barcode oder Transponder versehen

Bild 3.9: *Muster einer KANBAN-Karte für eine Baugruppe*

KANBAN-Karte		**Bezeichnung**		8612-00141-000 FILTEREINHEIT ML501/N	
Auftragszeit	15,16 Std.	Kartennummer		2 von 8	
		Arbeitsfolgen		Starten bei	4 bzw. 8
		Materialliste	Lagerplatz	Artikel	Menge
Lieferstelle	1	Filter	XXXX	8612-00141-000	1
		Spannring	XXXX	8622-00376-000	2
Menge	36	Spannrohr kpl.	XXXX	8612-00146-000	1
		Einbaubuchse	XXXX	8623-00155-000	2
Lieferzeit	4 AT	Distanzr. ML5E / 5 / 1	XXXX	8622-00468-000	4
		Haltering f. Filter	XXXX	8622-00464-000	1
Behälter	HK 01	Blendensegm. 1 ML5	XXXX	8622-00465-00	2
		Blendensegm. 2 ML5	XXXX	8622-00466-00	2
Ablieferstelle	4	Blendensegm. 3 ML5	XXXX	8622-00467-00	2
		Filter 157	XXXX	8622-00363-000	1
Lagerplatz	16-02	Kabelbaum	XXXX	8613-00086-000	1
		Kabalb. Filter	XXXX	8613-00081-000	1
Dauer-Auftrags-Nummer		Spannrohre einkleben – Filter kpl. montieren			
XXXXXXX		Fertigungszeit in Std. = 15,16 Std.			

ODER BESSER, fehlerloses Arbeiten, Prozesssicherheit ist gegeben: „**Pick by Light**" verwenden

Die Reihenfolge der Entnahmen wird hier über verschiedenfarbige Lampen an den Regalen angezeigt

Bildmaterial:
Zeitschrift „Der Konstrukteur" 7-8/2017, Rudolf Wolany

Chargenverwaltung im KANBAN-System

Sofern eine Warenrückverfolgung / Chargenverwaltung im Unternehmen für die zu fertigenden Produkte erforderlich ist, sollte KANBAN nur mittels Barcodesystem oder RFID-Transponder-System eingesetzt werden, vereinfacht alles.

Grund: Insbesondere bei der Fertigung von mehrstufigen Produkten, wo zur Verkürzung der Durchlaufzeit auch Baugruppen und Unterbraugruppen über KANBAN gesteuert werden (siehe Schemadarstellung KANBAN-Regelkreise mehrstufige Fertigung), müssen die verschiedenen Fertigungsstufen mit den Chargennummern durchgängig verheiratet werden. Auch erhalten die über Barcode erstellten KANBAN-Aufträge eine fortlaufende Nummer (vom ERP-System automatisch erzeugt), siehe nachfolgende Schemadarstellung.

Wichtig: Bei einer Warenrückverfolgung / Chargenverwaltung dürfen KANBAN-Behälter nicht ungeordnet aufgefüllt, Teile umgeschüttet werden.

Auch sollten die Behältnisse mit einer fortlaufenden Nummer versehen werden, die jeweils neu erstellt und zugeordnet wird, wenn Behälter leer, bzw. mit einem neuen Teil befüllt wird. Artikelnummer / Chargennummer / Behälternummer werden mittels Scannen des Barcodes jeweils neu verheiratet, es kann alles lückenlos zurückverfolgt werden.

Warenrückverfolgung Chargenverwaltung im KANBAN-System z. B. mit Barcode

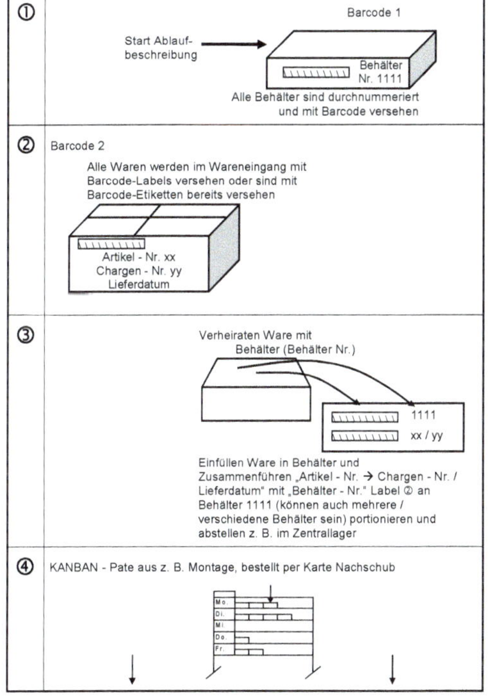

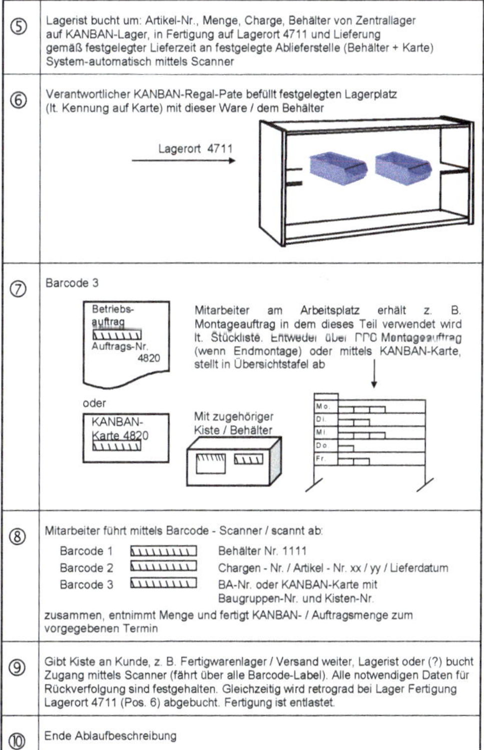

3.2.6 Bestimmung von KANBAN-Mengen und Festlegen der Anzahl Behälter / KANBAN-Karten

Bestimmung von KANBAN-Mengen

Für die Festlegung von KANBAN-Mengen (eine KANBAN-Menge entspricht dem Inhalt einer Kiste), haben sich in der Praxis folgende zwei Formeln bewährt:

A) Berechnung mittels mathematischer Statistik (zu bevorzugen)

1. Ø-Verbrauch während der Wiederbeschaffungszeit $\overline{X}$ (max. 1 Woche WBZ[1)])

2. plus 1 - 2 Standardabweichungen (je nach Streuung der Kundenaufträge) + 1 S (evtl. 2 S)

3. ergibt die KANBAN-Menge für 1 Kiste = 1 + 2 = 3 | = Menge Kiste 1

4. gleiche Menge als Reserve | = Menge Kiste 2

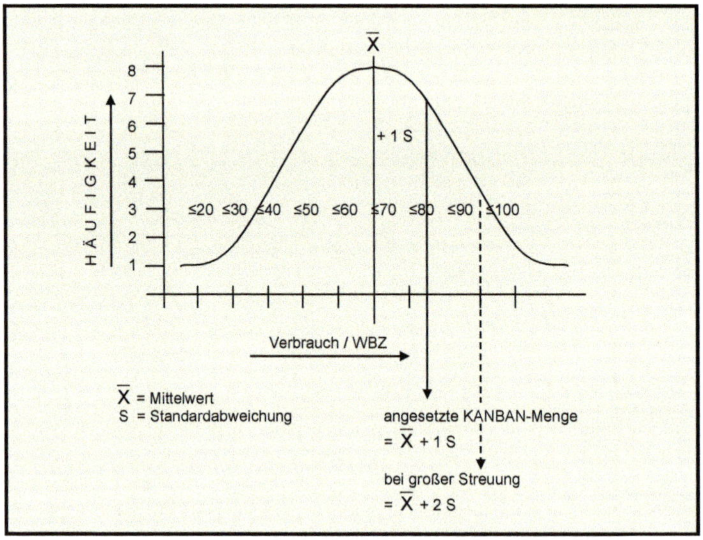

oder

B) Berechnung nach Durchschnittsverbrauch

1. Ø-Verbrauch während der Wiederbeschaffungszeit Ø (max. 1 Woche WBZ[1)])

2. plus 100 % Sicherheit + Ø

3. ergibt die KANBAN-Menge für 1 Kiste = Ø-Verbrauch während der WBZ x 2 | = Menge Kiste 1

4. gleiche Menge als Reserve | = Menge Kiste 2

oder

C) Bedarf für z.B. eine Woche lt. Fertigungskapazität des Kunden

[1)] Oder besser: Weniger Tage, dann KANBAN-Menge kleiner, dafür steigende Nachschubfrequenz

Datenblatt für die Berechnung von KANBAN-Mengen, mit Darstellung der Ergebnisunterschiede der einzelnen Formeln

Beispiel: Federarm Vormontage, Ident - Nr

Ausgangsdaten

historische Daten aus IT

Monat	10/xx	11/xx	12/xx	1/xy	2/xy	3/xy	4/xy	5/xy	6/xy	7/xy	8/xy	9/xy
Verbrauch	117	105	66	119	155	157	130	146	102	74	102	56
= Verbr. / Wo.	29	26	17	30	39	39	33	37	26	19	26	14
					max	max						min.

Rechenwerte Ergebnisse aus obigen 12 Werten	Verbrauch in den letzten 12 Monaten	Durchschnittlicher Verbrauch pro Monat	1 Standartabweichung	$\bar{X}$ Mittelwert
	1329	111	34	111

Durchschnittlicher Verbrauch pro Woche	1 Standartabweichung	$\bar{X}$ Mittelwert
28	8	28

Fertigungsart

1 Montagelinie für Variantenfertigung eingerichtet

von Losgröße 1 bis Losgröße 40

Besetzbar: 1 bis 4 Mitarbeiter, je nach Auftragsmenge

Arbeitsfolge

Montageinhalt je Abschnitt in Min / Stück	Unterkasten und Federarm montieren	Federeinsatz u. Druckbehälter montieren	Verrohrung, Dämpfer, Kabel etc. montieren	Federarm kompl. mit Einsatz u. Verrohrung montieren, Typenschild anbringen, Test
Fertigungszeit **30,10 min**	8,00 min	6,20 min	7,40 min	8,50 min

Wiederbeschaffungszeit bei max. Losgröße 50 Stück

a) 30,1 Min. x 50 = 1505 Min. : 60 = ca. 25 Std.

b) 25 Std. Fertigungszeit : 8 Std. / Arbeitstag
= 3,14 Tage ergibt 4 Arbeitstage WBZ

KANBAN-Mengen-Berechnung

A) Berechnung mittels mathematischer Statistik aus X und S (Wochenwerte)

$\bar{X}$	1 Standartabweichung	Bei großer Streuung Faktor 2	Ergibt Sicherheitsmenge	KANBAN-Menge Behälter 1	dito Reservebehälter	Möglicher festgelegter Inhalt für 1 Behälter	Ergibt Anzahl Behälter
1	2	3	2*3 = 4	1 + 4 = 5	6	7	(5 + 6) / 7 = 8
28	8	2	16	44	44	22 [1)]	4

B) Berechnung nach Durchschnittsverbrauch pro Woche x 2

Durchschnittsverbrauch pro Woche	100 % Sicherheit	KANBAN-Menge Behälter 1	dito Reservebehälter	Möglicher festgelegter Inhalt für 1 Behälter	Ergibt Anzahl Behälter
1	2	1 + 2 = 3	4	5	(3 + 4) / 5 = 6
28	28	56	56	28 [1)]	4

Hinweis: **Je kürzer die Wiederbeschaffungszeit - je weniger Lagerplatz je weniger Working Capital im Betrieb**

C) Die KANBAN-Mengen können natürlich auch gemäß gewollter Anzahl Bus-Zyklen / Lagerplatz an den Arbeitsplätzen / Fertigungszeit / Möglichkeiten der Vorlieferanten / des Kunden festgelegt werden.

Hinweis: Für die Wiederbeschaffungszeit bei Fertigungsteilen, wird entweder eine mit der Fertigung festgelegte Zeit in Tagen bestimmt – maximal 5 Tage – oder es wird die reine Fertigungszeit Ta, + maximal 1 AT Liegezeiten verwendet.

Bei Kaufteilen, gemäß Absprache mit dem Lieferanten, siehe KANBAN-Rahmenvereinbarung

Es werden immer zwei Kisten vorrätig gehalten. Als Menge einer Kiste, kann auch Mindestbestand = rote Markierung an einer Wand, an einem Behältnis angesehen werden. Menge von zwei Kisten = Bestandsobergrenze = grüne Markierung.

Achtung: **Die Wiederbeschaffungszeiten und Mengenvorgaben müssen 100 % eingehalten werden, sonst kann Abriss entstehen. KANBAN-Aufträge haben immer höchste Priorität / Intercity-System.**

Bestimmung Anzahl KANBAN-Behältnisse / KANBAN-Karten

Damit die Funktionsweise eines KANBAN-Systems grundsätzlich erhalten bleibt, sollten in der Praxis

a) maximal 4 Behältergrößen (Schäferkisten)
b) maximal 2 Palettenarten
c) maximal 2 Gitterbox-Größen
d) wenige Sondergrößen

Wird mittels einer so genannten „Behälterinventur" festgelegt. Danach erfolgt die exakte Bezeichnung / Nummerngebung des Behältnisses

eingesetzt werden.

Für die Bestimmung der notwendigen Anzahl Behältnisse für einen KANBAN-Artikel und somit auch Anzahl KANBAN-Karten, ergibt sich somit folgende Schrittfolge:

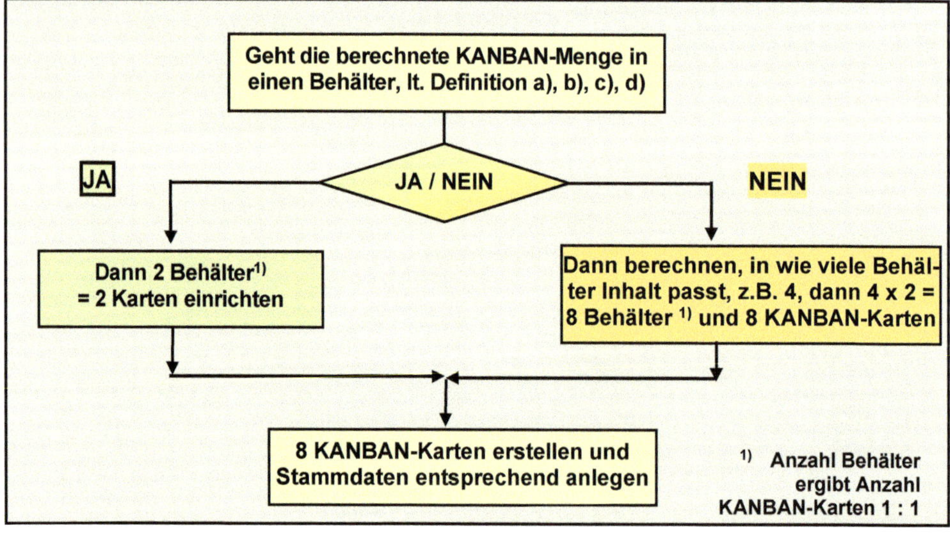

3.2.7 Pflege der KANBAN-Einstellungen

Um die Frequenzen, die gefertigten Mengen, sowie die Anzahl erstellter / in Umlauf befindlicher KANBANS kontrollieren zu können, wird von jedem Teil, das über KANBAN geführt wird, eine so genannte KANBAN-Stammdatenkarte eingerichtet. Auf ihr (im IT-System) werden alle wichtigen Daten erfasst, die erkennen lassen, ob:

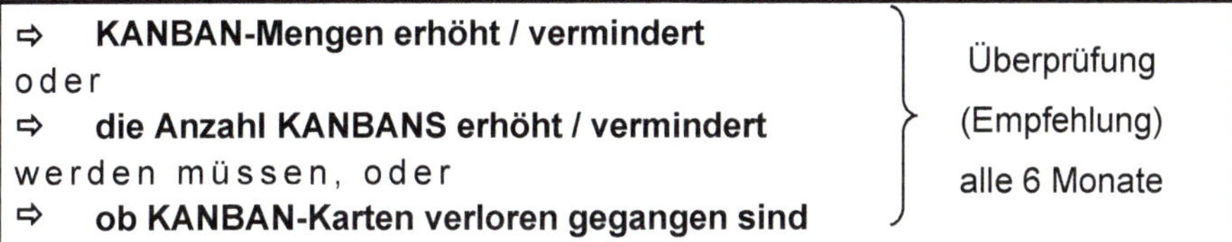

⇨ **KANBAN-Mengen erhöht / vermindert**
oder
⇨ **die Anzahl KANBANS erhöht / vermindert**
werden müssen, oder
⇨ **ob KANBAN-Karten verloren gegangen sind**

} Überprüfung (Empfehlung) alle 6 Monate

Außerdem wird hier festgelegt, wer für die Erzeugung von KANBANS bzw. Pflege der Stammdaten verantwortlich zeichnet (im Regelfalle der Lagerleiter).

Bild 3.10: *Darstellung von Verbrauchsmodellen deren Trend über die Anzahl Frequenzen / Verbräuche auf der Rückseite der KANBAN-Karten bzw. auf der jeweiligen Stamm-KANBAN-Karte sichtbar wird*

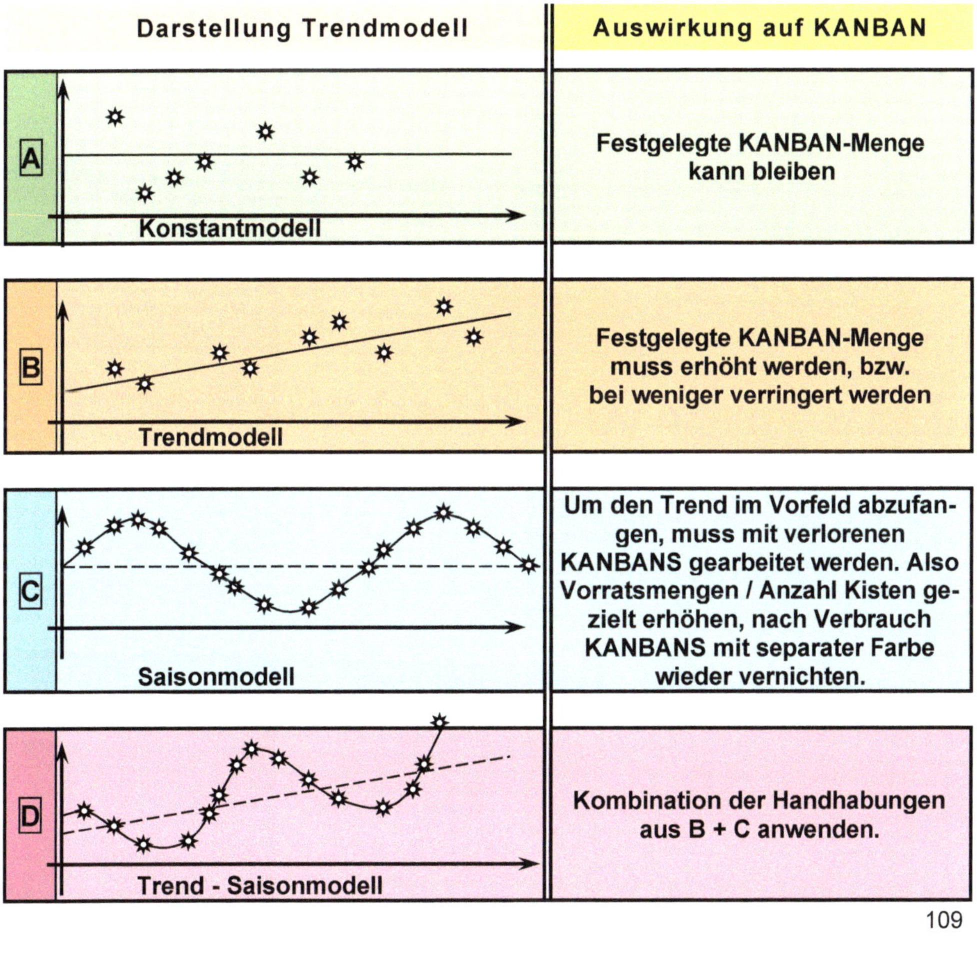

	Darstellung Trendmodell	Auswirkung auf KANBAN
A	Konstantmodell	**Festgelegte KANBAN-Menge kann bleiben**
B	Trendmodell	**Festgelegte KANBAN-Menge muss erhöht werden, bzw. bei weniger verringert werden**
C	Saisonmodell	**Um den Trend im Vorfeld abzufangen, muss mit verlorenen KANBANS gearbeitet werden. Also Vorratsmengen / Anzahl Kisten gezielt erhöhen, nach Verbrauch KANBANS mit separater Farbe wieder vernichten.**
D	Trend - Saisonmodell	**Kombination der Handhabungen aus B + C anwenden.**

3.2.8 Führung von Steuerungs- / Auslastungsübersichten bei KANBAN-Organisation als Basis für eine effektive Feinsteuerung nach dem PULL-Prinzip

Da bei einer KANBAN-Organisation die Einhaltung der Lieferzeit, die im Regelfall in Tagen auf dem KANBAN angegeben ist, unbedingt zu 100 % eingehalten werden muss, ist es erforderlich, dass entweder mittels

- Bildschirmübersicht

oder

- KANBAN-Steuertafel in verschiedenen Ausprägungen

die Lieferungen / eventuelle Lieferrückstände visualisiert werden.

Beispiel: ***KANBAN-Steuertafel, Staffelsicht V-Prisma***

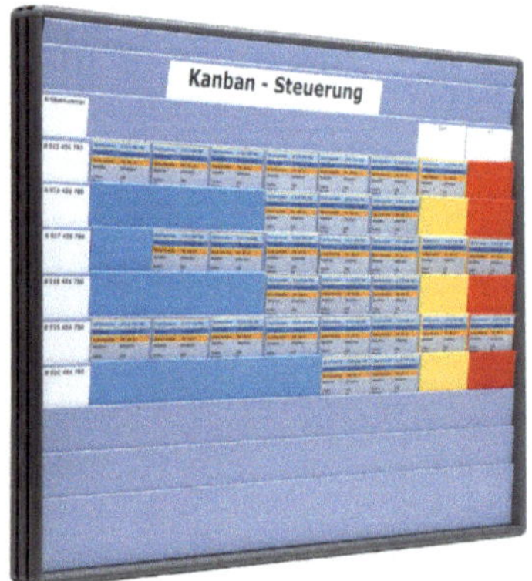

Oder Auslastungsübersicht in Anzahl Karten und Stunden „Kapazitätsverzehr" über Bildschirm

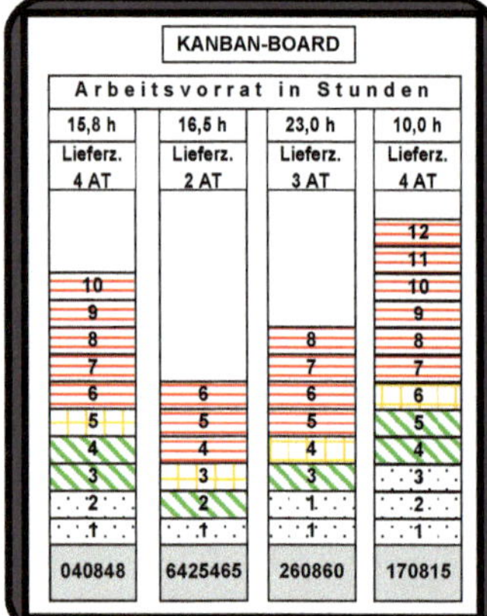

Muster: ***e-KANBAN-Karte mit RFID-Transponder***

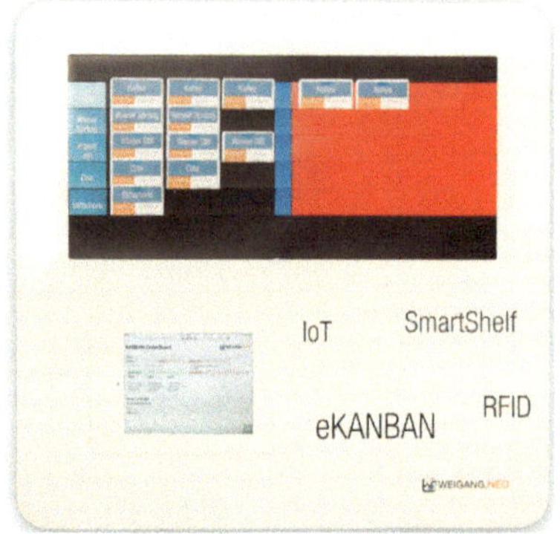

Beispiel: ***KANBAN-Steuertafel, Griffsichten***

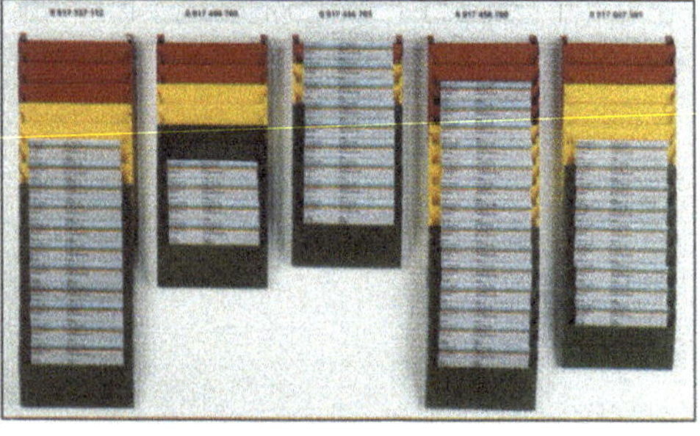

Bildmaterial: *Fa. Weigang-Vertriebs-GmbH 96106 Ebern*

KANBAN-Spielregeln

Für die Mitarbeiter in den Fertigungsteams
(Mehrfachqualifiziert, nach Formel: Anzahl Schichten + 3)

1.) Teile werden nur in festen Mengen / Standardbehältern gelagert / transportiert.

2.) Jedem KANBAN-Behälter ist eine KANBAN-Karte zugeordnet.

3.) Ist ein KANBAN-Behälter geleert, so ist die Nachlieferung mit Hilfe der zugeordneten KANBAN-Karte umgehend bei den betreffenden Lieferanten anzustoßen.

4.) Jede KANBAN-Karte auf der Steuer- / Auslastungstafel gilt als Auftrag in der vorgegebenen Menge zum vorgegebenen Termin. Die KANBAN-Karte übernimmt die Funktion des Fertigungsauftrages.
Ohne KANBAN-Karte keine Fertigung, kein Arbeitsprozess, kein Transport.

5.) Die Anzahl der KANBAN-Karten darf nicht eigenmächtig verändert werden, es dürfen auch keine Änderungen der Daten auf der KANBAN-Karte vorgenommen werden. Für die Pflege der Karten wird ein Karten-Pate bestimmt.

6.) Nur vollständige KANBAN-Behälter mit fehlerfreien Teilen dürfen weitergegeben werden. Zu jedem Behälter gehört eine KANBAN-Karte, Teile dürfen nur in den vorgeschriebenen Behältern aufbewahrt, geliefert werden.
Nullfehler-Organisation / Mitarbeiter-Selbstkontrolle

7.) KANBAN-Behälter dürfen nur an den zugewiesenen Plätzen abgestellt werden, Festplatzsystem
KANBAN-Termine müssen 100 % eingehalten werden
KANBAN-Aufträge haben immer höchste Priorität (Intercity-System)

8.) Die KANBAN-Auslastungstafeln müssen einwandfrei geführt werden, bei Engpässen Meldung an Vorgesetzte

9.) Den jeweiligen Fertigungsbeginn bestimmen die Mitarbeiter selbst, gemäß festgelegter Lieferzeit auf der KANBAN-Karte. Früher darf, später nie geliefert werden.

Organisationshilfsmittel für KANBAN

1. Ablaufbeschreibung KANBAN-Spielregeln
2. Dispositionstafel zur Steuerung der KANBAN-Aufträge und Produktivitätsdarstellung = KANBAN-Steuertafel
3. Lager mit Festplatzorganisation (in Produktion und Zentrallager)
4. Feste Mengen- und Behälterorganisation
5. KANBAN-Karte, blau / rot / weiß etc., je nach Verwendungszweck
6. KANBAN-Karten – Verwaltungsprogramm auf PC / im IT-System
7. Langfristplanung rollierend mit Info der Bedarfsänderungen an Lieferanten / KANBAN-Liefervertrag

3.2.9 IT-gestütztes KANBAN

IT-gestützte KANBAN-Systeme können entweder

- als separate Systeme mit Schnittstellen zum eigenen ERP- / PPS-System von spezialisierten Anbietern zugekauft werden,
- als Barcode-Systeme innerhalb des eigenen ERP- / PPS-Systems eingerichtet werden,
- im eigenen ERP- / PPS-System: „KANBAN-Aufträgen werden über Dauerauftragsnummer erstellt" (Laufweg Behälter leer → Karte an Logistikcenter, KANBAN-BA erstellen, KANBAN-Karte an Lieferanten), kein Ausdruck von Arbeitspapieren, Kapazitätsverzehr im System
- sind bereits als Baustein im ERP- / PPS-System vorhanden, die geöffnet werden müssen (Beispiel SAP oder Microsoft-Dynamik, bzw. Weitere)
- können anhand der beschriebenen Regeln auf Excel-Basis oder im ERP-System selbst eingerichtet werden

Ein IT-gestütztes KANBAN-System unterstützt die KANBAN-Regelkreise, macht sie transparenter, insbesondere in der Kapazitätswirtschaft, und integriert das KANBAN-System in ein ganzheitliches Logistik-Netzwerk über alle Strukturen und Regelkreise, die dem Pull-Prinzip unterliegen.

Auch kann so die Möglichkeit geschaffen werden, die PPS- / ERP-Abläufe IT-gestützt mit denjenigen zu verbinden, die einer Push-Strategie unterliegen, wie z. B. einzelne Teile / Materialien aus der Fertigung, die nicht in das System eingebunden werden sollen.

Vorteile eines IT-gestützten KANBAN-Systems

Die Vorteile eines IT-gestützten KANBAN-Systems sind im Wesentlichen:

- Über Min.- / Max.-Bestandsführung im körperlichen Bestandskreis kann KANBAN IT-gestützt vollautomatisch eingerichtet werden. Voraussetzung – Bestände stimmen
- Einfacher Ablauf mittels Barcode / RFID-Transponder, es können keine Karten verloren gehen
- Über das ERP-System besteht eine Verbindung zu den Fertigungsaufträgen, die nicht über KANBAN ablaufen
- Da alle Abläufe IT-gestützt ablaufen, stimmen die Kapazitätsübersichten, alle Aufträge haben eine BA-Nummer, die Chargenverwaltung / die Rückverfolgung wird vereinfacht
- Es kann gemäß den ermittelten Grundeinstellungen, sowie der vorgegebenen Spielregeln, in einfachster Weise in das SCM-System, „Selbstständig wieder auffüllende Lagersysteme" (Lieferant hat ONLINE Einblick in unser Lager und liefert nach Min.- / Max.-Plattform – Bestandsübersicht im Internet nach), überführt werden.
- Sofern eine Warenrückverfolgung gefordert wird, ist ein IT-gestütztes KANBAN-System mit Barcode-Unterstützung zwingend

Einbinden der Lieferanten in das KANBAN-System

Sofern Lieferanten in das KANBAN-System eingebunden sind, existiert eine Langfristplanung als Trendinfo zum Lieferanten. Die Abrufe werden vom Zentrallager oder von den Montagemitarbeitern mittels KANBAN-Karte, Telefax oder E-Mail getätigt, wenn ein Behälter / Fach leer ist. Die Karte wird bis zur Lieferung in einer Tafel *„Bestellt"* abgestellt, nach Eingang des Behältnisses wieder zugeordnet und Eingang gebucht.

Einsatz von Barcode-Systemen / Strichcode-Systemen bei KANBAN

Ideal ist der Einsatz von Barcode- / Strichcode-Systemen bei KANBAN. Beim Abbuchen mittels Scanner, Behälter leer vom Kunden, wird automatisch bei Lieferanten ein KANBAN-Auftrag erzeugt, was auch eine KANBAN-Organisation über große Entfernungen zulässt (Internet-Anbindung). Sofern der Lieferant eine eigene Fertigungsstelle ist, wird intern ein Fertigungsauftrag erzeugt, der Kapazitätsverzehr berücksichtigt. Bei Zugang Kunde (Fertigungsstelle) mittels BDE-Meldung (Scanner) erfolgt die Entlastung.

RFID-Lösungen / -Labels machen das System noch einfacher und sicherer

Die Vorgänge laufen dann über diese Chips automatisch ab.

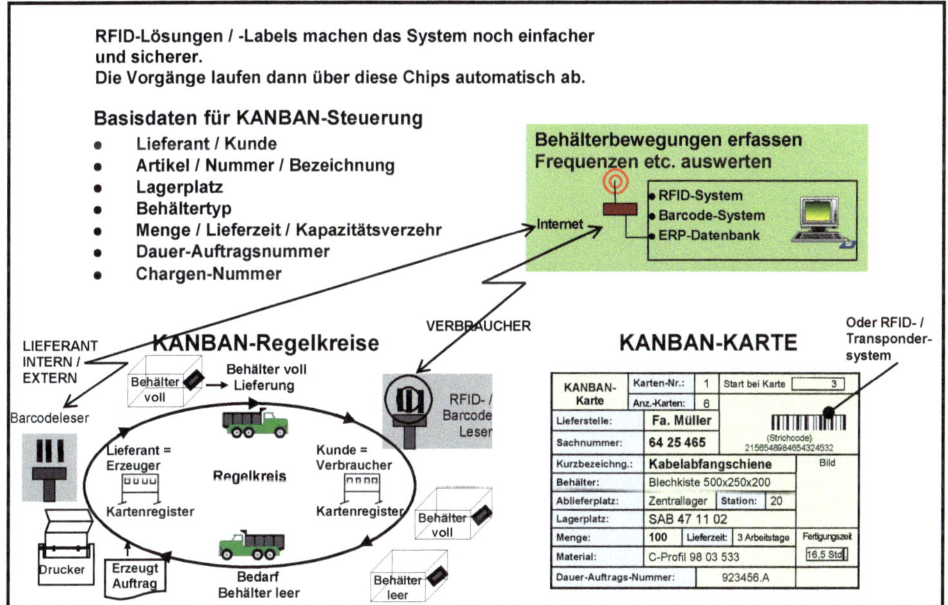

Weitere positive Auswirkung auf Lager und Produktion:

Da bei einem KANBAN-System nicht mehr *AUFTRAGSBEZOGEN*, sondern *SORTENREIN*, nach festgelegten *BAHÄLTERMENGEN* bereitgestellt wird, reduzieren sich die Bereitstellvorgänge im Lager um ca. 50 %, die Produktivität in der Montage steigt um bis zu 10 %.

3.2.10 Vertragliche Regelungen Lieferanten-KANBAN

Muster einer KANBAN-Rahmenvereinbarung (Mindestinhalt)[1)]
mit Firma [ ]
für KANBAN-Teile [ ]

über	Artikel-Nr.: [ ] Bezeichnung: [ ]
Zeitraum:	Diese Rahmenvereinbarung gilt für die Zeit vom 02.01.xx bis 31.12.xx
Jahresbedarf:	120.000 Stück
Abrufmengen:	4.000 Stück = 1 KANBAN-Menge
	} Diese drei Abschnitte gelten zur Preisverhandlung. Vertrag läuft immer weiter, muss separat gekündigt werden
Anlieferung:	In den lt. KANBAN-Karte vorgegebenen Behältnissen (Transportbehältnis – Einlagerbehältnis)
Abruftermine:	Wir rufen unseren jeweiligen Bedarf mit KANBAN-Karte per Fax ab. Wir erwarten von Ihnen den Wareneingang innerhalb von 3 Arbeitstagen, bzw. lt. KANBAN-Karten-Angabe
Bevorratung im Unternehmen:	Mindestbestand 12.000 Stück, ab Woche/Jahr 12/xx Gesicherte Abnahmemenge: 24.000 Stück Im Falle von Zeichnungsänderungen oder Kundenstornierungen verpflichten wir uns, die gesicherte Menge abzunehmen.
Wochenleistung:	3.000 Stück im Ø
Durchlaufzeit	Um Abrufspitzen abzudecken, sind Sie in der Lage innerhalb von einer Woche den Mindestbestand auf den Höchstbestand = KANBAN-Menge x Anzahl KANBANS = [24.000 Stück] aufzufüllen.
Bestandsinfo:	Sie informieren uns regelmäßig alle 2 Wochen über die Bestandssituation, ☐ bzw. wir können mittels ERP-Programm in diesen Teilebestand einsehen, ☐ oder mittels Video-Kamera und Internetanschluss ☐
Qualität:	Die einwandfreie / Null-Fehler-Anlieferung weisen Sie uns durch den entsprechenden QS-Kontrollbeleg für dieses Teil, sowie den ausgefüllten Wareneingangs- / Quittierbeleg für unsere Warenwirtschaftsbuchungen nach. Belege pro KANBAN-Anlieferung.
Ansprechpartner:	Fr. Werner

Ort / Datum

Lieferfirma ____________ **Abnehmerfirma** ____________

1) plus die üblichen Spezifikationen, wie Preis, Zahlungskonditionen, etc.

Fragenkatalog – „Ist Lieferant KANBAN-fähig"?

1. Qualitätssicherung / Produktivität
Wie ist die Nullfehler - Lieferung von Lieferant an uns sichergestellt

	Punkte		Punkte
QS-Sicherstellung in Produktion	1	QS-Prüfung Endkontrolle	3
QS-Dokumentation / Zertifiziert	2	QS-Dokumentation incl. Absicherung Vormaterial	5
QS-Überwachungssystem der Mess- und Prüfmittel	4		

Reaktionszeit bei n.i.O.-Lieferungen
Wie verhält sich der Lieferant bei Sperrung oder Zurückweisung einer Lieferung

Ersatzlieferung erst nach Verhandlung	1	Nacharbeit, Aussortieren	3
Ersatzlieferung oder Sonderaktion sofort	4	0-Fehler-System, es gibt keine Zurückweisung	5

2. Bereitschaft zur Vorratshaltung / Flexibilität / Lagerkapazität
Wie hält der Lieferant die KANBAN-Menge vor

Einlagerung mit Sicherheitsbestand	2	Lagerung bei Spedition	4
KANBAN-Prinzip	5		

Lieferflexibilität / -Kapazität
Ist der Lieferant in der Lage, kurzfristige Bedarfsänderungen zu erfüllen

mit Problemen	1	häufig	3
meistens	4	jederzeit	5

Mehrkosten / Sonderfahrten
Werden kurzfristige Bedarfssteigerungen vom Lieferant ohne Mehrkosten erfüllt?

selten	1	häufig	3
meistens	4	immer	5

3. Liefertreue in Termin und Menge / Einhalten Infopflicht
Termin- und Mengentreue
Hält der Lieferant die vorgegebenen Termine und KANBAN-Mengen ein?

weniger	1	häufig	3
meistens	4	immer	5

Kennzeichnung für Ware und Papier
Hält der Lieferant die vorgegebenen Vorschriften und Kennzeichnungen ein?

fehlt, oder unklar	1	in geringem Maße	3
meist o.K.	4	optimal	5

Einhalten Info / Pflicht / Anbindungsart
Wie informiert uns der Lieferant über z.B. Probleme und in welcher Art?

nie, bzw. erst nach Nachfrage per Telefon	1	eher selten, aber per Fax	3
meistens und per E-Mail	4	optimal	5

4. Verpacken / Versand
Hält der Lieferant die vorgegebene Verpackungs- / Versandvorschriften ein?

überhaupt nicht	1	in geringem Maße	3
meist o.K.	4	optimal	5

5. Verkehrsanbindung / Zoll / Logistik
Wie ist die Verkehrsanbindung des Lieferanten an uns, bzw. erschweren Ausfuhrvorschriften / Zollabwicklungen die Auslieferung?

große Schwierigkeiten Zoll und Containerverladung	1	schlechte Verkehrsanbindung, aber D / EWG	3
in geringem Maße, aber Autobahnnähe	4	nicht relevant	5

6. Wie ist die Umweltqualifizierung des Lieferanten sichergestellt?

Gibt es ein UM - System: Nein	0	Sicherstellung der Einhaltung von Rechtsvorschriften Nein	0
Wenn ja, welches: [ ]		Ja	4
Ist das UM - System dokumentiert	2	Wird das UM - System von externer Stelle überprüft Nein	0
Ist das UM - System zertifiziert	4	Ja	4

3.2.11 Ausbau des KANBAN-Systems zu einem selbst auffüllenden SCM-Lagersystem nach dem Min.- / Max.-Prinzip über eine Internet-Plattform (Supply-Chain-Management in der Logistik)

Es wird im Lager ein Festplatz-System eingerichtet. Der Lieferant bekommt eine Vorgabe, was jeweils in unserem Lager zu liegen hat = Min.- / Max.- Bestand. Was entnommen wird, wird Online abgebucht. Lieferant hat Online Zugriff auf die Bestände, disponiert und liefert in eigener Verantwortung, gemäß Min.- / Max.- Bestand, nach.

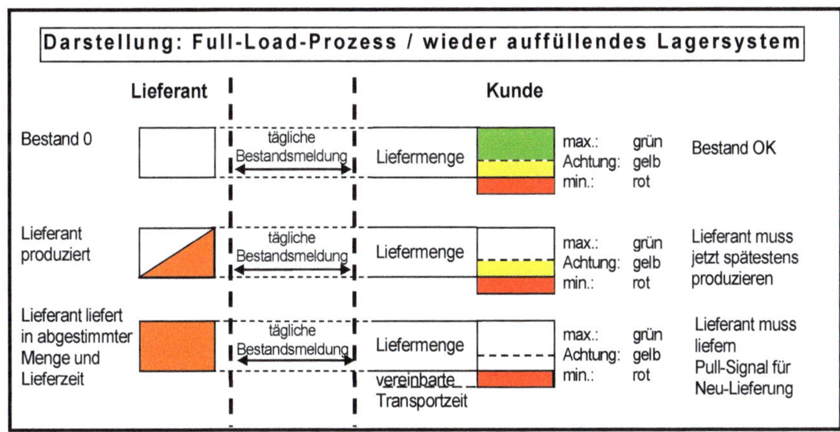

Internet-Infomaske

Artikel-Nr.	Bezeichnung	Änderungs-Index	Bestand in Stück		Aktueller Lagerbestand in Stück		Standard-Liefermenge	Lieferzeit in Tagen	Dauer-Auftrags-Nr. Lief.-Kenng.	Aktueller Zustand Bestand
			Min.	Max.	Datum	Menge				
X Y	A A	19.08.xx	2.500	10.000	06.06.xx	2.900	2.000	2	XXXX/08	gelb

Vorteile für den Lieferanten
1. Weniger Bestände / Working Capital / weniger Kosten
2. Weniger Lagerfläche / Fläche kann als Produktion genutzt werden
3. Optimaler produzieren und das produzieren was wirklich gebraucht wird
4. Weniger Handling / Prozesskosten, weniger dispositive Arbeit im Büro
5. Weniger Transportkosten bei höherer Flexibilität

Vorteile für den Kunden
1. Weniger Bestände / Working Capital / weniger Kosten
2. Es kann flexibelst das gefertigt werden, was die Endverbraucher benötigen, hohe Verfügbarkeit
3. Alle Teile / Materialien sind immer in ausreichender Menge da. Keine Sonderfahrten, keine Eilschüsse
4. Keine Abrufe / kein Disponieren notwendig / minimale Prozesskosten
5. Weniger Fehlleistungskosten bei maximaler Liefertreue

3.2.12 Vorteile von KANBAN- / SCM-Systemen in der Just-in-time-Gesellschaft

Durch ein ganzheitliches Logistikkonzept, vom Lieferanten bis zum Kunden, gelingt es den in der Vergangenheit anhaltenden Trend: **MEHR UMSATZ = MEHR LAGERBESTAND** gravierend zu durchbrechen, die Liefertreue zum Kunden von **ZUVOR CA. 70 % AUF ÜBER 98 %** zu steigern, die Bestände und Lieferzeiten um über 50 % zu reduzieren.

Insbesondere die Regelkreise von Zentrallager zu Produktion, zu den dortigen KANBAN-Regalen, vermindern den Bereitstellaufwand im Lager (reduziert die Anzahl Picks) bis zu 50 % und erhöht die Produktivität in der Fertigung bis zu 10 % und mehr.

Grund: Es wird immer sortenrein bereitgestellt. Was das Montagepersonal benötigt, liegt in den Behältern immer oben auf.

Kein Sortieraufwand in der Montage notwendig, alles liegt griffbereit.

Mittels Ablaufuntersuchungen wurde ermittelt, dass die Zeit für sortieren (bei auftragsbezogener Bereitstellung der Teile), bis der Monteur das nächste, benötigte Teil gefunden hat, in etwa die gleiche Zeit benötigt, wie der Mitarbeiter im Lager für den Pick, den Bereitstellvorgang.

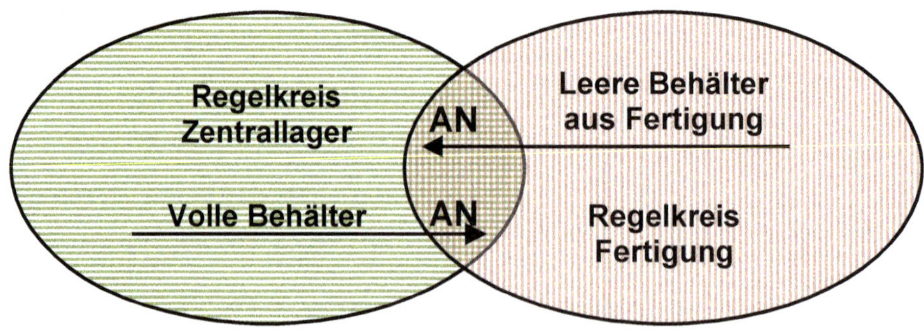

Darstellung der Entwicklung der Lagerbestände in Abhängigkeit vom Umsatz, sowie der Liefertreue, seit Einführung von KANBAN

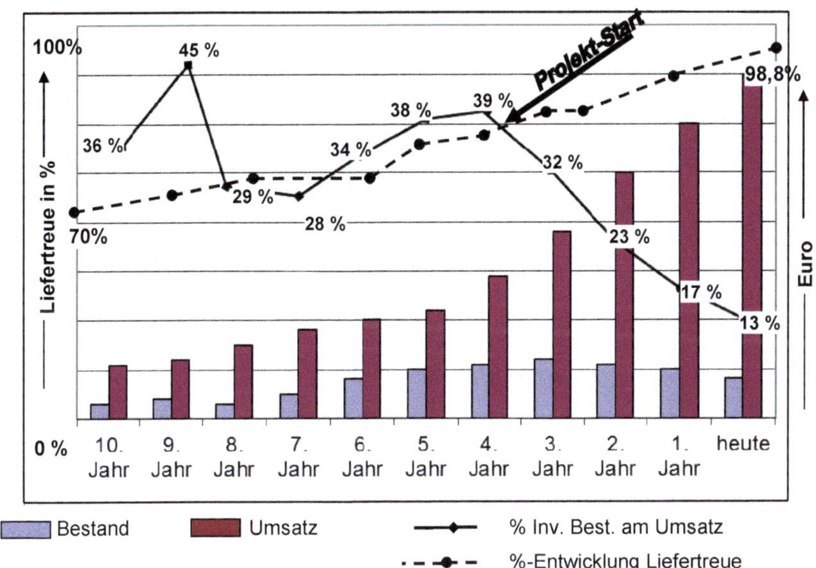

Nachteil von KANBAN-Systemen

Unabhängig davon, ob KANBAN manuell oder IT-gestützt betrieben wird, darf ein gravierendes Problem nicht unerwähnt bleiben.

a) Die Mitarbeiter müssen regelmäßig auf Einhaltung der Spielregeln geschult auditiert werden.

b) Es muss einen KANBAN-Pate für die Karten geben, der mittels Karten-Inventur regelmäßig überprüft, ob Karten verloren gegangen sind und die KANBAN-Mengen, Wiederbeschaffungszeiten gegebenenfalls anpasst[1].

- Es muss vor Ort, in der Produktion, je Regelkreis, einen KANBAN-Paten geben, der für Ordnung, Sauberkeit und Einhaltung der Spielregeln achtet, der gezielt Audits veranlasst
- Die KANBAN-Steuertafeln[1] vor Ort müssen ordnungsgemäß geführt werden, ebenso müssen die auf den Karten hinterlegten Lieferzeiten zu 100 % eingehalten werden
- Wenn anhand der Steuertafeln[1], egal warum auch immer, sichtbar wird, dass ein Regelkreis kapazitätsmäßig überlastet ist, müssen die Vorgesetzten, Teamleiter o. ä. Lösungen erarbeiten, was getan werden muss, damit die Spielregeln eingehalten werden können. Tägliche Audits sind die Basis hierfür.

Wenn diese Grundprinzipien im laufenden Betrieb nicht eingehalten werden, das System also nicht gelebt wird, brechen die Regelkreise zusammen, es gibt Abriss im Nachschub. Das KANBAN-System funktioniert nicht, muss unter Umständen eingestellt werden.

[1] IT-gestütztes KANBAN vermeidet teilweise diese Probleme, hat aber den Nachteil, dass die Bestandsführung, der Kisten-Inhalt eine Schwachstelle sein kann

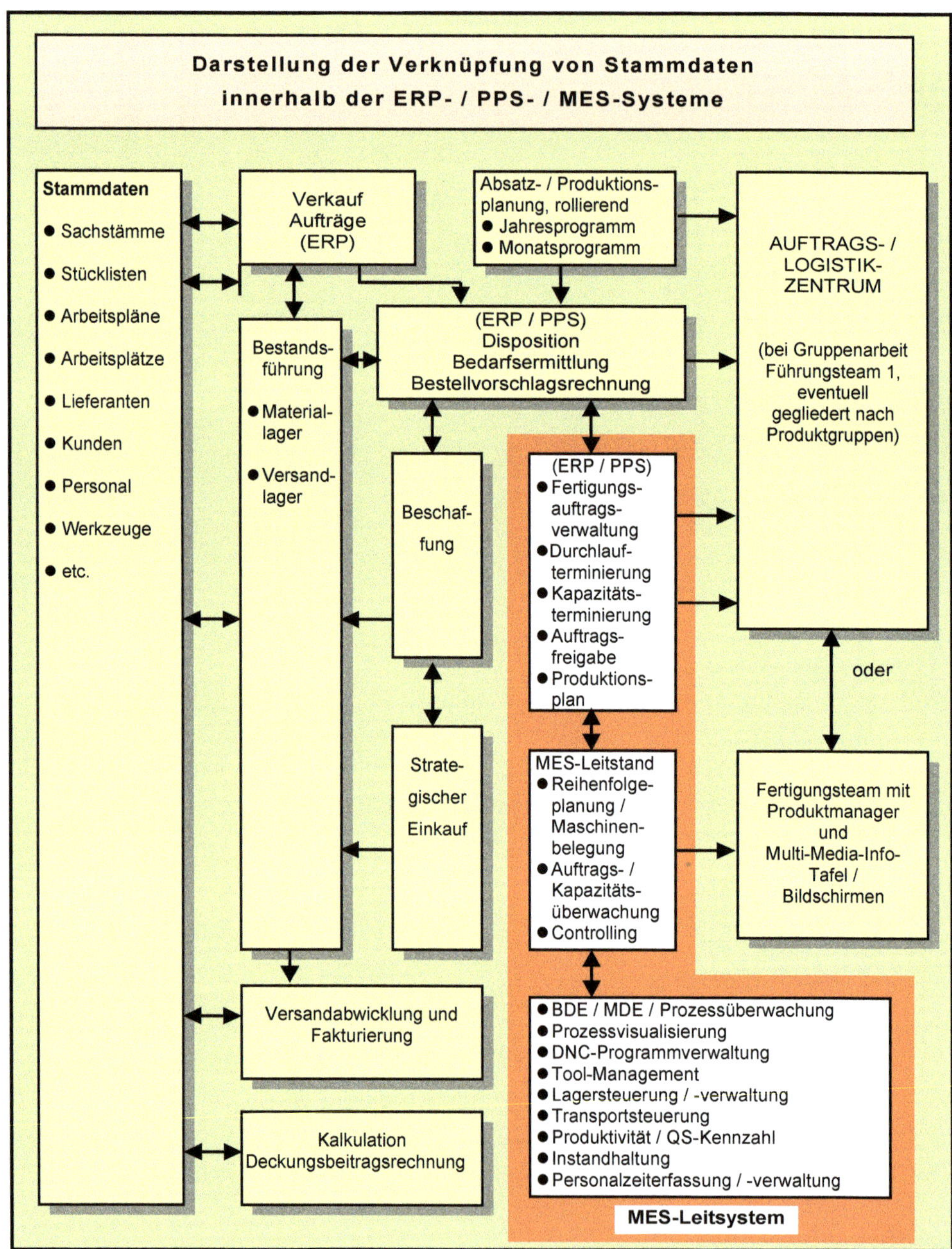
Darstellung der Verknüpfung von Stammdaten innerhalb der ERP- / PPS- / MES-Systeme
Stammdaten
● Sachstämme
● Stücklisten
● Arbeitspläne
● Arbeitsplätze
● Lieferanten
● Kunden
● Personal
● Werkzeuge
● etc.
Verkauf Aufträge (ERP)
Absatz- / Produktions-planung, rollierend
● Jahresprogramm
● Monatsprogramm
AUFTRAGS- / LOGISTIK-ZENTRUM
(bei Gruppenarbeit Führungsteam 1, eventuell gegliedert nach Produktgruppen)
Bestands-führung
● Material-lager
● Versand-lager
(ERP / PPS) Disposition Bedarfsermittlung Bestellvorschlagsrechnung
Beschaf-fung
(ERP / PPS)
● Fertigungs-auftrags-verwaltung
● Durchlauf-terminierung
● Kapazitäts-terminierung
● Auftrags-freigabe
● Produktions-plan
oder
Strate-gischer Einkauf
MES-Leitstand
● Reihenfolge-planung / Maschinen-belegung
● Auftrags- / Kapazitäts-überwachung
● Controlling
Fertigungsteam mit Produktmanager und Multi-Media-Info-Tafel / Bildschirmen
Versandabwicklung und Fakturierung
Kalkulation Deckungsbeitragsrechnung
● BDE / MDE / Prozessüberwachung
● Prozessvisualisierung
● DNC-Programmverwaltung
● Tool-Management
● Lagersteuerung / -verwaltung
● Transportsteuerung
● Produktivität / QS-Kennzahl
● Instandhaltung
● Personalzeiterfassung / -verwaltung
MES-Leitsystem

4.1 Stammdaten zielorientiert einrichten und pflegen – Datenqualität verbessern

Voraussetzung für eine zeitgemäße Materialwirtschaft, Auftrags- und Terminplanung / Fertigungssteuerung mittels PPS- / ERP-System, ist eine sachlich korrekte Stammdateneinstellung. Eine regelmäßige Pflege, Anpassung an veränderte Gegebenheiten ist für die zuständigen / verantwortlichen Sachbearbeiter ein MUSS.

- Falsch eingestellte, bzw. nicht gepflegte Stammdaten erzeugen Überbestände, Fehlleistungskosten und ungenügende Lieferbereitschaft. Es fehlt immer etwas.

- Nicht gepflegte Wiederbeschaffungszeiten, überholte Losgrößen-, Mindestbestellmengenvorgaben tun ein Übriges.

- Abgestimmte Lieferbereitschaftsgrade (Servicegrade) / das Denken in Wellen, bezogen auf das jeweilige Endprodukt mit den darunter liegenden Baugruppen / Einzelteilen helfen, die richtigen Einstellungen zu finden.

- Stellen Sie Ihr System auf „Disponieren nach Reichweiten“ ein. Bei dieser Dispo-Art ist das Denken in Wellen sichergestellt und die Bestellmengen passen sich dem tatsächlichen Bedarf / Verbrauch an. Bei der Dispo-Einstellung / Nachschubautomatik mittels Meldebestand / Wiederbestellpunkt wird über Baugruppen / Unterbaugruppen etc. eine Bedarfslawine erzeugt, die mit der realen Bedarfswelt nichts zu tun hat. Die Kunden bestellen doch anders als gedacht. Die Bestände werden nach oben getrieben und die Fertigung verstopft.

- Lassen Sie das Warenwirtschaftssystem bei Vorratswirtschaft nicht ins Minus reservieren. Flexibilität und Chaos liegen nahe beieinander.

- Prüfen Sie, was für Ihre Belange das bessere Dispo-System ist:

  - Bedarfsorientiert – Push-System
  - Verbrauchsorientiert – Pull-System, auch KANBAN genannt

  Je nach Randbedingungen in Fertigung, bzw. Lieferant kann dies pro Produkt / Teileart unterschiedlich sein.

- Korrigieren Sie Ihre Durchlaufzeiten nach unten, mittels auf null setzen von so genannten Liege- / Pufferzeiten im ERP- / PPS-System.

  Kurze Wiederbeschaffungszeiten / Durchlaufzeiten vermindern das Working Capital in der Fertigung, erhöhen die Flexibilität, reduzieren die Bestellmengen und Bestände. Der Teufelskreis

  mehr Umsatz → mehr Lagerbestand

  wird durchbrochen.

- Geben Sie Fertigungsaufträge so spät wie möglich und nicht so früh wie möglich frei.

  Und stellen Sie Ihre Fertigungssteuerung von einer reinen Start- und Endterminbetrachtung um, in ein Priorisierungssystem nach Punkten, von z. B. 1–9, und legen Sie danach Ihre Produktionspläne fest.

  Es wird nur das gefertigt was auch tatsächlich gebraucht wird. Die Bestände und Durchlaufzeiten werden weiter reduziert, bei wesentlicher Verbesserung der Liefertreue.

- Zu prüfen ist auch, ob der Vertrieb durch frühzeitige / schematisierte Freigabe von einmal festgelegten Planmengen[1)] und die Disponenten durch zu große Lose das Unternehmen in Liquiditätsengpässe treiben,

  deshalb

- schulen und qualifizieren Sie Ihre Mitarbeiter in den Bereichen Auftragsabwicklung, Disposition, Beschaffung, Arbeitsvorbereitung / Fertigungssteuerung in Theorie und ERP- / Systempraxis. Nur so können Sie erkennen, wo in den Stammdaten und durch logisches / verantwortungsbewusstes Arbeiten angesetzt werden muss, damit das System optimal funktioniert,

  und

  dass erkannt wird, was durch schludriges Arbeiten / *Es-sich-zu-einfach-Machen*, in der MAWI bezüglich Liquidität angerichtet werden kann.

  Beispiel:

  - Abrufe / Liefereinteilungen der Kunden, werden ohne Rückfrage, ob der Kunde die Ware zu diesem Zeitpunkt in der Menge überhaupt benötigt, in Fertigungsaufträge umgesetzt. Eine Katastrophe bezüglich Bestände und Kapazitätsauslastung.

Die Auftragsabwicklung in Verbindung mit den Disponenten / den Beschaffern, gibt das Geld aus, nicht die Finanzbuchhaltung.

1) ohne Prüfung, ob die Planmengen in Menge und Termin auch tatsächlich so benötigt werden

4.2 Einrichten und Pflege der Stammdaten / Festlegen von Patenschaften und Optimierungszyklen – Beispiele

Nachfolgend soll anhand der wichtigsten PPS-Stammdaten eine beispielhafte Vorgabe zur Pflege dieser Daten dargestellt werden.

Sie beinhaltet jeweils eine kurze Beschreibung der einzelnen Stammdatenfelder, deren Zweck / die Funktion, sowie den Pflegezyklus.

Diese Arbeitsvorschrift kann im System als separate Datei, oder jeweils im Hintergrund der einzelnen Stammdatenfelder (z. B. als Kommentar), abgelegt sein.

Sie soll die Disziplin sowohl für die Fachabteilung als auch für den einzelnen Stammdatenverantwortlichen stärken, gleichzeitig den nicht immer sofort erkennbaren Zweck / das Nutzungspotential für das Unternehmen und die Auswirkungen auf die Qualität der eigenen Arbeit hervorheben.

Auch werden mit dieser Arbeitsvorschrift automatisch Organisationsstrukturen im Unternehmen (in der IT-Welt) verankert: *„Wer ist für was (außer der reinen operativen Arbeit) zuständig?“*.

Siehe nachfolgendes Musterbeispiel ***„Arbeitsvorschrift Stammdatenpflege“***.

Eine andere Möglichkeit ist, diese Vorschriften / Hinweise direkt als Kommentar in den entsprechenden Feldern zu hinterlegen.

Beispiel:

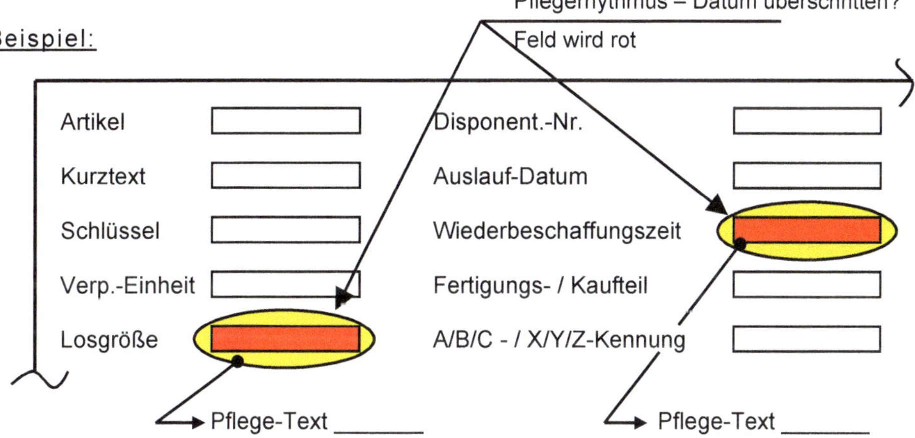

Der Disponent lernt die hinterlegten Regeln auswendig oder er muss in bestimmten Abständen sich durchklicken und gegebenenfalls aktiv werden.

Beispielhafte Darstellung von Stammdaten / Systemeinstellungen, Beschreibung des Nutzenpotentials, Pflegezyklusvorgabe (siehe nachfolgend)

Beispiel einer Arbeitsvorschrift

PFLEGE DER STAMMDATEN

Art der Stammdaten: DISPOSITION - KAPAZITÄTSWIRTSCHAFT - FERTIGUNGSSTEUERUNG

Stammdaten-Pate: Nr.: 2 **Zuständige Abtlg.:** 6420

Stammdatenfeld		Beschreibung / Zweck	Bemerkung / Nutzenpotential	Pflege-zyklus	Ände-rungs-stand	Datum letzte Ände-rung
Endprodukt **Baugruppenebene 1** **Baugruppenebene 2** **Einzelteil** **Rohling** **Halbzeug**	1 1 1 1 1 1	Stellt die jeweilige Struktur des Produktes / die Funktionsebene dar. Ergibt sich durch die im System hinterlegte Stückliste Ebene 1, 2, 3, 4, 5, Lieferant	Die Addition der Durchlaufzeit je Stufe ergibt die Gesamtdurchlaufzeit für das gesamte Produkt und bei Vorratswirtschaft den Gesamtbestand über alle Stufen. Ziel: Alle Baugruppen auf nicht lagerfähig N einstellen. Senkt die Bestände, erhöht die Flexibilität, verkürzt die DLZ. Bestandssicherheit auf der untersten Ebene sicherstellen	1 x grundsätzlich bei Neuanlage, bzw. bei Stücklistenänderung, bzw. bei Reorganisation	11 / XX	19.12. / XX
Disponentennummer	2	Diese sollte für ein Produkt / eine Warengruppe durchgängig über alle Stufen derselben Dispo-Nummer zugeordnet sein. (Bei Wiederholteilen kann davon abgesehen werden. Verantwortlicher Disponent ist dann der, der diese Artikelnummer am meisten benötigt. Dem wird zugeordnet.)	Verantwortung für das gesamte Produkt bezüglich Lieferzeit / Bestandshöhe / Fehlteile / Drehzahl/ Liefertreue über alle Ebenen, vom Endprodukt bis runter zum Halbzeug / Rohling	1 x grundsätzlich bei Neuanlage, bzw. bei Personalwechsel	9 / XX	20.08. / FF
Kaufteil	3	Kaufteil bedeutet, dass ein oder mehrere Lieferanten mit ihren Stammdaten hinterlegt sein müssen.	In der Nachschubautomatik erzeugt - Kaufteil einen Bestellvorschlag für Fremdbeschaffung (Einkauf) - Fertigungsteil einen Fertigungsauftrag	1 x grundsätzlich, bzw. bei Änderung	8 / XX	20.08. / FF
Fertigungsteil	4	Fertigungsteil bedeutet, es muss ein Arbeitsplan hinterlegt sein.				
Teileart **A / B / C / K**	5	- Fertigungsteile erhalten alle **B** oder **C** nach Wert + WBZ lt. Tabelle - Kaufteile einteilen nach Tabelle - sowie **K** für KANABAN-Teile / Konsi-Teile Diese Kennung zeigt die Wertigkeit und somit die Dispo-Art an: A-Teile: Kleine Mengen, kein allzu großer Servicegrad / Si-Bestand B-Teile: Mittlere Menge, Si-Bestand, Servicegrad kann erhöht werden C-Teile: Es können große Mengen beschafft werden, Si-Bestand und Servicegrad kann weiter hoch gesetzt werden K: Nachschub wird über KANBAN, bzw. C-Teile-Management geregelt, keine Dispo-Arbeit, läuft automatisch ab	In Verbindung mit der weiteren Kennung X / Y / Z hat diese Kennung Einfluss auf die Art der Nachschubautomatik / Dispositionsart A = Möglichst Abrufaufträge B = Disponieren nach Reichweite C = Disponieren nach Losgrößenformeln mit Begrenzer max. 6 Monate K = Automatisierte Nachschubautomatik durch Lieferant oder Lager (selbstauffüllendes System) Festgelegte Reichweite für A-Artikel Ø 4 Wochen B-Artikel Ø 6 Wochen C-Artikel Ø 12 Wochen K-Artikel siehe Formel	1 x pro Jahr, bzw. sofort bei z. B. Umstellung von A auf K o. ä., bzw. sofort bei wesentlicher Veränderung der WBZ	2 / YY	03.02. / YY
Lagerort / Lagerplatz (Zwangsfeld)	6	Für jeden Artikel, wo in den Stammdaten Vorratsteil J hinterlegt ist, muss ein Lagerort eingegeben werden. Legt Lagerleiter fest, pflegt auch die gesamten LVS-Stammdaten	Für jeden Vorratsartikel muss ein Lagerplatz zur Verfügung stehen = Ordnungsprinzip! Hat u.a. auch das Ziel, bei Ein- / Auslagern Laufwege zu minimieren / First in - First out etc. zu organisieren	1 x jährlich bezüglich Lagerorganisation Schnelldreher / Langsamdreher bzw. permanent bei Chargenverwaltung	5 / YY	16.05. / YY

Wert EK-Preis/ Stück	Wiederbeschaffungs-zeit in Tagen					Bemerkung
	≤ 5	≤ 10	≤ 20	≤ 40	≥ 40	
größer 20 €	A	A	A	A	A	Alles was über Rahmen- / Abrufaufträge, immer A-Teil hinter-legen
zwischen 19,99 € und 2 €	B	B	A	A	A	
kleiner 1,99 €	C	C	C	A	A	

<table>
<tr><th>Stammdatenfeld</th><th>Beschreibung / Zweck</th><th>Bemerkung / Nutzenpotential</th><th>Pflege-zyklus</th><th>Änderungs-stand</th><th>Datum letzte Änderung</th></tr>
<tr>
<td>Dispositions-verfahren 7

Für jeden Artikel muss eine Kennung hinterlegt sein, die sich nach nebenstehenden Regeln und nach Art der Bedarfsstreuung richtet

Gilt nicht für Artikel die über selbstauffüllende Läger gesteuert werden, wie z. B. KANBAN- / Konsignationslager oder SCM-Artikel, wo der Lieferant für uns disponiert</td>
<td>1 = X Wiederholteil mit Mindestbestand
2 = Y Sonderteil mit Wiederholcharakter für nur einen Kunden, mit Mindestbestand = 0.
Die Fertigung erfolgt nach Reichweitenfestlegung lt. Absprache Dispo - Vertrieb - Kunde
3 = Z Reines Sonderteil, mit reiner auftragsbezogener Fertigung, ohne Bevorratung, ohne Losgrößenberechnung. Überlieferungen sofort verschrotten, nicht an Lager legen
4 = ZZ Ersatzteil, Bestandshöhe nach Funktionsrisiko / Höhe von Stillstandskosten, muss im Einzelfall mit GF / Logistikleitung und Risiko-Punkte-System festgelegt werden
<table>
<tr><th></th><th>1/X</th><th>2/Y</th><th>3/Z</th><th>4/ZZ</th><th>Bemekg.</th></tr>
<tr><td>A</td><td></td><td></td><td></td><td></td><td rowspan="4">Jeder Artikel muss einem Feld zugeordnet sein</td></tr>
<tr><td>B</td><td></td><td></td><td></td><td></td></tr>
<tr><td>C</td><td></td><td></td><td></td><td></td></tr>
<tr><td>K</td><td></td><td></td><td></td><td></td></tr>
</table></td>
<td>Die Festlegung, bzw. deren Pflege, kann verbal erfolgen oder mittels mathematischer Statistik

$\frac{\text{Standardabweichung} = 1\,S}{\text{Mittelwert } \overline{X}} = \square$
<table>
<tr><th>Schwankungsbreite</th><th>Ergibt Teileart [1)]</th><th>Bemerkung</th><th>Höhe des Si-Bestandes</th></tr>
<tr><td>≤ 0,33</td><td>X</td><td>Im Regelfalle Einser-Teile</td><td rowspan="3">Höher →→→ Niederer ←←← Lieferbereitschaftsgrad</td></tr>
<tr><td>≤ 0,66</td><td>Y</td><td>Im Regelfalle Zweier-Teile</td></tr>
<tr><td>≤ 1,00</td><td>Z</td><td>Im Regelfalle Dreier-Teile</td></tr>
<tr><td>Artikel kommen nur sporadisch vor, weiterer Bedarf ist nicht absehbar</td><td>ZZ</td><td>Immer Dreier-Teile</td><td>0 - auftragsbezogene Beschaffung</td></tr>
<tr><td colspan="4">[1)] Alles unter Beachtung saisonaler Schwankungen und Trends. Dann gleiche Zeitfenster zur Berechnung heranziehen.</td></tr>
</table></td>
<td>Alle 6 Monate bzw. sofort bei wesentlicher Änderung</td>
<td>8 / XX</td>
<td>20.10. / XX</td>
</tr>
<tr>
<td rowspan="2">Vorratsteil lagerfähig 8</td>
<td>Bei Eingabe [N] = Nein, wird die Nachschubautomatik auftragsbezogen / bedarfsgesteuert geregelt</td>
<td>Bedeutet: Mindestbestand 0

Bestellmenge = lt. Bedarf</td>
<td rowspan="2">1 x grundsätzlich, bzw. sofort wenn sich die Teileart ändert</td>
<td rowspan="2">8 / XX</td>
<td rowspan="2">20.08. / FF</td>
</tr>
<tr>
<td>Bei Eingabe [J] muss diese Artikelnummer mit den dann erforderlichen, weiteren Kennungen, Feld 5 - 12, belegt werden</td>
<td>Es kann auf Vorrat beschafft werden, aber festgelegten Reichweitenkorridor beachten (je nach Teileart).
Bei Wiederholteil kann ein Sicherheitsbestand hinterlegt werden.
Bei Sonderteil mit Wiederholcharakter Nein 0</td>
</tr>
<tr>
<td>Dispo-Art 9</td>
<td>Bei allen Teilen, die nicht über KANBAN oder Konsignationsläger gesteuert werden.
<u>Vorschlag:</u>
<table>
<tr><th></th><th>1/X</th><th>2/Y</th><th>3/Z</th><th>4/ZZ</th></tr>
<tr><td>A</td><td>bedarfsbesteuert</td><td>bedarfsbesteuert</td><td>bedarfsbesteuert</td><td>bedarfsbesteuert</td></tr>
<tr><td>B</td><td>verbrauchs-gesteuert</td><td>bedarfsbesteuert</td><td>bedarfsbesteuert</td><td>bedarfsbesteuert</td></tr>
<tr><td>C</td><td>verbrauchs-gesteuert</td><td>verbrauchs-gesteuert</td><td>bedarfsbesteuert</td><td>bedarfsbesteuert</td></tr>
</table></td>
<td>Regelt die Nachschubautomatik im Detail. Bei „Bedarfsgesteuert“ gibt es einen verfügbaren und körperlichen Bestand. Bei „Verbrauchsgesteuert“ gibt es nur einen körperlichen Bestand mit Zugangs- / Abgangsbuchungen

Jede Teileart lt. Feldzuordnung hat eine maximale Reichweite</td>
<td>1 x grundsätzlich, bzw. sofort wenn die Dispo-Art für eine Teilenummer geändert werden soll</td>
<td>8 / XX</td>
<td>20.08. / FF</td>
</tr>
<tr>
<td>Sicherheitsbestand 10</td>
<td>Bei allen Teilen wo Vorratshaltung [J] eingestellt ist, kann je nach festgelegtem Dispositionsverfahren und Teileart ein Sicherheitsbestand hinterlegt werden
<table>
<tr><th>Servicegradhöhe</th><th>1/X</th><th>2/Y</th><th>3/Z</th><th>4/ZZ</th></tr>
<tr><td>A</td><td>96 %</td><td>90 %</td><td>0</td><td rowspan="3">je nach Stillstands- u. Funktionsrisiko (Pkt.-Tabelle)</td></tr>
<tr><td>B</td><td>97 %</td><td>93 %</td><td>0</td></tr>
<tr><td>C</td><td>99 %</td><td>96 %</td><td>0</td></tr>
</table></td>
<td>Hinweis: Sicherheitsbestände treiben die Bestände nach oben und je höher der Servicegrad des festgelegten Si-Bestands, kann dies das „Vielfache“ des Durchschnittsbestandes $\overline{X}$ ausmachen. Bei Disponieren nach Reichweiten sollte, bis auf Einzelfälle, auf einen Si-Bestand verzichtet werden</td>
<td>1 x grundsätzlich, bzw. permanente Pflege alle 3 - 6 Monate</td>
<td>8 / XX</td>
<td>20.08. / FF</td>
</tr>
<tr>
<td>Meldebestand 11
(Bestellpunkt)</td>
<td>Bei allen Artikeln, wo Vorratswirtschaft [J] und bedarfsgesteuerte Disposition hinterlegt ist, errechnet das System auf Basis Durchschnittsverbräuche innerhalb der WBZ und Si-Bestand, den so genannten Meldebestand.
Eine Unterschreitung dieser Meldebestandszahl im verfügbaren Bestand erzeugt vom System einen Bestellvorschlag, der umgehend bearbeitet werden muss.</td>
<td>Der Meldebestand muss permanent gepflegt werden
a) alle 6 - 8 Wochen durchgängig, u. a. durch Überprüfung, ob die hinterlegte Wiederbeschaffungszeit noch aktuell ist
b) sofort, wenn durch z. B. eine Auftragsbestätigung von Seiten des Lieferanten eine neue Lieferzeit bekanntgegeben wird.
Nicht gepflegte Meldebestände erzeugen große Fehlleistungen in Form von Fehlteilen, überhöhten Beständen, Zusatzkosten etc.</td>
<td>1 x grundsätzlich, bzw. permanent, spätestens alle 6 - 8 Wochen</td>
<td>11 / YY</td>
<td>21.11. / ZZ</td>
</tr>
<tr>
<td>Mindestbestand 11a
meist in Verbindung mit einem Maximalbestand</td>
<td>Bei allen Teilen, wo Vorratswirtschaft [J] und verbrauchsgesteuerte Disposition hinterlegt ist, muss ein Mindestbestand hinterlegt werden. Diese Zahl reagiert auf die Bestandszahlen im körperlichen Bestand.
Eine Unterschreitung löst, wie bei Meldebestand, einen Bestellvorschlag aus.
Sofern ein Höchstbestand geführt wird (max. Reichweite), darf Bestellmenge + körperlicher Bestand im Zeitraster diese Zahl nicht überschreiten</td>
<td>Für die Pflege des Mindestbestandes gilt 1:1 das Gleiche, wie beim Meldebestand Pkt. [11]. Die Ermittlung wird nach der Formel
Ø-Verbrauch in der WBZ + 1 S
(bei großer Streuung + 2 S)
berechnet.
Der Max.-Bestand wird je nach Höhe der WBZ / des Teilewertes in € in Form einer maximalen Reichweite festgelegt</td>
<td>1 x grundsätzlich, bzw. permanent, spätestens alle - 6 - 8 Wochen</td>
<td>11 / YY</td>
<td>21.11. / ZZ</td>
</tr>
</table>

<table>
<tr><th>Stammdatenfeld</th><th>Beschreibung / Zweck</th><th>Bemerkung / Nutzenpotential</th><th>Pflege-zyklus</th><th>Ände-rungs-stand</th><th>Datum letzte Än-derung</th></tr>
<tr><td>Dispo-System 12</td><td>Bei allen Artikeln, wo Vorratswirtschaft [J] und bedarfsgesteuerte Dispo eingestellt ist, muss System für A- + B-Teile auf Dispo-nieren nach Reichweiten eingestellt sein. Für C-Teile (sofern nicht über z. B. KANBAN gesteuert), kann auch Bestellpunkt- (Melde-bestand-)-System eingerichtet werden.

<u>Wichtig:</u> Das System muss so eingestellt sein, dass innerhalb der aktuellen Wieder-beschaffungszeit im verfügbaren Bestand nicht ins Minus reserviert werden kann.

Es muss eine Warnmeldung aufscheinen, wenn ins Minus gerechnet wird (KLÄRUNG NOTWENDIG). Ansonsten werden bereits verkaufte (terminlich zugesagte Artikel) für andere Aufträge weggestohlen</td><td>Bei Disponieren nach Reichweiten, gibt es keinen separaten Regelkreis „verfügbarer Bestand“. System rastet die Bestände nach dem terminlichen Zeitraster ab.

Bei Fertigware und Ersatzteilen mit kürzes-ter Soll-Lieferzeit (Artikel lagerfähig), muss System auf Vergangenheitswerte $\bar{X}$ + 1 S oder 2 S eingestellt sein (je nach Streuung).

Bei allen anderen Artikeln auf Reichweiten-berechnung in die Zukunft, ohne Si-Bestand. (In Einzelfällen kann ein geringer Si-Bestand hinterlegt werden, z. B. für eine Woche.)</td><td>1 x grund-sätzlich, bzw. bei Umstellung der Dispo-Art</td><td>11 / YY</td><td>21.11. / ZZ</td></tr>
<tr><td>Wiederbeschaffungs-zeit für Kaufteile 13</td><td>Muss vom Einkauf alle 6 - 8 Wochen für A- und B-Teile gepflegt werden. Für C-Teile alle 4 - 6 Monate. Die WBZ fließt 1:1 in die Berechnung der Meldebestände / Mindest-bestände ein und hat somit hohe Bedeu-tung. Daher möglichst über Einzelvertrag-Regelung 1 x jährlich mit Lieferant festlegen</td><td>Nicht gepflegte WBZ haben gravierende negative Auswirkungen, erzeugen Fehl-leistungen, zu hohe Bestände / Fehlteile, Mehrkosten etc.</td><td>je nach Teileart alle 6 - 8 Wo-chen, bzw. 4 - 6 Monate</td><td>11 / YY</td><td>21.11. / ZZ</td></tr>
<tr><td>Wiederbeschaf-fungszeit für Fertigungsteile 14

(Übergangsmatrix zur Ermittlung der Wiederbeschaffungs-zeiten für Fertigungsteile im ERP-System)</td><td>Nach Tabelle, wenn System nicht automatisch rechnet
<table>
<tr><th>Vorschlag (A)</th><th>An-zahl Ar-beits-gänge</th><th>Grundsätz-lich für Bereitstel-lung und einlagern</th><th>Fertigungs-zeit ≤ 1 AT über alle Arbeits-gänge</th><th>Fertigungs-zeit ≥ 1 AT über alle Ar-beitsgänge</th><th>Zuschlag für Härten / Galv. außer Haus</th><th>Zuschlag wenn über Eng-passan-lage</th></tr>
<tr><td rowspan="10">Bei Neuteilen für Programmieru ng etc. + 3 AT</td><td>1</td><td>1 AT</td><td>1 AT</td><td>+ 1 AT</td><td rowspan="10">+ 3 AT</td><td rowspan="10">+ 2 AT</td></tr>
<tr><td>2</td><td>1 AT</td><td>2 AT</td><td>+ 1 AT</td></tr>
<tr><td>3</td><td>1 AT</td><td>3 AT</td><td>+ 2 AT</td></tr>
<tr><td>4</td><td>1 AT</td><td>4 AT</td><td>+ 2 AT</td></tr>
<tr><td>5</td><td>1 AT</td><td>5 AT</td><td>+ 3 AT</td></tr>
<tr><td>6</td><td>1 AT</td><td>6 AT</td><td>+ 3 AT</td></tr>
<tr><td>7</td><td>1 AT</td><td>6 AT</td><td>+ 4 AT</td></tr>
<tr><td>8</td><td>1 AT</td><td>7 AT</td><td>+ 4 AT</td></tr>
<tr><td>9</td><td>1 AT</td><td>8 AT</td><td>+ 5 AT</td></tr>
<tr><td>10</td><td>1 AT</td><td>8 AT</td><td>+ 5 AT</td></tr>
</table>
Wenn System die DLZ automatisch errechnet, z. B. für Losgröße 1 - 15 Stück
<table>
<tr><th>Vorschlag (B)</th><th>von Ko-Stelle auf Ko-Stelle</th><th>A</th><th>B</th><th>C</th><th>D Engpass</th><th>Plus Bereit-stellung</th><th>Plus Einla-gern</th></tr>
<tr><td rowspan="4">Bei Neuteile für Programmier ung etc. + 3 AT</td><td>A</td><td>-</td><td>0,5AT</td><td>0,5AT</td><td>+ 2 AT</td><td>0,5AT</td><td>0,5AT</td></tr>
<tr><td>B</td><td>0,5AT</td><td>-</td><td>0,5AT</td><td>+ 2 AT</td><td>0,5AT</td><td>0,5AT</td></tr>
<tr><td>C</td><td>0,5AT</td><td>0,5AT</td><td></td><td>+ 2 AT</td><td>0,5AT</td><td>0,5AT</td></tr>
<tr><td>usw.</td><td colspan="6">Plus Zuschlag für Härten / Galvanik, außer Haus siehe oben</td></tr>
</table>
Bei Ziel: Reduzierung der Durchlaufzeiten z. B. ab Losgröße ≥ 15 Stück
<table>
<tr><th>Vorschlag (C)</th><td rowspan="2">Alle Liegezeiten in der Übergangsmatrix auf null setzten und nur je 0,5 AT für Einlagern - Auslagern / Bereitstellen einsetzen
Plus Zuschlag für Härten / Galvanik außer Haus, siehe oben
(Es kann überlappt gefertigt werden)</td><th>Bereit–stellen</th><th>Einla-gern</th></tr>
<tr><td>Bei Neuteile für Programmier ung etc. + 3 AT</td><td>0,5 AT</td><td>0,5 AT</td></tr>
</table>
Oder die Liegezeiten müssen in die Maschinen- / Arbeitsplatz-Stammdaten eingepflegt werden, z. B.:
<table>
<tr><th>Anlage</th><th>Liegezeit vor</th><th>Liegezeit nach</th></tr>
<tr><td>431</td><td>1,0 AT</td><td>1,5 AT</td></tr>
</table></td><td>Das ERP-System ermittelt auf Basis hinterlegter Arbeitspläne / Kapazitäten, sowie einer Übergangs-matrix die Durchlaufzeiten für die Startterminierung automatisch. Formel: (te x m) + tr + Liegezeit über alle Arbeitsgänge. Ergibt die DLZ in Tagen.
<u>Hinweis:</u> Je größer die hinterlegten Liegezeiten, je früher der Starttermin, je mehr Aufträge gleich-zeitig in der Fertigung. Je früher muss Material beschafft, die Zeichnung fertig sein. Ziel muss also sein: Kleine Liegezeiten in den Stammdaten hinterlegen - Idealerweise null Warteschlangen-probleme / Bestände / das Umlaufkapital / die Flexibilität aller wird wesentlich optimiert, da später eingesteuert, sich weniger Aufträge gleichzeitig in der Fertigung befinden.
Abkühl- oder Trockenzei-ten sind Prozesszeiten, keine Liegezeiten</td><td>Übergangs-matrix permanent auf kleinere Liegezeiten ausrichten, alle 3 Mona-te alte Werte um ca. 10 - 20 % minimieren. Solange bis Schmerz-grenze in der Produktion erreicht</td><td>11 / YY</td><td>21.11. / ZZ</td></tr>
</table>

Stammdatenfeld	Beschreibung / Zweck	Bemerkung / Nutzenpotential	Pflege-zyklus	Ände-rungs-stand	Datum letzte Ände-rung
Bestellmenge für Kaufteile + Rohmaterialien / Vorratsteile **15**	Muss Einkauf festlegen (Reichweitenvorgabe beachten) - möglichst Konsi- / SCM- / KANBAN-Lager einrichten - oder Abrufaufträge mit punktgenauen Abrufen einrichten (Lieferant disponiert für uns) - Bestellmenge darf, je nach Teileart, eine Reichweite von 1 - 6 Monaten nicht überschreiten. Bei Ausnahmen anderes weiter zurücksetzen Beispiel für Bestellmengenvorgabe Kleinstmengen + C-Teile: eine Reichweite von 6 Monaten nicht überschreiten Mittleren Mengen + B-Teile: hier 3 Monate nicht überschreiten Großen Stückzahlen + A-Teile: hier 1 Monat nicht überschreiten	Eine Reichweitenvorgabe für die Bestellmenge (= körperlicher Bestand XX + Bestellmenge YY) darf eine Reichweite von X Wochen / Monate nicht überschreiten. Ist die Voraussetzung für das Erreichen einer hohen Umschlagshäufigkeit (Drehzahl). Mindestlosgrößen oder das Errechnen von wirtschaftlichen Losgrößen[1] nach Formeln, ist nicht zielführen. Erzeugen im Regelfall große Lose, eine geringe Umschlagshäufigkeit und bei Fertigungsteilen wird die Fertigung verstopft (schlechte Flexibilität) [1] für C-Teile eventuell in Einzelfällen anwendbar	Bestell-mengen / Losgrößen permanent minimieren. Taktzahl-Abrufe erhöhen, Umschlags-häufigkeit jedes Jahr um die Zahl 1 erhöhen (Rüstkosten / Preise beachten)	11 / YY	21.11. / ZZ
Bestellmenge für Fertigungsteile + Vorratsteile **16**	Losgröße: im 1. Schritt: Feste Bestellmenge bei Kleinstmengen: Losgröße 1:1 wie heute, aber Begrenzer, max. 6 Monate bei mittleren Mengen je nach Rüstzeit: Losgröße wie heute, aber begrenzt auf max. 3 Monate bei großen Mengen je nach Rüstzeit: Losgröße wie heute, aber begrenzt auf max. 2 Monate 2. Schritt große und mittlere Mengen Schritt für Schritt minimieren auf z. B. 1. Monat			11 / YY	21.11. / ZZ
Bestellmenge bei nicht Vorratsteilen **17**	Rein „auftragsbezogen" (hier muss ins „Minus" reserviert werden)	Bei Überschuss Teile dem Kunden schenken oder sofort verschrotten, nicht an Lager legen. Steuerliches Auswirkungen beachten	Nur bei Änderung der Teileart	11 / YY	21.11. / YY
Verkettungs-nummer **18**	Bei allen Teilen die über Engpassmaschinen laufen, eine Verkettungsnummer eingeben (muss AV mit Meister festlegen)	Ziele: Sowohl beim Disponieren, als auch bei Erstellung des Produktionsplanes dem Betriebs Teilrüsten ermöglichen	Alle 4 - 6 Monate	11 / YY	21.11. / ZZ
Buchungs-schlüssel **19**	Buchungsart-Schlüssel eingeben - Retrograd (möglichst bei Abarbeitung 1. Arbeitsgang) - Einzelbuchung - über Auftrag = ges. Stückliste	Zeitnahes Buchen ist wichtig. Möglichst über retrogrades Buchen und Umbuchen von Lager L1 auf L2 usw., Bestandsführung einrichten. Bestände in Lager 1 = Zentrallager stimmen dann genau. Für die Nachschubautomatik wichtig	1 x grundsätzlich bei Neuanlage, bzw. bei Systemumstellung	11 / YY	21.11. / ZZ
Kapazitäts-gruppenschlüssel, technologieorientiert **20**	Technologieorientiert ausgerichtet	Eine mit der Fertigung abgesprochene, relativ grobe Kapazitätswirtschaft, die auch die Kalkulationsgesichtspunkte (z. B. Maschinenstundensatzrechnung) berücksichtigt, ist anzustreben. Eine zu feine Gliederung er-zeugt in der Praxis zu viel Planungsaufwand und stimmt letztlich doch nicht im Detail, da z. B. keine Verfügbarkeit von Werkzeugen / Vorrichtungen abgefragt wird. Auch sind Aufträge eingeplant, wo keine Materialverfügbarkeit vorhanden ist. Wird pünktlich geliefert? Wie stimmt die Zeitwirtschaft? Was ist bei wechselnden Engpässen „Mensch → Maschine"?	1 x grundsätzlich + bei Schicht-anpassungen, bei Erweiterung, bzw. Personalumbesetzungen / Verkauf von Anlagen	9 / XX	20.08 / FF

TECHNOLOGIEGRUPPE

ARBEITSPLATZ - NUMMERNPLAN

Kostenstelle-Maschinengruppe
Arbeitsplatz
Arb.-Gang-Abkürzung

Einteilung nach Arbeitsplatz- / Maschinengruppen je Technologiebereich

Hauptgruppe \ Untergruppe	00	01	02	03	04	05	06	07	08
1 Drehasch.	Drehm. dre	große Drehm. dre	kleine Revolv. re-dre	gr.u. Revolv. re-dre	CNC Stangendr. nc-dre	große Kopierdr. ko-dre	Automat A 25 au-dre	Automat IB 42 au-dre	CNC-Drehautom. cnc-dre
2 Fräsmasch.		gr.horiz. Fräsm. h-frae	Daton DNC DNC-Da	gr. vert. Fräsm. v-frae	Universalfrä. u-frae	Bearbeitungs zentrum	horiz.Fräs ma. gesteuert frae	CNC-Fräsm. frae	CNC-Fräsm. u. Bearbeitz. cnc-frae/ cnc-bea
3 Bohrmasch.	Säulen-bohrm. bo	Reihen-bohrm. rei-bo		Radialbohrm. ra-bo				Borheinheit f.Messerschn. bo	CNC-Bohrm. cnc-bo
4 Schleifmasch.	Rundschleifm „Fortuna" schlei	Rundschleifm.„XY" schlei		Spitzen-losschlei. spschl	Flach-schleifm. flschi	Wzg.Schleifm „Haas" schlei	Band-schleifma. baschl	Stähle-Schleif. schlei	
5									

Stammdatenfeld	Beschreibung / Zweck	Bemerkung / Nutzenpotential	Pflegezyklus	Änderungsstand	Datum letzte Änderung
Engpassplanung flussorientierter Kapazitätsgruppenschlüssel **21**	Kapazitätsgruppen nach Warengruppen / Fertigungslinien prozessorientiert eingerichtet (siehe Tabelle 21)	Eine prozessorientiert eingerichtete Kapazitätswirtschaft vereinfacht alles: a) die Arbeitsplanerstellung kann vereinfacht werden b) Die Kapazitätsplanung richtet sich nur noch nach dem Engpass c) Umterminieren wird vereinfacht etc. ist daher zu empfehlen. Wichtig ist, egal wie verfahren wird, dass die im System hinterlegten, verfügbaren Kapazitäten permanent je Woche / Tag gepflegt werden, wenn z. B. von 1-Schicht auf 2-Schicht umgestellt wird. Oder die Kapazitätsgrenzen werden geöffnet. Ziel: Sichtbar machen der Kapazitätsauslastung und über Flexibilisierungsmaßnahmen vor Ort die Aufträge termintreu abarbeiten	1 x grundsätzlich permanent bei Schichtveränderung / Personal- / Anlagenveränderung und 1 x jährlich wegen Betriebskalender	9 / XX	20.08. / FF
Festlegen der verfügbaren Kapazitäten (A) **22**	Nach technischen Gesichtspunkten für Pkt. 20 (siehe Tabelle 22)			9 / XX	20.08. / FF
Festlegen der Personalverfügbarkeit je Kapazitätsgruppe **23**	Nach Personalkapazität oder Engpassanlage(n) für Pkt. 21 (siehe Tabelle 23)			9 / XX	20.08. / FF

Tabelle 21:

Kapazitätsgruppe prozessorientiert nach Warengruppen und Teilearten Nr.	Bezeichnung	Kapazität in Anzahl Personen	Kapazität in Anzahl Maschinen / Anlagen	Möglicher Engpass im Team
1125	WZB / Draht- und Flachformfedern, Federspielgeräte	12 Pers.	20 Masch.	Personal
1126	Schaubenfedern Industrie < 12 mm Ø (incl. KFF), Förderspiralen	14 Pers.	20 Masch.	Personal
1127	Schraubenfedern Industrie > 12 mm Ø kaltgeformt	10 Pers.	16 Masch.	Personal
1199	Warmverformung (n. d. Formgebung vergütet)	8 Pers.	10 Anlagen	Anlagen
2125	Schraubenfedern Fahrwerk	15 Pers.	25 Plätze	Personal

Tabelle 22:

CNC-Drehautomat XY	Nr. 107	Weitere Einteilung nach Betriebskalender / Feiertage / Urlaub etc., sowie Schichtmodelle System aber so einstellen, dass Kapazitätsgrenze angezeigt, aber mindestens jeweils um eine Schicht überbucht werden kann
Anzahl Anlagen	3	
Anzahl Schichten	2	
Anzahl Std. / Schicht	8	
Kapazitätsminderungsfaktor	0,7	
= verfügbare Kapazität	34 Std.	

Tabelle 23: Systemabgleich technische Kapazität zu verfügbarer Personalkapazität / Zeiteinheit

Maschinengruppe	Techn. Kapazität	Personal-Kapazität
1.01 - 1.08	340 Std.	max. 280 Std.
~	~	~

etc.

Jeweils aufgeteilt nach Warengruppenverantwortlichen, Disponent = Beschaffer

Name	Zugeordnete Warengruppe (über alle Stücklistenebenen)	Wiederbeschaffungszeit	Meldebestand	Bestellmenge	Mindest- / Maximalbestand	Si-Bestand / Servicegrad	Dispo-Verfahren	A/B/C - X/Y/Z-Kennung	Verkettungsnummer	Kauf- / Fertigungsteil	Reichweitenvorgabe	Kennzahlen Drehzahl / Termintreue / Anzahl Fehlteile / Mo.
		Zugeordnete Verantwortung										
• **Herr XY** • Budgetobergrenze für Einkaufsteile max. 30 % vom Umsatz des Vormonates • zu betreuende Artikel-Nr. 2600 • zu betreuende Lieferanten: 40 • Ø zu bearbeitende Bestellvorschläge pro Tag ca. 150 • Drehzahlvorgabe 8 x	Kleinbehälter Typ XX	X	X	X	X	X	X	X	X	X	X	X
	Armaturen Typ XY bis NW 60	X	X	X	X	X	X	X	X	X	X	X
	Zubehör Typ XX	X	X	X	X	X	X	X	X	X	X	X
	usw.	X	X	X	X	X	X	X	X	X	X	X
	⬇	X	X	X	X	X	X	X	X	X	X	X
		X	X	X	X	X	X	X	X	X	X	X
		X	X	X	X	X	X	X	X	X	X	X
		X	X	X	X	X	X	X	X	X	X	X
• **Frau XY** • Budgetobergrenze für Einkaufsteile max. 40 % vom Umsatz des Vormonates • zu betreuende Artikel-Nr. 2100 • zu betreuende Lieferanten: 50 • Ø zu bearbeitende Bestellvorschläge pro Tag ca. 165 • Drehzahlvorgabe 6 x	Großbehälter Typ ZZ	X	X	X	X	X	X	X	X	X	X	X
	Armaturen Typ RT ab NW 85	X	X	X	X	X	X	X	X	X	X	X
	Zubehör Typ ZZ	X	X	X	X	X	X	X	X	X	X	X
	usw.	X	X	X	X	X	X	X	X	X	X	X
	⬇	X	X	X	X	X	X	X	X	X	X	X
		X	X	X	X	X	X	X	X	X	X	X
		X	X	X	X	X	X	X	X	X	X	X
		X	X	X	X	X	X	X	X	X	X	X
		X	X	X	X	X	X	X	X	X	X	X

Geführt mittels folgenden Kennzahlen:

Drehzahl = Verbrauch der letzten 12 Monate : Bestand am Stichtag = [ ]

Anzahl Fehlteile je Stichtag

Termintreue = $\frac{\text{Termintreue Aufträge geliefert je Zeiteinheit lt. Auftragsbestätigung}}{\text{Insgesamt gelieferte Aufträge je Zeiteinheit}}$ x 100 = ______ %

Servicegrad = $\frac{\text{Termintreue Aufträge geliefert je Zeiteinheit lt. Auftragsbestätigung}}{\text{Insgesamt gelieferte Aufträge je Zeiteinheit}}$ x 100 = ______ %

Eine grundsätzliche Zuordnung *„WER MACHT WAS?“*, siehe nachfolgende Schemadarstellungen, ist für alle Tätigkeiten / Verantwortlichkeiten notwendig. Diese dient u. a. auch zur Vollständigkeitskontrolle, dass alle Stammdaten bzw. deren Pflege eindeutig zugeordnet sind.

Entwurf	**Verantwortliche Abteilung**												
Funktions- und Tätigkeitsübersicht nach Verantwortungsbereichen	**Konstruktion**	**Logistikcenter Disponent**	**Montage**	**Lager**	**Wareneingang**	**AV - techn. Planung**	**AV- Steuerung**	**Wareneingang**	**Rohwarenlager**	**Meister XY Fertigung**	**Strategischer Einkauf**	**QS**	**Techn. Leitung**
Vergabe von Artikelnummern	X												
Pflege aller Konstruktionsbasisdaten, Erstellen Konstruktionsstückliste	X												
Erstellen Fertigungsstückliste und Pflege der Stücklisten		X											
Pflege der Material- / Teile-Stammdaten, wie z. B. Materialbemessung, Bruttogewichte	X												
Pflege der Dispo-Stammdaten, wie z. B. Bestellpunkte, Wiederbeschaffungszeiten, Ø-Verbräuche, Mindest- / Si.- / Maximalbestände **Handelsware**											X		
Pflege der Dispo-Stammdaten, wie z. B. Bestellpunkte, Wiederbeschaffungszeiten, Ø-Verbräuche, Mindest- / Si.- / Maximalbestände **Rohmaterial / Rohlinge**		X											
Pflege der Dispo-Stammdaten, wie z. B. Bestellpunkte, Wiederbeschaffungszeiten, Ø-Verbräuche, Mindest- / Si.- / Maximalbestände **Fertigungsteile**		X											
Bedarfsrechnung und Verbuchen der Reservierungen / Bestandsrechnung	**ERP-automatisch**												
Festlegen von Losgrößen / Bestellmengen		X								X			
Logistik-Controlling / Kennzahlensystem		X	X	X	X	X	X	X	X	X	X	X	IT
Festlegen Teileart: Auftragsbezogen / Vorratsteil mit / ohne Si-Bestand		X											X
Art der Disposition nach Reichweite, nach Min.- / Max. - Bestand		X											
ERP-Abläufe / Einstellungen Mitarbeiterschulung													IT
Bestellrechnung incl. Festlegung der Bestellmengen und Termine		X											
Verbuchen der Bestellungen nach Menge, Termin, Auftragsnummer	**ERP-automatisch**												
Terminüberwachung, Bearbeiten / Führen von Rückstandslisten Handelsware / Rohmaterial, Prio nach Reichweite		X									(X)		
Terminüberwachung, Bearbeiten / Führen von Rückstandslisten Fertigungsteile, Prio nach Reichweite							X			X			

Funktions- und Tätigkeitsübersicht nach Verantwortungsbereichen	**Konstruktion**	**Logistikcenter Disponent**	**Montage**	**Lager**	**Wareneingang**	**AV - techn. Planung**	**AV- Steuerung**	**Wareneingang**	**Rohwarenlager**	**Meister XY Fertigung**	**Strategischer Einkauf**	**QS**	**Techn. Leitung**
Bestandshöhenverantwortung		X											
Lagerbestandsführung incl. Buchen von Zu- und Abgängen / Fehlteile- / Bestandskorrektur				X					X				
Lagerortzuordnung Chargenerfassung				KANB.-Teile	X				X				
Mengenkontrolle / Bestandskontrolle													
Verfügbarkeitskontrolle vor Auftragsfreigabe		X					X		X				
Fehlermeldung bei Auftragsbereitstellung bzw. Restmengenmeldung				X					X				
Terminverantwortung Fremdteile		X											
Terminverantwortung Eigenteile		X											
Qualitätskontrolle / Reklamationsbearbeitung												X	
Inventurbearbeitung		X		X									
Verantwortung für Wiederbeschaffungszeiten Fremdteile, Info einholen											X		
dito Eigenteile, Vorgabe f. Neuberechnung		X											
Verantwortung für Lieferanten incl. Preise, Rabatte etc., Einkaufsstammdaten											X		
Neuteile – Beschaffung											X		
Lieferantenauswahl / -bewertung											X		
Arbeitsplanerstellung						X							
Erstellen Produktionsplan 2 x wöchentlich und Einsteuern der Fertigungsaufträge							X						
Pflege Maschinengruppenschlüssel Zeitwirtschaft						X							
Erstellen Fertigungsaufträge, Fertigmeldungen verarbeiten		(X)					X						

Die Pflege erfolgt durch den verantwortlichen Disponent / den Einkauf bzw. dem je nach Bereich zugeordneten Mitarbeiter

ODER

Es gibt einen Stammdatenverantwortlichen über alle Warengruppen, für alle Stammdaten im PPS- / ERP-System für die ganze Firma / einen Bereiche / ein Sparte.

Zeitreserven in den ERP- / PPS-Stammdaten minimieren

Die eingebauten Zeitreserven in den Stammdaten / in der Zeitstrecke des Materialflusses, wie z. B. Si-Bestand, Wiederbeschaffungs- / Durchlaufzeiten etc., bezüglich Bestandshöhe, Durchlaufzeit und Flexibilität große Auswirkung haben.

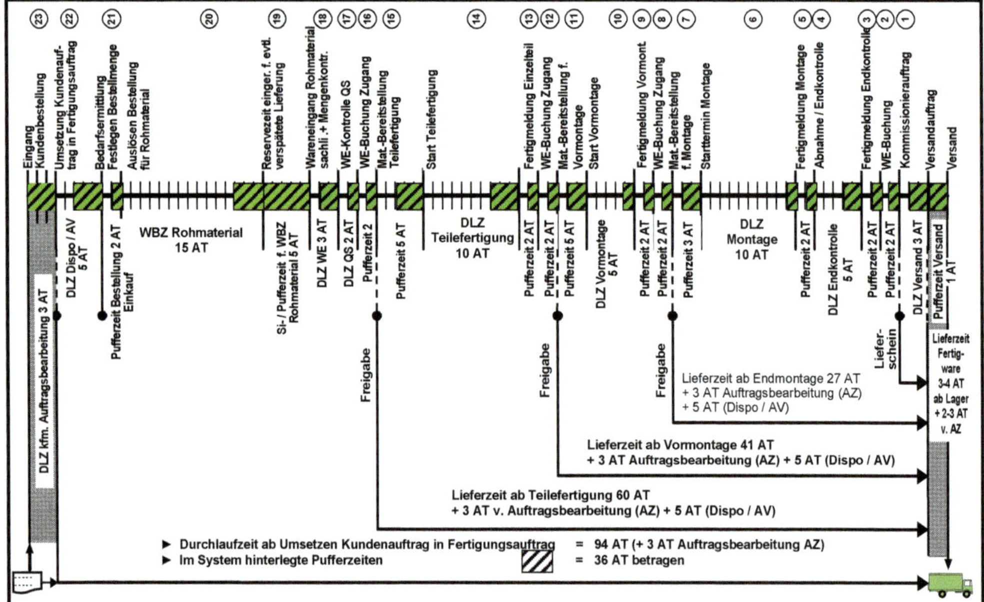

Beispielhafte Aufzählung von Zeitreserven / Sicherheiten im ERP-System

<table>
<tr><td colspan="2">Zeit für Wareneingangsbearbeitung</td><td>IST 3 AT</td><td>SOLL 1 AT</td></tr>
<tr><td rowspan="3">Zeit für Bereitstellung von Teile / Baugruppe etc. für Montage / Versand</td><td>Teilelager für Vormontage</td><td>IST 3 AT</td><td>SOLL 1 AT</td></tr>
<tr><td>Komponentenlager für Endmontage</td><td>IST 2 AT</td><td>SOLL 1 AT</td></tr>
<tr><td>Fertigwarenlager / Versand / Endkontrolle</td><td>IST 2 AT</td><td>SOLL 1 AT</td></tr>
<tr><td rowspan="3">Zeit für Einlagern von</td><td>Fertigungsteilen</td><td>IST 2 AT</td><td>SOLL 0,5 AT</td></tr>
<tr><td>Baugruppen</td><td>IST 2 AT</td><td>SOLL 0,5 AT</td></tr>
<tr><td>Fertigwaren</td><td>IST 2 AT</td><td>SOLL 0,5 AT</td></tr>
<tr><td colspan="2">Zusätzliche Zeitreserve wegen evtl. unpünktlicher Lieferung von Ware, in den Lieferanten-Stammdaten hinterlegt</td><td>IST 5 AT</td><td>SOLL 0 da in Si-Bestand hinterlegt</td></tr>
<tr><td colspan="2">Zeitreserve bei Umsetzen von Planbedarf in Fertigungsaufträge</td><td>IST 5 AT</td><td>SOLL 0</td></tr>
<tr><td colspan="2">Übergangsmatrix = hinterlegte Liegezeiten, Transportzeiten etc., bei den Arbeitsgängen von Arbeitsgang 1 zu Arbeitsgang 2 usw., zu großzügig ausgelegt</td><td>z. B. 2 AT x 6 Arbeitsgänge = 12 AT Liegezeit</td><td>bei 0,5 AT ergibt dies bei 6 Arbeitsgängen = 3 AT</td></tr>
<tr><td colspan="2">Durchlaufzeiten sind 1-schichtig hinterlegt / berechnet, Firma arbeitet aber 2-schichtig, also 50 % Reserve in der DLZ hinterlegt, Berechnungsbasis (te x m) + tr</td><td>1-schichtig 5 AT</td><td>2-schichtig 2,5 AT</td></tr>
<tr><td colspan="2">Summe Zeitreserve</td><td>43 AT</td><td>11 AT</td></tr>
<tr><td colspan="2">Dies ist gleichbedeutend mit einem zu frühen Materialeingang für Rohmaterial (unterste Lagerstufe) von</td><td colspan="2">32 Tage</td></tr>
</table>

Diese Optimierung, in Verbindung mit einer verbesserten Produktions- und Fertigungssteuerung, reduziert zudem das Working Capital im Unternehmen wesentlich.

Schemadarstellung: Geld- und Wertefluss **ALT** und **ZUKÜNFTIG NEU** für ein mehrstufiges Produkt

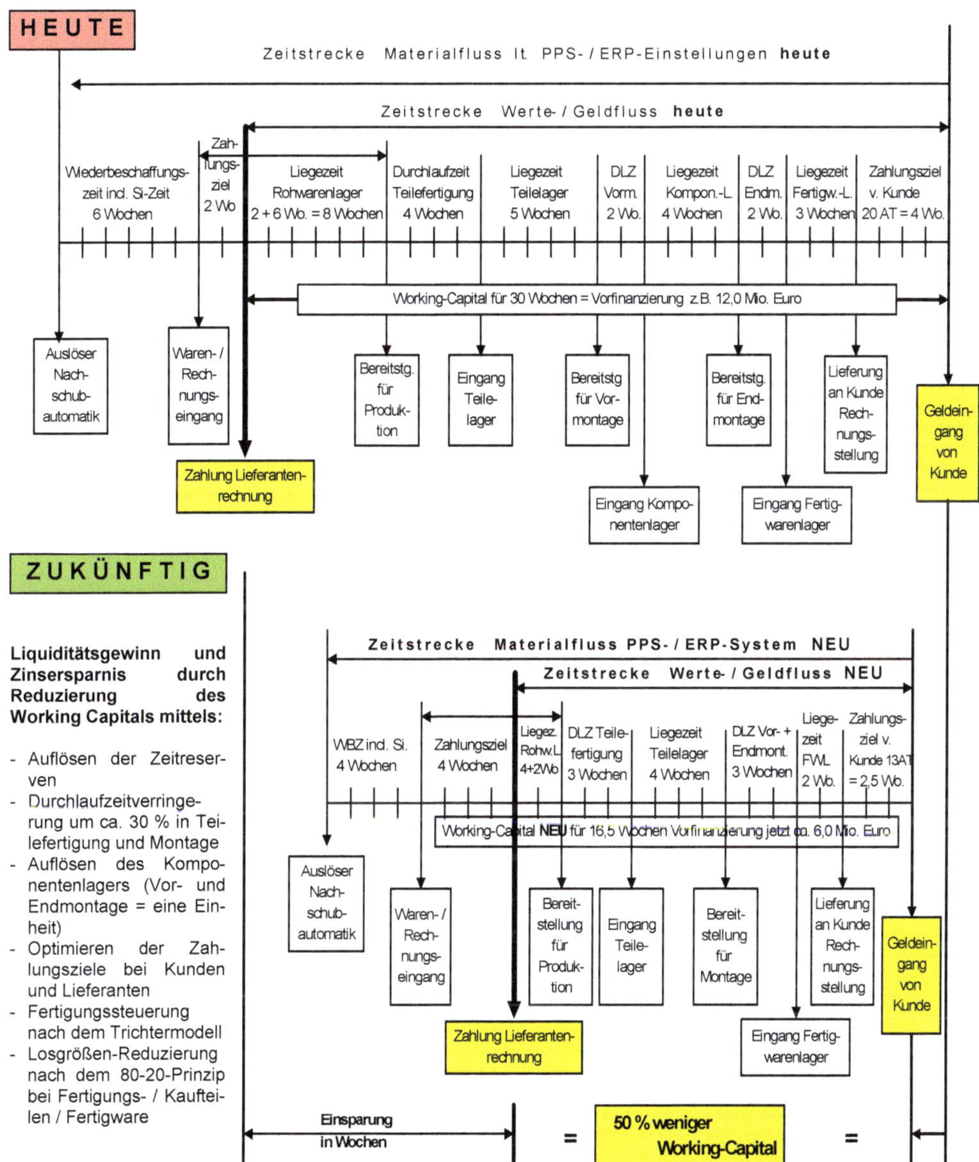

4.3 Zusammenfassung der Teile-Stammdaten nach Teileart A- / B- / C- und X- / Y- / Z-Regelungen zu einer Dispo-Vorgabe / Richtlinie

Aus den beschriebenen Kriterien ergibt sich somit für alle an Disposition, Beschaffung und Lagerhaltung folgende Dispo-Richtlinie nach Teileart, die eine Sicherstellung der Materialverfügbarkeit auf niederster Bestandshöhe, bei gleichzeitiger hoher Flexibilität und Lieferfähigkeit zum Kunden gewährleistet.

Bild 4.1: *Festlegung der Dispositionsregeln / Stammdaten und Zusatz Dispo-Kennzeichen*

Wertigkeit	Wiederholteil / -material ① (X) Abrufaufträge möglich	Abrufaufträge <u>nicht</u> möglich	② (Y) Sonderteil für 1 Kunde oder nur für 1 Artikel	③ (Z) Reines Sonderteil	④ (ZZ) Ersatzteil
	Plangesteuerte Dispo / echte Aufträge dagegenf.		Gemäß Liefereinteilung	Rein auftragsbezogen	Verbrauchsgesteuert
A	Menge lt. Abstimmung mit Vertrieb Monat → 1 2 3 4 wöchentliche Abstimmung mit echtem Bedarf (atmen) <u>Mindestbestand:</u> max. 5 AT	Feste Bestellmenge (maximal für Reichweite z. B. 1 Monat) <u>Mindestbestand:</u> Mit Servicegrad 96 %	In Abstimmung mit Vertrieb festzulegen Reichweite maximal 1 - 2 Monate	Reine Auftragsmenge + _____ % für Ausschussanteil	Lt. vorgegebener Drehzahl und zugesagter Lieferzeit in Stunden oder Tage abhängig (was ist gewollt)
	Bedarfsgesteuerte Disposition				
B	Bedarf für maximal 2 Monate Reichweite $\frac{\text{Bestellm.+Best.}}{\text{Ø-Verbr./Mo.}} = \_\_\_$ <u>Mindestbestand:</u> Max. 10 AT	Feste Bestellmenge (maximal für Reichweite z. B. 2 Monate) <u>Mindestbestand:</u> Mit Servicegrad 98 %			
	Verbrauchsgesteuerte Disposition				
C	Nach wirtschaftl. Losgröße: $\sqrt{\frac{200 \times m \times EK}{P \times HK}}$ <u>Mindestbestand:</u> max. 100 % des Verbrauches während der WBZ	Feste Bestellmenge (maximal für Reichweite z. B. 5-6 Monate) <u>Mindestbestand:</u> Mit Servicegrad 99,9 %	<u>Mindestbestand:</u> 0	<u>Mindestbestand:</u> 0	<u>Mindestbestand</u> mit Servicegrad je nach Funktionserfüllung 95 - 99,9 %
D	**KANBAN-TEILE** KANBAN-Menge	KANBAN nur sinnvoll, wenn Teil ohne Index-Änderung länger als ein Jahr in Verwendung und öfter als 6 bis 8 mal pro Jahr benötigt wird		KANBAN <u>nicht</u> anwendbar	KANBAN <u>eventuell</u> anwendbar
E	**Supply-Chain- / C-Teile-Management** **Automatische Nachschubautomatik** Es gibt keine Bestellmenge, da Lieferant automatisch (wöchentlich / täglich) gemäß echtem Verbrauch (von sich aus) auffüllt / nachliefert				

4.4 Auswirkungen der Aktivitäten / Stammdateneinstellungen auf das Unternehmen / die Kunden

Das Ergebnis der Aktivitäten lässt sich in einer Benchmark-Tabelle[1] darstellen

Kennzahl	Bestes Unternehmen	Ø der untersuchten Unternehmen	Schlechtestes Unternehmen
	Kosten in % von Gesamtkosten		
Beschaffungs- / Lagerungs- / Wareneingangs- und Bereitstellkosten	0,4 %	2,6 %	5,7 %
Bestandskosten	0,2 %	1,4 %	3,5 %
Abwertungs- / Verschrottungskosten	0,0 %	0,4 %	0,9 %
Bestandsreichweite in Arbeitstagen [1]	5,0 Tage	50,0 Tage	256 Tage
Liefertreue, bezogen auf den bestätigten Termin	98 %	75 %	28 %

[1] *Quelle: Siemens AG, ELC, HuZ*

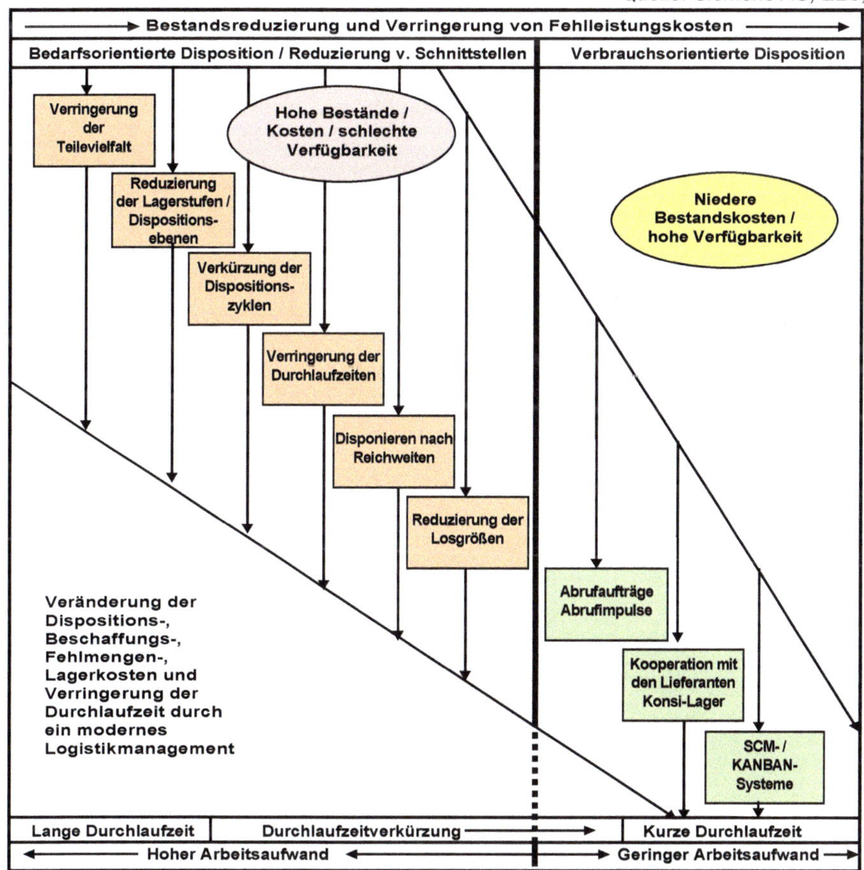

4.5 Möglichkeiten und Grenzen des IT-Einsatzes

Aufbauend auf der Wirkungsweise von PPS- / ERP- / MES-Systemen und deren Zielsetzung bietet die Informationstechnik erfolgversprechende Einsatzmöglichkeiten in den komplizierten Abläufen, umfangreichen Datenmengen und langen Bearbeitungsfolgen. Die maschinellen Hilfsmittel geben die Möglichkeit, die vielfältigen Einflussfaktoren genau zu analysieren, die Abrechnungsmethoden zu verfeinern, komplizierte Zusammenhänge zu beherrschen, die Informationsbeschaffung zu beschleunigen und mittels ERP-Systemen gegenseitig (Kunde / Lieferant) auf die Bestands- / Bedarfs- und, wenn gewollt, auf die Auftragsfortschrittsdaten zugreifen zu können.

Eine manuelle Verfahrensweise kann diesem Erfordernis, in Betrieben mit vielen Erzeugnissen und Ausgangsmaterialien, auf Dauer nicht gerecht werden.

Der Einsatz von PPS- / ERP- / SCM-Systemen ermöglicht also exaktere Informationen zu gewinnen und damit den Ungewissheitsgrad der Planung einzuschränken. Die Informationstechnik ist ein Instrument, die quantitativen und qualitativen Probleme der Disposition / Planung / Steuerung besser in den Griff zu bekommen, eine Vielzahl von Fehlerquellen auszuschalten und die Entscheidungsfindung zu beschleunigen und zu verbessern.

Da sich die täglich neu zu fällenden Entscheidungen unmittelbar auf die Kosten- und Ertragslage eines Unternehmens auswirken, kann der Wert solcher methodischer Verbesserungen in der Disposition, Planung und Steuerung, wie sie sich in der IT-Abwicklung anbietet, in Verbindung mit einer angepassten Organisationsform, nicht hoch genug angesetzt werden.

An passenden IT-Systemen jeder Größenordnung, auch für die kleineren Unternehmen, ist heute auf dem Markt kein Mangel mehr. Meist dreht sich alles darum, ein Standard-Softwarepaket zu finden, das die Anforderungen des Unternehmens abdeckt und preislich in einem tragbaren Rahmen liegt.

Das ideale Instrument hierzu, ist der alle zwei Jahre neu auf den Markt kommende *MARKTSPIEGEL BUSINESS SOFTWARE ERP / PPS- / MES-Systeme 2019 / 2020*, nachfolgend abgebildet.

4.5.1 Marktspiegel ERP / PPS / MES Business Software / Daten- und Informationsqualität

Unternehmen nutzen ihr ERP- / PPS-System viele Jahre unverändert. Zwar werden neue Tools eingesetzt, wie werden aber die betrieblichen oder sonstige Veränderungen, bedingt durch z. B.:

- steigende Variantenvielfalt
- notwendige Verbesserung des Lieferservice / der Liquidität etc.

im System abgebildet?

Dies bedeutet, dass die im Unternehmen eingesetzte Software auf

- neue Abläufe und Prozesse
- Aktualität der Stammdaten
- das Datenmanagement, bzw. wie wird das ERP- / PPS- / MES-System grundsätzlich genutzt?

analysiert und gegebenenfalls optimiert werden muss. Die Nutzer müssen entsprechend geschult werden.

Welche ERP- / PPS- / MES-Strategie soll gefahren werden, damit u. a. eine Steigerung der Effizienz und eine Erhöhung der Anwendermotivation bezüglich Systemunterstützung erreicht und Fehlentwicklungen vermieden werden können.

Unternehmensprozesse und schnelle Informationsflüsse

Viele Verbesserungen können selbstverständlich auch durch Veränderungen im Organisationsaufbau und in der Ablauforganisation, innerhalb des gesamten Auftragsdurchlaufes, erreicht werden, die mit der Nutzung / den Einstellungen im System nichts zu tun haben.

Nach welchen Denk- und Organisationsgrundsätzen wird im Unternehmen gearbeitet?

Auf diese Unterscheidungen wurde in den Beschreibungen der Inhalte sehr viel Wert gelegt (Standortbestimmung). Die Umsetzungsprozesse müssen deshalb kurz- und mittelfristig, je nach Stand des Unternehmens, eingeleitet werden.

Marktspiegel ERP / PPS / MES Business Software / Daten- und Informationsqualität

Ein optimales Hilfsmittel zur Beurteilung „*Wie gut ist Ihr ERP- / PPS- / MES-System, bzw. wie wird es genutzt?*“ zeigt Ihnen der alle ca. zwei Jahre neu erscheinende **Marktspiegel Business Software ERP / PPS, bzw. MES-Fertigungssteuerungssysteme**

Diese Marktspiegel bieten einen umfassenden Überblick über den Softwaremarkt im deutschsprachigen Raum.
Dabei werden nicht nur die aktuell auf dem Markt verfügbaren Lösungen dargestellt und analysiert, sondern auch die Trends von morgen aufgezeigt und bewertet.
Die einzelnen Bände bieten insbesondere in Verbindung mit der Auswahl- und Ausschreibungsplattform www.it-matchmaker.com fundierte Hilfestellung bei der Auswahl der Business Software.

Mit diesen Marktspiegeln knüpft die Trovarit AG an die Tradition des „Aachener Marktspiegel des Forschungsinstituts für Rationalisierung e. V.“ an der RWTH Aachen an.
Für eine hohe Qualität und Praxisrelevanz der Marktinformationen garantieren nicht zuletzt die zahlreichen unabhängigen Software- und Marktexperten, die bei der Erstellung und Aktualisierung der einzelnen Bände mitwirken.

Das laufend aktualisierte Angebot an Marktspiegeln kann im Internet unter www.trovarit.com abgerufen werden.

Aktuelle Bände sind z. Zt., Ausgabe 2019 - 2020:

- Supply-Chain-Management
- ERP- / PPS-Marktspiegel
- ERP-Warenwirtschafssysteme
- MES-Fertigungssteuerungssysteme
- ECM- / DMS-Business-Systeme
- PLM- / PDM-Systeme
- CRM-Systeme

Der Marktspiegel „Business Software – ERP/PPS 2019/2020“ gibt einen umfassenden Überblick über den Markt für ERP-Systeme (Enterprise Resource Planning) im deutschsprachigen Raum. Dabei werden nicht nur die derzeitigen Angebote analysiert, sondern auch die Trends von morgen aufgezeigt und bewertet.

Der Marktspiegel basiert auf der einzigartigen Datenbasis des IT-Matchmaker® (www.it-matchmaker.com) und bietet Anwendern Orientierung und Hilfestellung bei der Auswahl von ERP/PPS-Systemen.

E-Mail: info@fir.rwth-aachen.de   http://www.fir.rwth-aachen.de/

Telefon: ++49/241/47705-100   Telefax: ++49/241/47705-199

ISBN: 978-3-938102-51-0

Preis: € 350,- (zzgl. MwSt. und Versand)

Der „Marktspiegel Business Software - MES/Fertigungssteuerung 2019/2020“, der zur Hannover Messe vom Trovarit Cempetence Center MES in Zusammenarbeit mit dem langjährigen Partner Fraunhofer Institut Produktionstechnik und Automatisierung (IPA) und den VDI herausgegeben wird, untersucht das Angebot der derzeit am deutschen Markt verfügbaren MES. Er bietet daher eine ideale Marktübersicht für MES-Interessenten und -Anwender. Zudem werden die untersuchten MES im Hinblick auf die Unterstützung im Produktionsmanagement bewertet und konkrete Hilfestellungen für die Durchführung eines MES-Auswahlprojektes gegeben.

ISBN: 978-3-938102-47-3

Preis: € 300,- (zzgl. MwSt. und Versand)

„Im Einkauf wird die Basis für eine Just-in-Time-Fertigung gelegt".

Durch Verbesserung des Informations- und Materialflusses

Kosten minimieren - Leistung maximieren (intern und extern)

DESHALB

Abbau zeitraubender, operativer Routinetätigkeiten im Einkauf – Steigerung strategischer, gewinnbringender Einkaufstätigkeiten

ALSO

OPTIMIEREN DER ZUSAMMENARBEIT EINKAUF – LIEFERANT – LAGER

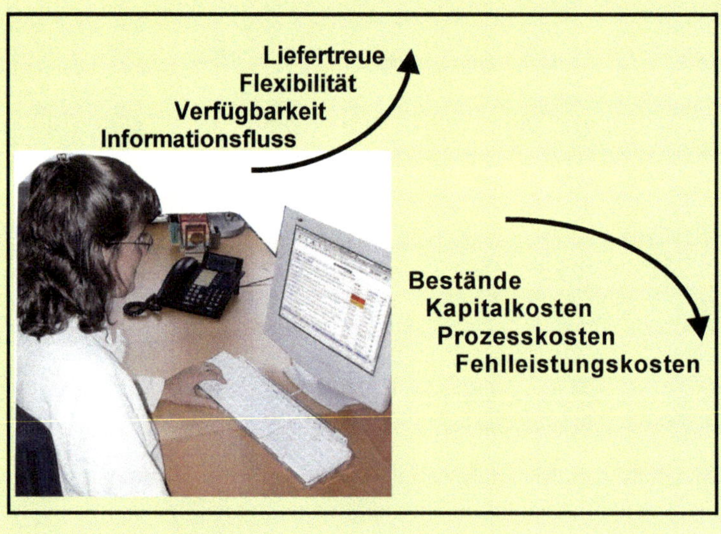

5.1 Aufgaben des Einkaufs

Der Einkauf ist verantwortlich für eine wirksame Zusammenfassung aller Einkaufsaufgaben der Materialwirtschaft, unter Berücksichtigung der Einkaufspolitik, der Preis- und Terminziele, des Einkaufsbudgets und seiner Berichtsauflagen. Seine Tätigkeit erstreckt sich auf das Einkaufsvolumen für die einzelnen Produkte, auf den Einkauf der Produktionsmittel, Transportmittel usw., sowie auf den allgemeinen Einkaufsbedarf und auf die Anlieferung bezüglich Kapazitäts- und Absatzmöglichkeiten des Unternehmens. Er ist für alle Kosten verantwortlich, von Beschaffung, bis die Ware am Lager / am verarbeitenden Arbeitsbereich liegt.

Dem Einkauf kommt somit wesentliche Bedeutung in der Materialwirtschaft zu, wobei hier durch entsprechende Einkaufspolitik und Strategie oft noch erhebliche Beträge einzusparen sind. Je nach Unternehmen laufen durch den Einkauf zwischen 20 % und 60 % der Geldwerte, gemessen am Jahresumsatz.

5.1.1 Aufgaben / Ziele des Einkaufs – Konventionelle Betrachtungsweise

Seine Aufgabenstellung soll nachfolgend in den Schwerpunktbereichen stichpunktartig dargestellt werden (**konventionelle Betrachtungsweise**).

A) Sicherung der langfristigen Materialversorgung des Unternehmens durch Abschluss langfristiger Lieferungsverträge synchron zur langfristigen Unternehmens-Erzeugnis-Strategie (Einkaufsplanung).

B) Auswahl geeigneter Lieferanten, Angebotsvergleiche, deren Zahl sich nach der Bedeutung des Kaufobjektes richtet. ANFRAGEN / NEUTEILE BESCHAFFEN / EINKAUFSMARKTFORSCHUNG.

C) Marktbeobachtung hinsichtlich der Preise, Lieferzeiten, Konditionen usw., Rückmeldung an Materialstelle - AV / Dispo

D) Bestellschreibung unter Beachtung[1)]

- **a)** der wirtschaftlichen Bestellmengen (laut Dispo-Vorgaben) und
- **b)** dass alle Punkte für eine funktionsmäßige richtige Belieferung zu günstigsten Konditionen sichergestellt sind.
  Alle Aufträge von A- und B-Teilen müssen einwandfrei bestätigt werden.
- **c)** Verwalten von Rahmen- / Abrufbestellungen[1)]

E) Terminüberwachung der laufenden Bestellung / Mahnwesen[1)]
Merke: Je kürzer die Reichweite, je höher die Dringlichkeit der Lieferung

F) Der Einkauf hat über die Wareneingangskontrolle zu sorgen, dass alle eingehenden[1)] Waren ohne Verzug nach Menge und Beschaffenheit überprüft werden

G) Rechnungsprüfung (der Zahlungsverkehr erfolgt durch die Finanzbuchhaltung), incl. Kontieren

H) Reklamationsbearbeitung

[1)] oder Disponent / Beschaffer, wenn strategischer Einkauf eingerichtet ist

I) Führen von Einkaufsmaterial oder Teile-Stammdateien, ausgebildet als Lieferanten- und Preisvergleichsdateien, entweder manuell oder besser über entsprechende IT-Programme
ARTIKELDOKUMENTATION / LIEFERANTENDOKUMENTATION

K) Führen eines Nachweises der jährlichen Einkaufserfolge gegenüber der Geschäftsleitung. Die Erfolge einer professionellen Einkaufspolitik haben dieselbe hohe Bedeutung, wie das Erreichen des genannten Zieles Bestandssenkung

L) Pflege der Wiederbeschaffungszeiten, sofortige Meldung von Lieferzeitveränderungen an Disponenten bzw. Änderung der Stammdaten im IT-System.

M) Auswahl von Hauptlieferanten nach einer Beurteilungsmatrix mit folgenden Kriterien

- Preis
- Qualität
- Liefertreue
- Helfer in der Not
- Zahlungskonditionen
- Bereitschaft der Vorratshaltung

(Siehe auch nachfolgende „Checkliste Lieferantenbeurteilung").

N) Partnerschaftliche Zusammenarbeit mit den Lieferanten
Dieser Punkt hat in der Materialwirtschaft in Bezug auf Just-in-time-Lieferung wesentlichen Einfluss und beinhaltet folgende Einzelkriterien:

- Abschluss von Rahmenverträgen, Abstimmung der Rationalisierung und Qualitätsverbesserung und ein flexibles Abrufsystem ermöglichen geringe Materialbestände und kürzere Lieferzeiten
- In welchem Rahmen kann der Lieferant die Lagerhaltung für uns übernehmen?
- Um dies zu gewährleisten, sollten folgende Fragen beantwortet werden:
  - Wählen wir unseren Lieferanten richtig aus?
  - Beziehen wir die Lieferanten genug in die Verantwortung ein?
  - Bekommt der Lieferant alle Informationen, die er benötigt (Technik, Mengen / Termine, Bedarfsvorschau)?
  - Fordern wir den Lieferanten genügend in Bezug auf Lieferzeit, Liefertreue, Qualität?

Hier liegt heute eine der Hauptaufgaben des Einkaufes, bzw. der Disposition in Bezug auf Just-in-time-Verwirklichung. Wobei in einem schlanken Unternehmen aus obigen Gründen und aus Verkürzung der Durchlaufzeiten, sowie Abbau von Geschäftsvorgängen und Schnittstellen heute die Einkaufstätigkeiten aufgeteilt werden, in eine

a) operative Tätigkeit = Beschaffen und

b) strategische Tätigkeit = Auswahl und Pflege von Hauptlieferanten.

a) wird dem Disponenten zugeordnet, b) wird die Haupttätigkeit des Einkaufes.

5.2 Aufgaben, Ziele des Einkaufs in einer bestandsminimierten Material- und Lagerwirtschaft heute

Wenn Ihre Kunden auch die Bestände senken, dann bestellen Sie bei Ihnen später, kleinere Mengen und unregelmäßiger. Die Bedarfsschwankungen werden größer. Auch Planmengen Ihrer Kunden sind immer weniger glaubhaft. Größere Abweichungen ± zwischen Planmenge und *„was wird tatsächlich abgenommen"*, bzw. was muss das Unternehmen kurzfristig produzieren / liefern, werden die Regel.

Die Beschaffungslogistik, der Einkauf hat somit die Aufgabe, eine wirksame Harmonisierung der Beschaffung lieferantenseitig zu den internen Bedarfsempfängen, kosten- und terminorientiert, zu realisieren. Um diese Herausforderung *„maximale Verfügbarkeit bei minimalen Kosten"* zu bewältigen, wird der Einkauf aufgeteilt in einen

- operativen Einkauf, das eigentliche Disponieren und Beschaffen (siehe Abschnitt „Der Disponent wird Beschaffer)

und

- strategischen Einkauf (neue Lieferanten, Beschaffungs- / Lieferstrategien, Preisverhandlungen, Neuteile beschaffen etc.)

Die Qualität der Beschaffungslogistik entscheidet wesentlich über Bestands-, Lager-, Prozess-, Fehlleistungskosten und Lieferfähigkeit.

Bild 5.1: *Prozentuale Verteilung der Tätigkeiten im Einkauf, heute bzw. zukünftig* UND *Gewinnbringende, strategische Einkaufsarbeit und zeitraubende, operative Routinearbeiten*

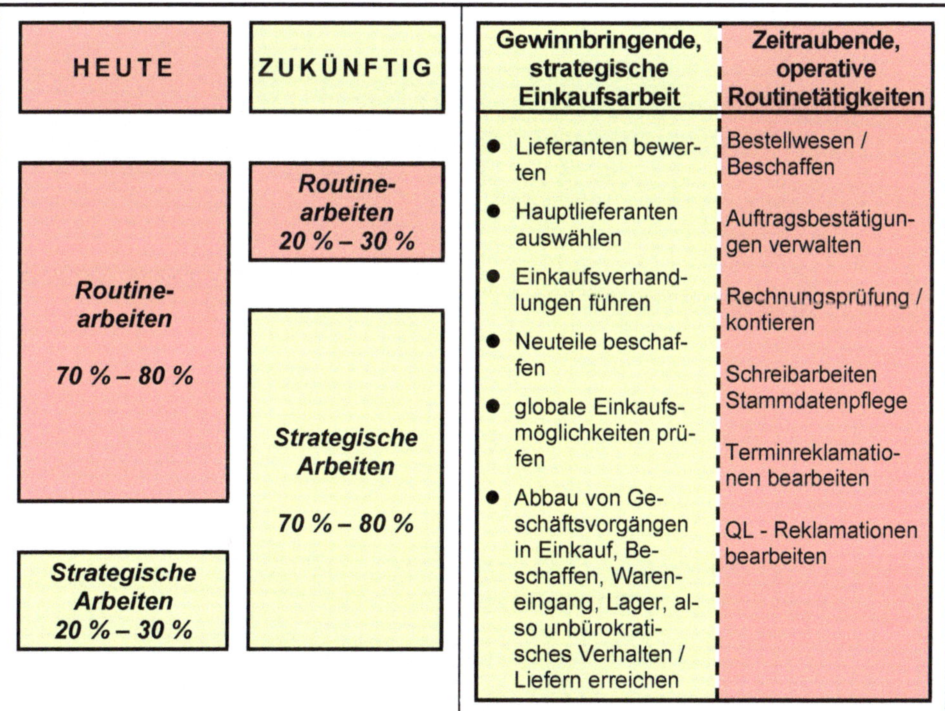

Somit besteht die Hauptaufgabe der Beschaffungslogistik in:

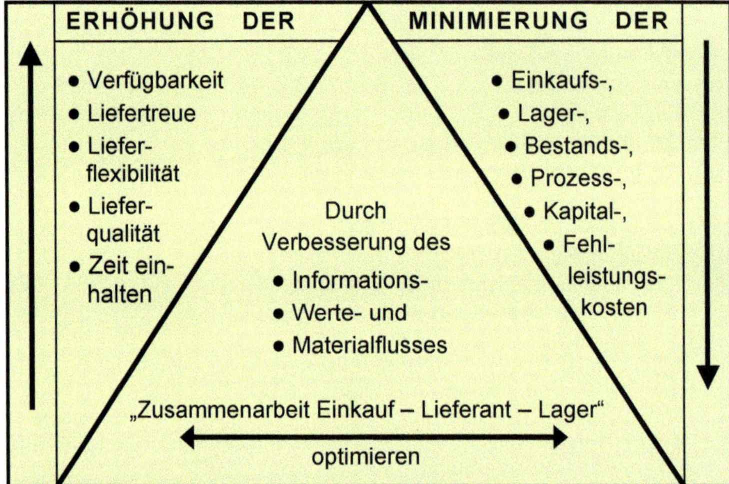

Was sich in folgenden Einkaufszielen / Arbeitsvorgaben niederschlägt:

- Beschaffungsmarktforschung
- Versorgungssicherheit sicherstellen / Risikomanagement
- die Anzahl Lieferanten jährlich zu reduzieren / Liefertreue erhöhen
- die Anzahl Einzelbestellungen zu reduzieren / Anzahl Abrufe erhöhen
- die Anzahl Lieferanten, die für uns Vorräte halten / die selbst abladen, jährlich zu erhöhen
- das KANBAN-System jährlich auszuweiten / Bestandsreduzierung
- Lieferanten, bei denen wir nur C- oder D-Kunde sind, völlig auszuscheiden (optimale QL und Termintreue ist ausschlaggebend)
- einen jährlichen Einkaufserfolg von X € zu erzielen (Einkaufserfolg zu theoretischem Warenkorb)
- Gemeinkosten / Logistikkosten / -prozesse permanent zu reduzieren
- Komponenten / Liefersets = fiktive Baugruppen einzukaufen (Systemlösungen)
- Kosten pro Bestellung / pro Lieferant zu reduzieren[1)]
- Kosten pro Wareneingang zu reduzieren
- Senken der durchschnittlichen Lieferzeit
- Senken der durchschnittlichen Anzahl Reklamationen / Rücklieferungen

Und, was häufig nicht bedacht wird:

- **Der Einkauf ist nicht nur für den Preis und die entstehenden Lagerkosten verantwortlich, sondern auch für alle weiter entstehenden Kosten, bis die Ware im Lager eingelagert, zugebucht, bezahlt[1)] und bis die Ware am Arbeitsplatz bereitgestellt ist.**

[1)] z. B. Sammelrechnungen nach Kostenrechnungsgesichtspunkten gegliedert

Was in folgenden Einkaufs- / Beschaffungsgrundsätzen mündet:

1.) Die Kosten für die Beschaffung / Handling / Prüfaufwand / Lagerkosten müssen permanent gesenkt werden, z. B. mittels Liefer- und Verpackungsvorschriften, Komponenten / Liefersets / KANBAN- / SCM-Systemen etc.

2.) Bestellungen unter einem Auftragswert von € 250,-- sind zu vermeiden

3.) Die Entwicklung des Einkaufs- / Liefervolumens (Obligo) wird ständig überwacht, darf z. B. pro Woche 30 %[1)] vom Umsatz nicht überschreiten. Teurere Artikel / Komponenten in Absprache mit Betriebsleitung verschieben, wenn erst später benötigt, weil ...

4.) Preiserhöhungen, Liefereinschränkungen, z. B. bezüglich Verpackungsvorschriften, sind mit allen Mitteln zu verhindern / Darstellung des jährlichen Einkaufserfolges

5.) Permanente Lieferantenbewertung und Bestimmung „*Wer ist Hauptlieferant?*"

6.) Für jeden Hauptlieferanten muss mindestens ein zweiter Unterlieferant vorhanden sein, der gezielt Aufträge erhält

7.) Ständig nach weiteren leistungsstarken Lieferanten suchen, insbesondere bei Monopolisten

8.) Bei Lieferreklamationen, Ware für A-Kunde oder hohen Deckungsbeiträgen, bzw. kurzen Reichweiten mit höchster Priorität behandeln

9.) Mittels Lieferantenanforderungsprofil Erkenntnisse / Konsequenzen ziehen, z. B. bei 5 AT Lieferverzug entspricht dies einer Preisminderung von - 10 % o. ä.

10.) Einrichten eines Supply-Chain-Managementsystems in der Warenwirtschaft, durch die Bereitstellung von ONLINE-Bestandsplattformen durch die Lieferanten

U N D

11.) Durch permanentes ***LIEFERANTENMANAGEMENT*** eine permanente Verbesserung von Qualität, Service in Produktion, Technik und Belieferung zu erreichen

[1)] %-Zahl hängt von %-Anteil Wareneinkauf zu Umsatz ab

5.2.1 Operative / strategische Einkaufsarbeit

In einem schlanken, zukunftsorientiert geführten Unternehmen werden die Einkaufstätigkeiten deshalb wie folgt neu organisiert:

Die Einkaufsarbeit wird aufgeteilt in eine

a) operative Tätigkeit

b) strategische Tätigkeit.

Operative Einkaufstätigkeit

Unter operativer Einkaufstätigkeit versteht man das Beschaffen. Diese Tätigkeit wird im Auftragsabwicklungszentrum / dem Produktions- / Führungsteams / dem jeweils zuständigen Disponenten (gegliedert nach z. B. Artikel- / Produktgruppen) übertragen mit dem Ziel, die gesamte Auftragsabwicklung weiter zu beschleunigen.

Voraussetzung ist:

Der Einkauf hat im Rahmen seiner strategischen Arbeit

a) den Hauptlieferant

b) den Preis (mit Gültigkeitsdatum)

c) die Wiederbeschaffungszeit

bestimmt.

So kann der Beschaffungsvorgang schnell und unkompliziert, z. B. per Fax, Mail oder KANBAN-Karte, direkt vom Disponent oder Lagerist durchgeführt werden.

Strategische Einkaufstätigkeit

Die eigentliche Einkaufsarbeit bezieht sich somit auf die so bedeutende Arbeit

den jeweiligen Top-Lieferanten in Bezug auf Preis, kurze Lieferzeit, Qualität und Termintreue zu finden,

was bedeutet:

Um ein Unternehmen flexibel zu gestalten / zu organisieren, müssen bei wachsender Variantenvielfalt fertige Komponenten eingekauft werden, da die Artikel im Sortiment erhalten bleiben müssen. Grund: Trotz hoher Flexibilität und Variantenvielfalt müssen Gemeinkosten gesenkt und die hohe Anzahl von Geschäftsvorgängen reduziert werden.

Ziel: **100 % Kundenorientierung muss erhalten bleiben bzw. noch gestärkt werden.**

Die Beschaffungspolitik spielt somit bei der Lieferantenauswahl

a) für neue Teile / Komponenten

b) neue Lieferanten grundsätzlich

eine entscheidende Rolle.

Deshalb gilt:

- bei technisch sehr anspruchsvollen Teilen
- bei Teilen mit hohen Werkzeugkosten } Zeichnungsteile /
- bei größerem Entwicklungsaufwand } A-Teile

den **TOP-LIEFERANTEN** in Bezug auf Preis, Qualität und Termintreue zu haben,

- bei Standardteilen
- bei Teilen mit sehr großen Stückzahlen
- bei interessanten Perspektiven in Bezug auf z. B.
  - Währungssituation
  - Lohnniveau
- Rohmaterialpreisen

das **GLOBALE EINKAUFEN** mit dem Ziel abgestimmte Qualität / Termintreue mit entsprechenden Logistiklösungen / Versorgungslösungen über z. B. Zwischenläger, wenn die Entfernungen zu groß sind, anzustreben.

Ziele der Beschaffung

Wobei die wichtigsten Ziele der Beschaffung grundsätzlich sein müssen:

- *Optimale Qualität und Termintreue / Umschlagshäufigkeit / Versorgungssicherheit*
- *Alle Teile auf dem richtigen Beschaffungsmarkt, beim richtigen Lieferanten kaufen*
- *Durch permanentes **LIEFERANTENMANAGEMENT** eine permanente Verbesserung von Qualität, Service in Produktion, Technik und Belieferung zu erreichen*
  - *Systematische Lieferantenauswahl und -bewertung, u. a. mittels Lieferanten-Anforderungsprofil*
  - *Optimieren der Lieferantenanzahl, Lieferantenauszeichnung und -partnerschaften, Lieferanten-Tage*
  - *Lieferantenauditierung, Optimierung der Lieferantenkommunikation, -integration*
  - *Materialgruppenmanagement / Liefersets (fiktive Baugruppen)*
  - *Permanente Prozessoptimierung und Lieferzeitreduzierung*

Preisreduzierung gelungen – Lieferant tot

So bringt es Prof. Dr. Horst Wildemann, Inhaber des Lehrstuhls BWL / Logistik an der TU-München, auf den Punkt. Somit wird bezüglich Prozesse minimieren in den Liefer- und Abwicklungsprozessen zu einer partnerschaftlichen Strategie geraten, die Win-win-Möglichkeiten für beide Partner schaffen[1)].

5.2.2 Lieferantenauswahl und -bewertung

Vor Auftragsvergabe muss die Überzeugung vorhanden sein, dass der Lieferant auf Grund seiner Einrichtung / Produktionsmöglichkeiten, seines Know-hows, seiner QS-Maßnahmen, seines Angebots und seines Willens für eine partnerschaftliche Zusammenarbeit, der richtige Lieferant für uns ist.

Daher bietet sich folgender Ablauf der Lieferantenauswahl bis zu Freigabe an:

- Anfrage
- Angebotsauswertung

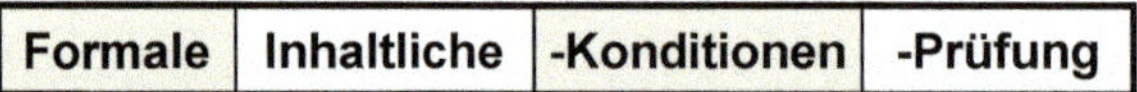

Formale	Inhaltliche	-Konditionen	-Prüfung

- Gespräche / Besuch beim Lieferanten mit Audit / zertifiziert nach welchem QS-System (abhängig von der Anforderung an die entsprechenden Teile, z. B. Kapazität, Erfahrung, Know-how F + E, Anbindung ... / Entfernung, Lagerkapazität, Versorgungssicherheit)
- Wie sieht das Kundenspektrum unseres evtl. neuen Lieferanten aus? In Bezug auf

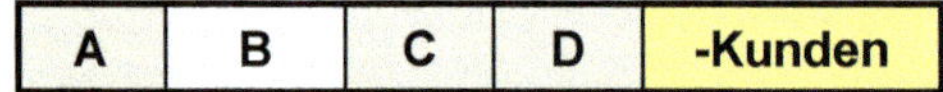

A	B	C	D	-Kunden

- Wie ist die Umweltzertifizierung des Lieferanten sichergestellt?

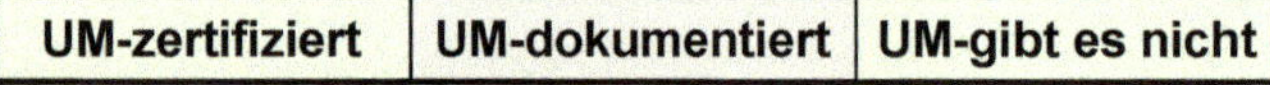

UM-zertifiziert	UM-dokumentiert	UM-gibt es nicht

- Entscheidung über Musterauftrag
- Erstellung Prüf- und Liefervorschrift
- Bemusterung
- Freigabetests, technisch
- Nutzwertanalyse Preis, Lieferzeit, Qualität, Fertigungsverfahren, technisches und fachliches Niveau des Lieferanten
- Freigabe / Serienauftrag

1) aus Zeitschrift „Der Betriebsleiter“ 3/2014

Nutzwertanalyse als Hilfsmittel zur letztendlichen Auswahl der Angebote

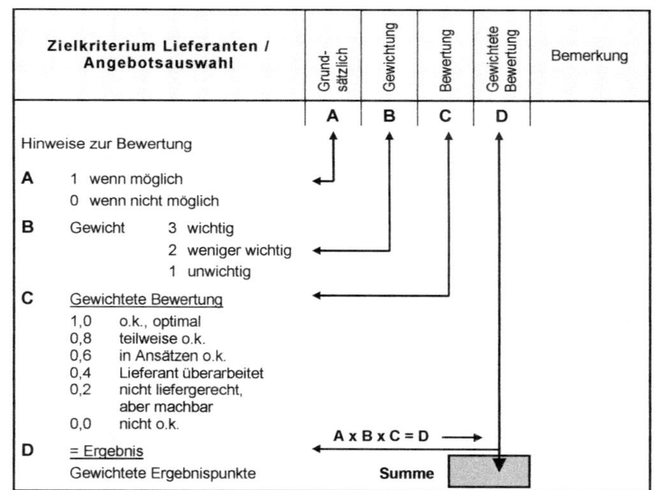

Hilfsfragen zur Bewertung der Angebote nach

- Technischem Teil
- Kommerziellem Teil
- Techn. Know-how
- Versorgungssicherheit

	Lieferant / Angebot		
	1	2	3
Sicherstellung Qualität / Reaktionszeit bei n.i.O.-Lieferung			
Lieferzeit in Tagen / Flexibilität			
Preise / Konditionen, Preisreduktionsmöglichkeit p.a.			
Sicherstellung Lieferung / Liefertreue, wir sind A-, B-, C-, D-Kunde			
Bereitschaft zur Vorratshaltung, KANBAN / SCM-System			
Zusammenarbeit / Kommunikation / Produktentwicklung			
Branchen- / Logistikprozess-Erfahrung			
Ausbildungsniveau Mitarbeiter / Techn. Ausstattung / Know-how			
Verkehrsanbindung / Zoll			
Umweltqualifizierung			
Finanzkraft / Bonität			
Gesamt-Punkte			

Das Angebot / der Lieferant mit dem höchsten Nutzwert gemäß gewichteter Ergebnispunkte wird gewählt. Die nachfolgend aufgeführten Informationen kann man im Internet ggf. auf der Homepage, oder via Lieferantenauskunft direkt durch Nachfrage einholen.

	JA	Nicht zutreffend / Nein	Bemerkungen / Informationen
Nach welchen Normen ist Ihr Unternehmen zertifiziert?			
IATF 16949 *(wenn nein ist die Zertifizierung geplant?)*	☐	☐	
DIN EN 9001:2008 *(ggf. 9001:2015)*	☐	☐	
ISO 14001:2009 *(ggf. 14001:2015)*	☐	☒	
BS OHSAS 18001 *(ggf. ISO 45001)*	☐	☐	
weitere Zertifizierungen *(ggf. Luft & Raumfahrt, Medizintechnik)*	☐	☐	
Angaben zur Mitarbeiteranzahl			
Anzahl MA gesamt:	☐	☐	
Anzahl MA Produktion / Fertigung:	☐	☐	
Anzahl MA Qualitätssicherung	☐	☐	
Produktportfolio			
Jahresumsatz:	☐	☐	
Kundenreferenzen (Firmennamen)	☐	☐	
ppm- Ziel für ähnliche Produkte:	☐	☐	
Automotiverfahrung:	☐	☐	
Eigenständige Entwicklung	☐	☐	
Messtechnik			
Welche Messtechniken / Messmaschinen haben Sie im Einsatz?	☐	☐	• • • • • •
Produktbezogene Angaben			
Bisherige Produkte an uns:	☐	☐	
Herstellung von Sicherheitsrelevanten Bauteilen?	☐	☐	
Produkte aus Eigenentwicklung *(lt. ISO / TS 16949 Pkt. 7.3)*	☐	☐	
Angaben zu Versicherungen			
Besteht eine Betriebshaftpflichtversicherung (BHV)?	☐	☐	Versicherungssumme:
Beinhaltet Ihre BHV eine erweiterte Produkthaftpflicht- und eine Produkterückrufkostenversicherung für Rückrufe aus in Verkehr gebrachten Produkten für KFZ mit Personenschadenpotential?	☐	☐	

Kommunikationsmatrix				
Ansprechpartner	**Name, Vorname**	**Funktion / Bereich**	**Telefon**	**E-Mail**
Geschäftsführung				
Vertrieb				
Einkauf				
Qualitätssicherung				
Produktion / Technik				

Welches sind Ihre 3 größten Kunden und welche Art von Produkt liefern Sie?	
Kunde	**Produkte**

Datum, Name, Unterschrift:

Permanente Lieferantenbewertung = Z D F → Zahlen, Daten, Fakten

(Bewertung gemessen an Umsatzgröße)

Eine permanente Lieferantenbewertung ist erforderlich, mit dem Ziel, eine korrekte Einschätzung eines Lieferanten in den Kriterien, z. B.

- Qualität / Preis / Lieferzeit
- Termintreue / Zusammenarbeit
- Bereitschaft zur Vorratshaltung
- Zertifizierungen

} A-Lieferanten alle 12 Monate
B-Lieferanten alle 24 Monate
C-Lieferanten alle 24–36 Monate

zu erhalten, damit entsprechende Maßnahmen zur Verbesserung eingeleitet und für die Zukunft Optimierungen getroffen werden können.

Firma: .... **Tel-Nr.:** .... **FAX-Nr.:** ....
Geschäftsverbindung seit: .... **Ansprechpartner:** ....
Management: ....

	KRITERIEN	Gewichtung	Eigenbew. Lieferant	Punkte	Bewertung Abnehmer	Punkte	Ansätze für Gespräch mit Lieferant	
Qualität	QL-System in Fa.einger.	5						
	Produktqualität	17						
	Q-Absicherung Vormat.	1						
	Q-Sicherstellung in Produktion	5						
	Q-Prüfg.Endkontrolle	1						
	Q-Dokumentation	1						
	Zwischensumme QL	**30**						
Preise/ Konditionen	Preisstabilität	10						
	Wertanalyse-Vorschläge	4						
	Zahlungskonditionen	1						
	Zwischensumme Preise - Konditionen	**15**						
Bereitschaft zur Vorratshaltung	KANBAN-/SCM-Prinzip	6						
	Einlagerung mit Sicherheitsbestand	3						
	Lagerung bei Spedition	5						
	Zwischensumme	**14**						
Lieferungen / Termintreue	Einhaltung Liefertermin	10						
	Einhaltung Menge	5						
	Kennzeichng. Ware und Papiere	3						
	Verpackung / Versand	2						
	Flexibilität/Helfer in Not	5						
	Zwischensumme Lief.	**25**						
Zusammenarbeit insgesamt	Anfragebearbeitung	3						
	Produktentwicklung/ Beratung	3						
	Abwicklg. Reklamationen	2						
	Lieferantenverbund	1						
	Allg. Kommunikation	1						
	Zwischensumme ZA	**10**						
Umweltzertifik.	UM - Zertifiziert	3						
	UM - Dokumentiert	2						
	UM - gibt es nicht	1						
	Zwischensumme UM	**6**						
	Gesamtsumme	**100**						

Das Ergebnis der Auswertungen wird statistisch fortgeschrieben, um die Entwicklung / Trends zu erkennen

Lieferantenbewertung – Mögliche Bewertungskriterien, gemessen an qualitätsrelevanten Merkmalen

1. *Bewertung der Liefertreue*

Es wird zunächst eine Bewertung der Lieferzuverlässigkeit durchgeführt. Dazu werden das bestätigte Datum und das Lieferdatum aus dem ERP-System abgeglichen.

Pünktliche Lieferungen werden mit 100 % bewertet.

Abweichungen führen zu Abzügen gemäß folgender Aufstellung:

4 Tage zu früh:	90 %	Mit diesen Werten werden die Anzahl der Lieferungen gewichtet und die Gesamtzahl ins Verhältnis mit den gesamten Lieferungen pro Jahr gesetzt, dies ergibt so die Liefertreue in Prozent oder Punkten
1 – 4 Tage zu früh:	95 %	
Pünktlich:	**100 %**	
1 – 3 Tage zu spät:	90 %	
4 – 10 Tage zu spät:	80 %	
10 Tage zu spät:	60 %	

2. *Bewertung von Qualität*

Im zweiten Schritt ist eine Auswertung der Reklamationen im Verhältnis zur Anzahl Lieferungen pro Jahr durchzuführen. Hier wird folgender Wert angesetzt:

Anteil Reklamationen an der Anzahl Lieferungen 0 – 0,05 %: 100 Punkte

>	0,05%:	98	Somit ergibt sich eine Qualitätszahl in Punkten
>	0,1 % :	96	
>	0,15%:	94	
>	0,5 %:	92	
>	1,0 %:	89	
>	5,0 %:	80	
>	10 %:	70	

3. *Zertifizierung des Lieferanten*

Die letzte Auswertung bezieht sich auf die vorhandenen Zertifikate Lieferanten.

Hier ergeben sich folgende Punkte:			
IATF 16949:	60	ISO 14001:	20
ISO 90001:	40	BS OHSAS 18001:	15
		ISO 50001:	5

Die Gesamtbewertung resultiert aus den einzelnen Punkten und wird wie folgt gewichtet:

Qualitätszahl:	67 %
Liefertreue:	30 %
Zertifizierung:	3 %

Aus dem Gesamtergebnis ergeben sich folgende Einstufungen:

> 94 %	A-Lieferant
90 - 94 %	AB-Lieferant
80 - 90 %	B-Lieferant
< 80 %	C-Lieferant

Vorgehensweise bei B- und C Lieferanten

- Die B-Lieferanten werden zu entsprechenden Maßnahmen aufgefordert, die Überwachung der Maßnahmenpläne des Lieferanten wird durch den Einkauf durchgeführt. Zusätzlich wird der Lieferant aufgefordert, eine Auflistung der Sonderfahrtkosten an *Fa. XYZ* zur Verfügung zu stellen.
  - Sollte der Maßnahmenplan nicht aussagefähig sein und *Fa. XYZ* die Maßnahmen als nicht zielführend erachten, ist nach Rücksprache mit dem MB IMS oder der QS/QM Leitung ggf. ein Prozessaudit nach VDA 6.3 (P2-P7 oder P5-P7) durchzuführen.
  - Die Abstimmung mit dem Lieferanten übernimmt der EK.
- Ein C- eingestufter Lieferant (< 80 %), wird zunächst für Neuprojekte / Neuaufträge gesperrt. In der Liste der freigegebenen Lieferanten wird der C-Lieferant auf New Business on Hold (NBH) gesetzt. Zusätzlich wird der Lieferant aufgefordert, eine Auflistung der Sonderfahrtkosten an *Fa. XYZ* zur Verfügung zu stellen.
  - Bei NBH wird der Lieferant schriftlich auf seinen Lieferantenstatus hingewiesen.
  - Bei dem Lieferanten wird umgehend ein Lieferantenaudit eingeleitet, um die geforderten Maßnahmen abzustimmen.

Des Weiteren erfolgt eine Einteilung der Lieferanten nach Einkaufswert mit dem Ziel „Reduzierung der Anzahl Lieferanten", also bei immer weniger Lieferanten einzukaufen. Die Versorgung für das Unternehmen unter Berücksichtigung aller genannten Kriterien 100-prozentig sicherzustellen.

Bild 5.2: *Reduzierung der Anzahl Lieferanten nach Einkaufsvolumen und A- / B- / C-Analysendaten*

Lieferant	Sept. 2017	Sept. 2018	Sept. 2019	Sept. 2020	Sept. 2021	Ziel 2022
A	48	34	35	33	29	25
B	69	52	50	45	42	35
C	170	170	160	140	130	50
$\sum$	**287**	**256**	**245**	**218**	**201**	**110**

A-Lieferanten = über € 350.000,-- Einkaufsvolumen p.a.
B-Lieferanten = über € 50.000,-- Einkaufsvolumen p.a.
C-Lieferanten = unter € 50.000,-- Einkaufsvolumen p.a.

Wobei insgesamt gesagt werden kann:

- Beide Teile haben einen Vorteil
- Eine langfristige erfolgreiche Zusammenarbeit ist nur auf der Basis einer echten Partnerschaft möglich
- Den Partner am Erfolg teilhaben lassen, damit er für neue Aktivitäten mit uns motiviert ist.

Wobei diese A- / B- / C-Analysen (auch 80-20-Analysen genannt), immer häufiger zur Prozessoptimierung herangezogen werden.

Im Einkauf z. B. nach

- Anzahl Groß- / Kleinbestellungen
- Anzahl Vorgänge
- Kostenhöhe Euro (Bearbeitungsdauer)
- Durchlaufzeit, z. B. in Tagen
- Beteiligte (wie oft wird etwas in die Hand genommen)
- Dokumente / Formulare

mit folgenden Ergebnissen / Erkenntnissen, z. B.:

Welcher Lieferant, welche Artikel machen Ihnen die meiste Arbeit?

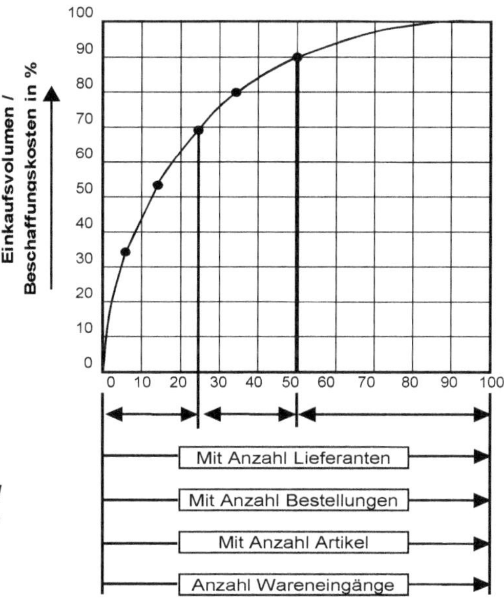

5.3 Nutzen des E-Business

Partnerschaftliche Zusammenarbeit mit den Lieferanten

Bestände können gesenkt, die Lieferzeiten verkürzt werden durch partnerschaftliche Zusammenarbeit mit unseren Lieferanten.

1. Abschluss von Rahmenverträgen, Abstimmung der Rationalisierung und Qualitätsverbesserung und ein flexibles Abrufsystem ermöglichen geringe Materialbestände und kürzere Lieferzeiten.

2. In welchem Rahmen kann der Lieferant die Lagerhaltung für uns übernehmen / bindet sich in das Supply-Chain-Regelwerk mit ein?

3. Um dies zu gewährleisten, sollten folgende Fragen beantwortet werden:

⇨ Wählen wir unsere Lieferanten richtig aus?

⇨ Beziehen wir die Lieferanten genug in die Verantwortung ein?

⇨ Bekommt der Lieferant alle Informationen, die er benötigt (Technik, Mengen, Termine, Bedarfsvorschau)?

⇨ Fordern wir den Lieferanten genügend in Bezug auf Lieferzeiten, Liefertreue, Qualität?

U N D

5. Nutzen wir die Möglichkeiten unserer installierten ERP- / PPS-Systeme / der neuen Informationstechnik in Form absolut kundenorientiert ausgerichteter Logistik-Netzwerke über die gesamte Wertschöpfungskette, von Lieferanten über Fertigung bis zum Kunden, genügend aus? – Supply-Chain-Systematik

5.4 Qualität einkaufen / Lieferanten-Anforderungsprofil

Zusätzlich sollte mit jedem Lieferanten ein so genanntes Lieferanten-Anforderungs-Profil erstellt werden, in dem die Erwartungen und Ziele der Partnerschaft festgehalten sind.

<u>Grund:</u> Kurze Lieferzeiten können, in Verbindung mit niederen Beständen, nur erreicht werden, wenn es gelingt, unsere Lieferanten in die gesamte Logistik und Produktionskette mittels Bauhaus- und KANBAN-Systeme einzugliedern (Lieferanten halten für uns Vorräte) und wir haben über IT Zugriff auf die Bestands-, Bedarfs- und Auftragsfortschrittsdaten der Lieferanten, bzw. der Lieferant auf unsere Bedarfsübersichten.

<u>Beispielhafte Aufzählung:</u>

Was erwarten wir von unseren Lieferanten bezüglich Preis, Menge, Qualität, Termin, Liefertreue und Art der Anlieferung:

- Nullfehler-Lieferungen in Menge / QL / Kennzeichnung / Verpackung, damit Freipässe erteilt werden können
- Schnelle Auftragsabwicklung / pünktliche Lieferung
- Wettbewerbsfähige Preise und Konditionen
- Bereitschaft zur Vorratshaltung / KANBAN / SCM-Belieferung
- Gute Beratung / umfangreiche Serviceleistungen
- Unbürokratisches Verhalten auch bei Störungen im Lieferfluss / Helfer in der Not
- Verständliche und zuverlässige Informationen
- Pünktliche und vollständige Angebote
- Kaufmännisch korrektes Verhalten
- Offenlegung der Kalkulationen / der Kalkulationssätze
- Lieferantenverbund

Woraus sich folgender Lieferanten-Leitfaden ergibt:

Lieferanten-Anforderungsprofil

Grundsätzliches

Mit diesem Leitfaden wollen wir Ihnen Informationen über die Einkaufsstrategie unseres Hauses geben. Wir möchten mit Ihnen den Weg zu einer engen, vertrauensvollen, fairen und partnerschaftlichen Zusammenarbeit definieren, denn ein wesentlicher Punkt unserer zukünftigen Zusammenarbeit ist ein hohes Maß an Flexibilität, Qualitäts- und Termintreue Ihrerseits. Unsere Kunden fordern immer kürzere Lieferzeiten, egal für welche Produkte auch immer. Diese Anforderungen können wir nur mit Ihnen zusammen erreichen.

Ziele

Unser Ziel lautet: 100%-ige Erfüllung aller Forderungen und Wünsche, die unsere Kunden an uns stellen. Dazu ist eine ständige Verbesserung unserer Beschaffung notwendig, damit

- wir ein kompetenter und leistungsstarker Partner zu unseren Kunden sind,
- wir Kosten senken und an den Markt weitergeben können,
- wir Qualität sichern und auch die kürzesten Termine einhalten können

Zusammenarbeit

Voraussetzungen für unsere gemeinsame Zusammenarbeit sind somit:

- 100 % Qualität
- absolute Lieferzuverlässigkeit
- Ihre Bereitschaft zur Vorratshaltung
- Ihre wettbewerbsfähigen Preise
- Ihre Service- und Beratungsleistungen
- sofortige Vorabinformation bei Störungen
- die Offenlegung Ihrer Kalkulationen und Kalkulationssätze

Ihre Leistungen werden regelmäßig mittels beiliegendem Kriterienkatalog von uns bewertet. Die Ergebnisse werden Ihnen zugänglich gemacht, Abweichungen Ihrer und unserer Auswertungen sind die Ansätze für Verbesserungsgespräche.

Lieferzuverlässigkeit

Damit wir unsere Leistungen zu unseren Kunden absolut zuverlässig erbringen können, benötigen wir die pünktliche Anlieferung der Waren zu den in den Bestellungen angegebenen Terminen. Die Mengen-, QL-, Verpackungs- und Versandvorschriften sind unbedingt einzuhalten. Ist abzusehen, dass ein geforderter Liefertermin nicht eingehalten werden kann, ist unser Beschaffer sofort zu informieren. Die Gründe für Lieferverzögerungen müssen analysiert und kurzfristig abgestellt werden. Bei Notfällen sichern Sie alle erforderlichen Maßnahmen zu, um die Ware pünktlich zu liefern, damit unsere Kunden zufrieden gestellt werden können.

Wettbewerb / Preise

Werden unserem strategischen Einkauf günstigere Preise vom Wettbewerb vorgelegt, erhalten Sie selbstverständlich die Möglichkeit, ihre Preise zu überprüfen. Dies betrifft auch die Offenlegung der Kalkulationssätze.

Zusammenfassung

Unser Einkauf möchte eine langfristige markt- und partnerschaftlich ausgeprägte Zusammenarbeit mit Ihnen, unserem Lieferanten, pflegen, die sich an dem Ziel absoluter Zufriedenheit unserer Kunden mit uns, und somit auch mit Ihnen, ausrichtet. In diesem Sinne sind wir selbstverständlich auch für jede Anregung und Verbesserungsvorschläge Ihrerseits dankbar.

Pforzheim, den ....

Unternehmensberatung
Rainer Weber REFA-Ing.
Im Hasenacker 12

75181 Pforzheim-Hohenwart

5.4.1 Rahmenvereinbarung Einzelkontrakt

MIT FIRMA

- Lieferantennummer (bei uns) ____________
- Sachbearbeiter ____________
- Ansprechpartner ____________
- Telefon-Nr. / Fax-Nr. ________ / ________
- Mail-Adresse ____________
- Zugriffscode ____________

EINZELKONTRAKT ÜBER

- Artikelnummer ____________
- Bezeichnung ____________
- Zeichnungsnummer ____________

GÜLTIGKEITSZEITRAUM

- Laufzeitbeginn ____________ (Datum)
- Laufzeitende ____________ (Datum)

MENGENKONTRAKT INSGESAMT

- ca. Bedarf pro Laufzeit ____________ Stück
- Abrufmenge ____________ Stück
- Liefermengentoleranz / Lieferung ____________ Stück
- Bevorratung bei Lieferant min. ____________ Stück
- Bevorratung bei Lieferant max. ____________ Stück
- Bestandsinfo bei ____________ Stück
- Vormaterialbereitstellung ____________ kg an Lager

PREIS / ZAHLUNGSBEDINGUNGEN

- Preis pro Einheit € ____________
- Zahlungsbedingungen innerhalb x Wochen ____________ - 2 %
- Zahlungsbedingungen innerhalb y Wochen ____________ netto ohne Abzug
- Kosten bei verspäteter Lieferung bis 5 Tage ____________ - 5 % Abzug
- Kosten bei verspäteter Lieferung bis 10 Tage ____________ - 10% Abzug
- Kosten bei verspäteter Lieferung über 10 Tage ____________ - 20% Abzug
- Frachtkosten frei Haus ____________

LIEFERTERMINE

- Lieferzeit in Arbeitstagen ____________ (Eingang bei uns)
- Lieferabruf (Pull-Signal) in AT ____________ (Vor Lieferung)
- Sicherstellung der Lieferfähigkeit ____________ in %

LIEFERSPEZIFIKATIONEN

- Kennzeichnung Ware / Verpackung ____________
- Verpackungsvorschriften ____________ mit Bild
- Reinigungsvorschrift ____________ Behälter
- Rostschutzvorschrift ____________
- Liefer- / Abladestelle Werk / Tor ____________

QUALITÄTSSICHERUNG - LIEFERANT

- Qualitätssicherung (Art) ____________
- Toleranzen lt. Zeichnungen / Vorschrift ____________
- Dokumentation der Prüfergebnisse ____________
- Vormaterialabnahmebedingungen ____________
- WE-Eingangskontrolle z. B.: Der Käufer beschränkt sich bei der Eingangsprüfung nur auf Identitäts- und Mengenkontrolle
- Qualitätsbeauftragter / Ansprechpartner ____________

PRODUKTHAFTUNG

____

____

____

QUALITÄTSMÄNGEL-REGELUNG

- Nachlieferung bei Qualitätsmängel in AT ____________ Eingang bei uns
- Kosten bei Anzeigen von Qualitätsmängel ____________ € pro Vorgang
- Nacharbeit-, Bearbeitungsaufwand
  Std.-Satz ______ € x Std. lt. Stundennachweis ____________
- Nacharbeit wird vom Lieferanten durchgeführt innerhalb ____X____ Stunden
- Mehrkosten / Stillstandskosten der Fertigung
  lt. BDE-Nachweis € / Min. ____________

ABGRENZUNG

- Nebenabreden ____________
- Gerichtsstand ____________

Das Ergebnis der Aktivitäten lässt sich in Form von Kennzahlen darstellen

Kennzahl / Messgröße	Zielgröße HEUTE	Ziel für die ZUKUNFT
Kosten der Logistik-Kostenstellen in € absolut	€	↘
Prozesskosten der Beschaffungs- und Lager- / Bereitstellvorgänge / -abläufe	€ / Vorgang	↘
Bestandskosten in € absolut und in Prozent zum umgeschlagenen Warenwert	€ %	↘
Bestandsreichweite in Arbeitstagen (Drehzahl)	Tage	↘
Liefertreue	%	↗
Anzahl Fehlteile Ø / Woche	Artikelnummern	↘
Anzahl Lieferanten	Anzahl	↘
Davon SCM- / KANBAN- / Konsi-Lieferanten	Anzahl	↗
Anzahl Bestellungen Ø / Woche	Anzahl	↘
Davon Abrufaufträge Ø / Woche	Anzahl	↗
Einkaufserfolg / Preis pro Stück	Σ	↘
Einkaufsvolumen in € im Verhältnis zu Umsatz des Vormonats	%	↘
Ø Kosten eines Bestellvorganges	€ / Vorgang	↘
Ø Kosten eines Wareneingangs	€ / Vorgang	↘
Ø Losgröße einer Anlieferung	Stückzahl / Artikelnummer	↘
Ø Lagerkosten einer Artikelnummer	€ / Artikel	↘
Anzahl Reklamationen Ø / Woche	Anzahl	↘
Ø Kosten einer Rücklieferung / Reklamation	€ / Vorgang	↘
Ø Anzahl Neuteile / Woche lagerfähig	Anzahl	↘

Verbesserung der Transparenz in Kosten, Leistung und Qualität, mittels Kennzahlen

„Abweichungen erkennen und gegensteuern“

ein Führungsgrundsatz.

5.5 Supply-Chain-Management in der Materialwirtschaft

Null Dispositionsaufwand und null Bestand, bei absoluter Flexibilität und Liefertreue.

Wie kann dieses visionäre Ziel erreicht werden?

A) Traditionelle Arbeitsweise / Lieferung nach Bestellung / Lange Lieferzeiten

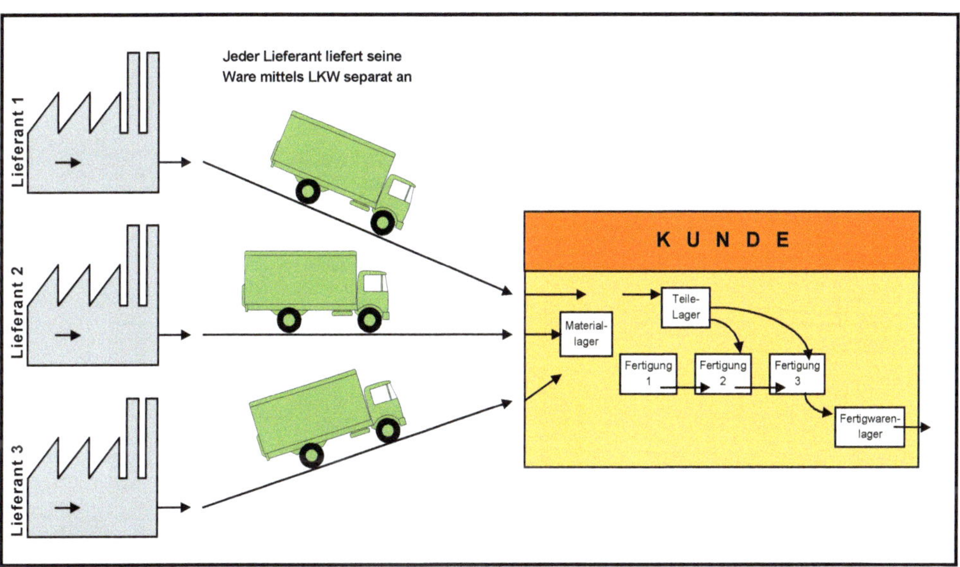

B) Lieferung in Logistiklager mittels Abrufaufträge / Kurze Lieferzeiten, aber 2-stufige Lagerhaltung, oder Lieferant lagert selbst

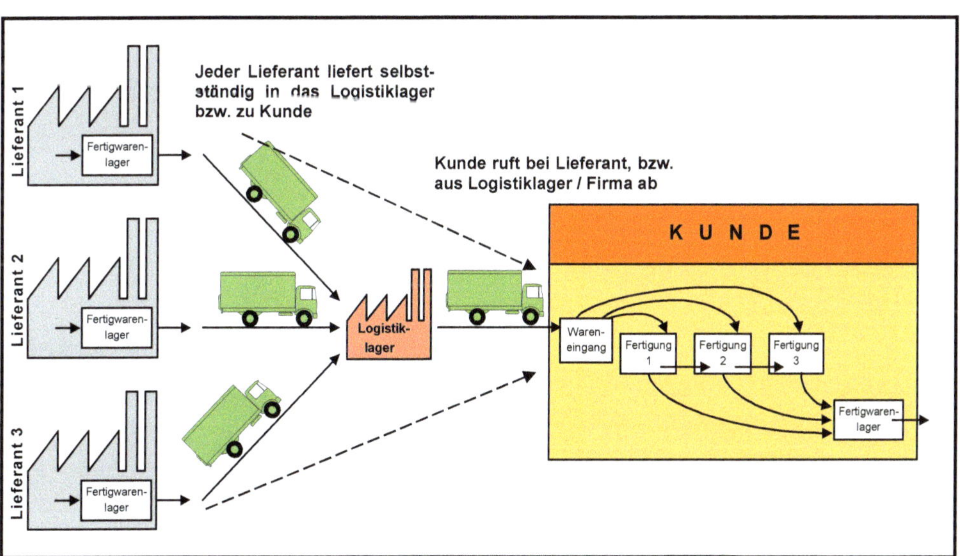

C) **Oder einfacher, über KANBAN- / KONSIGNATIONSLAGER-ORGANISATION**

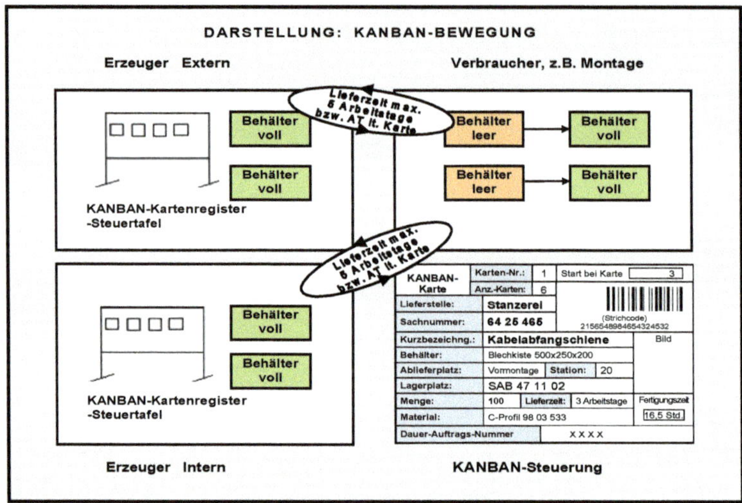

D) **Ziel:**
Supply-Chain-System / Selbst auffüllendes Liefer- und Lagersystem nach dem Min.- / Max.-Prinzip, über Internet-Plattform, als Konsignationslager

Es wird eine Internet-Plattform eingerichtet. Es wird vereinbart, was jeweils im Lager zu liegen hat = Mind.- / Maximalbestand. Was vom Kunden entnommen wird, wird ONLINE = abgebucht. Lieferant hat direkt Zugriff auf die Bestände über Plattform; disponiert und liefert in eigener Verantwortung eigenständig, gemäß Mindest- / Maximalbestand nach.

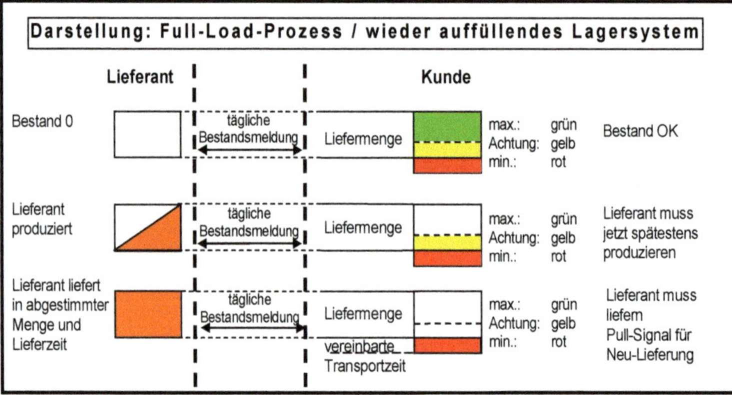

Internet-Infomaske

Artikel-Nr.	Bezeichnung	Änderungs-Index	Bestand in Stück		Aktueller Lagerbestand in Stück		Standard-Liefermenge	Lieferzeit in Tagen	Dauer-Auftrags-Nr. Lief.-Kenng.	Aktueller Zustand Bestand
			Min.	Max.	Datum	Menge				
X Y	A A	19.08.xx	2.500	10.000	06.06.xx	2.900	2.000	2	XXXX/08	gelb

5.6 Darstellung der verschiedenen Dispositions- und Beschaffungsmodelle, bezüglich Prozesse, Flexibilität und Lieferfähigkeit

Verbesserung des Informations- und Materialflusses, mit Ziel
„Kosten minimieren, Leistung maximieren (intern / extern)"

Dispo- und Beschaffungsmodelle		Informations- und Arbeitsaufwand in den Teilprozessen der Nachschubautomatik: Disponieren und Beschaffen	Wareneingang	Lager / Materialbereitstellung	Auswirkung auf Prozesse / Arbeitsaufwand / Flexibilität und Lieferfähigkeit
Bedarfsgesteuerte Disposition / hohe Bestände ↑	Vorrat, Einzelbestellung	- Bestandsführung - Disposition / Mengenbestimmung - Bestellung auslösen - Auftragsbestätigung - Terminüberwachung	- Übernahme - Prüfen WE-Papiere - Mengen- / Sicht / sachliche Prüfung - WE-Buchung - Auspacken - QS-System, evtl. - Rücklieferung	- Umpacken - Einlagerung - Auslagerung - Transport zum Verbrauchsort / Bereitstellen - Vorhalt Lagerfläche	↑ Hoher Arbeitsaufwand / Prozesse ↑ Geringer Lieferflexibilität / Termintreue
	Abrufaufträge	- Abrufaufträge erstellen - Bestandsführung - Abruf punktgenau - Abrufpflege, rollierend	- Übernahme - Prüfen WE-Papiere - Mengen- / Sicht / sachliche Prüfung - WE-Buchung - Auspacken - QS-System, evtl. - Rücklieferung	- Umpacken? - Einlagern - Auslagern - Transport zum Verbrauchsort / Bereitstellen - Vorhalt Lagerfläche	
	Auftragsbezogen	- Bedarfsermittlung / Disposition - Terminierung - Bestellung - Auftragsbestätigung - Terminüberwachung - Bestandsführung?	- Übernahme - Prüfen WE-Papiere - Mengen- / Sicht / sachliche Prüfung - WE-Buchung - Auspacken - QS-System, evtl. - Rücklieferung	- Einlagern - Auslagern - Transport zum Verbrauchsort / Bereitstellen	
Verbrauchsgesteuerte Disposition / niedere Bestände ↓	KANBAN-System	- Rahmenvereinbarung - Abruf per KANBAN-Karte, bzw. Strichcode-impuls	- Entfällt, oder fallweise Stichprobe, je nach Teil	- Vorhalten Lagerfläche / Umpacken? - Entnahme- / KANBAN- / Verpackungseinheit - Transport zum Produktions- / KANBAN-Lager	Geringer Arbeitsaufwand / Prozesse ↓ Hohe Lieferflexibilität / Termintreue ↓
	Bauhaus-system f. Katalog-ware	- Rahmenvereinbarung - Voll automatisierte Anlieferung durch Lieferanten	- Entfällt komplett, Lieferant auditiert	- Vorhalt Lagerfläche in der Produktion	
	SCM-System für Zeichnungsteile	- Rahmenvereinbarung - Internetplattform - Lieferant disponiert für uns	- Entfällt komplett, Lieferant auditiert	- Minimale Lagerfläche in der Produktion	

Natürlich hat der Einkauf wesentlichen Anteil auf die so genannten *„indirekten Kosten“* in der Logistik.

Der Einkauf ist für alle Kosten von Schnittstelle *„Lieferant“* bis Schnittstelle *„Verbraucher“*, z. B. Produktion verantwortlich.

ZIEL:

Abbau von nicht wertschöpfenden Tätigkeiten im Wareneingang und Lager, bzw. bis die Ware am Arbeitsplatz ist.

- Umpacken, damit eingelagert werden kann
- Hoher Zuordnungsaufwand im Wareneingang, Teile zu Lieferschein (alles ungeordnet in einer Gitterbox)
- Rückfragen im Einkauf, Lieferung unklar, Lieferschein unvollständig
- Kann die komplette Wareneingangsarbeit auf null gebracht werden
- Teile um 180^0 gedreht in Behälter abgelegt, Produktionsmitarbeiter muss 2 x in die Hand nehmen
- Zu viel verschiedene Verpackungsmaterialien, Problem Materialtrennung
- Gewicht / Sendung zu groß, hoher Handlings- / Transportaufwand
- Einlagermenge = Auslagermenge = kein Zählen
- Qualitätsproblem, hohe Anzahl Rücklieferungen etc.

Und dem *„Verstehen-Lernen“*, was versteckte Verschwendung ist:

ALLES WAS FÜR EINE TÄTIGKEIT MEHR ALS EINMAL IN DIE HAND GENOMMEN WIRD, IST VERSCHWENDUNG!

→ MACH'S GLEICH RICHTIG (Qualität)
→ MACH'S GLEICH FERTIG (komplett)

UND WAS OFT VERSÄUMT WIRD:

Mahnstufen / Prioritätenberechnungen für rückständige Ware einrichten

Mahnstufen / Prioritätenberechnungen für rückständige Ware sollten eingerichtet werden. Dem Lieferanten eine wichtige Info zukommen lassen.

Mahnstufe 1 = Ware ist bezüglich Liefertermin überfällig, aber noch genügend da

Mahnstufe 5 = Ware ist bezüglich Liefertermin überfällig, Reichweite aber z. B. nur noch 10 Tage vor Unterschreitung gemäß WBZ

Mahnstufe 9 = Ware ist bezüglich Liefertermin überfällig. Fehlt körperlich für Bereitstellung

Abrufbar als Zeitfenster, beliebig abrufbar, z. B. von Woche ... bis Woche ..., oder von Artikelnummer ... bis Artikelnummer ..., ergänzt um die Informationen lt. oben, Prioritäten-Kennzeichnung je niederer die Reichweite, je höher die Priorität.

Jeder Rückstand muss grundsätzlich angemahnt werden.

Die Bedeutung des Lagers als Erfassungs- / Zähl- / Registrier- und Verteilbahnhof wird immer wichtiger

Im Lager werden, insbesondere bei niederen Beständen, alle Organisationsmängel als Fehlteile gnadenlos sichtbar, egal wo diese auch im gesamten Logistikablauf entstehen

► Wenn die Logistik funktioniert – funktioniert alles! ◄

***Quelle:** Hänel GmbH*

6.1 Die Bedeutung des Lagers in der Produktionslogistik, bezüglich Bestände – Abläufe – Datenqualität

Das Lager hat zwar immer die Aufgabe eines Warenpuffers, ist aber zugleich der Knotenpunkt für die Warenverteilung und somit ein integrierter Bestandteil im Materialfluss. Die Datenqualität der Bestände ist für die Bestandshöhe entscheidend.

Um die Durchlaufzeiten im Wareneingang zu verkürzen, wird der Wareneingang meist dem Lager unterstellt, ebenso disziplinarisch das QS-Personal im Wareneingang. Und es wird immer mehr auf die zweistufige Buchung im Wareneingang verzichtet, Ware wird sofort nach Anlieferung als „Verfügbar" verbucht. Dies erzeugt Zwänge bezüglich kurzer Durchlaufzeit im Wareneingang.

Die Anlieferung durch auditierte Lieferanten mit Freipässen, oder eine Verminderung des Prüfaufwandes nach Herstellerquoten verkürzt die Durchlaufzeit im Wareneingang wesentlich, reduziert die Wiederbeschaffungszeit und somit die Bestände.

Bild 6.1: *Die Funktion des Lagers in der Just-in-time-Abwicklung als Erfassungs- / Zähl-, Registrier- und Verteilbahnhof*

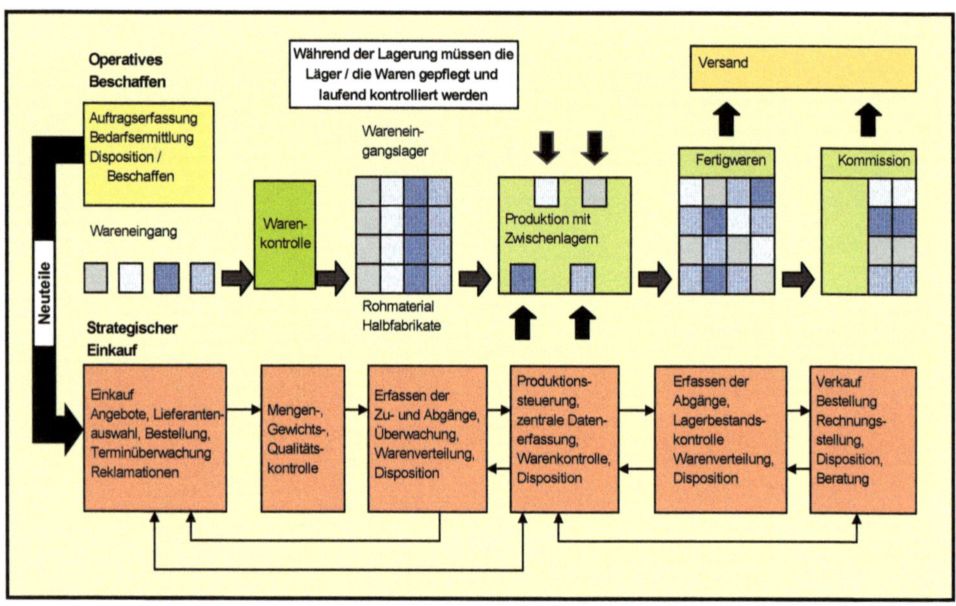

Kernsatz:

Wenn die Logistik funktioniert – funktioniert alles

Ein im Regelfall geschlossenes Lager, eventuell durch Zugangskontrollsystem gesichert, mit eindeutiger Lager- und Bestandsverantwortung, sowie einem funktionierenden Beleg- und Meldewesen und einer vorbildlichen Ordnung (Patendenken für bestimmte Regal- / Artikelbereiche ist je Mitarbeiter eingerichtet), ist eine wesentliche Voraussetzung für das Führen eines Lagers mit niederen Beständen und stimmenden Bestandszahlen.

Es ist davon auszugehen, dass in Zukunft, durch das Umdenken von einer tayloristischen Arbeitsweise (reines Spezialistentum), zu einer prozessorientierten Arbeitsweise (Generalist), die Arbeitsinhalte, die Bedeutung des Lagers weiter wächst und Arbeitsinhalte aus dem Bereich der Disposition immer mehr in das Lager, näher an den Lagerort, verlegt werden.

Ziel: Wenn der Hauptlieferant und der Preis bekannt sind, ist es sinnvoll die Nachschubautomatik in die Verantwortung des Lagerleiters zu legen. Prozesse werden minimiert, die Datenqualität steigt.

Der Just-in-time-Gedanke erfordert eine Umstellung von einer bedarfsorientierten Disposition, in eine verbrauchsorientierte Disposition (SCM-KANBAN-System).

Dies wird die Bedeutung des Lagers bezüglich einer funktionierenden Nachschubautomatik mit stimmenden Beständen weiter erhöhen.

Der Einsatz modernster Techniken, wie z. B. Barcode- / Transponder-RFID-Systeme[1)] verbessert den Datenfluss / die Datenqualität wesentlich:

- es wird zeitnah gebucht
- es vermeidet fehlerhafte Eingaben
- eine sofortige Verfügbarkeit der Daten wird ermöglicht
- die Transparenz im Betriebsablauf wird verbessert
- die Transportorganisation mittels WLAN ermöglicht einen flexiblen Einsatz, z. B. der Staplerfahrer

Eine Transportorganisation mittels Datenfunk / WLAN-System ermöglicht einen flexiblen Taxieinsatz der z. B. Staplerfahrer.

Sauber geführte Bahnhöfe, bezüglich

„Bereitgestellt für ....“, mit Reihenfolgenhinweisen, z. B.

- für Fertigungszelle A / B / C
- für Montagelinie X / Y / Z
- für Außerhausbearbeitung Härten
- für Außerhausbearbeitung Galvanik etc.

unterstützt die Transparenz in den Abläufen

UND BESONDERS WICHTIG

- welche Losgrößen- / Bevorratungsstrategie
- welche Lagerstrategie
- welche Dispositionsstrategie

soll gefahren werden, mit Ziel ***„Kosten minimieren – Leistung maximieren“***?

1) RFID = Radio Frequenz-Identifikationssystem, auch Transponder genannt

Rationeller Wareneingang

Wir kaufen *„Qualität"* in Verpackungs- / Liefereinheiten ein. Um also die Problematik bei immer kleiner werdenden Losen in den Griff zu bekommen, den Kontrollaufwand, die damit verbundene lange Durchlaufzeit zu minimieren, muss es das Ziel sein: ***Ein Großteil dieser Geschäftsvorgänge abzubauen.*** Denn letztlich ist die Wareneingangsprüfung nur eine Verlagerung der Ausgangsprüfung des Lieferanten an den Kunden.

Möglichkeit 1 – Es wird ein Freipass erteilt

Mit dem Lieferanten wird über eine Vereinbarung festgelegt, wie seine Ausgangsprüfung zu erfolgen hat. Über diesen Gültigkeitszeitraum wird ein sogenannter Freipass erteilt. Es wird im Wareneingang nur noch eine sachliche Prüfung, eine grobe Mengenprüfung durchgeführt und sofort bei Erfassung der Ware, diese als *„verfügbar"* gebucht.

Wenn in der Fertigung mittels Werker-Selbstkontrolle eventueller Lieferantenausschuss festgestellt, landet dieser in einem roten Behälter. Der Inhalt wird einmal pro Woche am *„Sündentisch"* analysiert und der Lieferant wieder in das QS-System eingezogen, fällt gegebenenfalls wieder in das Stichprobensystem zurück und wird entsprechend belastet.

Möglichkeit 2 – Vermindern des Prüfaufwandes mittels Feststellung von Serienfehlern bzw. nach Hersteller-Fehlerquoten und Fehlerauswirkung

Sofern die Vorgehensweise „Auditierte Lieferanten" nicht gewollt ist, gibt es auch die Möglichkeit, den Aufwand bei Lieferanten, deren Teile im Regelfalle o. k. sind, so einzustellen:

a) Serienfehler feststellen
Egal welche Mengen angeliefert werden, es werden immer vier Teile geprüft, gemäß Prüfvorschrift.
Wenn o. k., dann wird davon ausgegangen, dass Sendung insgesamt o. k.

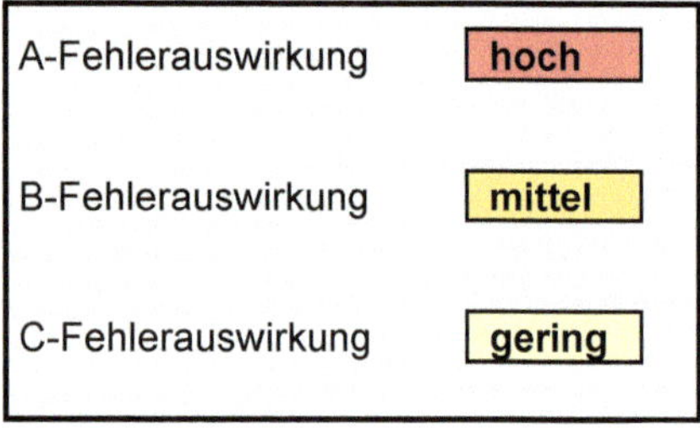

b) Nach Hersteller-Fehlerquoten und Fehlerauswirkung[1)]
5 Lieferungen prüfen – Wenn 5 x o. k., dann 6 x aussetzen und nach sachlicher Prüfung sofort einlagern.

Nächste (7.) Lieferung wieder prüfen – wenn o. k., dann wieder 6 x aussetzen, usw.

Die schulmäßige AQL-Prüfung wird nur dann wieder scharf geschaltet, wenn die Fertigung Ausschuss meldet, oder wenn z. B. die 7. WE-Prüfung Fragen aufwirft.

Dies reduziert den Prüfzeitaufwand im Wareneingang wesentlich, wobei die aufgeführten Möglichkeiten nicht für alle Artikel geeignet sind. Im Einzelfalle wird immer *„konventionell"* weiter geprüft werden müssen (z. B. Pharma-Industrie o. ä.).

1) Prüfschärfe wird nach Fehlerauswirkung festgelegt

6.2 Hohe Datenqualität im Lager reduziert Bestände

Ordnung, Sauberkeit, bessere Datenqualität, Patendenkens im Lager

A) Wobei folgendes Grundprinzip der Anlieferung gilt:

Jedes Päckchen, Karton etc. hat einen vollständigen Barcode, mit allen notwendigen Informationen, z. B.:

- Bestell-Nummer:
- Artikel-Nummer:
- Chargen-Nummer:
- Produktionsdatum:
- Menge:
- Prüfcode:
- Lieferdatum:
- Lieferschein-Nr. etc.

Dadurch wird die Verarbeitung der Lieferung im Wareneingang zusätzlich wesentlich vereinfacht, am Display erscheint **„o. k."** (Abgleich Bestellung zu Lieferung)

B) Um Ordnung und Datenqualität im Lager auf Dauer sicherzustellen, hat sich das Patendenken bewährt.

- Ein Mitarbeiter im Lager ist Pate für eine bestimmte Anzahl Regale / Regalfächer oder Teilenummern bezüglich Datenqualität, geht Fehlbeständen nach.
- Ein Mitarbeiter ist Pate für Sauberkeit der Wege, der Arbeitsräume
- Ein Mitarbeiter ist Pate für Transportmittel, Stapler, Hubwagen etc. (Sicherheit im Lager).
- Ein Mitarbeiter ist verantwortlich für sonstige technische Einrichtungen, wie Waagen etc.

Checklisten, in denen die Verantwortungen, die Häufigkeit der Audits, sowie die zugrunde liegenden Arbeitsvorschriften visualisiert sind, sichern das System ab.

Wiederkehrende Schulungen und konsequente Einhaltung des I-Punkt-Systems mit wiederkehrenden Audits verinnerlichen dies.

Barcodeeinsatz, bzw. Automatisierte Lager verringern Fehlerquoten ebenfalls wesentlich.

Jeden Abend muss der Wareneingang leer sein (besenrein).
Jeden Freitag muss das Sperrlager abgearbeitet sein.
Sperrlagerfläche = leer!

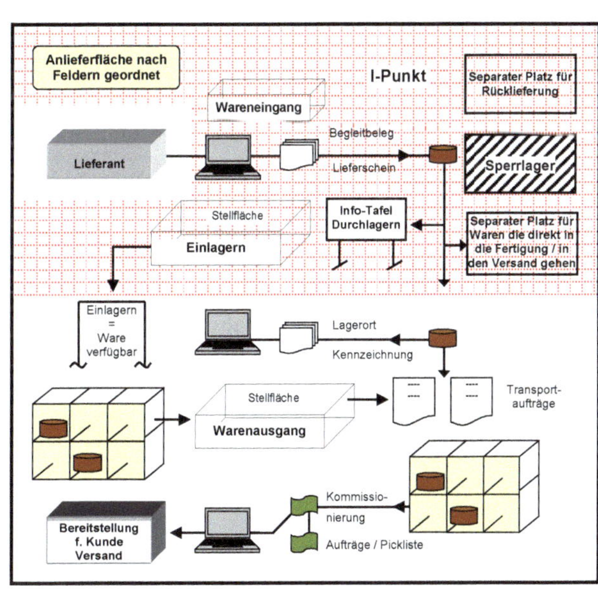

Buchungsarten entscheiden mit über die Bestandsqualität / Aktualität

Es gilt der Grundsatz: „ZEITNAH“ BUCHEN

Für das Verbuchen von Entnahmen haben sich, je nach Unternehmen und Branche, verschiedene Buchungsarten durchgesetzt:

A) Beim Ausdruck der Entnahmepapiere wird die Ware, Soll-Entnahmemenge, vom körperlichen Bestand automatisch abgebucht und für diesen Auftrag separiert. (Separates Feld „Bereitstellbestand für Auftrag XXX“). Bei Erstellen der Rechnung / Versandliste oder bei Auftragsstart (erster Arbeitsgang), wird die Ware von diesem Bereitstellbestand automatisch abgebucht.

Vorteil: *Keine händische Arbeit für Buchen*

Nachteil: *Zeitstrecke von Separieren bis Wegbuchen – kann dauern.*

B) Die Entnahmen werden bei / nach Teilebereitstellung abgebucht, entweder

- Einzelentnahme, oder
- über Aufruf des Gesamtauftrages, mit fallweiser Einzelpositionskorrektur

Vorteil: *Genaue Bestandsführung im Zeitraster*

Nachteil: *Buchungsaufwand*

Diese Buchungsart wird deshalb meist mittels Barcode-System getätigt, da dann der genannte Nachteil entfällt und zeitnaher gebucht wird.

C) Retrogrades Buchen von Entnahmen Retrograd bedeutet: Eine Zugangsbuchung erzeugt über die Stücklistenauflösung auf der unteren Ebene automatisch die entsprechende Abbuchung. Voraussetzung dafür ist eine Systemumstellung von *„Auf Auftrag buchen“* auf *„Umbuchen“*. Also z. B. von Zentrallager auf Produktionslager. Durch Fertigmeldung oder Anmelden erster Arbeitsgang wird automatisch auf den entsprechenden Auftrag gebucht, das Produktionslager entlastet. Dieser Umbuchungsvorgang ist zwingend, da ansonsten durch die zu lange Zeitstrecke, von Entnahme bis Abbuchen, die Bestände im Zentrallager zu den Bildschirmbeständen abweichen.

Bild 6.2: *Schemaablauf – Umbuchen und retrogrades Abbuchen*

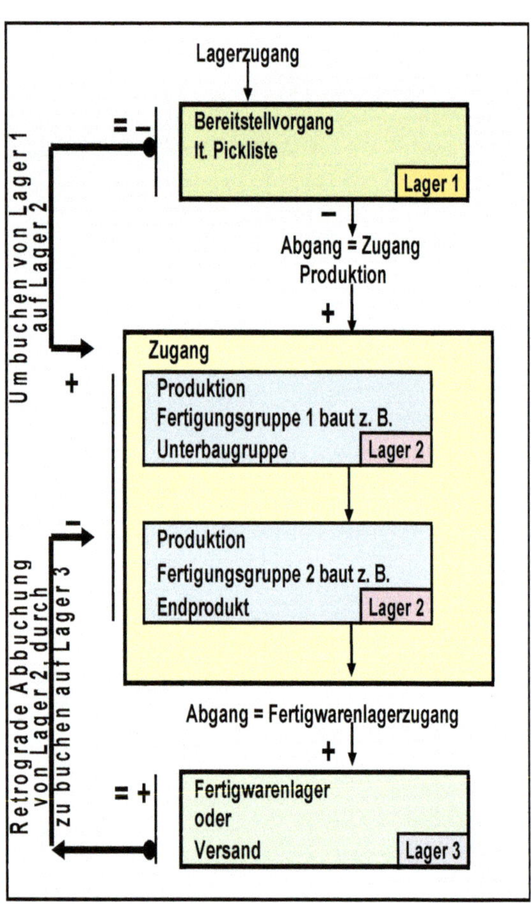

6.3 Optisch / elektronische Warenerfassungssysteme

Optisch / elektronische Warenerfassungssysteme / Warenerfassungssysteme im Lager senken Kosten und verbessern wesentlich die Bestandsqualität.

6.3.1 Strichcode / Pick by Voice / Pick by Light

Strichcode / das Vier-Augen-System vermeidet Fehler. Restmengendarstellungen am Scanner verbessert die Arbeitsqualität im Lager wesentlich.

Die Warenbereitstellung erfolgt mittels Wagen, immer sortenrein abgelegt.
Also eine Artikelnummer = ein Fach auf Wagen bzw. separates Behältnis

Bildmaterial:
Intralogisitik

„Pick by Voice" bzw. ***„Pick by Light"*** sind sinnvolle Varianten

KBS Industrieelektronik GmbH KBS

- Beide Hände sind frei
- Kein Buchen
- Kurze Anlernzeiten

<u>**Nachteil** bei „Pick by Light":</u>

Lager muss eventuell in verschiedene Zonen eingeteilt werden

Durch den technischen Fortschritt im Lager

- Einsatz von Paternoster- / Shuttlesystemen
- automatisierten Lägern, LVS-Systemen o. ä.

werden die Anforderungen bezüglich kürzerer Zugriffszeiten und Fehlervermeidung im Warenfluss weiter erfüllt.

6.3.2 RFID[1] – Die berührungslose Datenerfassung in der Logistik

Neue Techniken verbessern die Datenqualität

Ihr Schlüssel zur zukunftsorientierten Lager- und Materialflussbewirtschaftung mit 100 % stimmenden Beständen durch Einsatz von Transpondersystemen (RFID[1]). Alle Anlieferungen sind mit entsprechenden Etikettierungen versehen.

Bei Einsatz von RFID-[1] / Transponder-Systemen wird durch automatisches Buchen eine hohe Datenqualität erreicht, da alle Zugänge, Abgänge gescannt werden.

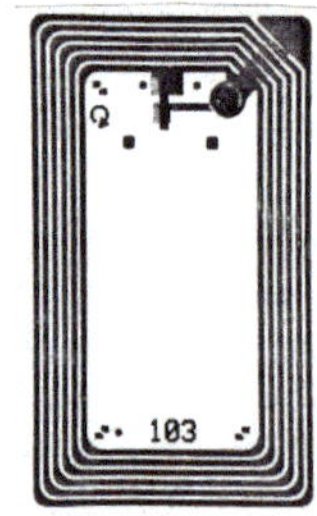

In der Logistik bieten sich folgende Einsatzgebiete an:

- Inventur per Mausklick / Bestände sind permanent im Zugriff
- Automatische Paletten- / Behälterverwaltung
- Automatische Erfassung der Zu- und Abgänge durch Identifikation der Gegenstände, First in – First out, Chargennummer, Herstelldatum, Verfallsdatum etc.
- Rückverfolgbarkeit durch Abbilden aller Prozesse, vom Lieferanten über Wareneingang, Fertigung, bis Fertigwarenlager und Kunde
- Zeiten aller Art, z. B. Ø Zeit für einen Zugriff, Wareneingang etc., zur Verbesserung der Wirtschaftlichkeit in der Logistik

Weitere Infos über das FIR-Aachen, Bereich Informationsmanagement, www.fir.rwth-aachen.de, oder über das Fraunhofer-Institut, das auch entsprechende Seminare zu diesem Thema anbietet. Auch verschiedene Etikettenhersteller helfen Ihnen bei Bedarf weiter (Internet).

Auch die weitere Digitalisierung durch z. B. Roboter im Lager, bedeutet verbesserte Zugriffsgeschwindigkeit, fehlerloses Einlagern, Bereitstellen (Industrie 4.0)

Mit Viarobot können Betreiber manuelle Lager ohne zusätzliche Infrastruktur schnell, einfach und flexible automatisieren.

Vereint die Flexibilität eines manuellen Lagers mit den Vorteilen eines automatischen Systems.

Die Roboter arbeiten mit einer Geschwindigkeit von zwei Metern in der Sekunde und können eine Lagerhöhe von vier Metern bedienen.

[1] RFID = Radio Frequenz Identifikationssysteme = Programmierbarer Datenträger
Dieser Mikrochip speichert Daten und gibt sie als Information über eine Art Antenne ab. Chips gibt es in den unterschiedlichsten Ausprägungen

6.4 Lagerorganisation / -steuerung – Bereitstellung – Beschicken – Entsorgen

Es ist zu unterscheiden in

Zentrallager *und* ***Produktions- / KANBAN-Lager***

Um eine stimmende Bestandsführung sicherzustellen, muss ein Zentrallager geschlossen sein. Idealerweise mittels Zugangskontrolle elektronisch abgesichert. Darauf geachtet wird, dass „zeitnah" gebucht wird. Idealerweise mittels Barcode-System.

Produktions- / KANBAN-Lager sind offene Systeme. Die Bestandsverantwortung, Ordnung, Sauberkeit, gehört in die Verantwortung der Fertigung. Das Lagerpersonal hat nur die Aufgabe, die Nachschuborganisation sicherzustellen.

Um die Ordnung in den KANBAN-Lägern vor Ort sicherzustellen, hat sich das Patendenken bewährt. Für eine bestimmte Anzahl Regale ist ein KANBAN-Pate verantwortlich.

Schemadarstellung einer Werkstatt / Lager und Bereitstellkonzeption mit KANBAN-Lägern in der Produktion

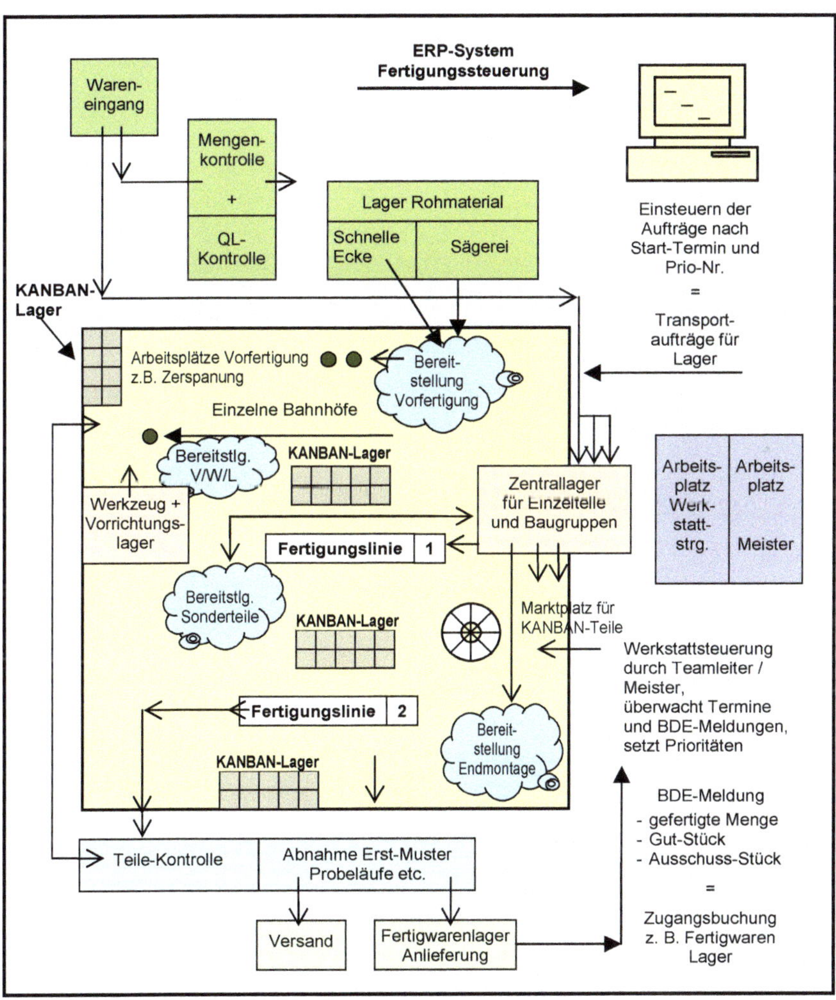

Verschrotten von Null-Drehern muss sein = Lagerplatzgewinn

Nach einer Faustformel, die von den Lagerkosten abgeleitet ist, verdoppelt sich der Einstandspreis nach ca. 4–5 Jahren durch

► **Zinsen und sonstige Bestandskosten**	**2 - 5 %**
► **Technik, Abschreibung für Transportmittel, IT, etc.**	**3 - 5 %**
► **Raumkosten**	**2 - 4 %**
► **Personalkosten**	**6 - 8 %**
► **Versicherung / Fehlmengenkosten etc.**	**1 - 2 %**
	14 - 24 %

Durch diese Zahlen wird deutlich, wie wichtig alle Maßnahmen zur Bestandssenkung sind, den Bodensatz (Null-Dreher) systematisch abzubauen bzw. durch entsprechende Dispo- und Bestellregeln erst gar nicht entstehen zu lassen.

Liquiditätsabfluss durch altes Denken / Steuerliche Auswirkungen beachten.

Aufgrund der neueren steuerlichen Bewertungen von Lagerhütern (wenn ein Artikel mit Menge X abgewertet ist, aber im Prüfungszeitraum ein Stück zum normalen Preis verkauft wird, wird die Gesamtmenge X wieder aufgewertet), verschrotten immer mehr Unternehmen ihre Null-Dreher nach 2 - 2,5 Jahren, bzw. verkaufen solche Exoten zum Preis 0,-- €, plus ein Betrag X € für Logistik und Verpackung mit Vermerk „Muster ohne Wert“. (Gilt nicht für Ersatzteile, die werden im Regelfalle auch nicht abgewertet.)

6.5 Zugriffs- und Wegeoptimierung

Um etwas zu optimieren, muss man erst wissen, wo man steht. Deshalb ist es u. a. wichtig zu wissen, wie viel Zugriffe pro Zeitraum im Lager erbracht werden.

Anzahl Zugriffe / Monat		
	Einlagervorgänge	
	Auslagervorgänge	
	Umlagervorgänge	
	Insgesamt	

um daraus die durchschnittliche Zugriffszeit, eventuell gewichtet nach Gewicht, Lager- / Hilfsmittelart zu ermitteln.

Formel: Durchschnittliche Zugriffszeit pro Lagerzugriff / Palette:

$$\frac{\text{Anzahl Mitarbeiter im Lager in Minuten / Monat}}{\text{Anzahl Zugriffe pro Monat lt. IT}} = \text{=======}$$

A- / B- / C-Analysen zur Reduzierung der Zugriffszeit

Schnelldreher	=	**A - Zone**
Langsamdreher	=	**C - Zone**
Dazwischen	=	**B - Zone**

Zusammensetzung des Zeitaufwandes für einen Pick (Mann zur Ware):

Tätigkeitsart	Zeitanteil
– Basis- / Rüstzeit, z. B. Pickliste ausdrucken, lesen, Kommissionierwagen holen etc.	ca. 5 %
– Wegezeit	ca. 60 %
– Greifzeit incl. zählen, Kiste in Fach zurück	ca. 20 %
– Nebenzeit, wie z. B. Buchen, Liste abhaken	ca. 5 %
– Verteilzeit, sachlich, persönlich	ca. 10 %
Gesamtzeit	**100 %**

Um also die Zugriffszeit zu minimieren, muss die Wegezeit (höchster Zeitanteil) durch Einteilen der Lagerfläche in eine A- / B- / C-Einteilung optimiert werden:

Schnelldreher	=	kurze Wege (liegt vorne)
ø-Bewegungen	=	im Mittelteil des Lagers
Langsamdreher	=	lange Wege, wird selten benötigt (liegt entfernt)

und *„linkes Teil“* liegt neben *„rechtem Teil“* = 80-20-Struktur

Durchschnittliche Zugriffszeiten im Lager / empirisch ermittelte Richtwerte mittels Prozesskostenanalyse (nicht mit der Uhr gemessen):

Branche	Lager- / Hilfsmittelart	Ø Zeit / Vorgang[1)] bzw. Zugriff[1)] in Min. ca. Werte
<u>Industriebetrieb</u> Teilelager	Handbedienungsregal Mann muss zu Ware – zu Fuß mittelgroße Teile: Zeit / Zugriff dito Kleinteile: Zeit / Zugriff	 3,0 - 4,5 2,0 - 3,0
	Palettenregal Mann zu Ware – per Stapler Zeit / Palette	2,5 - 4,0
	Automatisches Hochregallager mit mannlosem Regalbediengerät Ware zu Mann Zeit / Entnahme	0,8 - 1,4
	Paternoster- / Shuttlesysteme Ware zu Mann je nach Teilegröße und Gewicht	1,0 - 1,6
<u>Industriebetrieb</u> Versandlager	Palettenlager in Reihenstapelung Mann zu Palette per Stapler Zeit / Palette	1,5 - 1,8

„Pick by Voice" reduziert die Zugriffszeiten bei manueller Entnahme, um ca. 20 % - 30 %. Die Vorteile der sprachgesteuerten Entnahme, über Headset, liegen in:

- beide Hände sind für das Kommissionieren frei
- die Sprachsteuerung bringt die Entnahmevorgänge in eine Wegeoptimierungsreihenfolge und bildet, sofern sinnvoll, so genannte „Batches". Diese können sein
  - alle Aufträge für einen Kunden / eine Tour
  - Zusammenfassen mehrerer Aufträge in einem Rundgang (Mehrfachkommissionieren) etc.
- kein Ausdrucken von Picklisten; eventuelle Wartezeiten am Drucker entfallen
- kein Handling / Bearbeitungsaufwand von Picklisten, 1 x grundsätzlich lesen (wie Rüsten zu verstehen), jede Position lesen und abhaken (Erledigungsvermerk) entfällt
- kein Fertigmelden (Buchen am System), durch Abscannen des Barcodes
- kurze Anlernzeit des Lagerpersonals, weniger Fehler und die so wichtige ONLINE-Buchung ist sichergestellt

Eine Alternative kann sein ***„Pick by Light"***.

[1)] Zeit / Zugriff pro Vorgang beinhaltet alle Tätigkeiten von Auftragserhalt, Weg zu Ware, entnehmen, ggf. abzählen, zurück an Ausgangspunkt, Entnahmebuchung durchführen als Einzel- oder Sammelvorgang - Wird häufig ein Pick, ein Einzelspiel genannt

Kein Ein- / Auslagern auftragsbezogen bestellter Ware. Eine schnelle Ecke / Fläche (entsprechend gekennzeichnet), schafft Platz in den Regalen, spart Zugriffe und Wege.

Anliefern von kleineren Mengen (schneller Takt), nach dem 80-20-Prinzip mittels Verpackungsvorschriften, erleichtert eine systematische Lagerfach- und Behälteroptimierung.

Festplatz-Lagerplatz-System, zumindest in Teilbereichen, kann sinnvoll sein. Oberteil liegt neben Unterteil, also Teile liegen in Nähe, was parallel benötigt wird.

ALDI-Prinzip, Wegeoptimierung und Häufigkeit nach Griffhöhe, Teileart. Einfach zu öffnende Verpackung, Gewichtsgrenzen bei Verpackungseinheiten. Große und schwere Ware auf die unteren Plätze der Regale etc., hilft ebenfalls weiter.

6.6 Verbesserung der Prozesse im Lager / Abbau nicht wertschöpfender Tätigkeiten / Vermeidbare Verschwendung

Was sind *„nicht wertschöpfende“* Tätigkeiten / versteckte Verschwendung?

→ Umfüllen / Umpacken / Beschriften / Unterlagen zuordnen etc.
→ Lieferant liefert nicht ordnungsgemäß an, unvollständige Bezeichnung, unsinnig verpackt, fehlende Unterlagen, ALDI-Prinzip einführen (Fahrer lädt ab)
→ Telefonieren, Rückfragen, unsinniges laufen / transportieren
→ Nacharbeiten / Änderungen durchführen, alles was nicht dem Arbeitsfortschritt direkt dient vermeiden
→ Unscharfe, unklare Aufgabenbeschreibung und Weitergabe, suchen
→ Tätigkeiten, die gemacht werden müssen, weil eine Vorabteilung nicht konsequent gearbeitet hat, z. B. Weitergabe nicht vollständig ausgefüllter Unterlagen, nicht ausgepackte Ware, fehlende Angaben, ...
→ zu viel verschiedene Verpackungsmaterialien, Problem Materialtrennung
→ Gewicht / Sendung zu groß, hoher Handlings- / Transportaufwand
→ Zählen vermeiden, Einlagermenge = Auslagermenge
→ Qualitätsproblem, hohe Anzahl Rücklieferungen etc.
→ Auch die Anlieferung von Liefersets (fiktive Baugruppen), sowie Waren von auditierten Lieferanten mit Freipässen (keine Eingangskontrolle notwendig), reduziert den Aufwand in Wareneingang und Lager
→ und als *wertschöpfend* folgende Devise konsequent beachten:
   - mach's gleich richtig (Qualität)
   - mach's gleich fertig (komplett)
   - nur das Fertigen, was gebraucht wird
   - Engpassbeseitigung durch flexible Mitarbeiter
   - nur i.O.-Arbeit weitergeben

   und dem „verstehen lernen“, was versteckte Verschwendung ist:

   ALLES WAS FÜR EINE TÄTIGKEIT MEHR ALS EINMAL IN DIE HAND GENOMMEN WIRD, IST VERSCHWENDUNG!

6.7 Bestandstreiber sichtbar machen und eliminieren

1.) Führen Sie eine Artikelanalyse auf Überbestände und Null-Dreher durch, am einfachsten mittels Reichweitenanalyse zu aktuellen Wiederbeschaffungszeiten, z. B. gegliedert nach A- / B- / C-Selektion, Disponent sowie getrennt nach Fertigungs- / Kaufteilen und Handelsware

Disponent:	X Y	Kaufteil		Halbzeug		Baugruppe		A	✓
								B	
Handelsware		Fertigungsteil	✓	Einzelteil	✓	Fertig prod.		C	

Artikel-nummer	Bestand in Stück oder in € am Stichtag	Ø-Verbrauch / Mo. der letzten Perioden, z. B. 12 Monate, in € oder Stück	Ø-Reichweite in Wochen	Wieder-beschaffungszeit in Wochen	Überbestand[1] Bestand in Reichweite doppelt so hoch wie die Wiederbeschaffungszeit	
					J	N
1	**2**	**3**	**4 = 2 : 3 x 4**	**5**	**6**	**7**
A	4.000,-- €	1.000,-- €	16 Wo.	6 Wo.	✓	—
B	6.500,-- €	4.000,-- €	6,5 Wo.	6 Wo.	—	✓

2.) Danach je Analyse-Block eine Hitliste erzeugen = höchste Überbestände nach oben, niederste Überbestände nach unten (Null-Dreher nach Jahren letzter Verbrauch gegliedert).

3.) Durchgang der Überbestände nach dem 80-20-Prinzip (im ersten Schritt), zusammen mit den Verantwortlichen *„Wie ist es zu diesen Überbeständen gekommen?“* [1]
Bei den Null-Drehern: *„Warum ist dies ein Null Dreher geworden?“*[1]

4.) Ordnen Sie die Ergebnisse der Analyse, zusammen mit den Fachabteilungen, nach Gründen und stellen Sie die Häufigkeiten der „WARUM?“, wieder gegliedert nach Wertigkeiten dar, in einer Statistik geordnet, siehe nachfolgend.

5.) Stellen Sie Gründe nach einer Hitliste durch entsprechende Maßnahmen auf Dauer ab.

UND: Reduzieren Sie die Mehrstufigkeit, wie im entsprechenden Abschnitt beschrieben.

[1] geordnet nach einem Gründekatalog (eindeutige Merkmale)

Bild 6.3: *Analyse nach Bestandstreiber*

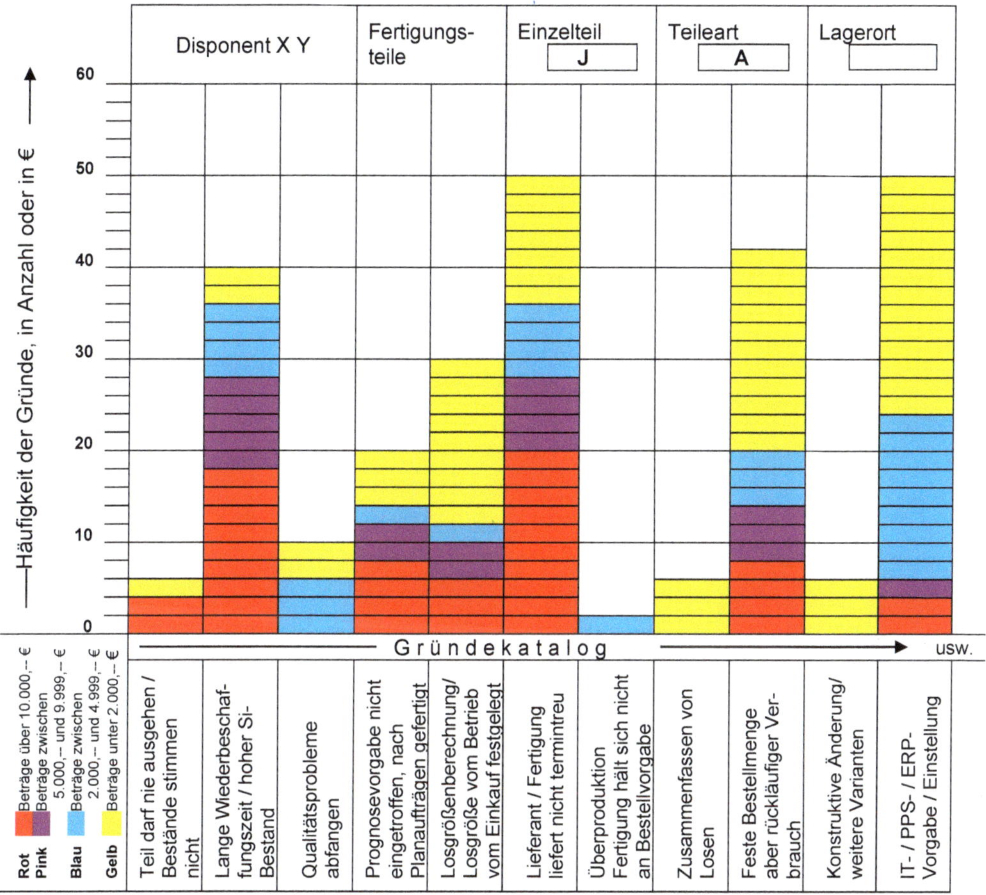

Das Ergebnis ist die Erkenntnis, *„Was sind die Haupt-Bestandstreiber im Unternehmen?“*, die dann Schritt für Schritt in einem Projekt Bestandsreduzierung, Ziel z. B. minus 30 %, bei verbesserter Lieferfähigkeit, im Team gegen null gebracht werden müssen.

Und denken Sie daran:

Eine Erhöhung des Lieferbereitschaftsgrades von z. B. 95 % auf 99 %, kann je nach Wiederbeschaffungszeit und nach Streuung der Bedarfe eine Verdopplung des Bestandes bewirken.

Praxis-Tipp:

Eine rein auftragsbezogene Fertigungs- / Beschaffungspolitik senkt Ihre Lagerbestände auf null! Mehrkosten durch Kapazitätsvorhalt müssen dagegengehalten werden. Meist rechnet es sich. Das oberste Ziel muss also sein:

„Kürzeste Durchlaufzeiten in der Fertigung herstellen und Materialsicherheit auf der untersten Stücklistenebene herstellen“.

Eine Zusammenführung der Erhebung **„Überbestände warum?“** und deren Analyse nach dem 80-20-Prinzip, gemäß Gründekatalog mit dem aufgezeigten Werkzeugkasten **„Einzelschritte zur Bestandssenkung“**, zeigt den Weg, damit Überbestände / Fehlleistungskosten **dauerhaft minimiert** werden können. Eine Maßnahmeliste mit Datum und Name, *„WER MACHT BIS WANN WAS“*, erleichtert die Umsetzung im Unternehmen.

Null-Dreher / Lagerhüter müssen verschrottet oder über andere Wege eliminiert werden. Ein Vorhalt nach dem Grund *„Es kann doch noch irgendwann benötigt werden“*, ist u. a. bei Berücksichtigung steuerlicher Auswirkungen, der teuerste Weg.

Natürlich muss der Erfolg von Maßnahmen, bezüglich Bestandsreduzierung, auch sichtbar gemacht werden. Kennzahlen sind dann das richtige Mittel.

Bestands- / Teileart			**∅ Umschlagshäufigkeit am Stichtag bzw. Lagerbestand in € nach Teileart**				
Art des Bestandes	Wertigkeit	Teileart	**2016**	**2017**	**2018**	**2019**	**2020**
Fertigware	A	Handelsware	5,0				
		Eigenfertigung	6,3				
	B	Handelsware	4,8				
		Eigenfertigung	4,5				
	C	Handelsware	2,6				
		Eigenfertigung	2,8				
	KANBAN/ SCM	Handelsware	16,0				
		Eigenfertigung	19,2				
Baugruppen	A	Kaufteile	3,0				
		Eigenfertigung	6,2				
	B	Kaufteile	3,5				
		Eigenfertigung	4,1				
	C	Kaufteile	2,2				
		Eigenfertigung	1,8				
	KANBAN/ SCM	Handelsware	18,0				
		Eigenfertigung	22,0				
Einzelteile	A	Kaufteile	1,9				
		Eigenfertigung	4,4				
	B	Kaufteile	2,2				
		Eigenfertigung	3,0				
	C	Kaufteile	0,9				
		Eigenfertigung	1,6				
	KANBAN/ SCM	Kaufteile	17,6				
		Eigenfertigung	20,3				
Halbzeug / Rohmaterial	A	Kaufteile	2,1				
		Eigenfertigung	--				
	B	Kaufteile	1,5				
		Eigenfertigung	--				
	C	Kaufteile	0,8				
		Eigenfertigung	--				
	KANBAN/ SCM	Kaufteile	--				
		Eigenfertigung	--				
Umlaufkapital	Werkstattbestand	Teilefertigung	0,8 Mio. €				
		Vor- / Endmontage	0,5 Mio. €				
		Versand	0,1 Mio. €				

Formel:

$$\frac{\text{Verbrauch / Jahr in € od. Stck.}}{\text{Bestand am Stichtag in € od. Stck.}} =$$

UND / ODER

Bestand je Stichtag in €
Monatlich, quartalsweise oder jährlich 1 x =

Wobei die Umschlagshäufigkeit die aussagekräftigere Kennzahl ist. Durch Neuteile / neue Produkte können die Bestände in €-absolut steigen, obwohl die Drehzahl eine Verbesserung aufzeigt.

Problem Lagerhüter (Null-Dreher) lösen

Die steuerliche Betrachtung der Abwertung / des Abverkaufs von Null-Drehern ist wichtig, wobei Null-Dreher erst gar nicht entstehen sollten, z. B. durch folgende Maßnahmen:

- Restmengen sofort verschrotten, sie reichen für den nächsten Auftrag doch nicht aus
- Kundenaufträge incl. Restmengen ausliefern

MASSNAHMELISTE – RÄUMUNGSPLAN

Kriterium (Beispielhafte Aufzählung)	Zu erledigen von:	Zu erledigen bis:	Informations-stand:
– Null-Dreher-Analyse des Fertigwarenlagers aufstellen lassen nach Modell, Lagerbestand Menge, Wert, letzter Zugang, letzter Abgang und nach fallenden Jahren			
– Wie hoch ist der Bestand unverkäuflicher Ware?			
– Ausverkaufs- bzw. Räumungsplan aufstellen a) Wer ist dafür verantwortlich? b) Welche Artikel müssen verschrottet werden? - Ist Ausschlachten möglich? - Was kostet das? c) Wie muss der Schrott behandelt werden? (z. B. unkenntlich machen)			
– Welche Sonderverkäufe sollen einsetzen? Zielkunden / Zeitpunkt / Preis / Werbeaufwand?			
– Ist Umbau möglich? Welche Kunden beziehen ähnliche Artikel? Wer spricht mit Ihnen über Abnahme?			
– Gibt es die Weiterverwendungsmöglichkeit in neuen, verkaufsfähigen Produkten?			
– Wird in absehbarer Zeit ein erneuter Verkauf möglich?			
– Können Posten exportiert werden?			
– Was kann über eBay verkauft werden?			
– Zeitplan für Verschrottungsaktion festlegen			

Ein Räumungsplan ist wichtig, denn auf Dauer können nur die lebenden Artikel beeinflusst werden. Der Sumpf bleibt ansonsten konstant (Beispiel)

Lagerbestandsanalyse:

Anzahl Artikel	Wert in €	Anteil in % von Gesamtbestand
4.000 Stck. lebend	750.000,-- €	75 %
1.000 Stck. 0-Dreher	250.000,-- €	25 %
5.000 Stck. Gesamt	1.000.000,-- €	= 100 %

Erforderliche Zielbestandssenkung: 30 %

A)	Ziel: 30 % von 1.000.000,-- € = 300.000,-- €
B)	Die lebenden Artikel, Wert 750.000,-- € sollen um 300.000,-- € reduziert werden
C)	Ergibt Zielbestandssenkung für die lebenden Artikel von $\frac{300.000,\text{-- €}}{750.000,\text{-- €}} \times 100 = 40\ \%$

Und Sie haben wieder mehr Stellplätze im Lager

Mit einer optimierten Planung und Steuerung

- **Kapazitätsreserven aufdecken**
  - **Kapazitäten flexibilisieren**
    - **Kapazitätsverschwendung vermeiden**
      - **Engpässe erkennen und beseitigen**
        - **Durchlaufzeiten minimieren**
          - **Termintreue steigern**
            - **Lieferservice verbessern**

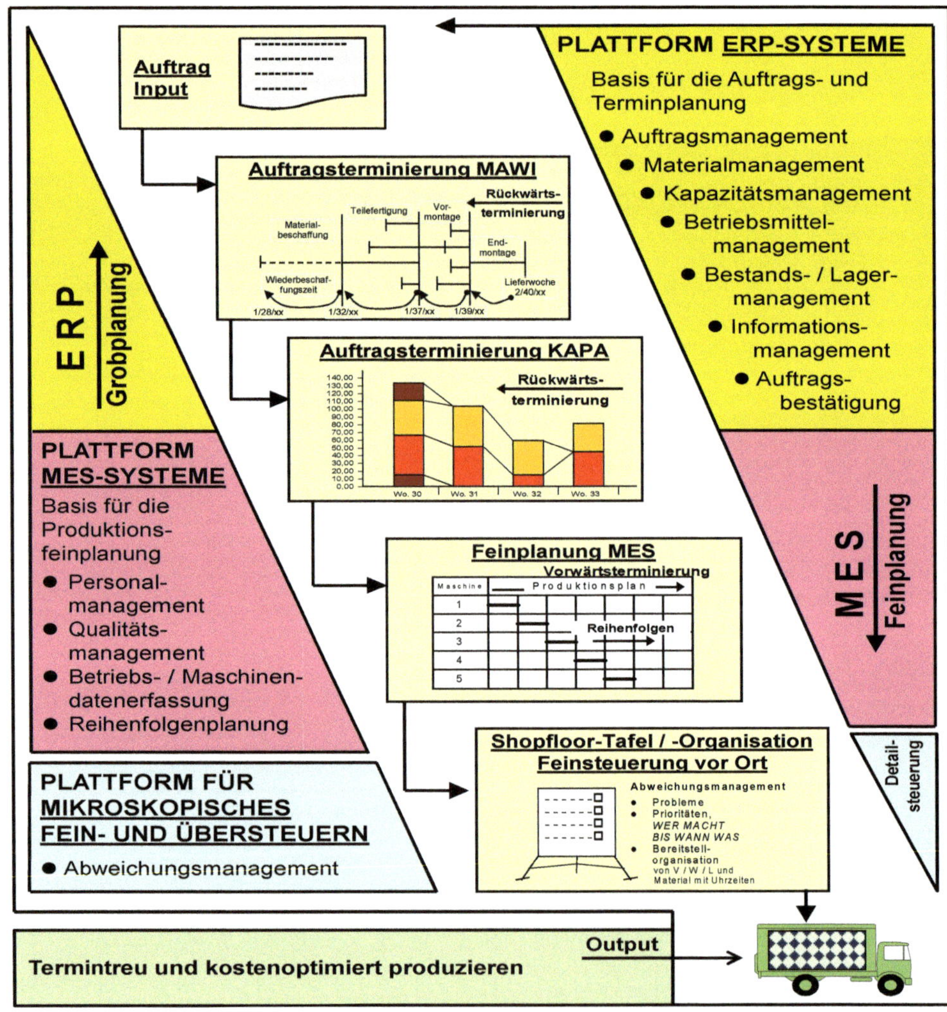

In Anlehnung an Zeitschrift UDZ 2/2018, Unternehmen der Zukunft, Herausgeber: FIR an der RWTH, Aachen

7.1 Die Planungsebenen für einen schnellen Auftragsdurchlauf

Voraussetzung für eine ERP- / PPS-gestützte Auftrags- und Terminplanung sind stimmende Stücklisten / Arbeitspläne, sowie eine zielorientierte Systemeinstellung, damit

- **eine Langfristplanung** für alle Materialien und Teile mit langen Lieferzeiten, mittels Rahmen- und Abrufimpulse gesteuert werden können
- **eine mittelfristige Kapazitätsplanung**, aus der die Auslastung der Fertigung über alle Aufträge ersichtlich ist (Basis Arbeitspläne und Kapazitätsgruppen) und die Starttermine für die Fertigungsaufträge ermittelt werden (Rückwärtsterminierung)
- **eine Feinplanung** über XX Wochen, die täglich oder zwei- bis dreimal pro Woche befüllt wird, gemäß festgelegter Start-Termine und Prioritätenermittlungen, z. B. nach Reichweitenanalysen etc. (Vorwärtsterminierung)
- **die Werkstattfeinsteuerung** ihre Aufgabe, gemäß den Vorgaben aus dem Produktionsplan (Aufträge, Termine, Mengen und Prioritäten) optimal erfüllen kann (Abweichungsmanagement)

Darstellung Ablauforganisation innerhalb des ERP- / PPS-Systems

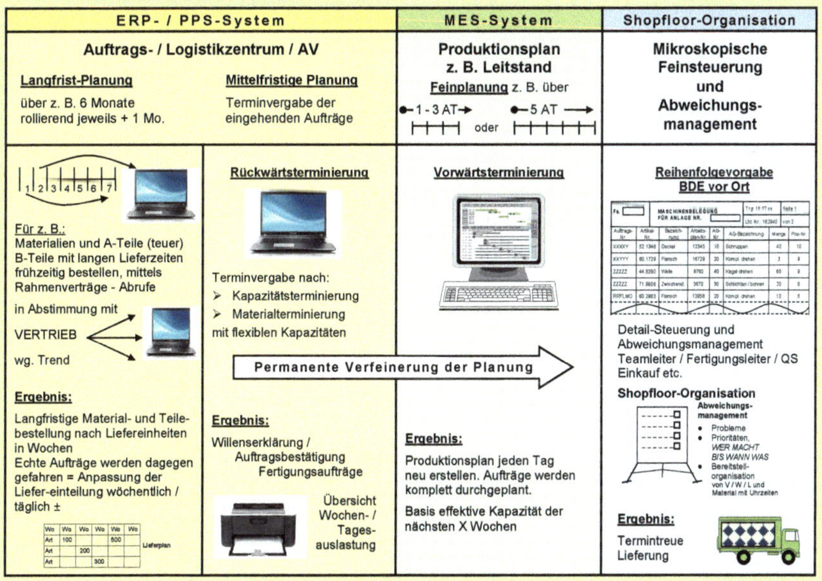

7.2 Grobplanung

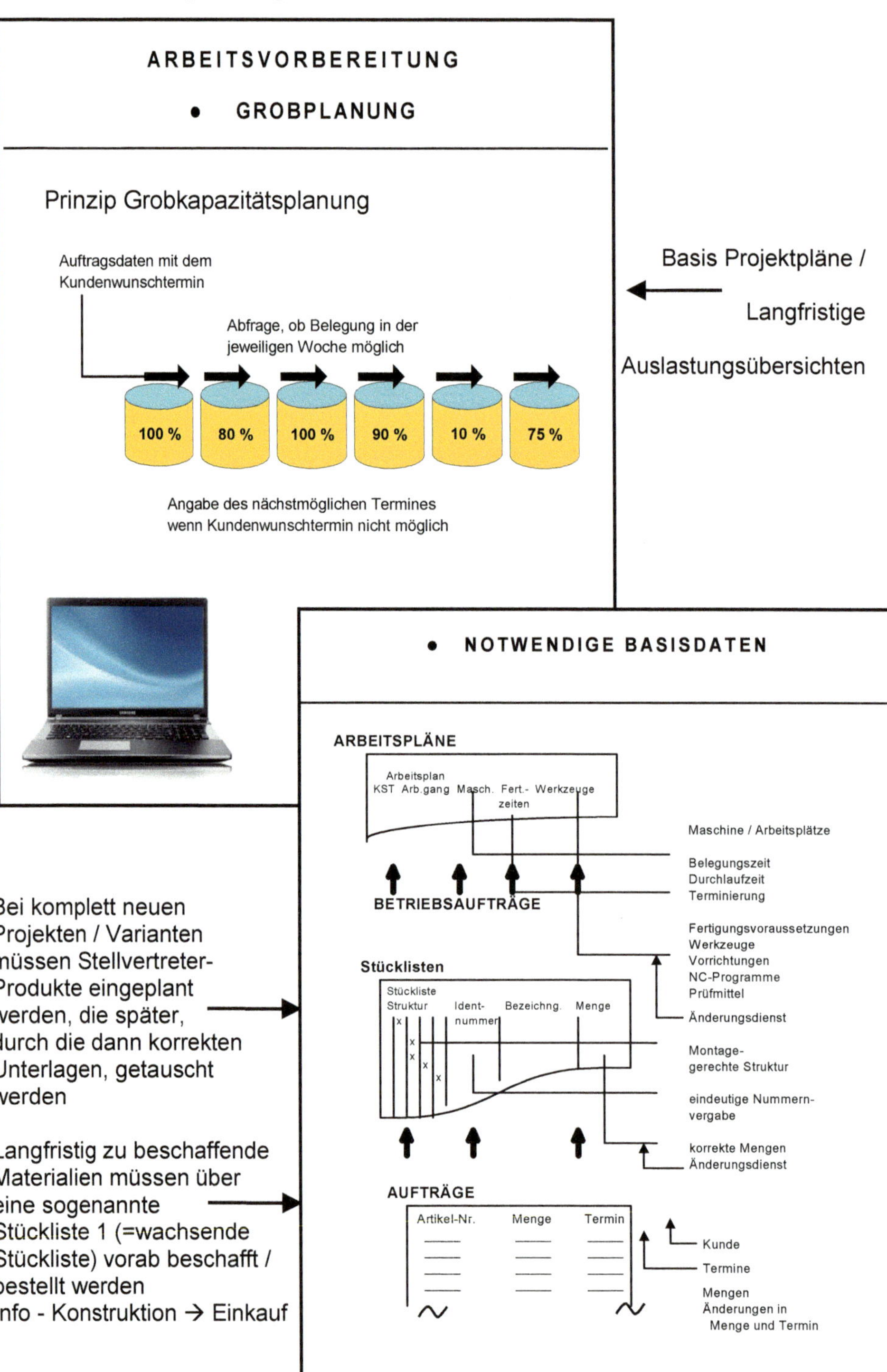

Langfristplanung / Grobplanung

Eine Langfrist- / Grobplanung muss vorhanden sein bzw. eingeführt und gegen die echten Kundenaufträge gefahren werden.

Diese Langfristplanung wird in der Auftragsabwicklung in Verbindung mit den Daten der AV geführt. Die Ergebnisdaten an die Geschäftsleitung bzw. den Vertrieb pro Woche / Monat übergeben.

Sie hat folgenden Sinn:

- Darstellung einer Grobauslastung für grobe Terminabgaben
- Frühzeitiges Disponieren von Material und Teilen mit langen Lieferzeiten bzw. hohen Kosten, gemäß dem sich aus der Grobplanung ergebenden Planungshorizont durch Konstruktion, Arbeitsvorbereitung, Fertigung, Abnahme etc.

Bei der Grobplanung muss unterschieden werden zwischen Einzel- und Serienfertigung

Serien / Variantenfertigung	Einzelfertigung
Vorhersage der Produktion für einen bestimmten Zeitraum, z. B. ein Jahr gegliedert nach einzelnen Perioden (z. B. ein Monat)	**Erfassung der Aktivitäten des Auftragsdurchlaufes (Konstruktion, Einkauf, Arbeitsvorbereitung, Fertigung, Abnahme, Versand).**
Durchführung eine Kapazitätsplanung und Materialbedarfsrechnung für den Gesamtzeitraum. Ziel → Abrufaufträge Gegenüberstellung des effektiven Auftragseinganges mit den Planungen in den Einzelperioden. Berichtigung der Planung der Einzelperioden nach den tatsächlichen eingehenden Aufträgen. Ziel → Punktgenaue Abrufe	Einbringen der Aktivitäten in ein Zeitraster und Erstellung eines Fristenplanes. Durchführung einer Grobkapazitätsbelegung. **Abgleich der Kapazitätsplanung, damit Kapazitätsengpässe vermieden werden.** Aufbau und Führung der Terminüberwachung über alle Stufen (Konstruktion, Einkauf, Arbeitsvorbereitung, Fertigung).

7.2.1 Grobplanung: Einzelfertiger

Einführung eines so genannten Projektplanes

Basis für eine gesicherte Langfristplanung mit den damit verbundenen positiven Auswirkungen auf die Materialwirtschaft ist

a) bei Serienfertigung die Vorgabe eines Vorcash,

b) bei Einzelfertigung die Einführung eines Projektplanes.

Bei Auftragseingang muss über eine Grobterminierung ein so genannter Projektplan erstellt werden. Bei Einzelfertiger sinnvollerweise mittels MS-Projekt.

Bild 7.1: *Projektplan mit wöchentlicher Projektbesprechung, bezüglich Termin sowie Darstellen des Arbeitsfortschrittes in Prozent und Zeitverbrauch*

	PROJEKTPLAN	Kunde: Wolter	Liefertermin: 29. Wo.	Auftrags-Nr. 2604
		Gegenstand: Spezialfilteranlage		

Lt. Katalog Nr. 2 / 4416 / 22 Projektverantwortlicher: K. Meier
jedoch Leistungsvermögen 500 L
u. mit Zusatzantrieb 4 / 912 / 45
u. kundenspezifischer Anschlüsse

Pos Nr.	Tätigkeiten / Baugruppen	Ko. St.	Bedarf in h	Wochen 1	2	3	4	5	6	7	8	9	10	11	12	13	14	15	16	17	18	19	20	21	22	23	24	25	26	27	28	29	30
1	Techn. Klärung / Vertrieb		20																														
2	TB		140																														
3	AV		50																														
4	EK + WBZ		30																														
5	mech. Fertigung		210																														
6	Vormontage		145																														
7	Endmontage		130																														
8	Probel. + Abnahme		30																														

Der Projektplan muss beinhalten:

- grober Terminplan nach *Dauer – Anfang – Ende*

sowie eine

- Zeiteinschätzung Konstruktionsarbeit und Arbeitsvorbereitung
- Zeiteinschätzung Fertigung, Montage und Abnahme

Diese so erstellten Projektpläne werden ins Netz gestellt, denn die Annahme von Konstruktionsaufträgen zu vorbestimmten Terminen, erfordert mehr als eine grobe Daumenplanung.

- Wer kann und muss zu bestimmten Zeiten welche Tätigkeiten ausführen?
- Wie ist die Auslastung der einzelnen Teams bzw. Mitarbeiter?
- Muss Fremdvergabe eingeplant werden? Sind Terminverschiebungen notwendig?

Zeitschätzkatalog			**Positionsspiegel**				**Auftr.-Nr. Code-Nr.**	
Kunde: Kraftanlagen				**Liefertermin:**				
Gegenstand: Beschickungsboxen								
Terminverfolg.	Tätigkeit / Gegenstand			Zeitaufwand in h je Kostenstelle				
	Pos. Nr.	Bezeichnung	End-termin	60	30	40	45	Σ
	01	AV		30				30
X	02	Übersichtszeichnung		405				405
	03	QS		10				10
	04	Doku.		20				20
X {	07	Werksmontage						
{	08	Zwischenabnahme		8				8
	09	Verpackung / Versand		12		10		22
{	90	Transport				20		20
X {	91	Montage - Baustelle			61	61		122
{	92	Endabnahme		10		8		18
X {	10	Box				320		320
{	11	Boxgestell						
X	79	Hubvorrichtung				160		160
X	78	Schieber				360		360
X	77	Beschickungsschleuse				80		80
X	76	Übergangsstück				40		40
X	92	Endabnahme					12	
				495	**61**	**1.059**	**12**	**1.615**

Einbetten der Projekte in das ERP- / PPS-System bezüglich Kapazitätsverzehr in der Produktion und Langläufer Materialbeschaffung

Diese Planungen können mittels Excel-Tabellen bzw. speziellen Projektprogrammen, z. B. **MS-Projekt**, oder über entsprechende ERP- / PPS-Module durchgeführt werden, die u. a. mittels Internet durchgängig bis zum Kunden / Lieferanten gestaltet werden können (virtuelles Projektmanagement im Internet).

Eine Kontrolle der Ecktermine erfolgt entweder:

a) im PC mittels manueller Verarbeitung der Rückmeldungen in Excel-Tabellen, bzw. über MS-Projekt, idealerweise mit BDE-Anbindung

b) im PPS- / ERP-System online über permanente BDE-Rückmeldungen

c) wöchentliche Termingespräche mit den Projektverantwortlichen

Die Entlastung der Zeitschätzwerte / Gant-Zeitstrahlgrafiken erfolgt:

a) nach Arbeitsfortschritt gemäß Rückmeldung verbrauchter Stunden

b) nach Arbeitsfortschritt in Prozent gemäß sachlicher Einschätzung durch Projektverantwortlichen

<table>
<tr><td rowspan="2">Arbeitsfortschritt tatsächlich in %
%</td><td>SOLL-MT, bzw. Std.</td><td>Arbeitsfortschritt SOLL %
lt. Plan</td></tr>
<tr><td>IST-MT, bzw. Std.
(Verbrauch)</td><td>Arbeitsfortschritt IST %
lt. Zeitverbrauch</td></tr>
</table>

Eine Kapazitätsbelegung nach Maschinengruppen erfolgt über die mittelfristige Kapazitätsplanung auf Basis Arbeitspläne. Die Belegung über die Grobplanung wird gelöscht.

Natürlich ist es sehr schwierig, Aufträge zu planen und zu steuern, wenn sich der Inhalt der Arbeiten erst stufenweise bestimmen lässt Daher muss besonderer Wert auf den Informationsaustausch gelegt werden. Bei Terminüberschreitungen müssen durch die beteiligten Mitarbeiter Maßnahmen getroffen werden.

Es ist daher unumgänglich, in bestimmten Abständen, z. B. wöchentlich, bei Termingesprächen die Maßnahmen festzulegen und zu kontrollieren. Einzelmaßnahmen führen zu keinem Erfolg, da alle Entscheidungen Einfluss auf die Folgeabteilungen haben. Daher müssen alle Maßnahmen festgehalten und auf Termineinhaltung kontrolliert werden.

Siehe nachfolgende Schemadarstellung, grundsätzliche Projektschritte / Maßnahmen:

Projektplan mit Kennung Arbeitsfortschritt – *wöchentlich*

PE0012	Terminverfolgung Projekt	Summen Rechnen				Startwoche eingeben	Terminverschiebung ab Spalte und mit Startwoche
		Modell- und WZ-Kosten intern	WZ-Kosten extern	Prüf- und Zulassungs-kosten extern	Design-Kosten extern	KW44/zz	
Projektname:	Frosti					Neu-Anlage	Termin-
Projektleiter:	Muster	0,00 €	0,00 €	10.000,00 €	0,00 €		

Pos.-Nr.	Tätigkeits-schlüssel	Projektschritt		Verbrauchte Zeit (Ist / Soll)	Soll [MT]	Ist [MT]	Arbeits-fortschritt
		Summe / Gesamt von Soll, Ist und Arbeitsfortschritt:			25,7	19,6	21%
				76%			
1	001	Projektorganisation	Ist / Soll		1,8	1,0	
2	005	Benchmarking	Ist / Soll		0,0	0,7	
3	007	Erstellung Lastenheft	Ist / Soll		0,0	0,0	
4	035	FMEA	Ist / Soll		0,0	0,0	
5	010	Konstruktion und Detaillierung	Ist / Soll		4,0	1,5	50%
6		Freigabe Lastenheft	Ist / Soll		Meilenstein		
7		Kalkulation und Fertigungsprüfung	Ist / Soll		Zeitachse		
8		Teilebeschaffung Prototypen / Vorserie (Guss- und Kaufteile)	Ist / Soll		Zeitachse		
9	040	Technische Unterstützung bei Werkzeug- und Teilebeschaffung Prototypen / Vorserie	Ist / Soll		1,0	3,3	
10	033	Techn. Unterstützung bei Montage und Erprobung Prototypen / Vorserie (incl. Eigenmontage)	Ist / Soll		1,5	3,0	
11		Feldversuche und Auswertung	Ist / Soll		Zeitachse		
12	025	Laborversuche und Auswertung	Ist / Soll		7,0	8,9	50%
13	050	Erstellen der Stücklisten und Stammdaten	Ist / Soll		1,0	0,0	
14		Kalkulationsüberprüfung	Ist / Soll		Meilenstein		
15		Festlegung Lagererstbestückung und Freigabe zur Serie	Ist / Soll		Meilenstein		
16		Werkzeug- und Teilebeschaffung Serie (intern / extern)	Ist / Soll		Zeitachse		
17	045	Technische Unterstützung bei Werkzeug- und Teilebeschaffung Serie	Ist / Soll		0,9	0,5	
18		Abnahme und Freigabe zur Serienfertigung	Ist / Soll		Zeitachse / Meilenstein		
19		Erstellung Baan-Auftrag für Lagererstbestückung	Ist / Soll		Meilenstein		
20		Teilebeschaffung (intern / extern)	Ist / Soll		Zeitachse		
21		Montage	Ist / Soll		Zeitachse		
22		Lieferbereitschaft	Ist / Soll		Meilenstein		
23	015	Neue Schutzrechte (incl. Recherchen)	Ist / Soll		0,8	0,0	
24	030	Zulassungsprüfungen	Ist / Soll		6,0	0,4	
25	020	Dokumentation für Produkt- und Vertriebsunterlagen	Ist / Soll		2,5	0,4	

Pos.-Nr.		8 KW44/zz	9 KW45/zz	10 KW46/zz	11 KW47/zz	12 KW48/zz	13 KW49/zz	14 KW50/zz	15 KW51/zz	16 KW52/zz	17 KW01/xx	18 KW02/xx	19 KW03/xx	20 KW04/xx	21 KW05/xx	22 KW06/xx	23 KW07/xx	24 KW08/xx	25 KW09/xx	26 KW10/xx	27 KW11/xx	28 KW12/xx	29 KW13/xx	30 KW14/xx	31 KW15/xx	32 KW16/xx	33 KW17/xx	34 KW18/xx	35 KW19/xx	36 KW20/xx	37 KW21/xx	38 KW22/xx	39 KW23/xx	40 KW24/xx	41 KW25/xx	42 KW26/xx	43 KW27/xx	44 KW28/xx	45 KW29/xx
1	Ist			0,3	0,1	0,4		0,1																															
1	Soll	0,1	0,1	0,1	0,1	0,1	0,1	0,1	0,1	0,1	0,1		0,1		0,1							0,1	0,1										0,1	0,1	0,1	0,1			
2	Ist												0,7																										
2	Soll																																						
3	Ist																																						
3	Soll																																						
4	Ist																																						
4	Soll																																						
5	Ist		0,6				0,1	0,4	0,3																														
5	Soll				1,0	1,0	1,0	0,5	0,5																														
6	Ist																																						
6	Soll																																						
7	Ist																																						
7	Soll																																						
8	Ist																																						
8	Soll																																						
9	Ist		1,6	0,9	0,8																																		
9	Soll	0,5		0,5																																			
10	Ist			0,2	1,4	0,4	1,1																																
10	Soll				1,5																																		
11	Ist																																						
11	Soll																																						
12	Ist		0,3	1,6	1,6	2,9	0,8	1,1	0,6																														
12	Soll					2,0	1,0	1,0	1,0				1,0	1,0																									
13	Ist																																						
13	Soll																			1,0																			
14	Ist																																						
14	Soll																																						
15	Ist																																						
15	Soll																																						
16	Ist																																						
16	Soll																																						
17	Ist					0,2			0,3																														
17	Soll				0,5	0,2	0,2																																
18	Ist																																						
18	Soll																																						
19	Ist																																						
19	Soll																																						
20	Ist																																						
20	Soll																																						
21	Ist																																						
21	Soll																																						
22	Ist																																						
22	Soll																																						
23	Ist																																						
23	Soll																																						
24	Ist			0,4																																			
24	Soll					2,0	1,0	0,5								1,5	1,0																						
25	Ist			0,4																																			
25	Soll											1,0	1,0	0,5																									

Einbetten der Projekte in das ERP- / PPS-System bezüglich Kapazitätsverzehr in der Produktion und frühzeitige Langläufer-Materialbeschaffung

Dies bedeutet systemtechnisch, dass folgende Funktionen eingerichtet werden müssen:

- Für die Kapazitätswirtschaft sogenannte Dummy-Artikel / Kapazitätsbelegungstabellen, damit der mit neuen Aufträgen verbundene Kapazitätsverzehr in der Produktion in den Kapazitätsübersichten bereits berücksichtigt werden kann.

  Bei Fertigstellung der Zeichnungen, der Arbeitspläne, werden diese fiktiven Belegungen gegen den tatsächlichen Kapazitätsverzehr ausgetauscht.

  Wird dies nicht beachtet, stellt das PPS-System eine Scheinwelt in der Kapazitätswirtschaft dar.

- Für die Materialwirtschaft sogenannte wachsende Stücklisten, damit z. B. Langläufer frühzeitig vorab bestellt werden können.

  Auch dürfen seitens der Konstruktion nur komplette Baugruppen, bestehend aus Stückliste und dazugehöriger Zeichnungen, an die AV übergeben werden. Also an den Einkauf: Stüli 1 / Stüli 2 / Stüli 3 usw., an die AV nur die endgültige Fassung mit den dazugehörigen Zeichnungssatz.

- Sofern die gewünschten Varianten über Standardbausteine zusammengestellt werden können, empfiehlt sich der Einsatz eines Variantengenerators, der nach den vorgegebenen Einflussgrößen (im Auftrag hinterlegt) die Stückliste automatisch generiert.

Auch wöchentliche Termin- / Arbeitsfortschrittskontrollen mittels E-Mail-Meldung, oder Foto (per Internet vom Unterlieferant), *wo steht das Projekt terminlich?*, hat sich bewährt. (Auch intern machbar.)

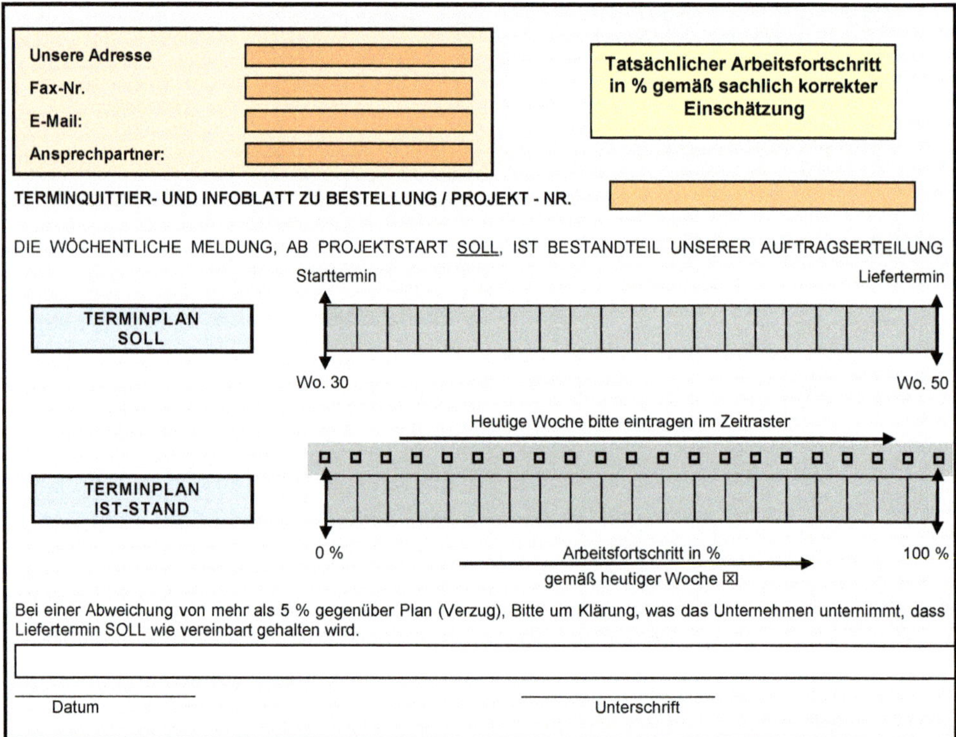

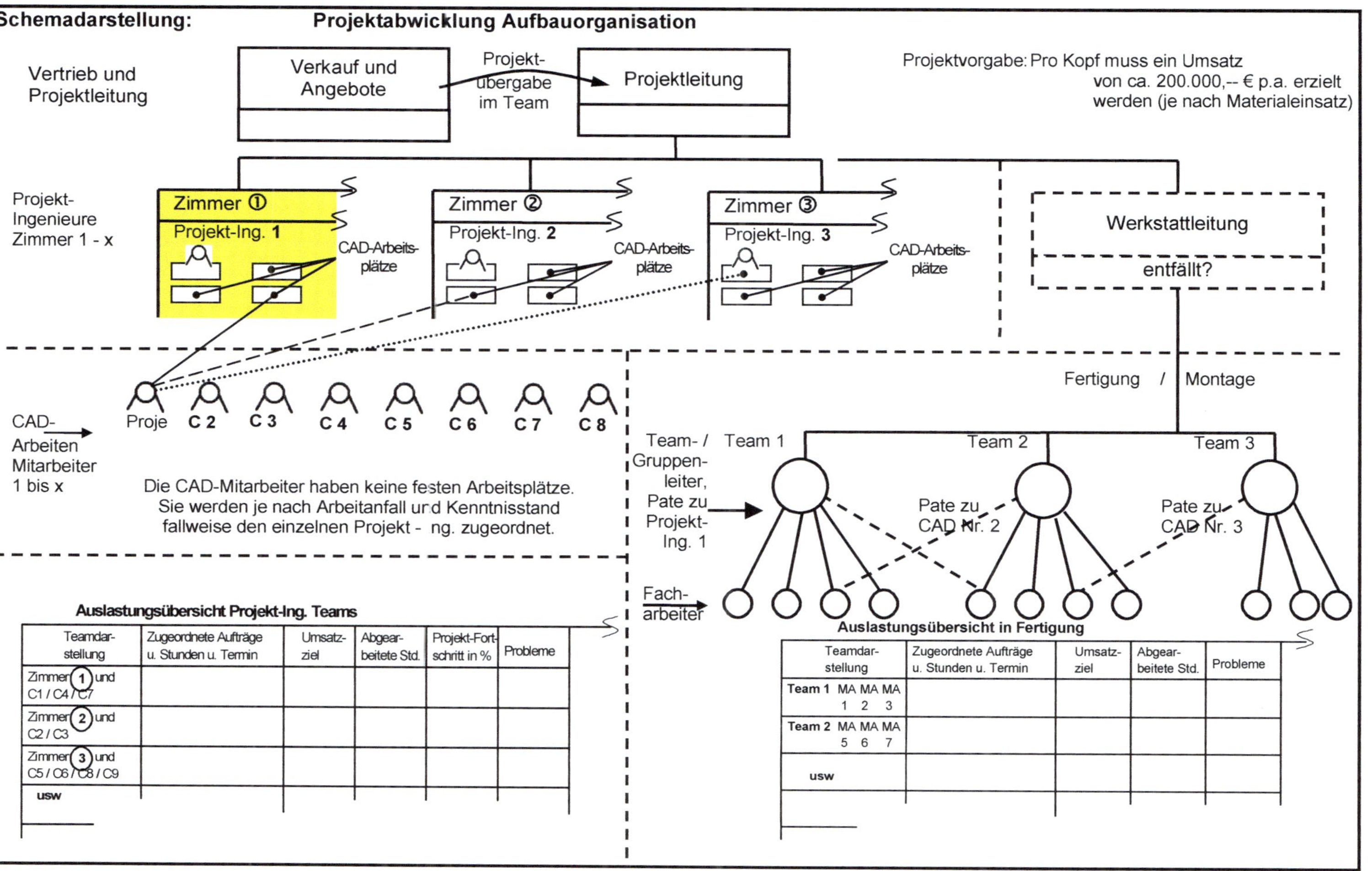

Auslastungsübersicht Projekt-Ing. Teams

Teamdar-stellung	Zugeordnete Aufträge u. Stunden u. Termin	Umsatz-ziel	Abgear-beitete Std.	Projekt-Fort-schritt in %	Probleme
Zimmer ① und C1 / C4 / C7					
Zimmer ② und C2 / C3					
Zimmer ③ und C5 / C6 / C8 / C9					
usw					

Auslastungsübersicht in Fertigung

Teamdar-stellung	Zugeordnete Aufträge u. Stunden u. Termin	Umsatz-ziel	Abgear-beitete Std.	Probleme
Team 1 MA 1 MA 2 MA 3				
Team 2 MA 5 MA 6 MA 7				
usw				

Visualisierung des Auftragsbestandes in der Konstruktion

Zimmer 1 / Projekt-Ingenieur 1 (Farbe GELB)

(A) Schrank- / Ablageorganisation (Schrank ohne Türen, Farbe GELB)

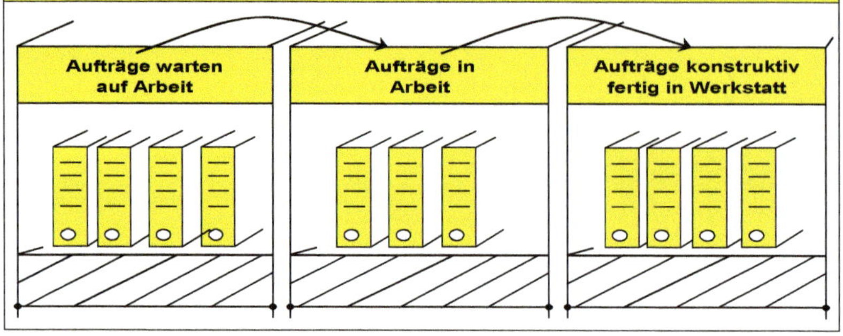

Aufträge warten auf Arbeit

Aufträge in Arbeit

Aufträge konstruktiv fertig in Werkstatt

(B) Ordnerorganisation
(alle Ordnerrücken für Zimmer 1 Farbe GELB)

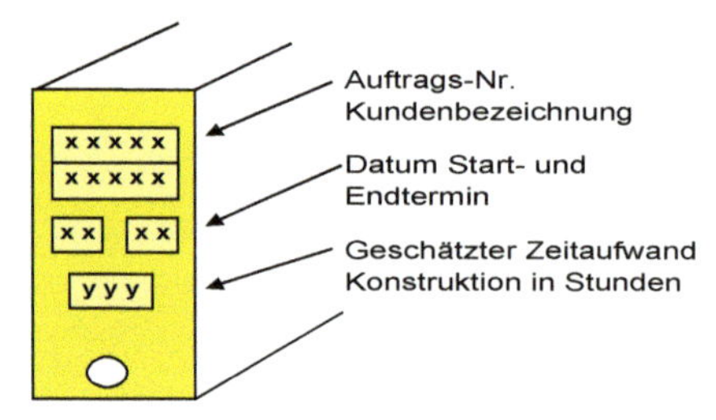

xxxxx
xxxxx
xx xx
yyy

Auftrags-Nr.
Kundenbezeichnung

Datum Start- und Endtermin

Geschätzter Zeitaufwand Konstruktion in Stunden

Diese Visualisierung schafft einen schnellen Überblick, es ist sofort sichtbar, ob die Konstruktion kapazitätsmäßig auf aktuellem Stand ist

J N

Wöchentliche Termingespräche, mit Darstellung der tatsächlichen Arbeitsfortschritte haben sich bewährt.

Wochenbericht WEBER RAINER KW ....

Auftrag	Projektstand	Termin	Zuständigkeit	Erl.
XXXXX **Hamburg**	Deckleisten - Nachfertigung für EG → zurückgestellt, bis alle anderen verleistet ▪ Lichtkästen - Nachtragsangebot ▪ Colt - Leistungen RWA ▪ Türelemente 15 Stück mit Stufengläser etc. zur Zeit in der AV ▪ Transport von 2 Glasscheiben nach Innsbruck, für Schiebetüre	 KW 02 KW 04 KW 02 KW 04	 PL PL AV Stahlbau	

Projektleitung			K & E			Arbeitsvorbereitung			Fertigung Stahlbau			Fertigung Alubau			Montage		
L Wo	Ist	N Wo	L Wo	Ist	N Wo	L Wo	Ist	N Wo	L Wo	Ist	N Wo	L Wo	Ist	N Wo	L Wo	Ist	N Wo
97 %	97 %	98 %	99 %	99 %	99 %	98 %	98 %	99 %	99 %	99 %	99 %	90 %	90 %	92 %	94 %	95 %	95 %

Auftrag	Projektstand	Termin	Zuständigkeit	Erl.
YYYYY **Düsseldorf**	Anstehende Arbeiten ▪ 2 Stück Stahlfassaden zur Zeit in der AV ▪ 2 Aluelemente ▪ Zukauf: Lamellenelemente, Eternitplatten ▪ Geländer	 KW 02 KW 03 KW 03 KW 02	 AV AV PL K + E	

Projektleitung			K & E			Arbeitsvorbereitung			Fertigung Stahlbau			Fertigung Alubau			Montage		
L Wo	Ist	N Wo	L Wo	Ist	N Wo	L Wo	Ist	N Wo	L Wo	Ist	N Wo	L Wo	Ist	N Wo	L Wo	Ist	N Wo
65 %	70 %	75 %	80 %	80 %	85 %	40 %	40 %	50 %	0 %	0 %	0 %	60 %	60 %	60 %	45 %	45 %	50 %

<u>Legende:</u>
L Wo = Lieferwoche, Soll-Arbeitsfortschritt in Prozent
Ist = geschätzter Arbeitsfortschritt in Prozent
N Wo = geschätzter Stand nächste Woche in Prozent

7.2.2 Schätzzeitkataloge als Basis für eine geordnete Projektausplanung

Basis für die Einführung einer in etwa abgesicherten Grobkapazitätsplanung ist der Aufbau von z. B.

→ Kennzahlensystem, was kann in etwa pro Woche/ Monat gefertigt werden, ausgelegt nach Warengruppen / Fertigungslinien

bzw. bei Projektarbeiten

→ Aufbau von Schätzkatalogen mittels folgend beschriebenen Auftragsnummern und Zeiterfassungslogik mittels Tätigkeits- und Positionsspiegel

Aufbau eines Zeit-Schätzkataloges für die Langfristplanung

<u>Musterbeispiel:</u> Aufbau einer Auftrags-Nummernvergabe mit Positionsspiegel für Zeiterfassung zur Bildung eines Schätzzeitwert-Kataloges

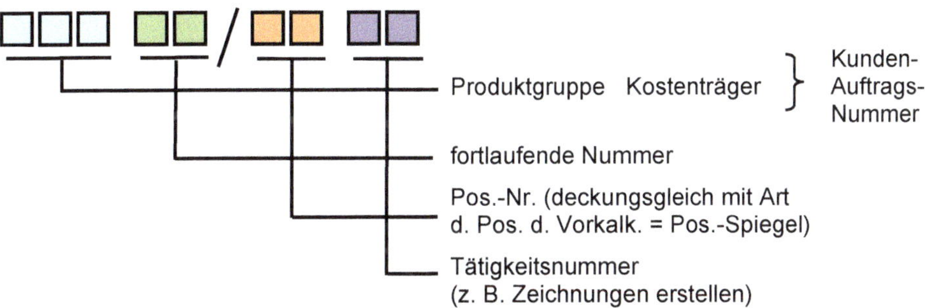

Wie der Auftrags-Nummernschlüssel für Unteraufträge ab der Stelle 6 + 7 aufgebaut werden kann (als klassifizierender Schlüssel) soll nachfolgendes Beispiel verdeutlichen:

<u>Pos.-Nr. - Schlüssel für Zeit- und Kostenerfassung 6. + 7. Stelle</u>

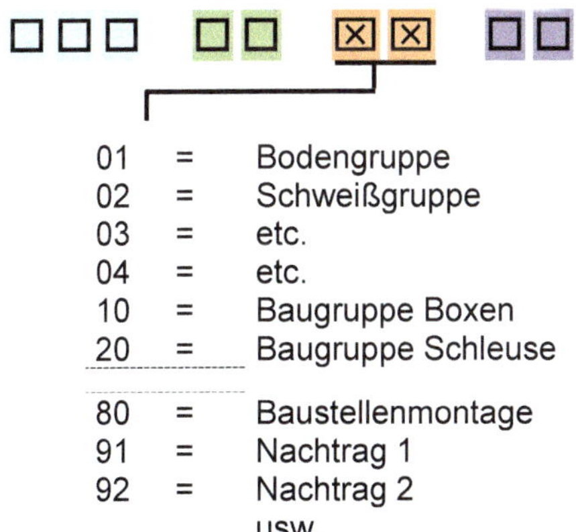

Tätigkeitsschlüssel für Zeit- und Kostenerfassung 8. + 9. Zeile

Wie ein Tätigkeitsschlüssel für die Zeit- und Kostenerfassung aufgebaut sein kann, soll folgendes Beispiel zeigen:

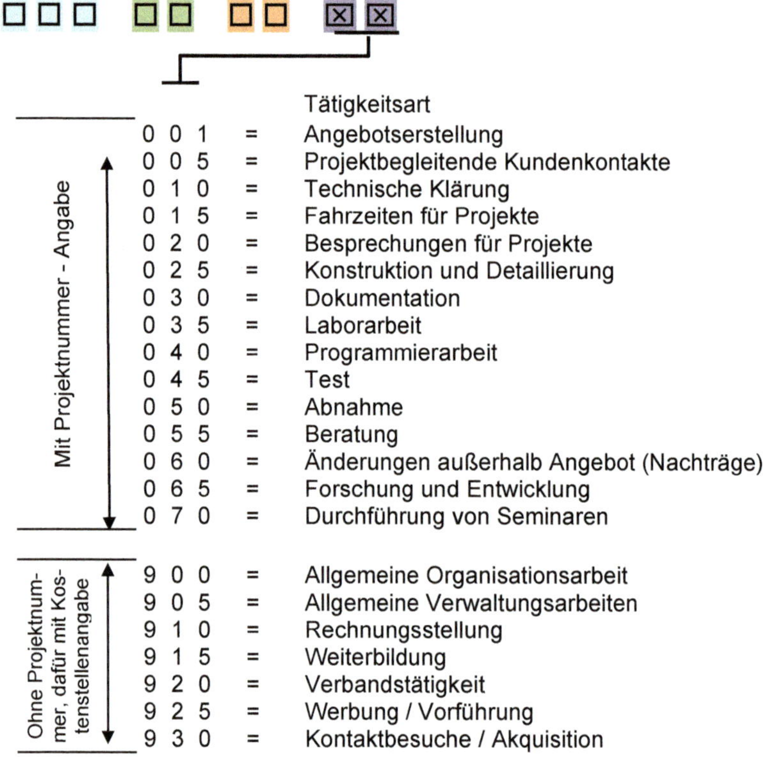

			Tätigkeitsart
Mit Projektnummer - Angabe	0 0 1	=	Angebotserstellung
	0 0 5	=	Projektbegleitende Kundenkontakte
	0 1 0	=	Technische Klärung
	0 1 5	=	Fahrzeiten für Projekte
	0 2 0	=	Besprechungen für Projekte
	0 2 5	=	Konstruktion und Detaillierung
	0 3 0	=	Dokumentation
	0 3 5	=	Laborarbeit
	0 4 0	=	Programmierarbeit
	0 4 5	=	Test
	0 5 0	=	Abnahme
	0 5 5	=	Beratung
	0 6 0	=	Änderungen außerhalb Angebot (Nachträge)
	0 6 5	=	Forschung und Entwicklung
	0 7 0	=	Durchführung von Seminaren
Ohne Projektnummer, dafür mit Kostenstellenangabe	9 0 0	=	Allgemeine Organisationsarbeit
	9 0 5	=	Allgemeine Verwaltungsarbeiten
	9 1 0	=	Rechnungsstellung
	9 1 5	=	Weiterbildung
	9 2 0	=	Verbandstätigkeit
	9 2 5	=	Werbung / Vorführung
	9 3 0	=	Kontaktbesuche / Akquisition

Dies bedeutet, dass hinter jeder Nummer, Stelle 8 + 9, sich eine Tätigkeit verbirgt, bezogen auf einen ganz bestimmten Unterauftrag und darauf die Zeiterfassung erfolgt.

Die Zeiterfassung der einzelnen Mitarbeiter erfolgt im Regelfalle über BDE-Erfassung oder direkt am Bildschirm / Scanner oder separater Zeiterfassung, z. B. Tablet-PC.

Ziel des Schlüssels ist es, eine saubere Gliederung der gebrauchten Zeiten, nach den verschiedenen möglichen Tätigkeitsarten / Unteraufträgen zu bekommen, die nach

A) für die Nachkalkulation

- produktive Auftragstätigkeit und
- nicht weiter verrechenbare Gemeinkostentätigkeiten zu erhalten (nur Kostenstellen zuzuordnen)
- so weit wie möglich auch Gemeinkosten sachbezogen den Projekten zuordnen zu können

B) mittels Regressionsrechnung etc. zu Zeitschätzwerten / -katalogen für Projektarbeiten und einer realistischen Kapazitäts- und Belegungsplanung

ausgewertet werden können.

Bild 7.2: *Zeiterfassung von Dienstleistungstätigkeiten am Bildschirm bzw. über Terminals / Tablet PC nach Tätigkeitsarten*

A) Bildschirm: Erfassen von Tätigkeitsarten für z. B. Programmiertätigkeiten

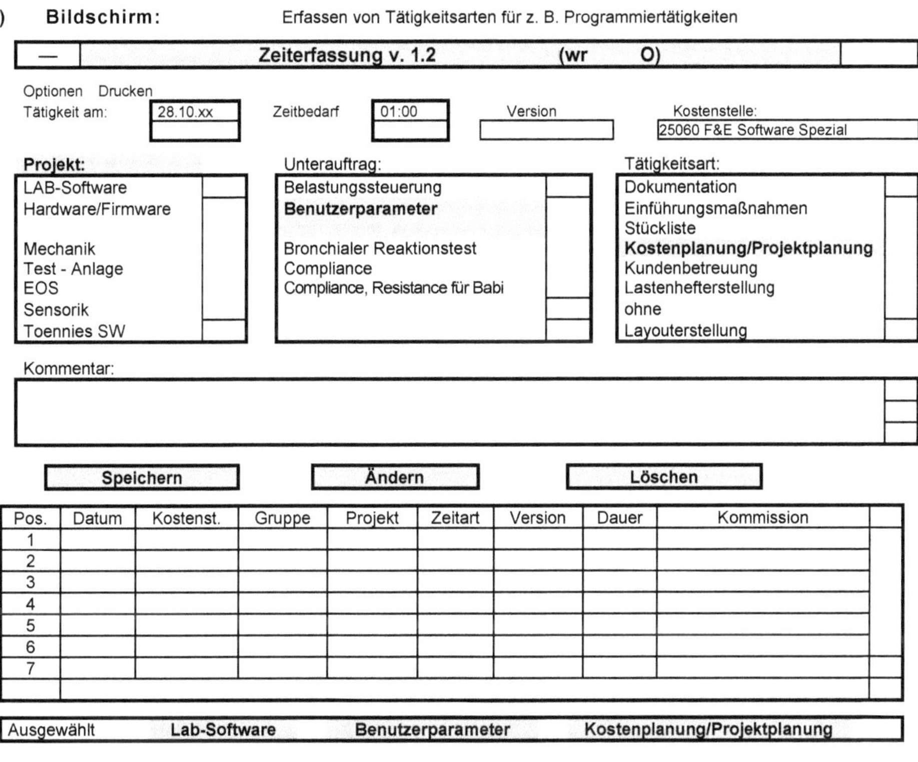

Pos.	Datum	Kostenst.	Gruppe	Projekt	Zeitart	Version	Dauer	Kommission
1								
2								
3								
4								
5								
6								
7								

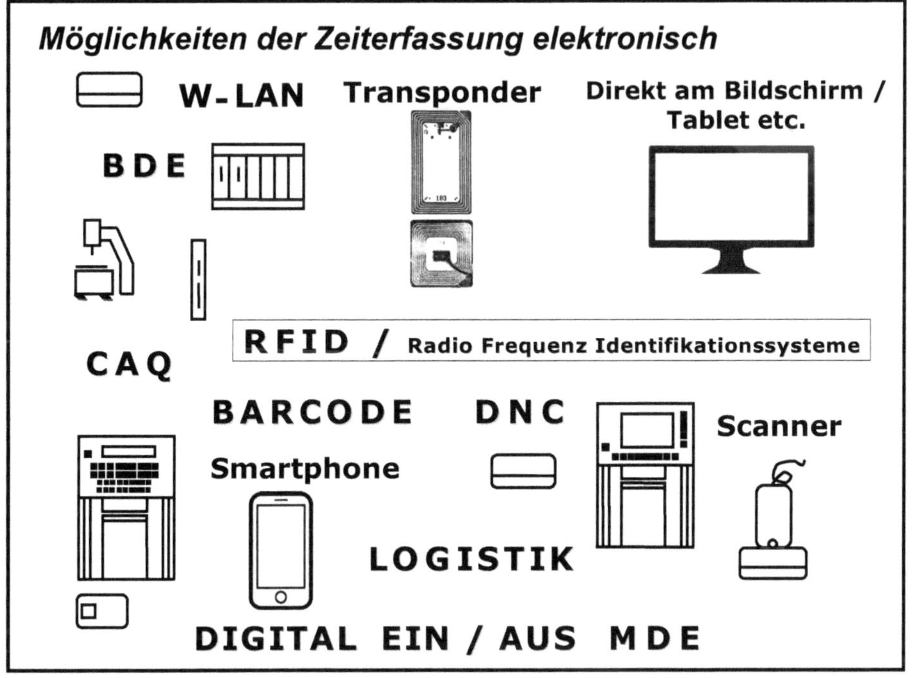

Erfassen / Auswerten von IST-Zeiten als Basis für die Ermittlung von Zeit- / Richtwerte

Parallel dazu

→ werden die gebrauchten Zeiten in einem entsprechenden BDE- oder Excel-Programm erfasst und systematisch nach Einflussgrößen und Produktgruppen / Schwierigkeitsklassen o. ä. ausgewertet. Mittels statistischer Auswertungen, wie z. B. Korrelations- und Regressionsrechnungen können somit die Ist-Zeiten in Formeln gebracht werden,

- pro Tätigkeitsart
- je Produktgruppe / Schwierigkeitsklasse und
- je Position lt. Positionsspiegel

und es kann eine Nachkalkulation durchgeführt werden.

Bild 7.3: *Auswerten von Ist-Zeiten nach Auftragsnummer, Kostenträgern, Positionsspiegel und Tätigkeitsarten*

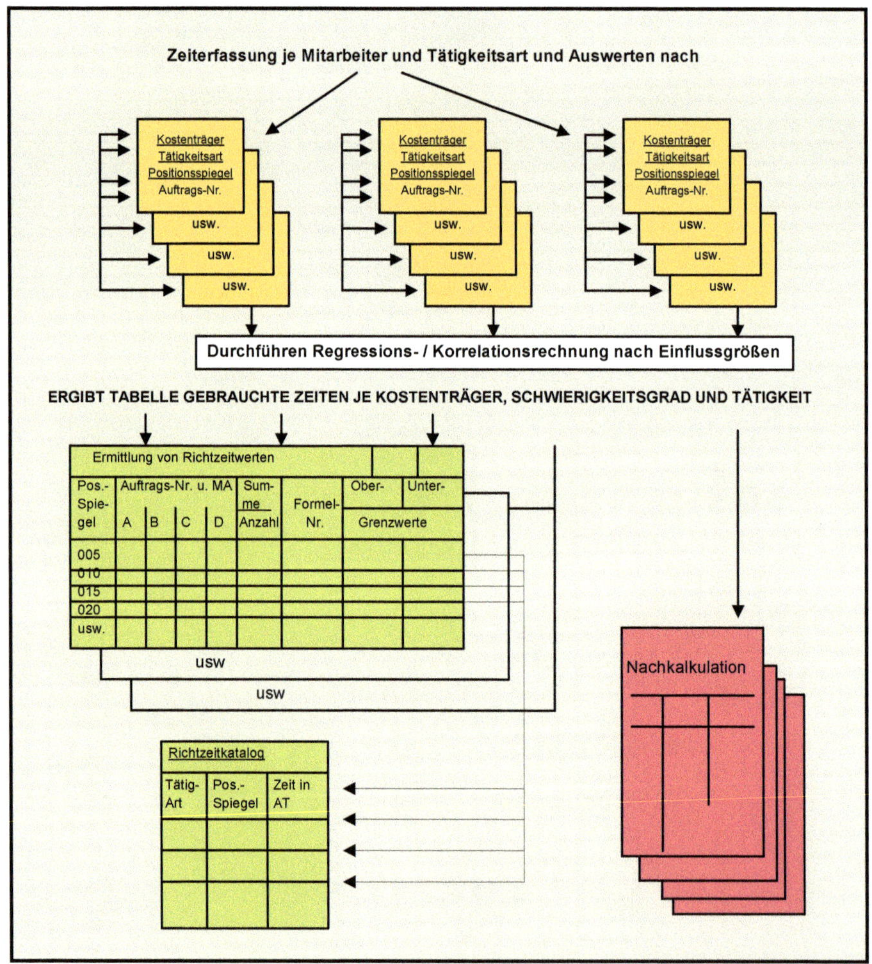

7.2.3 Grobkapazitätsplanung für Serien- / Variantenfertiger

Als Schnell-Info für den Vertrieb hat sich, insbesondere bei mehrstufigen / komplexen Produkten, eine Lieferübersicht nach Warengruppen und Füllgrad der Fertigung / der Konstruktion außerhalb des ERP- / PPS-Systems bewährt.

Die AV pflegt wöchentlich diese Excel-Tabelle, stellt sie neu ins Netz. Der Vertrieb kann so schnell, übersichtlich dem Kunden eine Terminzusage, gemäß aktueller Auslastung geben. Bei Sonderfällen, kurzfristigen Wünschen etc., wird immer eine Rückfrage in der AV notwendig sein.

Die Praxis hat gezeigt, dass durch diese Hilfe der Vertrieb schnell und ohne Rückfragen reale Standard-Lieferzeiten angeben kann.

Bild 7.4: *GROBKAPAZITÄTSPLANUNG: SERIENFERTIGER*
Wöchentliche Anpassung gemäß Füllgrad

Datum:
Name:
Stand:

Katalog-kapitel	Warengruppe	Fertigungslinie / Kostenstelle	Lagerhaltig	Nicht lagerhaltig DLZ ohne Kapazitätsproblem		Nicht lagerhaltig DLZ mit Kapazitätsberücksichtigung		Ausnahmen / Allgemeine Hinweise
			x =J -- =N	Fertigung (x) [1]	mit Konstruktion	Fertigung (x) [1]	mit Konstruktion	
2	Rohrleitungsteil > DN100 - DN300	3	X	5 Tage	+3 Tage	+ 5 Wo	+ 1 Wo.	Riesenaufträge / Sondermaterialien, Sonderkonstruktionen, Rücksprache mit AV / Logistikcentrum
2	Rohrleitungsteil > DN300 - DN600	4	X	6 Tage	+3 Tage	+ 9 Wo		
2	Rohrleitungsteil > DN800 - DN1000	4	--	7 Tage	+3 Tage	+ 2 Wo		
3	Kugelhähne, Druckhalteventile	1/2 + 5	X	10 Tage	+4 Tage	+ 3 Wo	+ 0,5 Wo.	
4	Kugel-Gefäß ≤ DN100 / ≤ 5 L	2	X	4 Tage	+3 Tage	+ 3 Wo	+ 2 Wo.	
4	Kugel-Gefäß DN150 - 300 / ≤ 50 L	3	X	4 Tage	+3 Tage	+ 5 Wo		
4	Kugel- Gefäß > DN300 - DN600 / ≤ 200 L	4	X	5 Tage	+3 Tage	+ 9 Wo		
4	Kugel Gefäß > DN800 / 200 L - DN1000 / 500 L	4	--	8 Tage	+3 Tage	+ 2 Wo		
5	Absperrschieber	2	X	5 Tage	+3 Tage	+ 3 Wo	+ 2 Wo.	
6	Flach- / Rundhaube DN 80 - 100	2	X	4 Tage	+4 Tage	+ 3 Wo	+ 3 Wo.	
6	Flach- / Rundhaube > DN 100 - 300	3	X	4 Tage	+4 Tage	+ 5 Wo		
6	Flach- / Rundhaube DN 450 - 1000	4	--	6 Tage	+4 Tage	+ 9 Wo		
7	Pumpen klein	2 + 5	--	6 Tage	+3 Tage	+ 3 Wo	+ 4 Wo.	
7	Pumpen groß	1/2 + 5	X	8 Tage	+3 Tage	+ 3 Wo		

Eine Alternative ist die langfristige Auslastung in Wochen, oder Monaten, durch z. B. SOLL- und eingelastete IST-Mengen abzubilden, eventuell gewichtet nach Artikel- / Warengruppe:

Langfristiger Kapazitätsplan / -auslastung												
Artikel- / Kapazitätsgruppe	Jan.	Febr.	Mär	April	Mai	Juni	Juli	Aug.	Sept.	Okt.	Nov.	Dez.
Plan- / Stückzahl												
Verkaufte Stückzahl												
Differenz / Restkapazität												

7.3 Die Zeitwirtschaft als Grundlage für die Auftrags- und Terminplanung / Kapazitätswirtschaft / Feinplanung / Kalkulation

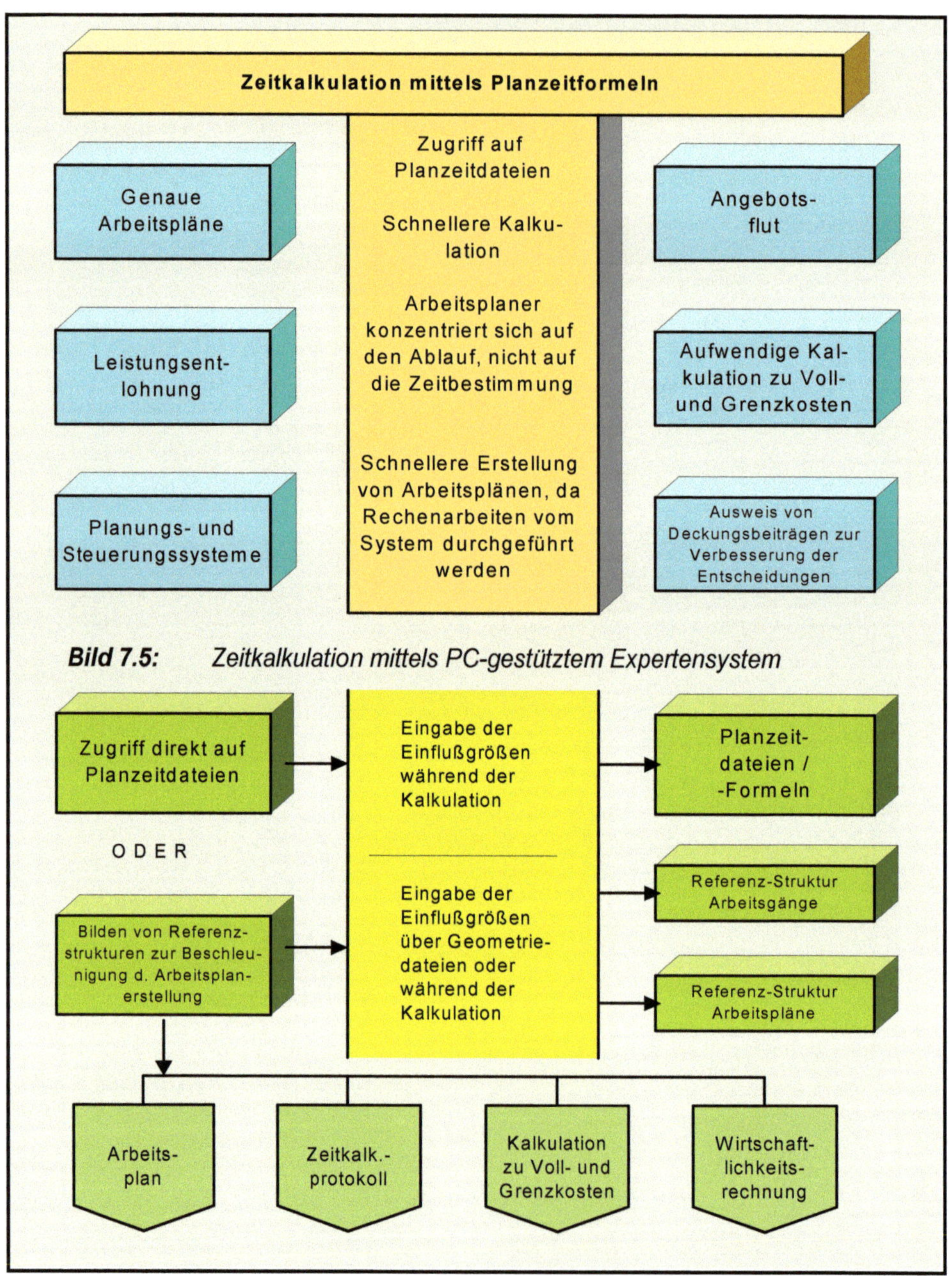

Bild 7.5: *Zeitkalkulation mittels PC-gestütztem Expertensystem*

Wirtschaftlichkeitsbetrachtungen für die Zeitkalkulation

Auch die Zeitvorrechnung ist, wie alle unternehmerischen Planungsaufgaben, unter dem Aspekt der Wirtschaftlichkeit durchzuführen.

Die Relation vom Aufwand zum Nutzen hat auch hier ihre Gültigkeit, allerdings unter Berücksichtigung der Genauigkeit.

Aussage: Je genauer bei manuellen Verfahren die Zeitwerte erforderlich sind umso höher belaufen sich die Kosten der Vorkalkulation.

Für die reine Angebotskalkulation mit dem Ziel *„Weg von reinen Schätzungen"* bzw. *„Kopfkartei"* sollte somit auf

a) BDE-Erfassung mit entsprechender statistischer Auswertung

oder besser

b) auf so genannte IT-gestützte Richt- / Planzeitwerte, ermittelt nach Einflussgrößen und / oder Verfahrensbausteine (= eine für das Unternehmen einheitliche Wissensbasis)

zurückgegriffen werden.

Bild 7.6: *Verwendungszweck und Genauigkeit von Richt- und Planzeitwerten*

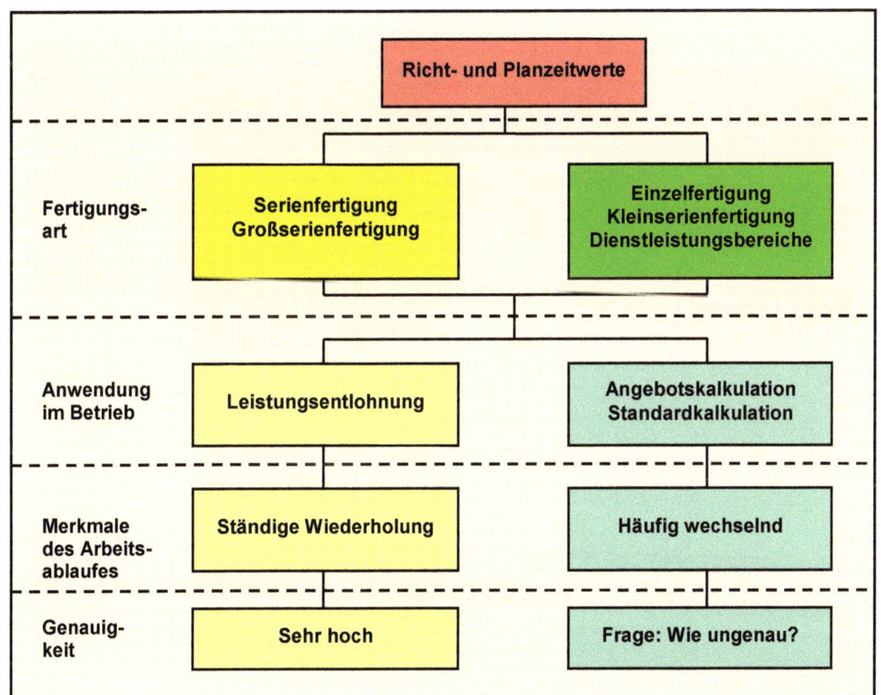

7.3.1 Automatische Zeitkalkulation und Arbeitsplanerstellung

PC-gestützte Excel-Expertensysteme[1)] sind einfache und preiswerte Hilfsmittel, um eine schnelle und korrekte Zeitwirtschaft einrichten zu können. Sie basieren auf Regressions- und Korrelationsrechnungen anhand der Zeit bestimmenden Einflussgrößen für Fertigungsarbeitsgänge und / oder Teilefamilien. Die von diesen Systemen vollautomatisch ermittelten Zeitformeln können im Regelfalle ohne Probleme in die vorhandenen PPS-Systeme eingebaut werden und errechnen dort, gemäß den hinterlegten Einflussgrößen, die richtigen Stück- und Rüstzeiten. Je Einflussgröße sind Kleinst- / Größtwerte hinterlegt, da ein Extrapolieren nicht zulässig ist.

Darstellung der Funktionsweise:

Beim Erstellen des Arbeitsplanes fragt das System in den Stammdaten alle hinterlegten Einflussgrößen ab und rechnet dann die te und tr Zeiten je Arbeitsgang aus, macht den Arbeitsplan fertig. Bei Montagearbeiten wird meist mit Festwerten je Stücklistenposition gerechnet.

Sollten Einflussgrößen im Stammdatensatz fehlen, so werden diese bei der Arbeitsplanerstellung separat abgefragt und einzeln eingegeben.

Automatische Arbeitsplanerstellung mit Vorgabezeitkalkulation

Länge - Rohmaterial	Außen-durchmesser	Steigung	Anschliff Endmaß	Winkel	Anzahl Einstiche
▼	▼	▼	▼	▼	▼

Für Produktgruppe Rohrbögen

AG	AG Kurztext1	BE-Bezeichnung	tr min	te min	Formel
12	Rohling drehen	CNC-Drehen Masch.-Nr.	20,00	0,60	5
110	Schaft fräsen	CNC-Fräsen Masch.-Nr.	30,00	1,69	28
8999	Reinigen	System 23 Einstellung 4	0,00	0,10	Festwert
420	Härten	Anlage 140 Vorschrift 28	45,00	5,00	36
8999	Schleifen	CNC-Junkers Masch.-Nr.	20,00	2,60	68
	etc.				

1) Adressen siehe jeweils aktuelle Fachzeitschrift des REFA-Verbandes Industrial-Engineering, Refa Darmstadt, Wittichstr. 2, www.REFA.de

Wobei, je nach Einzelfall, *„einzelne Arbeitsgänge“* oder *„alle Arbeitsgänge“* nach Teilefamilien geordnet, kalkuliert werden können.

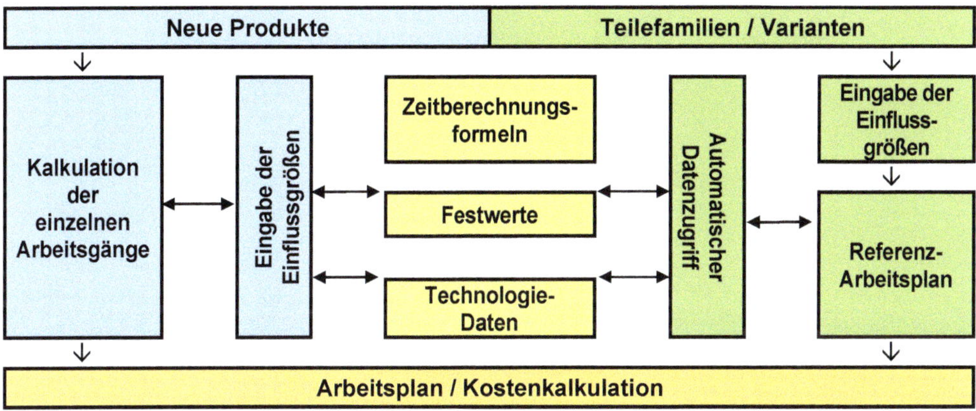

Formelfindung nach Zeitbestimmenden Einflussgrößen

Excel-Eingabetabelle für die systematisch zu erfassenden IST-Zeiten oder Werte aus einzelnen Zeitstudien, als Ausgangsdaten für die Regressionsrechnung. Je nach Anbieter können bis zu 250 Einflussgrößen hinterlegt werden:

Teilefamilie: EA					1	2	3	4	5	6	7	8
Datum	Schicht	Auftrag	Sorte	Umgerechnete min	Gewicht kg	Breite mm	Dicke mm	Länge mm	Steigung (Grad)	Anzahl Löcher	Anzahl Einstiche	Endmaß
16.01.xx	1	L000216-002	EA	7,20	1380	1	1,00	589	20	1	4	500
16.01.xx	1	L000216-003	EA	8,40	1525	1	1,00	589	8	1	3	500
16.01.xx	1	L000216-001	EA	17,40	4355	3	1,00	589	10	3	9	500
16.01.xx	1	L000216-002	EA	6,00	1390	1	1,00	589	30	1	3	500
17.01.xx	1	L000216-002	EA	75,58	20270	14	1,00	589	30	14	42	490
17.01.xx	1	L000216-003	EA	15,60	4220	3	1,00	589	20	3	9	500
↓		↓		↓		↓		↓		↓		↓

Mittels Regressionsrechnungen, geordnet nach Teilefamilien, werden Formeln ermittelt, die zur Berechnung der Leistungseinheiten ausreichen.

Die gewollte Genauigkeit kann im System hinterlegt werden und zeigt an, ob für die vorgegebene Genauigkeit der Zeitberechnungsformeln, z. B. 95 % / 90 % / 85 % etc., die Basisdaten in Häufigkeit und Anzahl Einflussgrößen ausreichen, oder ob weitere Basisdatenerhebung notwendig ist.

Schemabild: Auswertung der Ergebnisse mittels Regressions- und Korrelationsrechnung

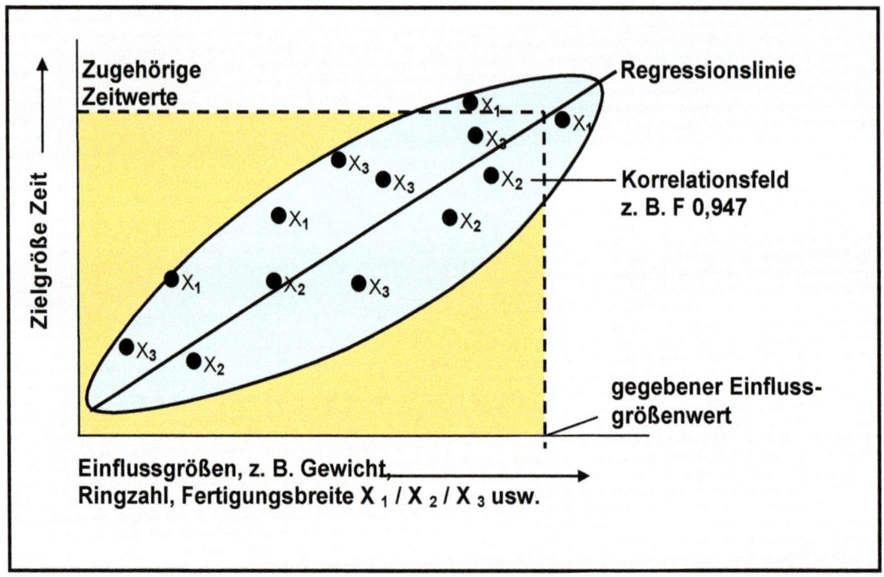

Regressionsformel Ergebnis der Regressionsrechnung[1)]							
Y =	6,52734	+	0,00027433	* X 1	+	0,98972	* X 3
		-	0,0094335	* X 4	+	0,21859	* X 7
		+	0,0042155	* X 8			

Bestimmtheitsmaß B = 89,594 %	Multiple Korrelation R = 0,947	Anzahl Messwerte n = 386

Dies sind die Zeitbestimmenden Einflussgrößen lt. Regressionsrechnung

X 1 = Gewicht in kg	X 3 = Dicke in mm
X 4 = Länge in mm	X 7 = Anzahl Einstiche
X 8 = Endmaß	X 9 = Materialart usw.

Die so gebildeten Formeln werden jetzt in Excel oder im ERP- / PPS-System hinterlegt und so für eine automatisierte Zeitberechnungen und Arbeitsplanerstellung verwendet.

Im Rahmen der Weiterentwicklung der Systeme, wird u. a. an einer Zusammenführung der CAD- und CAP-Programme gearbeitet, so dass parallel zur Konstruktionsarbeit vollautomatisch ein Arbeitsplan entsteht.

[1)] Anbieter solcher Expertensysteme finden Sie im Internet unter: Automatische Arbeitsplanerstellung und Zeitkalkulation

7.4 Kapazitätsterminierung / Durchlaufzeiten / Flexibilität

Leitsatz: **Kapazitäten schaffen – Nicht verwalten! Durchlaufzeiten radikal verkürzen!**

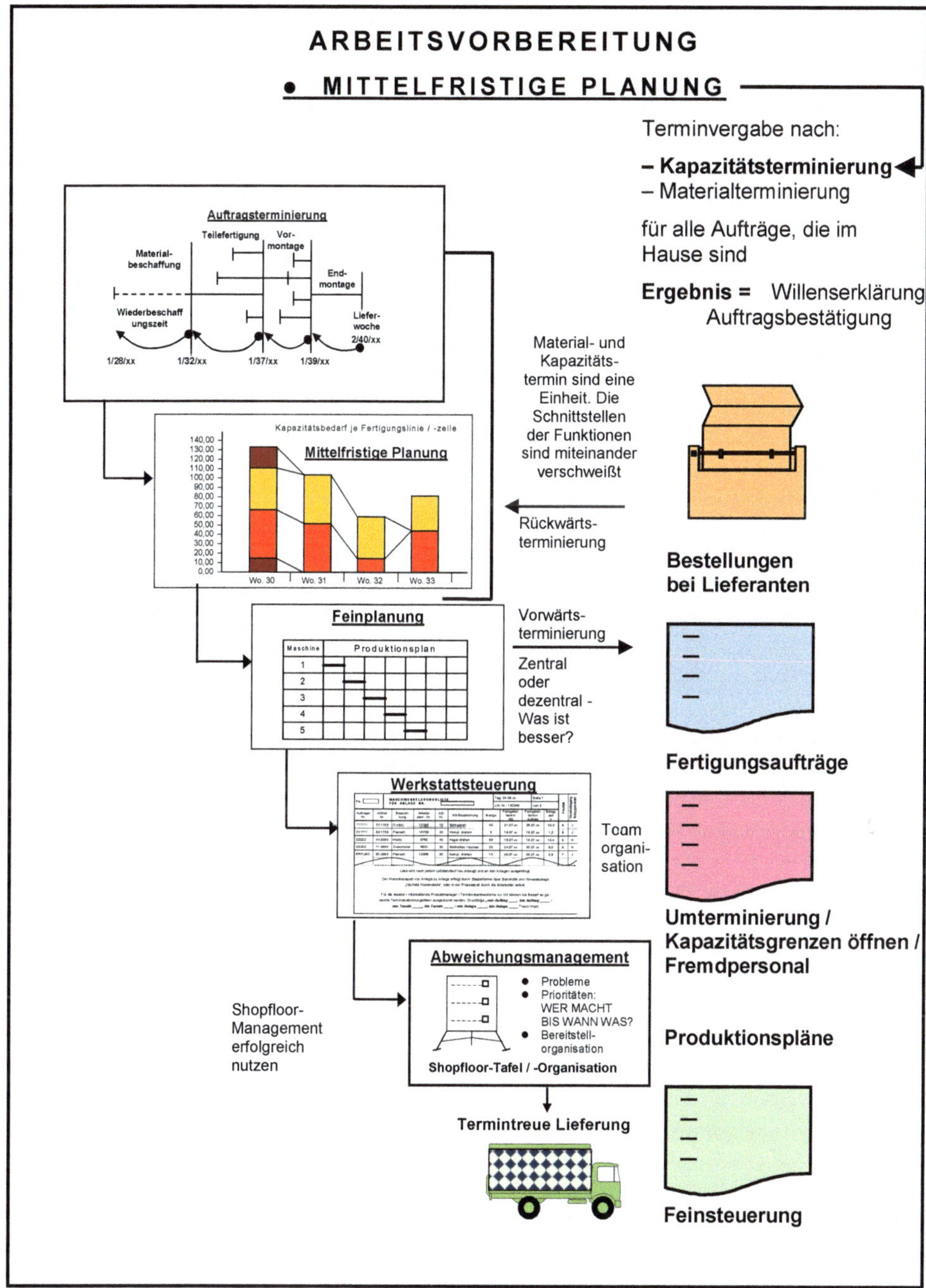

Aufbau der mittelfristigen Planung / Kapazitätswirtschaft

Wie schon angeführt, hat die mittelfristige Planung das Ziel, die termingerechte Ausführung vorzubereiten. Daher bezieht sie sich auf die Kapazitäts- und Materialplanung

Abbildung: *Vorgehen und Auswirkungen bei der mittelfristigen Planung*

Vorgehen	Maßnahmen	Auswirkungen
SCHRITT 2 **Durchführen der Kapazitätsplanung**	**Belasten der Arbeitsplatzgruppen mit dem Kapazitätsbedarf lt. Fertigungsauftrag.** **Überprüfung der Kapazitätsbelegung. Evtl. Umdisposition der Aufträge zum Kapazitätsausgleich**	**Schaffung der Voraussetzungen, dass zur Abwicklung der Aufträge keine Kapazitätsengpässe entstehen (Kapazitäten schaffen, nicht verwalten).** **Frühzeitiges Erkennen von Auslastungsschwierigkeiten, bzw. Hereinholen von Fremdaufträgen oder zusätzliches Annehmen von Aufträgen zu Deckungsbeiträgen, sofern möglich.**
Durchführen von Materialbedarfsplanung	Ermittlung des Nettobedarfes an Material in den einzelnen Perioden (Wochen / Tage). Auslösen der Beschaffung des Materials mit Terminüberwachung	Schaffen von Voraussetzungen, dass für die termingerechte Auftragsdurchführung das Material vorhanden ist.

Leitsatz: **Radikale Verkürzung der Durchlaufzeit und Verbesserung der Reaktionsfähigkeit ist heute ein „MUSS".**

Untersuchungen haben einen direkten Zusammenhang zwischen kurzen Lieferzeiten und entsprechend steigender Anzahl erhaltener Aufträge, besserer Preis aufgezeigt.

Bild 7.7: *Darstellung – Am Markt erzielbarer Preis / Anzahl erhaltene Aufträge in Abhängigkeit der Lieferzeit*

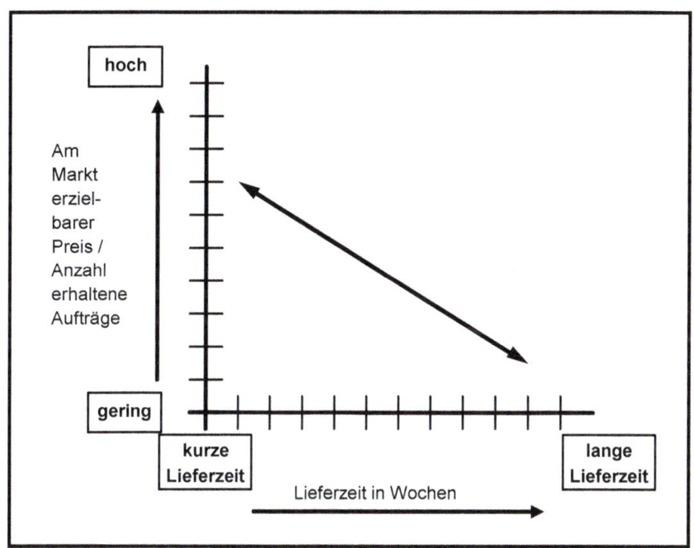

Die Durchlaufzeiten beeinflussen die Höhe der Bestände / die Flexibilität wesentlich. Erfahrungswerte zeigen, dass bei einer Durchlaufzeit von z. B. 20 AT nur ca. 10–15 % = 2–3 AT wertschöpfende Tätigkeiten im Sinne des Arbeitsfortschrittes sind.

Also Straffung der Produktionsprozesse durch Überarbeitung der ERP- / PPS-Einstellungen und der Prozesse vor Ort. Linienfertigung verringert die Zersplitterung von Arbeitsvorgängen und sichert eine termintreuere Fertigung. Das Auftragsseil muss strammer gezogen werden.

Was zu folgender Grundsatzphilosophie führt:

- Kurze Lieferzeiten sind genauso wichtig wie der Preis
- Der Kunde bestimmt was produziert wird
- Der Kunde bezahlt nur den wertschöpfenden Anteil am Produkt
- Ein Kunde kauft kein Produkt, sondern nur
  - ► Kapazität u n d
  - ► Know-how
    - ⇨ Know-how ist das Produkt
    - ⇨ Kapazität ist die Anzahl Maschinen / Mitarbeiter über die gesamte Herstellprozesskette
- Hohe Liquidität ist auch Leistung

Daran hat sich alles auszurichten.

Planungssicherheit herstellen, kurzfristig – langfristig, prozessorientiert

Parallel zur Materialterminierung, muss die Kapazitätsterminierung durchgeführt werden.

Da die Kunden immer später bestellen, ihre Ware aber früher haben wollen (Grund: Alle wollen ihre Bestände senken), sind sie auf eine absolut termintreue Lieferung angewiesen.

Somit wird Termindiktat seitens der Kunden zur Normalität. Terminverschiebungen nur noch selten durchsetzbar.

Also muss die Kapazitätsplanung nach diesen Zwängen ausgerichtet werden, die Durchlaufzeit reduziert und die Flexibilität erhöht werden,

WAS BEDEUTET:

Mit den richtigen Werkzeugen zu höherer Termintreue und kürzeren Lieferzeiten

- Bilden von prozessorientierten Kapazitätsgruppen
- Terminplanung mit reduzierten Durchlaufzeiten und flexiblen Kapazitäten
- Zusammenhänge zwischen Losgröße, Anzahl Aufträge gleichzeitig in der Fertigung, bezüglich Durchlaufzeiten, Bestände und Flexibilität (keine hausgemachte Konjunktur)
- Rückstandsfrei, flexibler produzieren durch eine verbesserte Fertigungssteuerung und nur fertigen was gebraucht wird
- Optimieren des Informationsflusses Kunde → AV →Produktion
- Prioritätenregelungen für eine Fertigungssteuerung mit kurzen Durchlaufzeiten / Engpassplanung
- Straffung der Produktionsprozesse durch Überarbeitung der ERP- / PPS-Einstellungen und der Prozesse vor Ort
- Linienfertigung verringert die Zersplitterung von Arbeitsvorgängen und sichert eine termintreue Fertigung mit kurzen Durchlaufzeiten

Das Auftragsseil muss strammer gezogen werden.

Was zu folgender Zielsetzung / Fertigungsphilosophie für einen Produktionsbetrieb führen muss:

- Minimieren aller nicht wertschöpfenden Tätigkeiten. Abbau von Blindleistungen und versteckter Verschwendung, insbesondere in den fertigungsnahen Dienstleistungsbereichen
- Abbau überholter Wirtschaftlichkeitsbetrachtungen. Es zählt nur das Gesamtoptima, nicht das Einzeloptimum
- Ein abgespeckter ERP- / PPS-Einsatz erzeugt Freiräume und vermindert Blindleistungen und nicht wertschöpfende Tätigkeiten in der Fertigung und in den angegliederten Dienstleistungsbereichen
- Optimieren des Material- und Informationsflusses – vom Kunden bis zum Lieferanten – Prozessorientiert durch Abkehr vom Push- zum Pull-System
- Lieferanten sind Partner im Prozess
- Reduzieren von Schnittstellen und Transportwegen. Die Produktion muss fließen, also Segmentieren der Fertigung prozessorientiert als Linienfertigung / Röhrensystem
- Kapazitäten schaffen und nicht verwalten / Hohe Mitarbeiterflexibilität
- Nur fertigen was gebraucht wird / Reduzierung der Werkstatt- und Lagerbestände durch KANBAN
- Nicht so viele Aufträge in der Fertigung wie möglich, sondern so wenig, dass die Ware fließt, aber keine Abrisse entstehen
- Einfache Steuerungsinstrumente „Engpassplanung im Fertigungsrohr- / Segment" durch KANBAN und Linienfertigung
- Feinsteuerung vor Ort mittels Shopfloor-Organisation / Abweichungsmanagement je Regelkreis / Fertigungslinie / Bereich
- Materialbereitstellbahnhöhe mit Reihenfolgenkennzeichnung für die Fertigung
- Verbesserung der Transparenz durch den Einsatz von TOP-Kennzahlen, die die tatsächliche betriebliche Leistung widerspiegeln und an denen abgeleitet werden kann *„Wie atmet die Fertigung?"*

7.4.1 Bilden von Kapazitätsgruppen – Technologie- oder Prozessorientiert? Planungskomplexität reduzieren

Voraussetzung für jede geordnete Auftrags- und Terminplanung, Kapazitätswirtschaft und Arbeitsplanorganisation ist der Aufbau einer realen Arbeitsplatz- / Kapazitätsgruppengliederung.

A) Dies kann sein: Ein Maschinen- / Arbeitsplatzgruppenschlüssel (kostenstellen- / abteilungsunabhängig), der einen sofortigen Hinweis auf Ausweichkapazitäten zulässt, sofern tayloristisch gearbeitet wird.

Bild 7.8: *Kapazitäts- / Arbeitsplatzgruppenschlüssel / technologieorientiert ausgerichtet* ***(konventionelle Betrachtungsweise / Taylorismus)***

TECHNOLOGIEGRUPPE	ARBEITSPLATZ - NUMMERNPLAN										Kostenstelle-Maschinengruppe Arbeitsplatz Arb.-Gang-Abkürzung
	Unter-gruppe / Haupt-gruppe	Einteilung nach Arbeitsplatz- / Maschinengruppen je Technologiebereich									
		00	**01**	**02**	**03**	**04**	**05**	**06**	**07**	**08**	**09**
	1 Drehasch.	Drehm. dre	große Drehm. dre	kleine Revolv. re-dre	gro. Revolv. re-dre	CNC-Stangendr. nc-dre	große Kopierdr. ko-dre	Automat A 25 au-dre	Automat TB 42 au-dre	CNC-Drehautom. cnc-dre	Turnomat au-dre
	2 Fräsmasch.		gr.horiz. Fräsm. h-frae	Daton DNC DNC-Da	gr. vert. Fräsm. v-frae	Universalfrä. u-frae	Handhebel-frä. frae	horiz.Fräsma. gesteuert frae	Wzg.Fräsm. frae	CNC-Fräsm. u. Bearbeitz. cnc-frae/ cnc-bea	gr.Bohrw. frae
	3 Bohrmasch.	Säulen-bohrm. bo	Reihen-bohrm. rei-bo		Radialbohrm. ra-bo				Borheinheit f.Messerschn. bo	CNC-Bohrm. cnc-do	CNC-Bear-beitz. cnc-bea
	4 Schleifmasch.	Rundschleifm „Fortuna" schlei	Rundschleifm.„XY" schlei		Spitzen-losschlei. spschl	Flach-schleifm. flschl	Wzg.Schleifm „Haas" schlei	Band-schleifma. baschl	Stähle-Schleif. schlei		
	5 Sonst. Masch.	große Kreissäge absae	Bandsäge absae	kleine Kleissäge absae	Räummasch. raeum	Hydrau. Presse bieg/praeg	Honmasch. hon	Kunststoff-Spritzmasch. kuspri	Gußputzplatz verpu	Scheuern scheu	
	6 Sonst. Masch.	Schlagschere zuschn	Kurvenschere auschn	Abkant-masch. CNC cnc-abkan	Exzent.-presse stan		Elektr. Schweiß. schwei	Punkt-schweiß. puschw	Autogen-schw. auschw/loet	Hydr. Abkantpr. abkan	Rund-masch. rund
	7 Montage	Gruppen-mont. mont	Bandmes-serma. mont	Bandmesser-fertigung anfert	Rolltisch-montage mont	Kleinmasch. Fertigmont. mont	Masch.-Einlauf einlau		Lackiererei lacki	Horiz.Band-messerma. mont	Montage CRA mont
	8										

Für jede einzelne Gruppe muss eine verfügbare Kapazität ermittelt werden, z. B.:

CNC - Drehautomat XY	Nr. 1.07
Anzahl Anlagen	3
Anzahl Schichten	2
Anzahl Std. / Schicht	8
Kapazitätsminderungsfaktor	0,90
= verfügbare Kapazität	43,2 Std.

Wegen Anlagenstörungen, Reinigung, Nacharbeit, Mehr- / Minderleistung, Wartezeiten etc.

Rüsten ist im Regelfall kein Stillstand, sondern Fertigungszeit (tr im Arbeitsplan)

Das Ergebnis muss nun in den Betriebskalender eingestellt werden, je Woche und Tag (Feiertage, Urlaubszeiten, Schichtänderungen etc. in der Zeitachse berücksichtigen) und sollte laufend gepflegt werden.

B) Oder besser, die Kapazitätsgruppen werden PROZESSORIENTIERT, z. B. nach Produkt- / Warengruppen, oder große Teile / kleine Teile, Blechteile etc. gegliedert, was die Kapazitätsplanung wesentlich vereinfacht, da nur der jeweilige Engpass ausgeplant wird. Und die Durchlaufzeit in der Fertigung wird wesentlich verkürzt, da bei dieser Organisationsform Schnittstellen und Warteschlangen vor den einzelnen Arbeitsplätzen minimiert werden.

Bild 7.9: *Kapazitätsgruppen nach Warengruppen / Fertigungslinien ausgerichtet* ***(Fließfertigung – prozessorientiert)***

Kapazitätsgruppe prozessorientiert nach Warengruppen und Teilearten		Kapazität in Anzahl Personen	Kapazität in Anzahl Maschinen / Anlagen	Möglicher Engpass im Team
Nr.	**Bezeichnung**			
1125	WZB / Draht- und Flachformfedern, Federspielgeräte	12 Pers.	20 Masch.	Personal
1126	Schraubenfedern Industrie < 12 mm Ø (incl. KFF), Förderspiralen	14 Pers.	20 Masch.	Personal
1127	Schraubenfedern Industrie > 12 mm Ø kaltgeformt	10 Pers.	16 Masch.	Personal
1199	Warmverformung (n. d. Formgebung vergütet)	8 Pers.	10 Anlagen	Anlagen
2125	Schraubenfedern Fahrwerk	15 Pers.	25 Plätze	Personal
2130	Motorsport	18 Pers.	22 Plätze	Personal
2131	Stabilisatorenfertigung	12 Pers.	16 Masch.	Personal
3132	Produktion Werk xx (Riemenspannfedern)	20 Pers.	26 Masch. / Plätze	Personal
5199	Beschichten / Bedrucken	8 Pers.	11 Masch.	Maschinen
6135	QS	3 Pers.	---	---
7137	Versand			
9142	Ext. Lohnarbeiten	beliebig	---	

Engpässe / Auftragsspitzen an bestimmten Arbeitsplätzen werden durch den wechselweisen Einsatz der Mitarbeiter untereinander selbst gelöst (Trennen der Maschinenzeiten von der Menschzeit / Anwendung flexibler Arbeits- und Betriebszeiten, sowie Umsetzen von Mitarbeitern aus anderen Kostenstellen / Fertigungsgruppen[1)]), auf eine detaillierte Kapazitätsauslastungsübersicht pro Arbeitsplatz / Maschine im PPS- / ERP- System also verzichtet werden kann. Kapazitätsengpässe werden also nicht mehr verwaltet, sondern vor Ort durch selbstständiges, verantwortungsvolles Handeln, durch die Mitarbeiter und Vorgesetzten aufgelöst.

1) Oder Einsatz von angelernten „Freiberuflern", z. B. für Zusatzschichten

7.4.2 Ermittlung der verfügbaren Kapazität

Ermittlung der Planungsfaktoren zur Ermittlung der verfügbaren Kapazität je Maschinen- / Arbeitsplatzgruppe für die Kapazitätsplanung

Von der theoretisch möglichen Kapazität kann man bei allen Betrachtungen über zur Verfügung stehende Fertigungskapazitäten nicht ausgehen. Die theoretische Kapazität wird in der Praxis positiv bzw. negativ durch verschiedene Einflussgrößen verändert. Siehe nachfolgende tabellarische Berechnung der durchschnittlich verfügbaren Kapazität.

Einflussgröße	Ermittlung über	Veränderung der Kapazität
1.) Mitarbeiter		
– Minderleistung oder – Mehrleistung der Mitarbeiter (bei Leistungslohn)	Produktivitätsfaktor je Abteilung	+ oder -
– Krankheit / Unfälle wenn keine Ersatzperson	Getrennte Fehl- und Ausfallzeiten-statistiken der Personalabteilung oder aus Produktivitäts-übersichten	-
– Urlaub (wenn keine Ersatzperson)		-
– Sonstige Fehlzeiten		-
– Wartezeiten / Nacharbeiten		-
– Reinigung des Arbeitsplatzes		-
2.) Betriebsmittel		
– Störungen / Stopper	Gemeinkosten-zeiten aus Statistiken des Betriebes, z. B. BDE-Daten, Produktivitäts-übersichten etc.	-
– Wartung und Reparatur		
– Wartezeiten durch - Materialmangel - Auftragsmangel - Personalmangel - fehlende Betriebsmittel		- - - -
Ergebnis	**100 % - x % lt. Pos. 1 + 2**	**= z. B. 90 %**

Die Einflussgrößen sind laufend zu überwachen und der Planungsfaktor ist bei Kapazitätsveränderungen zu pflegen, oder das PPS-System, die Kapazitätswirtschaft wird geöffnet, also ohne Kapazitätsgrenze geführt und mittels universell einsetzbaren Personal und Zusatzpersonal / -schichten wettbewerbsorientiert gearbeitet, also:

Kapazitäten schaffen und nicht verwalten!

7.4.3 Die Arbeitsplan-Organisation

Der Arbeitsplan enthält, vollständig und eindeutig geordnet nach dem Arbeitsablauf sämtliche Angaben, die zur Fertigung eines Erzeugnisses benötigt werden: Werkstoffbedarf, Werkstoffart, Werkstoffabmessungen, Reihenfolge und Art der Arbeitsgänge, die für die einzelnen Arbeitsgänge benötigten Maschinen, Werkzeuge und Vorrichtungen, Programme, QS-Hinweise. Weiterhin Abteilung, Kostenstelle und Maschinengruppe, in der die Arbeit verrichtet wird. Sowie Zeitbedarf für jeden Arbeitsgang, unterteilt nach Rüst- und Stückzeit je Einheit, gegebenenfalls Hinweise auf das Verhältnis Taktzeit zu Personalzeit (Personalbelegungsfaktor) und eventuell Personalqualifikationshinweise.

Bild 7.10: *Arbeitsplan-Definition*

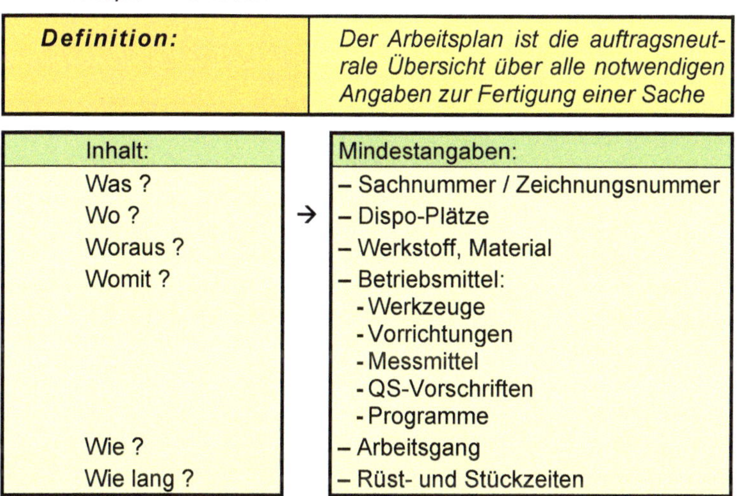

Bei wiederholter Fertigung werden diese Angaben „auftragsneutral" erstellt. Nach dem erarbeiteten Konzept wird das Arbeitsplanstammoriginal im PPS- / ERP-System abgestellt. Bei Eröffnung eines Werkstattauftrages werden nach Zugabe der auftragsgebundenen Daten, wie z. B. Auftragsnummer, Mengen, Start- und Endtermin, folgende Belege für die Fertigung erstellt:

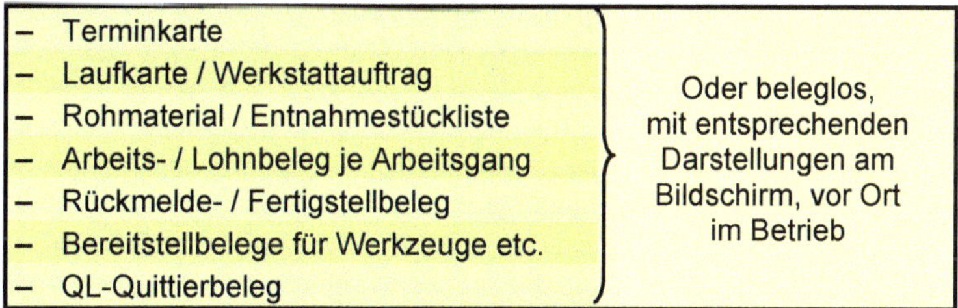

wobei im Rahmen, Abbau von nicht wertschöpfenden Tätigkeiten und durch die Einführung von Teamarbeit, auf eine zu detaillierte Gliederung[1)] immer mehr verzichtet wird. **Zu beachten ist auch: Je feiner die Arbeitspläne gegliedert sind, je länger wird die Durchlaufzeit, die das PPS- / ERP-System erzeugt.**

Zusammenfassen von Arbeitsgängen (grobe Gliederung) erzeugt kürzere Durchlaufzeiten.

1) Arbeitsvorschriften, besondere Hinweise sind vor Ort, digitalisiert am Bildschirm abrufbar

Bild 7.11: *Muster eines Arbeitsplans / Fertigungsauftrag*

Fertigungsauftrag / Arbeitsplan | Wo. 45 | Datum: 30.10.xx | Blatt: 1

123456

Kd.-Best.-Nr.: Lager | Verkettungscode: RS

Auftrags-Nr.	Starttermin	Endtermin	Zeichnungs-Nr.	Artikel-Nr.
ZZZZZZ	03.11.xx	21.11.xx	1111111	333333

Projekt-Nr.	Auftragsmenge	ME	Bezeichnung	Werkstoff	Prio
---	100	1 Stk.	Gehäuse koml.	IIIII	2

Pos	Arbeits-plan-Nr. / Kosten-stelle	Arbeitsgang-bezeichnung	Werkzeug / Vorrichtungsnr.	Arbeits- / Prüfvorschrift-Nr.	Kapaz.-Verzehr			Termine		Erledig.-Vermerk Kurzzeich.
					tr Min.	te Min.	TA Std.	Start	Ende	
1	1190	Material bereitstellen lt. Stückliste	-	-	-	-	-	03.11.xx	03.11.xx	
2	2290	Gehäuse ausgießen	G 8.0	G 8.13	10,0	4,0	6,85	04.11.xx	04.11.xx	
3	6310	Stecker in Gehäuse montieren	G 8.1	G 8.13	5,0	6,20	10,42	05.11.xx	05.11.xx	
4	6320	Klammern einlegen, Stecker positionieren, Löten	Lötvorrichtung x 3,6	L 28.3	8,0	5,70	9,63	07.11.xx	08.11.xx	
5	8410	Deckel montieren und prüfen	ZM 8	MP 17.6	5,0	4,6	7,75	09.11.xx	10.11.xx	

Im Rahmen der Digitalisierung besteht auch die Möglichkeit, den Arbeitsplan, die notwendigen Hinweise für Arbeitsvorschriften, auf den Zeichnungen zu hinterlegen: Der Arbeitsplan ist mittels Symbolen / Nummern auf der Zeichnung abgebildet, oder entsprechend programmierter Transponder ist am Ladungsträger / Transportauftrag angebracht.

Ziel:

Papierlose Fertigung, weniger Aufwand, insbesondere für Auftragsfertiger mit Stückzahl 1 geeignet, sowie für Industrie 4.0-Lösung, mit Transponder versehen, geeignet

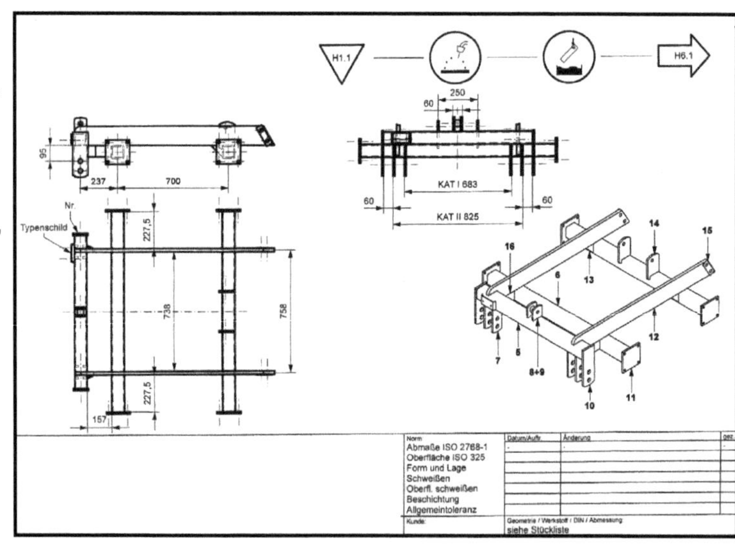

7.4.4 Terminplanung mit reduzierten Durchlaufzeiten und flexiblen Kapazitäten

Bei allen Planungen müssen Termine gesetzt werden für die Einzelaktivitäten. Für die mittelfristige Planung ist es daher sehr wichtig, die Durchlaufzeiten des Betriebes zu kennen. Die Durchlaufzeiten müssen sämtliche Zeiten im Materialfluss enthalten. Dies sind insbesondere Belegungszeiten, Liege-, Kontroll- und Transportzeiten. (Konventionelle Betrachtungsweise)

Bild 7.12: *Tabellarische Darstellung der Durchlaufzeiten in Abhängigkeit von Mengen und Zeitdaten pro Arbeitsgang* ***(konventionelle Betrachtung)***

D u r c h l a u f z e i t e n - P l a n

te in Min / Menge	1	2	3	4	5	6	7	8	9	10	12	14	16	18	20	23	36	29	32	36	40	45	50	55	60	80	100	125	150	175	200	250	300	350	400	450	500	550	600	650	700	750	800	850
	= DL – in Tagen																																											
5	1	1	1	1	1	1	1	1	1	1	1	1	1	1	1	2	2	2	2	2	2	3	3	3	3	3	3	3	3	4	4	4	4	4	4	5	5	5	5	5	5			
10	1	1	1	1	1	1	1	1	1	1	2	2	2	2	2	3	3	3	3	3	3	3	3	3	3	3	4	4	4	4	4	5	5	5										
15	1	1	1	1	1	1	2	2	2	2	2	3	3	3	3	3	3	3	3	3	3	3	3	4	4	4	4	4	5	5	5													
20	1	1	1	1	1	2	2	2	2	2	3	3	3	3	3	3	3	3	3	3	3	4	4	4	4	4	4	5	5	5														
25	1	1	1	1	2	2	2	2	3	3	3	3	3	3	3	3	3	3	3	4	4	4	4	4	4	4	5	5	5	5														
30	1	1	1	2	2	2	3	3	3	3	3	3	3	3	3	3	3	4	4	4	4	4	4	4	4	5	5																	
35	1	1	2	2	2	3	3	3	3	3	3	3	3	3	3	4	4	4	4	4	4	4	4	4	5	5	5																	
40	1	1	2	2	2	3	3	3	3	3	3	3	3	3	3	4	4	4	4	4	4	4	4	5	5	5																		
45	1	1	2	2	3	3	3	3	3	3	3	3	3	4	4	4	4	4	4	4	4	5	5	5	5																			
50	1	1	2	2	3	3	3	3	3	3	3	3	3	4	4	4	4	4	4	4	4	5	5	5	5																			
55	1	2	2	3	3	3	3	3	3	3	3	3	4	4	4	4	4	4	4	4	5	5	5	5	5																			
60	1	2	2	3	3	3	3	3	3	3	3	4	4	4	4	4	4	4	4	5	5	5	5	5																				
65	1	2	2	3	3	3	3	3	3	3	3	4	4	4	4	4	4	4	5	5	5	5	5																					
70	1	2	3	3	3	3	3	3	3	3	4	4	4	4	4	4	4	5	5	5	5	5																						
80	1	2	3	3	3	3	3	3	3	3	4	4	4	4	4	4	5	5	5	5	5																							
90	1	2	3	3	3	3	3	3	4	4	4	4	4	4	4	5	5	5	5	5																								
100	1	2	3	3	3	3	3	4	4	4	4	4	4	4	4	5	5	5	5																									
125	2	3	3	3	3	3	4	4	4	4	4	4	4	5	5	5	5																											
150	2	3	3	3	3	4	4	4	4	4	4	5	5	5	5																													
155	2	3	3	3	3	4	4	4	4	4	4	5	5	5	5																													
160	2	3	3	3	3	4	4	4	4	4	4	5	5	5	5																													

<u>Aus dieser tabellarischen Übersicht ergibt sich:</u>

Je größer die Anzahl Arbeitsgänge im Arbeitsplan, je länger die Durchlaufzeit.

Je mehr Aufträge gleichzeitig in der Fertigung, je länger die Durchlaufzeit.

Um die Anzahl Aufträge, die sich gleichzeitig in der Fertigung befinden zu verringern und die Durchlaufzeiten weiter zu verkürzen, werden im PPS- / ERP-System die Übergangszeiten auf null gesetzt, also herausgenommen. Jeder Auftrag wird somit wie ein **Eilauftrag** behandelt. Und was wichtig ist:

Es funktioniert bestens!

Auch die spätmöglichste Erstellung der Arbeitspapiere (max. 1 AT vor Einsteuerung der Aufträge in die Fertigung), mit der nachfolgend dargestellten Engpassplanung im Röhrensystem „Fließfertigung", reduziert die DLZ weiter.

Siehe nachfolgende Schemadarstellung.

Wobei die hinterlegten Zeitreserven in den Stammdaten / die Anzahl Schnittstellen in der Produktion bezüglich Bestandshöhe, Durchlaufzeit und Flexibilität große Auswirkungen haben. Hier liegen hohe Reserven zur Reduzierung des Working Capital.

<u>Beispiel:</u> Ergebnis der Systemeinstellungen bezüglich Durchlaufzeit und auf Start-Terminierung (konventionelle Betrachtungsweise mit hohen Übergangszeiten im System hinterlegt)

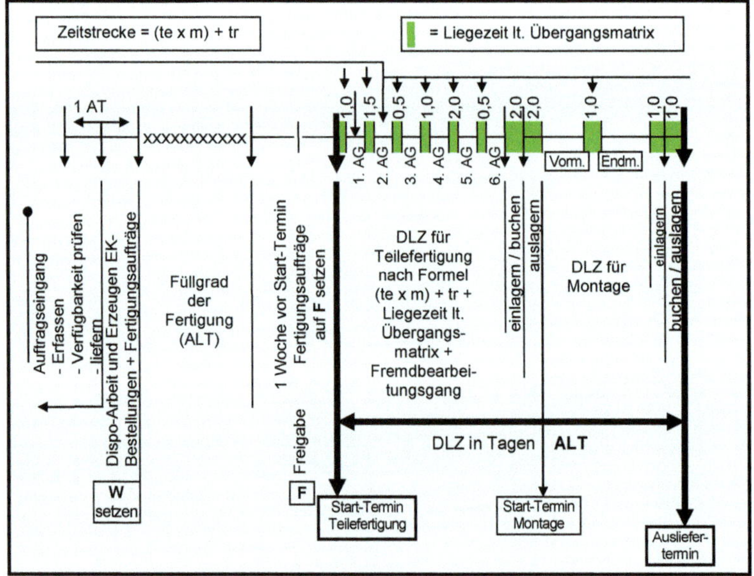

<u>Beispiel:</u> Ergebnis der Systemeinstellungen bezüglich Start-Terminierung bei auf null setzen der Übergangszeiten und fertigen von kleinen Losen DLZ-Einsparung von ca. 50 % zu konservativer Einstellung

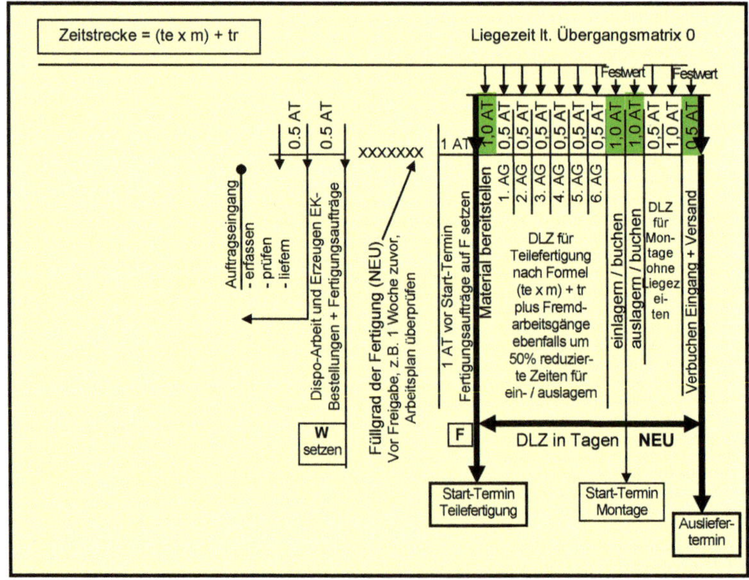

Durchlaufzeitberechnung „Ermittlung der Starttermine = Rückwärtsterminierung“

Die hinterlegten Zeitreserven in den Stammdaten haben in der Zeitstrecke des Materialflusses bezüglich Durchlaufzeit und Flexibilität große Auswirkungen.

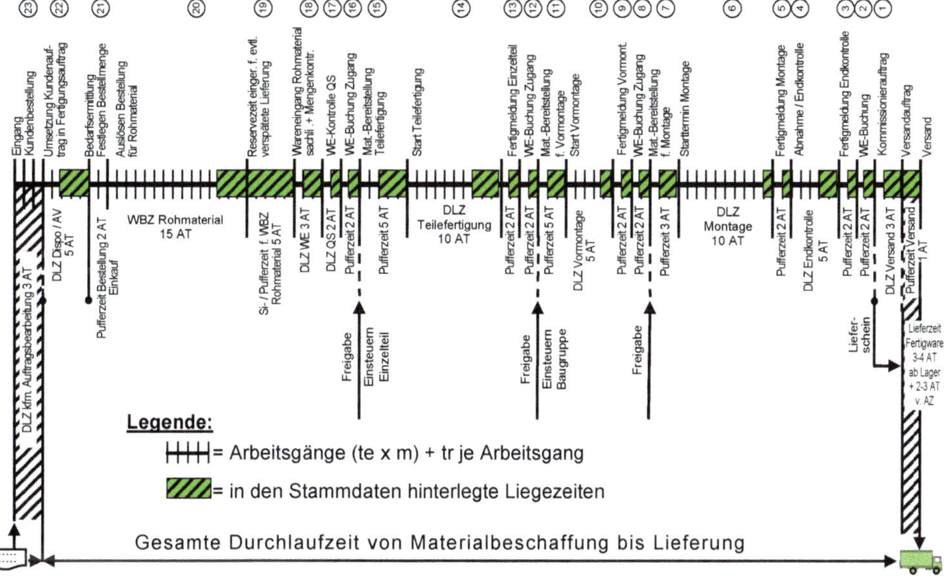

Wie sind die Liegezeiten je Arbeitsgang zur Ermittlung der Start-Termine in den Stammdaten hinterlegt?

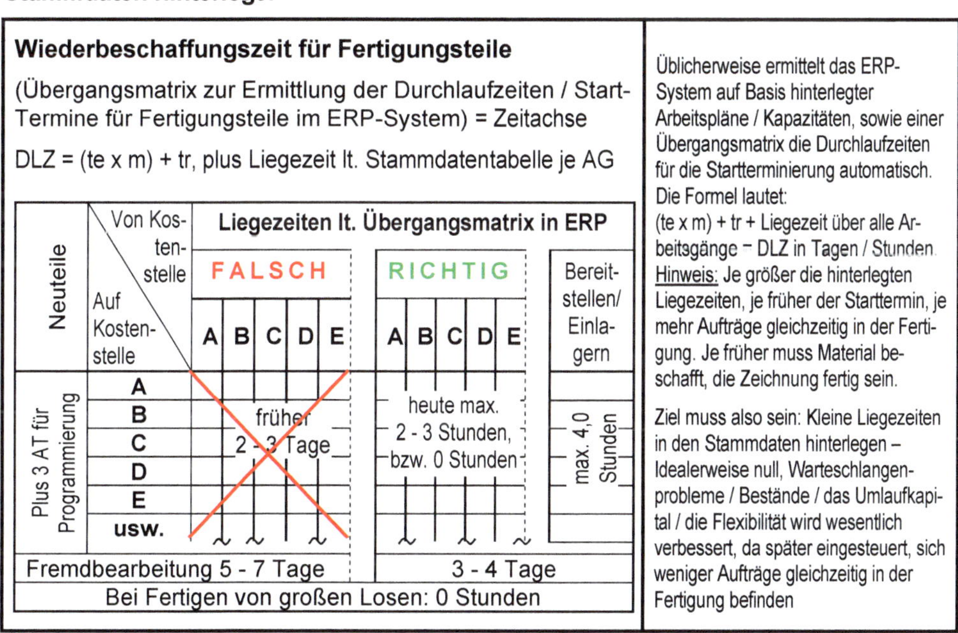

Wiederbeschaffungszeit für Fertigungsteile

(Übergangsmatrix zur Ermittlung der Durchlaufzeiten / Start-Termine für Fertigungsteile im ERP-System) = Zeitachse

DLZ = (te x m) + tr, plus Liegezeit lt. Stammdatentabelle je AG

Neuteile	Von Kostenstelle / Auf Kostenstelle	Liegezeiten lt. Übergangsmatrix in ERP: FALSCH (A B C D E)	RICHTIG (A B C D E)	Bereitstellen/ Einlagern
Plus 3 AT für Programmierung	A, B, C, D, E, usw.	früher 2 - 3 Tage	heute max. 2 - 3 Stunden, bzw. 0 Stunden	max. 4,0 Stunden
	Fremdbearbeitung	5 - 7 Tage	3 - 4 Tage	
	Bei Fertigen von großen Losen: 0 Stunden			

Üblicherweise ermittelt das ERP-System auf Basis hinterlegter Arbeitspläne / Kapazitäten, sowie einer Übergangsmatrix die Durchlaufzeiten für die Startterminierung automatisch. Die Formel lautet:
(te x m) + tr + Liegezeit über alle Arbeitsgänge = DLZ in Tagen / Stunden.
Hinweis: Je größer die hinterlegten Liegezeiten, je früher der Starttermin, je mehr Aufträge gleichzeitig in der Fertigung. Je früher muss Material beschafft, die Zeichnung fertig sein.

Ziel muss also sein: Kleine Liegezeiten in den Stammdaten hinterlegen – Idealerweise null, Warteschlangenprobleme / Bestände / das Umlaufkapital / die Flexibilität wird wesentlich verbessert, da später eingesteuert, sich weniger Aufträge gleichzeitig in der Fertigung befinden

Für Praktiker gilt die Regel: Bei kleinen Losen max. 2 - 4 h Liegezeit hinterlegen, bei Großserie, Massenfertigung 0 h hinterlegen, da überlappt gefertigt werden kann. Prozesszeiten, wie z. B. Aushärten bei Klebearbeitsgängen, sind keine Liegezeiten.

Deshalb ist es wichtig, das Verhältnis Fertigungszeit zu Durchlaufzeit immer wieder neu festzulegen, mit Ziel *„Reduzierung der Durchlaufzeit"*.

Wie flexibel ist das Unternehmen?

Das Verhältnis Fertigungszeit (es entsteht Wertschöpfung) zu Durchlaufzeit (Auftrag eingesteuert → bis → Auftrag fertig gestellt) sagt aus, wie flexibel oder unflexibel die Fertigungsorganisation aufgestellt ist.

Große Lose und viele Aufträge gleichzeitig in der Fertigung verstopfen die Fertigung, erzeugen lange Durchlaufzeiten mit vielen ungeplanten Umrüstvorgängen und Sonderfahrten wegen Lieferprobleme.

FORMEL:

$$\frac{\text{Durchlaufzeit in Tagen}^{1)} \text{ eines Betriebsauftrages}}{\text{Summe der Fertigungszeit dieses Betriebsauftrages in Tagen}^{1)}}$$

Ergibt Flexibilitätsgrad

Bild 7.13: *Ergebnis einer Erhebung DLZ in Abhängigkeit Anzahl Arbeitsgänge*

Verhältnis Fertigungszeit zu Durchlaufzeit		Anzahl Arbeitsgänge																
		1	2	3	4	5	6	7	8	9	10	11	12	13	14	15	16	17
Flexibilitätsgrad	[1] 2 : 1			III	I		III	II										
	3 : 1					I	I		I									
	4 : 1					I	I	I										
	5 : 1			I	II	I			I		I							
	6 : 1					I	I			II	I							
	8 : 1						III	I	II	IIII								
	10 : 1						I	II	II	II	I		I					
	12 : 1											II	II	II				
	14 : 1							II	I	II	I	II	I					
	16 : 1											I						
	18 : 1										I		I					

Ergebnis: Durchschnittliche DLZ im Erhebungszeitraum $\frac{9}{1}$

Auf einen Arbeitstag Fertigungszeit kommen 8 Arbeitstage Liegezeit (völlig unflexibel) und zu viel Working Capital im Umlauf

Flexibilitätsgrad 2 **:** 1 bedeutet, auf einen Arbeitstag Fertigungszeit kommt ein Arbeitstag Liegezeit (hoch flexibel), 3 **:** 1 bedeutet, auf einen Arbeitstag Fertigungszeit kommen zwei Arbeitstage Liegezeit hinzu.

[1] oder Anzahl Schichten

7.4.4.1 Kapazitätsplanung / -belegung

Auf Grund dieser ERP- / PPS-Logik werden die Kapazitäten belegt. Dabei werden die einzelnen Fertigungsstellen mit den jeweiligen Fertigungszeiten belastet. Das Ergebnis ist ein Auslastungsprofil, das die Kapazitätsengpässe und Auslastungsschwierigkeiten aufzeigt, entweder in Form einer Grafik oder Tabelle.

Bild 7.14: *Arbeitsplatz- / Kapazitäts-Belegungsplan*

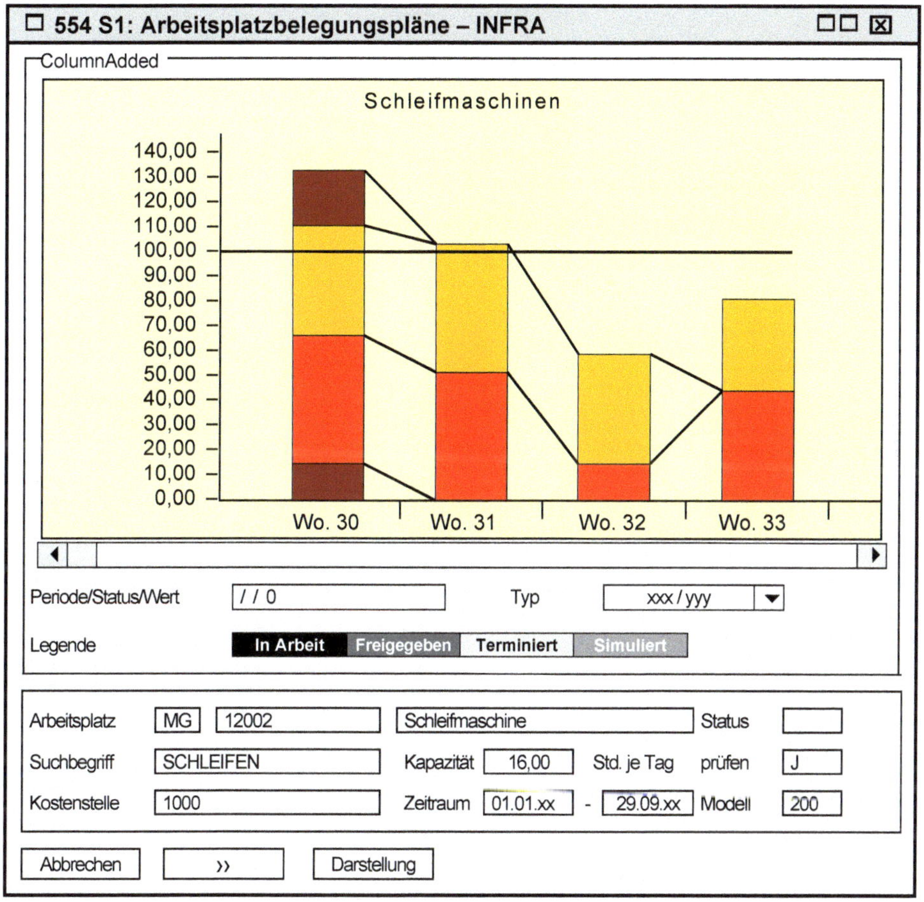

554 S1: Arbeitsplatzbelegungspläne – INFRA

ColumnAdded

Schleifmaschinen

140,00
130,00
120,00
110,00
100,00
90,00
80,00
70,00
60,00
50,00
40,00
30,00
20,00
10,00
0,00

Wo. 30 Wo. 31 Wo. 32 Wo. 33

Periode/Status/Wert / / 0 Typ xxx / yyy

Legende **In Arbeit** **Freigegeben** **Terminiert** **Simuliert**

Arbeitsplatz	MG	12002	Schleifmaschine			Status	
Suchbegriff	SCHLEIFEN		Kapazität	16,00	Std. je Tag	prüfen	J
Kostenstelle	1000		Zeitraum	01.01.xx	- 29.09.xx	Modell	200

Abbrechen ›› Darstellung

Grundlage hierfür sind Arbeitspläne, sowie die im System verwalteten Aufträge. Der Arbeitsplan ist gleichzeitig das Bindeglied zur Kostenrechnung / Kalkulation und Leistungslohnabrechnung, sowie Arbeitsfortschrittskontrolle, Terminüberwachung.

Durch diese Art der Darstellung, *„Welche Auswirkungen entstehen durch die Einlastung dieses Auftrages zu dem gewünschten Endtermin in den relevanten Maschinen- / Arbeitsplätzen (= Kapazitätsbereiche)"*, kann der Sachbearbeiter sofort erkennen, ob es sinnvoll ist, so oder anders zu verfahren.

Oder es gilt der Satz:

Kapazitäten schaffen und nicht verwalten
mit flexibler Arbeits- und Betriebszeit

Das Ergebnis ermöglicht:

a) Frühzeitige Änderungen von Terminen mit einem Minimum an Aufwand.

b) Fest eingeplante und mit Durchlaufterminen versehene Fertigungsaufträge, die realisierbar sind, bzw. wenn nicht verschoben werden kann, die dadurch entstehenden Auswirkungen einer Lösung zugeführt werden müssen

c) Die Ermittlung von Prioritätenkennungen

Das ERP- / PPS-System errechnet aus dem Verhältnis:

- SOLL-Durchlaufzeit lt. Rückwärtsterminierung

zu

- IST-Durchlaufzeit lt. Vorwärtsterminierung, oder
- nach Reichweitenanalysen bei Vorratsteilen

eine so genannte Prioritätennummer. Sie stellt die Dringlichkeit des Auftrages für die Einplanung, die Fertigung / Werkstattsteuerung dar.

d) Transparenz der Auslastung / Kapazitätsbedarf zu verfügbarer Kapazität über alle Wochen (wahlweise als Tabelle oder Säulendiagramm)

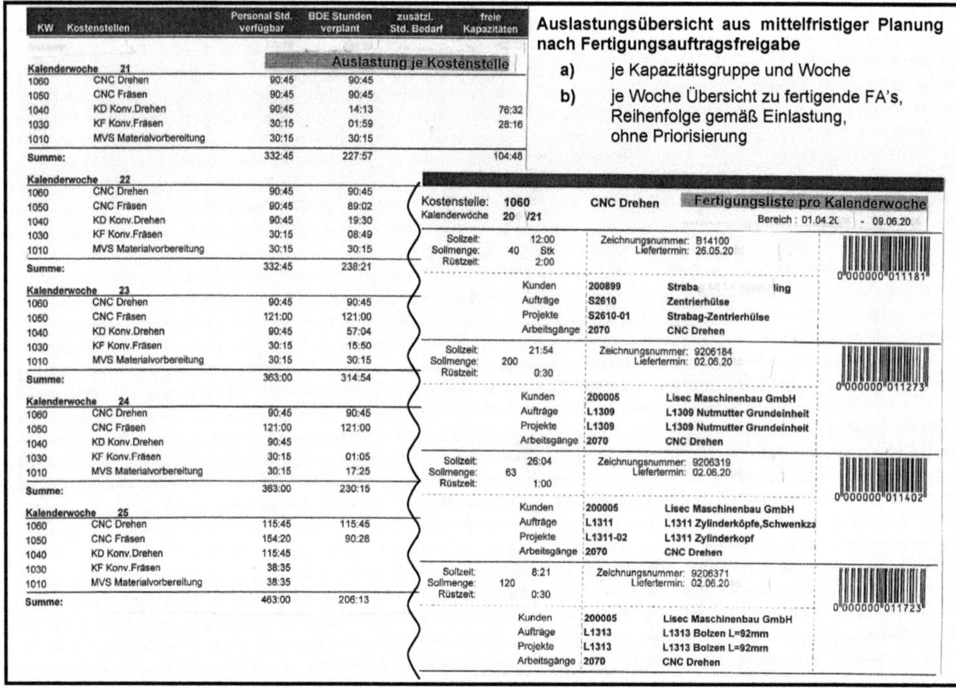

Auslastungsübersicht aus mittelfristiger Planung nach Fertigungsauftragsfreigabe

a) je Kapazitätsgruppe und Woche

b) je Woche Übersicht zu fertigende FA's, Reihenfolge gemäß Einlastung, ohne Priorisierung

Auslastung je Kostenstelle

KW	Kostenstellen	Personal Std. verfügbar	BDE Stunden verplant	zusätzl. Std. Bedarf	freie Kapazitäten
Kalenderwoche 21					
1060	CNC Drehen	90:45	90:45		
1050	CNC Fräsen	90:45	90:45		
1040	KD Konv.Drehen	90:45	14:13		76:32
1030	KF Konv.Fräsen	30:15	01:59		28:16
1010	MVS Materialvorbereitung	30:15	30:15		
Summe:		332:45	227:57		104:48
Kalenderwoche 22					
1060	CNC Drehen	90:45	90:45		
1050	CNC Fräsen	90:45	89:02		
1040	KD Konv.Drehen	90:45	19:30		
1030	KF Konv.Fräsen	30:15	08:49		
1010	MVS Materialvorbereitung	30:15	30:15		
Summe:		332:45	238:21		
Kalenderwoche 23					
1060	CNC Drehen	90:45	90:45		
1050	CNC Fräsen	121:00	121:00		
1040	KD Konv.Drehen	90:45	57:04		
1030	KF Konv.Fräsen	30:15	15:50		
1010	MVS Materialvorbereitung	30:15	30:15		
Summe:		363:00	314:54		
Kalenderwoche 24					
1060	CNC Drehen	90:45	90:45		
1050	CNC Fräsen	121:00	121:00		
1040	KD Konv.Drehen	90:45			
1030	KF Konv.Fräsen	30:15	01:05		
1010	MVS Materialvorbereitung	30:15	17:25		
Summe:		363:00	230:15		
Kalenderwoche 25					
1060	CNC Drehen	115:45	115:45		
1050	CNC Fräsen	154:20	90:28		
1040	KD Konv.Drehen	115:45			
1030	KF Konv.Fräsen	38:35			
1010	MVS Materialvorbereitung	38:35			
Summe:		463:00	206:13		

Fertigungsliste pro Kalenderwoche

Kostenstelle: **1060** **CNC Drehen**
Kalenderwoche **20 /21** Bereich : 01.04.20 - 09.06.20

Sollzeit	Sollmenge	Rüstzeit	Zeichnungsnummer	Liefertermin	Kunden	Aufträge	Projekte	Arbeitsgänge	Barcode
12:00	40 Stk	2:00	B14100	26.05.20	**200899** **Straba ling**	**S2610** **Zentrierhülse**	**S2610-01** **Strabag-Zentrierhülse**	**2070** **CNC Drehen**	0 000000 011181
21:54	200	0:30	9206184	02.06.20	**200005** **Lisec Maschinenbau GmbH**	**L1309** **L1309 Nutmutter Grundeinheit**	**L1309** **L1309 Nutmutter Grundeinheit**	**2070** **CNC Drehen**	0 000000 011273
26:04	63	1:00	9206319	02.06.20	**200005** **Lisec Maschinenbau GmbH**	**L1311** **L1311 Zylinderköpfe,Schwenkza**	**L1311-02** **L1311 Zylinderkopf**	**2070** **CNC Drehen**	0 000000 011402
8:21	120	0:30	9206371	02.06.20	**200005** **Lisec Maschinenbau GmbH**	**L1313** **L1313 Bolzen L=92mm**	**L1313** **L1313 Bolzen L=92mm**	**2070** **CNC Drehen**	0 000000 011723

e) Kapazitätsengpässe werden frühzeitig erkannt und die erforderlichen Maßnahmen können bei der Auftragsannahme veranlasst werden

Hinweis: Wenn in der Kapazitätsplanung auch ein eventueller Kapazitätsverzehr von Angeboten (die mit hoher Wahrscheinlichkeit zu Aufträgen mit fixen Terminen werden) eingeplant sind,

- sollten diese mit einer separaten Farbe in den Kapazitäts-übersichten dargestellt werden, mit einem Zeitfenster (= Sterbedatum). Wenn die Anfrage bis zu diesem Termin nicht zu einem Auftrag wurde, wird sie automatisch gelöscht
- Dies gilt auch für sogenannte „Vorab-Reservierungen“ in der Materialwirtschaft

Sofern Kapazitätsgrenzen geöffnet werden, ist erforderlich die flexible Arbeitszeit und / oder der Einsatz von Fremdpersonal / Zusatzpersonal (Leihkräfte bzw. Mitarbeiter, die auf Rechnung arbeiten) gezielt zu nutzen. (Einrichten eines Personalpuffers der fallweise abgerufen werden kann.)

Bild 7.15: *Flexible Arbeits- und Betriebszeit / Einsatz von Fremdpersonal*

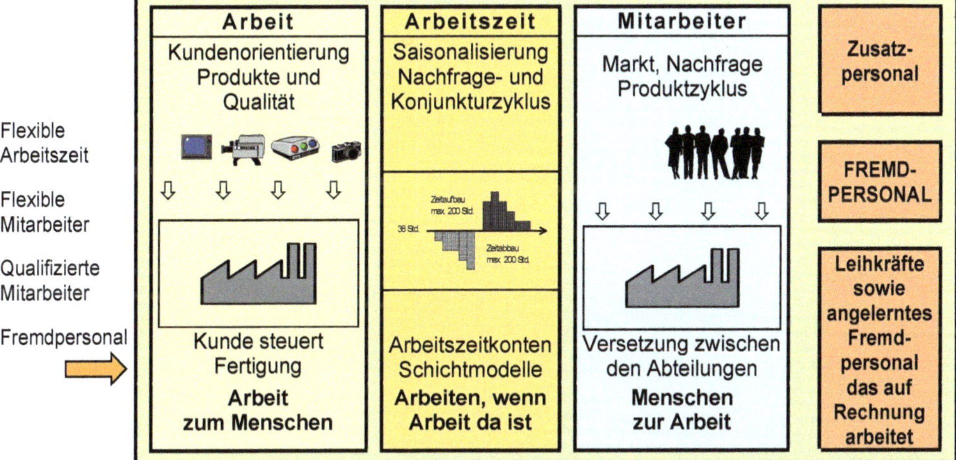

Quelle: *Prof. Dr. Horst Wildemann, München und Arbeitgeberverband Ges.-Metall, Köln, Betriebliche Zeitgestaltung für die Zukunft*

Und Vereinfachen der Arbeitspläne und auf null setzen der fixen Liegezeiten im PPS- / ERP-System verkürzt die Durchlaufzeit wesentlich.

Also die Arbeitspläne so anlegen, dass

→ die Kapazitätsplanung / -terminierung so genau wie notwendig funktioniert
→ die Rückmeldungen nach Meilensteinen per BDE geordnet ablaufen
→ die Nachkalkulation, der Arbeitsfortschritt korrekt abgebildet ist
→ die Transportorganisation in der Fertigung reibungslos vonstattengeht

Vermeiden Sie zu detaillierte Teilarbeitsgangschritte. Benutzen Sie Arbeitsanweisungen, die vor Ort hinterlegt sind.

Mittels dieser System-Einstellungen wird für jeden Fertigungsauftrag ein Start- und Endtermin in Abhängigkeit der Auslastung der Fertigung berechnet (Rückwärtsterminierung).

Heute ist es jedoch üblich, die Kapazitätsgrenzen um ca. 30 % – 50 % oder mehr[1)] zu öffnen, da nicht sicher ist, ob ein terminierter Fertigungsauftrag tatsächlich auch gefertigt werden muss. Was fließt tatsächlich über die Kundenaufträge ab? Wie groß ist die Reichweite der Vorräte? Wie häufig wird der Kundenauftrag in Menge und Termin geändert?

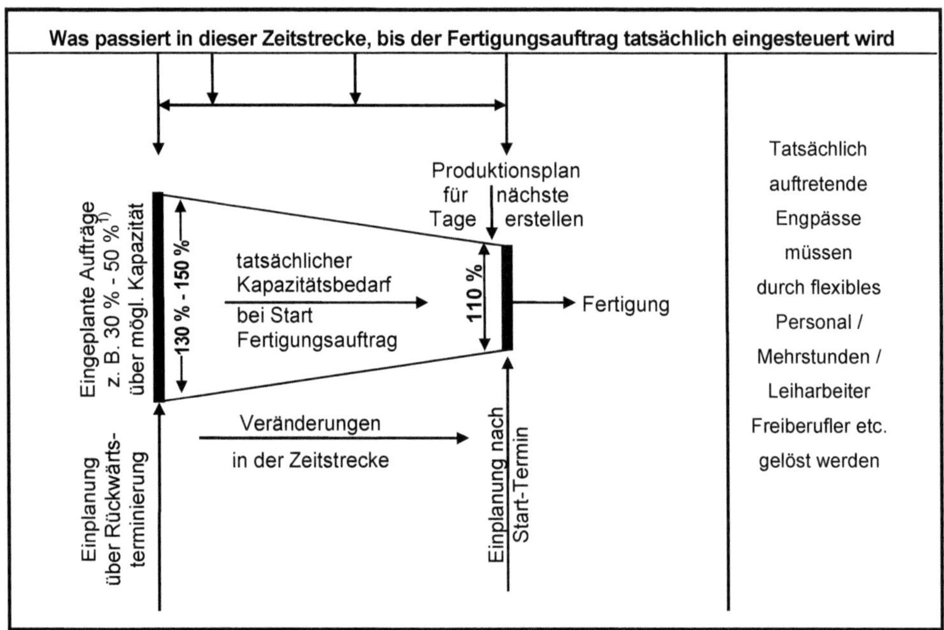

Daraus resultiert: Die Kapazitätsterminierung in der mittelfristigen Planung ist wichtig für die Terminvergabe, muss jedoch von der Feinplanung (was soll in welcher Reihenfolge tatsächlich gefertigt werden) getrennt werden, denn:

1.) Die Kapazitätsbelegungsübersichten sind je nach Einzelsituation in ihrer Aussagekraft unrein. Im Auslastungsgebirge sind Aufträge enthalten, wo z. B. Material, Werkzeuge erst beschafft, Zeichnungen erst erstellt werden müssen: Werden diese auch pünktlich geliefert? Wie rechnet das System die Auslastung, wenn z. B. drei Anlagen vorhanden sind, aber nur eine Spannvorrichtung? Sind die Werkzeuge / Vorrichtungen als Engpass im System hinterlegt?

2.) Und die Kunden verschieben ihre Aufträge permanent in Menge und Termin

Wie sind im PPS- / ERP-System die verfügbaren Kapazitäten im Zeitraster von Woche 1 bis 52 eingestellt, gepflegt, wie kann Fremdpersonal eingesetzt werden? Und *„Eine Firma muss wachsen“*!

3.) In der Grobplanung wird mit einer Durchschnitts-Kapazität von 85 % - 90 % gerechnet „Rückwärtsterminierung“. In der Feinplanung dagegen, wird mit der tatsächlichen Kapazität[1)] gerechnet. Die Einplanung erfolgt über Vorwärtsterminierung, gemäß Start-Termin.

[1)] Kann größer oder kleiner sein als die verfügbare Kapazität, mit der in der mittelfristigen Planung gerechnet wird, bzw. kann durch Einsatz von Leiharbeitern, Umbesetzungen, Einsatz von Freiberuflern etc., kurzfristig erhöht / vermindert werden.

Wie wird die verfügbare Kapazität berechnet / im System hinterlegt? Welche Schwächen sind eingebaut?

Beispiel: **1-Schichtige Berechnung** (90 % = Kapazitätsminderungsfaktor für Unwägbares)

I

Verfügbare Maschinen Maschinenkapazität			Anzahl Mitarbeiter verfügbar
90 % von 24 h = 21,6 h	3 gleiche Anlagen	(A)	die diese Maschinen bedienen 5 Personen á 90 %
90 % von 16 h = 14,4 h	2 gleiche Anlagen	(B)	Das Bedienverhältnis ist Mensch : Maschine 1 : 1
= 7,2 h	1 Anl.	(C)	
= 7,2 h	1 Anl.	(D)	Also keine Mehrstellenbedienung möglich
= 7,2 h	1 Anl.	(E)	
= 57,6 h Maschinenkapazität			= 36,0 h Personalkapazität

<u>Wie wird die verfügbare Kapazität im System hinterlegt?</u>

57,6 h? Wäre falsch, da nur 36,0 h Kapazität tatsächlich über Personal vorhanden

36,0 h? Wäre auch falsch, da jede einzelne Anlage eine andere Kapazität hat

Richtig wäre: Das ERP-System berechnet die Kapazitätsbelegung 2 x (1 x Personal- und 1 x Maschinenkapazitätsbelegung)

bei (A) nicht mehr als 21,6 h

bei (B) nicht mehr als 14 h

bei (C) - (E) nicht mehr als 7,2 h

und insgesamt nicht mehr als 36 h Personalkapazität

Ist das System so eingestellt? Und weitere Fragen: **II**

II

Anzahl verfügbare Werkzeuge / Vorrichtungen müssen berücksichtigt werden. Beispiel:

Bei Anlagen-Typ (A) = 3 gleiche Maschinen, gibt es aber für die Herstellung eines Artikels nur eine Vorrichtung

Auftragsgröße = Kapazitätsverzehr 72 h, wie plant das System ein?

(II_1) So wäre falsch

$$\frac{72\ h}{21{,}6\ h} = 3{,}33 \text{ Tage Fertigungszeit}$$

Ergibt eine Einplanung lt. Start- / Endtermin, z. B. in Woche 30? Durch System

(II_2) So wäre richtig, da nur eine Vorrichtung vorhanden

$$\frac{72\ h}{7{,}2\ h} = 10 \text{ Tage Fertigungszeit}$$

Ergäbe eine korrekte Einplanung lt. Start- / Endtermin, z. B. in Woche 30 + 31 + 32?

<u>Frage:</u>

Sind Ihre Werkzeuge / Vorrichtungen in Ihrem System für die Kapazitätsrechnung abgelegt?

Wenn „JA“ sind diese Stammdaten auch gepflegt? Werden sie für die Kapazitätsrechnung herangezogen?

Wenn „NEIN“, plant das ERP-System unrein ein!

<u>Bei Mehrstellenarbeit:</u> Wird auch die Summe aller Einrichtezeiten (tr) je Zeiteinheit zusätzlich zur Maschinenbelegzeit dargestellt?

Wichtig ist daraus folgende Erkenntnis:

Die Kapazitätsterminierung in der mittelfristigen Planung ist wichtig für die Terminvergabe, muss jedoch von der Feinplanung (was soll tatsächlich gefertigt werden) getrennt, neu aufgesetzt werden, denn

- in der mittelfristigen Planung wird im Regelfalle mit einer durchschnittlich verfügbaren Kapazität gerechnet (theoretische Kapazität, minus Kapazitätsminderungsgründe je nach Anlage) und nach diesen Vorgaben wird vom Liefertermin über eine Rückwärtsterminierung eingeplant; ist unrein, nur grob richtig

- in der kurzfristigen Feinplanung muss dagegen mit der tatsächlich verfügbaren Kapazität gemäß tatsächlicher Personal- / Maschinenverfügbarkeit gerechnet werden[1)] und die Einplanung erfolgt über eine Vorwärtsterminierung. Basis Starttermin, der aus der mittelfristigen Planung und berechneter Durchlaufzeit ermittelt wurde

Diese Ungenauigkeiten können aber nicht bedeuten, dass man auf die mittelfristige Planung verzichten sollte. Sie ist die Basis für die Auftrags- und Terminplanung, gemäß Füllgrad der Fertigung. Wichtig ist nur die Erkenntnis, dass die Aussagekraft im Detail nicht stimmt und auf dieser Basis die Aufträge nicht 1:1 in die Produktion eingesteuert werden können.

Daraus ergibt sich folgender Praxistipp:

Die Feinplanung, was kann / soll tatsächlich in die Fertigung als nächstes eingeplant werden, muss losgelöst von der mittelfristigen Kapazitätsplanung, durch die Erstellung eines separaten Produktionsplanes alle 1 - 5 Arbeitstage neu (je nach notwendiger Flexibilität) erfolgen.

U N D

Es kann, je nach Unternehmen, bis zu einer Größe XX[1)] überplant werden.

Muss jedes Unternehmen je Periode selbst festlegen.

[1)] Kann größer oder kleiner sein als die verfügbare Kapazität, mit der in der mittelfristigen Planung gerechnet wird, bzw. kann durch Einsatz von Leiharbeitern, Umbesetzungen, Einsatz von Freiberuflern etc., kurzfristig erhöht / vermindert werden.

7.5 Feinplanung / Erstellen von Produktionsplänen

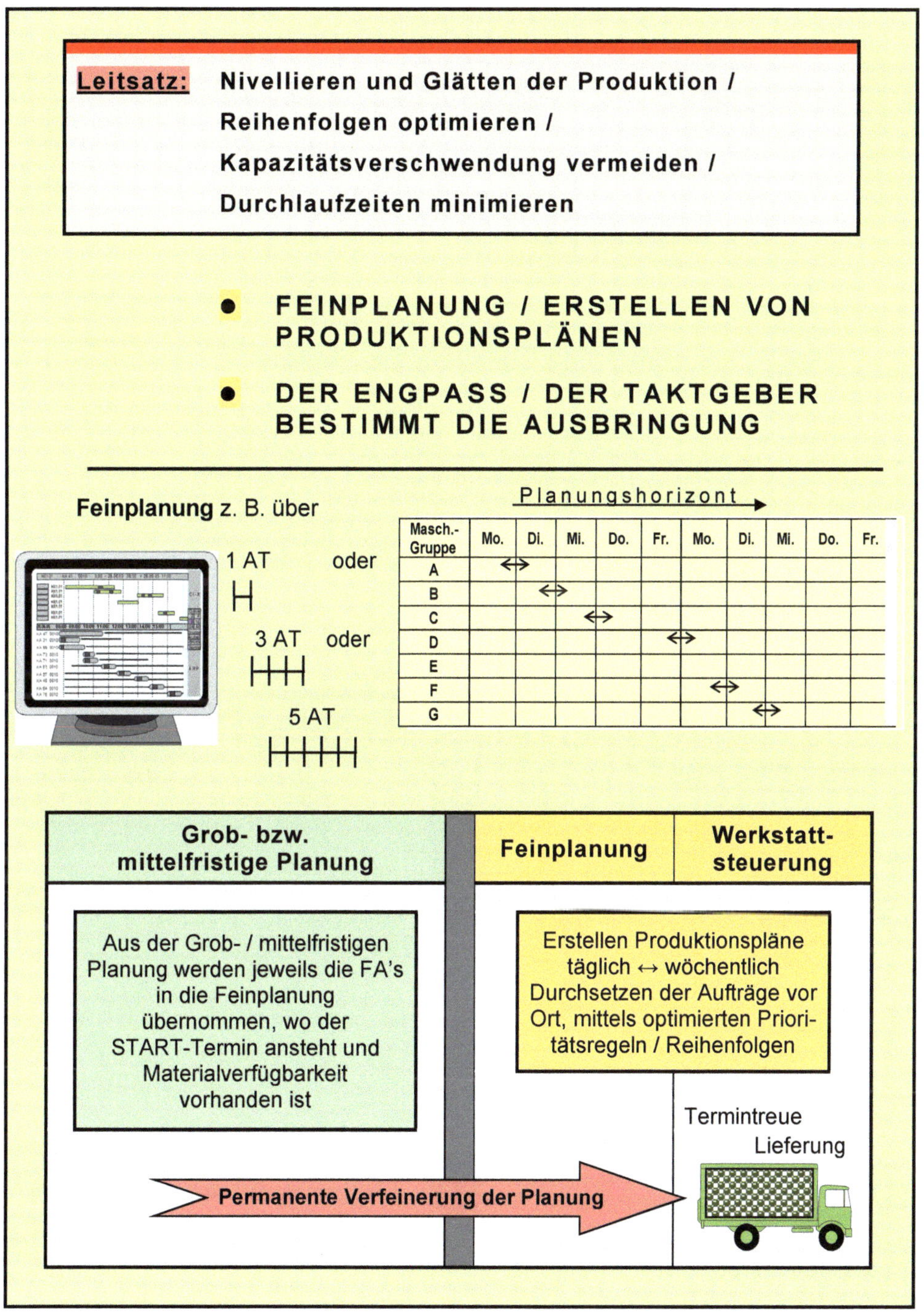

7.5.1 Zusammenhänge zwischen Losgröße, Anzahl Aufträge gleichzeitig in der Fertigung, bezüglich Durchlaufzeiten, Bestände und Flexibilität

Große Lose und viele Aufträge gleichzeitig in der Fertigung, verstopfen die Fertigung, erzeugen lange Lieferzeiten, beeinträchtigen die Flexibilität, treiben die Bestände in die Höhe.

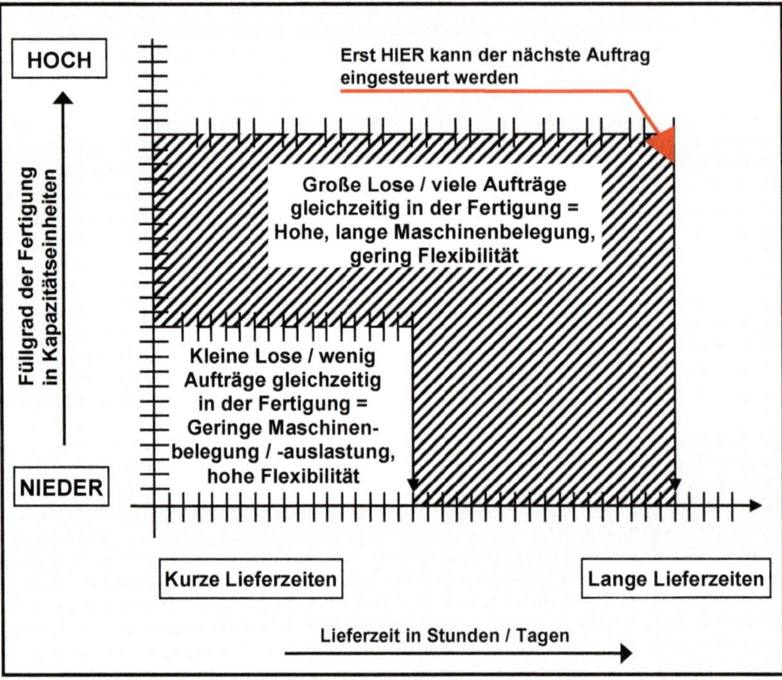

Kleinere Mengen fertigen ergibt geringe Lagerbestände. Weniger Aufträge gleichzeitig in der Fertigung sind ebenfalls von Vorteil. Vor jedem Arbeitsplatz maximal 2 - 3 Stück bzw. für einen Arbeitstag, erzeugt → **niederes Working Capital → hohe Flexibilität → kurze Durchlaufzeiten.**

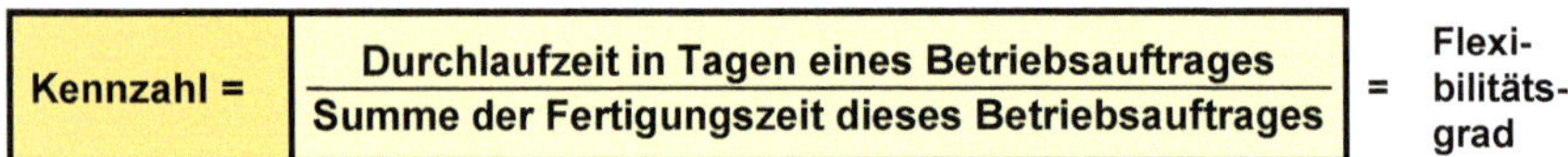

Die Kennzahl ***„Flexibilitätsgrad"*** sagt aus, wie flexibel / unflexibel reagiert werden kann.

$\frac{5}{1}$ = **Sehr unflexibel – Auf 1 Arbeitstag Fertigungszeit kommen noch zusätzlich 4 Arbeitstage Liegezeit**

$\frac{2}{1}$ = **Sehr flexibel – Auf 1 Arbeitstag Fertigungszeit kommt maximal 1 Arbeitstag Liegezeit**

Und denken Sie daran:

Leistung ist nur, was produziert und umgehend verkauft werden kann - NICHT was an Lager geht.	**UND**	**Kurze Lieferzeiten, hohe Termintreue sind heute genauso wichtig wie der Preis**

Darstellung der Zusammenhänge an einem Rechenbeispiel:

Basiszahlen / Mengengerüst

- ⇒ 9 verschiedene Technologien
- ⇒ 3 Lagerstufen
- ⇒ 12 Schnittstellen (ohne Kommissionieren, Versand)
- ⇒ 80 gleichzeitig im Betrieb befindliche Aufträge
- ⇒ durchschnittlich 5 Arbeitsgänge / Auftrag
- ⇒ Durchschnittliche Fertigungszeit eines Auftrags über alle 5 Arbeitsgänge (te x m) + tr = 40 Stunden (= 8 Std. / Arbeitstag)
- ⇒ Arbeitszeit 1-schichtig = 8 Stunden
- ⇒ Anzahl Arbeitsplätze in der Fertigung: 50
- ⇒ Anzahl Mitarbeiter in der Fertigung produktiv: 40
- ⇒ Verhältnis Mitarbeiter – Maschinen 1 : 1 (ein Mitarbeiter bedient eine Maschine)

	Füllgrad Fertigung					Kapazität pro Tag			ERGEBNIS
	Anzahl gleichzeitig in Fertigung befindliche Aufträge	Ø Anzahl Arbeits-gänge	Ø - Zahl gleichzeitig in Fertigung befindliche Arbeits-gänge	Ø Fertigungs-zeit pro Arbeits-gang in Stunden	Ø - Zahl gleichzeitig in Fertigung befindliche Arbeit in Stunden	Anzahl Mit-arbeiter in Fertigung	Ø Arbeits-zeit pro Mit-arbeiter	Ø verfügbare Kapazität pro Arbeitstag in Stunden	Verhältnis Fertigungszeit zu Durchlaufzeit als Faktor [4]
	1	**2**	**1 x 2 = 3**	**4**	**3 x 4 = 5**	**6**	**7**	**6 x 7 = 8**	**5 : 8 = 9**
Ist	80	5	400	8	3200	40	8	320	ca. 10 : 1
Soll	30 [1]	5	150	4 [2]	600	40	8	320	ca. 2 : 1 [3]

Praxistipp:

Damit die Mitarbeiter in der Fertigung informiert sind, wie viel Arbeit insgesamt in ihrem Bereich vorhanden ist, ist es sinnvoll, wöchentlich eine Übersicht über die Gesamtauslastung in Form von Grafiken auszuhängen oder die Übersichten können direkt am Bildschirm / BDE - Terminal abgerufen werden.

Problem *„Arbeit strecken"* darf nicht auftreten!

[1] Reduzierung der gleichzeitig in der Fertigung befindlichen Aufträge auf jetzt 30 Stück

[2] Reduzierung der Losgrößen um ca. 50 % – 60 %

[3] Auf einen Tag Fertigungszeit kommt im Durchschnitt nur noch ein AT Liegezeit

[4] Kennzahl sagt aus wie flexibel / unflexibel die Fertigungsorganisation ist

7.5.2 Erstellen von Produktionsplänen

Gemäß Terminvergabe nach

- Kundenwunsch
- Kapazitätsterminierung und
- Materialterminierung

und den sich daraus ergebenden Startterminen der Fertigungsaufträge, müssen nun täglich oder wöchentlich[1)], für festgelegte Planungszeiträume, Produktionspläne festgelegt werden, damit innerhalb der Fertigung eine Reihenfolgeoptimierung stattfinden kann.

Ein Fertigungsauftrag wird immer komplett über alle Arbeitsgänge durchgeplant. Vorwärtsplanung auf Basis Starttermin. Ergibt den Planungshorizont in Arbeitstagen.

Über das PPS- / ERP-System wird aus der mittelfristigen Planung der Arbeitsvorrat gemäß dort ermittelter Starttermine festgelegt.

A) Das AZ / das Logistikzentrum / die Fertigungssteuerung erstellt den Produktionsplan für die einzelnen Fertigungsbereiche

B) Oder Meister / Teamleiter erstellen sich am Bildschirm in der Fertigung ihre Produktionspläne selbst, aus dem Arbeitsvorrat lt. PPS, innerhalb eines vorgegebenen Zeitfensters.

C) Die Werkstattsteuerung / die Fertigungsgruppen bringen den Arbeitsvorrat in die richtige Reihenfolge und Ordnung, gemäß Prioritäten und kurzfristigen Informationen.

Diese Optimierung bedeutet die Bildung abarbeitungsgerechter Reihenfolgen. Der einzelne Auftrag wird mit einer Prioritätennummer belegt und jeder Mitarbeiter / Meister / Teamleiter kann anhand der Prioritätennummer erkennen, ob ein Auftrag vorzuziehen ist oder nicht. Kurzfristiges Umsteuern erfolgt über Infos an Flipcharts, Multimediatafeln oder täglichen Maschinenbelegungslisten aus den elektronischen Plantafeln.

Wichtige Aufträge laufen so, ohne große Liegezeiten durch die Fertigung. Füller oder weniger wichtige Fertigungseinheiten werden automatisch hintenangestellt. Am Ende einer Planperiode müssen aber alle eingeplanten Fertigungsaufträge erfüllt sein. Ansonsten werden sie vor dem nächsten Planungslauf in eine Rückstandsliste übernommen und während der nächsten Produktionsabstimmung ggf. neu terminiert.

- Organisationsmittel für die kurzfristige Steuerung sind:
  - Plantafeln / Excel-Übersichten / Tablet PC etc.
  - IT-gestützte Leitstandsysteme / Feinplanungsprogramme
- Je flexibler ein Unternehmen sein muss, je öfters müssen die Produktionspläne erstellt werden:

Flexibilität			
↑	**sehr hoch**	**=**	**1 x pro Schicht**
	hoch	**=**	**jeden Tag neu**
	mittel	**=**	**2 - 3 x pro Woche**
	gering	**=**	**1 x pro Woche**

Arbeitspapiere

Die Fertigungssteuerung / das AZ erstellt alle für die Auftragsabwicklung erforderlichen Papiere. Dies sind in Regelfalle:

- ⇨ **Betriebsauftrag**
- ⇨ **Terminkarte**
- ⇨ **Materialkarte**
- ⇨ **Entnahmestücklisten**
- ⇨ **Bereitstellbelege, Programme / Werkzeuge / Vorrichtungen**
- ⇨ **Lohn- / Zeiterfassungsbelege**
- ⇨ **Kontrollbelege / Zeichnungen**

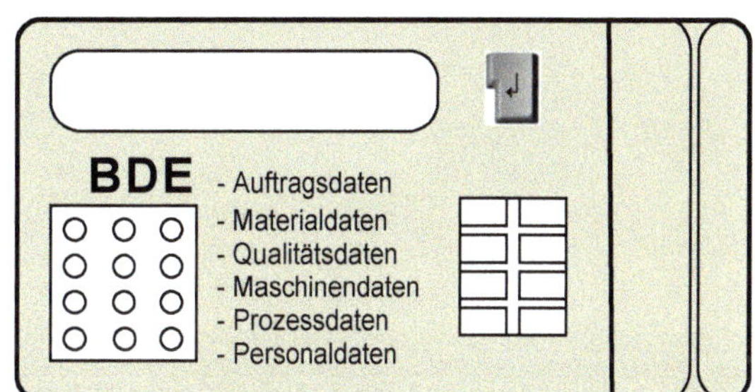

Oder es erfolgt eine beleglose Übergabe in die vor Ort installierten BDE-Bildschirme.

Fertigungsaufträge

Die Erstellung eines Fertigungsauftrages erfolgt über das PPS- / ERP-System, gemäß den dort hinterlegten Regularien. Es empfiehlt sich, das späteste mögliche Verfahren für den Druck der Papiere zu wählen. Auch eine farbliche Unterscheidung der Arbeitspapiere (oder ein anderes Merkmal) sollte sichtbar sein zur Unterscheidung, was ist ein Vorratsauftrag, bzw. was ist ein Kundenauftrag, wichtig für die Erstellung der Produktionspläne und Prio-Nr.

Das System ergänzt die Arbeitspapiere mit den für die Fertigung so wichtigen Daten, wie z. B.

- ⇨ Starttermin
- ⇨ Endtermin
- ⇨ Zwischentermine nach Meilensteinen
- ⇨ Prioritätennummern gemäß Dringlichkeit auf Basis Reichweite oder dem Verhältnis Soll-Durchlaufzeit zu Ist-Durchlaufzeit

Wobei bei der Erstellung des Produktionsplanes auch auf Rüstzeitminimierungselemente geachtet werden muss. Basis hierfür ist eine Verkettungsnummer. Dies bedeutet, für einen begrenzten Zeitraum können Aufträge zusammengefasst, also vorgegriffen werden. Siehe auch *Abschnitt „Verkettungsnummer“*.

> **Hinweis:** Bei einer IT-gestützten Feinplanung mittels elektronischer Plantafeln / -Leitständen[1], müssen die Arbeitspläne vor jeder Freigabe eines Fertigungsauftrages zwingend auf Aktualität geprüft werden (z. B. eine Woche vor Starttermin).

[1] MES-System

Dies bedeutet, dass die Arbeitspapiere nicht so früh wie möglich, z. B. nach dem Dispo-Vorgang, freigegeben / erstellt werden dürfen, sondern so spät wie möglich:

a) wegen Änderungsaufwand in Menge und Termin seitens der Kunden

b) weil nur Aufträge eingesteuert werden können, wo Material und Werkzeuge etc. auch verfügbar sind[1)]

c) bei zu früher Freigabe eine Art kaltes/warmes Buffet entsteht, aus dem man sich beliebig bedienen kann und nicht mehr der Kundentermin, sondern andere Einzeloptima, wie z. B. Rüstzeitminimierung, oder *„Was kann der Mitarbeiter vor Ort am besten?"* im Vordergrund steht. Die Fertigung macht sich's einfach.

Bereitstellprüfung:

MATERIALPRÜFUNG

Auftrags-Nr.: 72000 Datum: 13.06.xx

Kunden-Nr.: 10531

Pos.	Artikel-Nr.	Menge	Liefereinteilung von	bis	Termin KW
1	30,0834,0	100.00	1	1	KW9999
					KW9999

Erst danach erfolgt die Erstellung des Produktionsplanes, wobei es sich bewährt hat, wenn z. B. die Festlegung der Reihenfolgen, die Bereitstellung vor Ort, z. B. Sägen, von der vorgelagerten Stelle, wie z. B. Drehen, Fräsen durchgeführt wird, also nicht ausgeplant wird

Teile-Nr.	Bezeichnung	Lagerbestand	Bedarf	Differenz	!!
317.0031.0	SPK UI 30/16.5/2ST/WZ.6870/2ST TYP 561 POS.1.3.6.8	380.000	200.00	180.00	
800.0053.0	CU-DRAHT 1 L V 0.118 GE/SP.K 125	6.940	2.75	4.19	
800.0105.0	CU-DRAHT 1 L V 0.250 GE/SP.K 200	393.110	2.85	390.26	
360.0051.0	KERNBLECH UI30 ARMCO OHNE LOCH VM 111-35A UNGEGLUEHT	-39295.000	4700.00	-43995.00	**Fehlbestand
372.0015.0	VERGUSSHAUBE BLAU UI 30/16.5 WZ.6843	1405.000	100.00	1305.00	
808.0001.0	ELEKTROGIESSHARZ PU 2 K 1145 HARZ 3 GWT., HAERTER 1 GWT.	-4733.370	2.50	-4735.87	**Fehlbestand
650.0006.0	STYROPORVERPACKUNG FUER UI 30 UND UI 39	2676.090	4.80	2671.29	

Im Maschinenbau unter Berücksichtigung der Zeitachsen, wann welches Material, Artikelnummer für welche Baugruppe bzw. Endmontage benötigt wird.

1) Ausnahmen wird es immer geben

7.5.2.1 Methodik der Produktionsplanung

Einführung einer so genannten Verkettungsnummer zur Bildung von Teile- / Rüstfamilien, reduziert Rüstzeiten wesentlich

Bildschirme / Auslastungsübersichten vor Ort, in der Werkstatt je Fertigungsgruppe, die den permanenten Abruf des freigegebenen Auftragsbestands ermöglichen, haben sich bewährt, insbesondere um Rüstzeiten zu minimieren, also dass alle Betriebsaufträge hintereinander angezeigt werden, damit sie zu so genannten Fertigungslosen zusammengefasst werden können. Die Einführung einer so genannten Verkettungsnummer als Suchkriterium für das Bilden von Fertigungslosen nach Teile- / Rüstfamilien hat sich bewährt.

Diese Verkettungsnummer läuft neben der Artikelnummer als völlig separate Nummer mit und gibt folgende Hinweise:

a) Dem Disponenten

Welche Teile sollen zusammen aufgelegt werden (z. B. welche verschiedenen Teile werden aus dem gleichen Rohling gefertigt?)

b) Der Fertigungssteuerung

Welche Teile sollen gleichzeitig bzw. miteinander in die Fertigung eingesteuert werden, damit die Fertigung eine Chance hat, Verkettungen zu ermöglichen?

c) Der Fertigung

Welche Teile haben zur Rüstzeitminimierung und Beschleunigung der Durchlaufzeit die gleichen Grundrüstwerkzeuge / Vorrichtungen und sollen direkt hintereinander gefertigt werden?

Bild 7.16: *Arbeitsabläufe bei Teilefamilien / Rüstfamilien mit Ziel – Bilden von Rüstfamilien in der Fertigung durch die Mitarbeiter selbst*

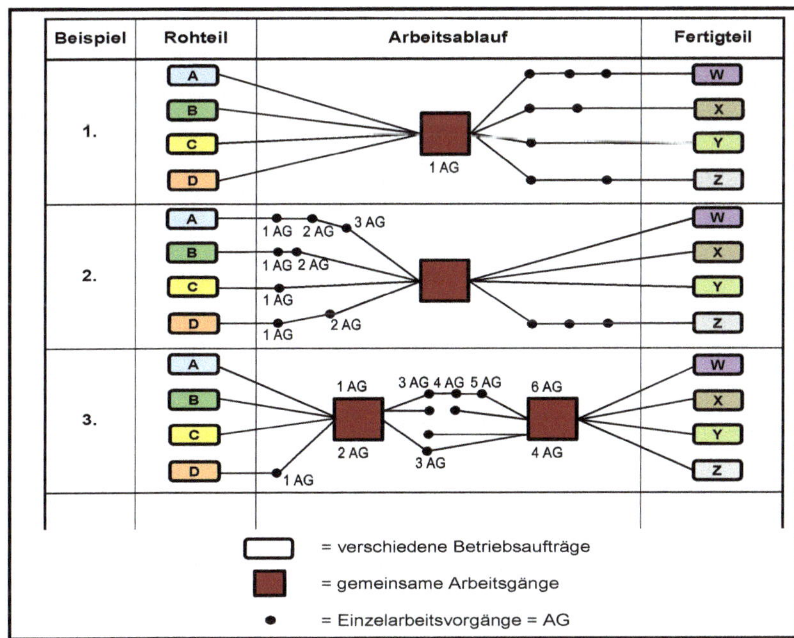

Wie können Verkettungsnummern auf einfachste Weise eingerichtet werden:

A) Da in Industriebetrieben meist auftragsbezogen die Werkzeuge vorgerüstet bereitgestellt werden und somit mit Artikelnummern versehen sind, ist der Aufbau einer IT-gestützten Verkettungsnummer ohne großen Aufwand möglich.

Beispiel:

Die Zusammenstellung (IT-gestützt) kann erfolgen nach,

- Maschine
- der Maschine zugeordnete Werkzeuge / Werkzeugträger etc., gemäß Werkzeugbereitstellstücklisten
- mittels Filter und Prio-Vorgabe, jetzt Programm starten, welche Artikel haben z. B.

↳ gleiche Werkzeugträger
↳ gleiche Werkzeuge
↳ gleiche Spannelemente
↳ etc.

B) Oder es wird in den Arbeitsplan-Stammdaten eine vor Ort, von den Praktikern, festgelegte Verkettungsnummer vergeben, für Arbeitsgänge an Engpassmaschinen, welche idealerweise zusammen in einer Folge gefertigt werden müssten, z. B.

10 Teile mit verschiedenen Artikelnummern, aber gleiches Werkzeug / Spannart, erhalten die Verkettungsnummer AA

8 Teile mit verschiedenen Artikelnummern, aber gleiches Werkzeug / Spannart, erhalten die Verkettungsnummer AB

usw.

nach deren Bezug sowohl die Dispositionsvorgänge als auch die Erstellung der Produktionspläne mit ausgerichtet werden (wenn es die Terminsituation zulässt).

Diese Verkettungsnummer wird in den Stammdaten hinterlegt und dient als Suchbegriff für den entsprechenden Anwendungszweck.

Große Lose verstopfen die Fertigung, erzeugen lange Lieferzeiten, beeinträchtigen die Flexibilität

Ist Leistung die Herstellung großer Stückzahlen mit geringem Rüstzeitanteil, die an Lager gehen, oder ist Leistung, das was produziert wird, was der Kunde will und sofort Rechnungen geschrieben werden können? Und wie wirken sich kleine Losgrößen auf die Rüstzeit aus, **a)** pro Auftrag?, **b)** pro Jahr? Siehe Abbildung Punkt (C)

Z. B. alle vier Wochen alle Artikel neu auflegen, nivelliert die Produktion, Spitzen werden vermieden. Die Mitarbeiter vor Ort verinnerlichen diesen Rhythmus. Rüstzeiten werden durch stetiges Umrüsten (Einübungseffekt) verringert. Und Kapazitätsverschwendung vermeiden: 20 % – 30 % aller Artikel belegen die Kapazitäten ca. 70 % - 80 %. Die großen Lose halbieren. Engpässe werden vermieden, teileweise kann von 3-Schicht-Betrieb auf 2-Schicht-Betrieb reduziert werden.

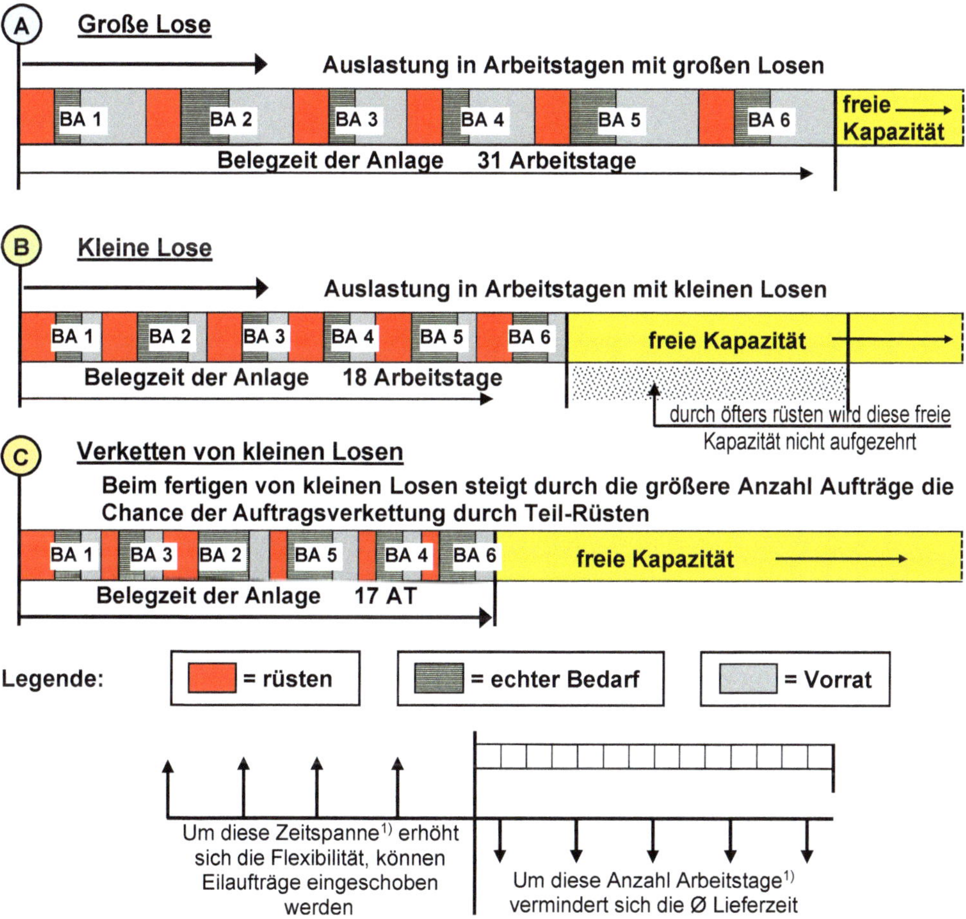

[1] Bezogen auf ein Kalenderjahr kann sich bei **B** bzw. **C** die Gesamtsumme aller Rüstvorgänge in Stunden erhöhen. Dem muss der Gewinn an Flexibilität gegenübergestellt werden und weniger Überstunden, Sonderfahrten, Abwertung / Verschrottung am Jahresende (vermiedene Kosten). Und kann ein Rüst-Mehraufwand von ca. 4 % – 6 % p. a. von der Produktion nicht auch problemlos aufgefangen werden = Entstehen tatsächlich höhere Kosten?

7.5.3 Kurzfristige Steuerung / Feinplanung

Die Steuerung der Aufträge durch den Betrieb muss die Aufgabe erfüllen, sämtliche Bereitstellungsfunktionen termingerecht auszulösen. Es ist bekannt, welche enormen Auswirkungen es hat, wenn Material, Werkzeuge, Vorrichtungen, Auftragsunterlagen nicht termingerecht am Arbeitsplatz bereitgestellt werden können. Die Folgen liegen in der schlechten Produktivität und in der Verlängerung der Durchlaufzeiten. Die Auslösung der Bereitstellung erfolgt nach Verfügbarkeitsprüfung von Material, Werkzeuge, Vorrichtungen usw.

Als Planungsinstrument dient, je nach IT-Einsatz und Ausprägung des PPS- / ERP-Systems, entweder das IT-System mit dem entsprechenden Softwaremodul, z. B. elektronischen Plantafeln / Excel-Tabellen etc., in denen die einzelnen Arbeitsfolgen terminlich richtig eingeplant werden. Neben dieser Einplanung muss die eigentliche Arbeitsverteilung organisiert werden. Hierunter versteht man die Weitergabe der Arbeitsunterlagen an die Mitarbeiter und die Zuweisung der Arbeit an einen bestimmten Arbeitsplatz.

Die Arbeitsverteilung kann entweder durch den Meister / Teamleiter vor Ort erfolgen (Einplanung und Arbeitsverteilung), oder über ein zentrales MES- / Leitstandsystem.

a) mittels IT-gestützter Systeme, wie z. B. elektronische Plantafeln / Leitstände = MES-System } **= Zentrale Fertigungssteuerung**

oder

b) mittels Excel-Übersichten, da die Voraussetzungen für eine andere Art der Planung und Steuerung fehlen, wie z. B. Arbeitspläne stimmen nicht exakt, das ERP-System besitzt keine elektronische Plantafel, Module wurden nicht gekauft etc. } **= Dezentrale Fertigungssteuerung**

Jeweils unter Berücksichtigung der möglichen Teile- / Rüstfamilienbildung vor Ort, im Rahmen der terminlichen Möglichkeiten der jeweiligen Planungsperiode.

Wichtig jedoch ist, egal wie geplant wird, dass der Produktionsplan, die kurzfristige Steuerung auf Basis der vorgegebenen Start-Termine, aber

- **losgelöst von der mittelfristigen Kapazitätsterminierung durchgeführt wird**
- **täglich / wöchentlich immer neu erstellt wird (je nach Flexibilitätsbedarf)**
- **nicht permanent geändert / weiter aufgefüllt wird**
- **dies nach einem Regelwerk mit Prioritätensetzung erstellt wird**
- **Aufträge immer komplett über alle Arbeitsgänge durchgeplant und so spät wie möglich eingesteuert werden**

Unterstützt durch neuzeitliche Feinsteuerungs- / Werkstattsteuerungshilfsmittel vor Ort[1)], wie z. B. Multimediatafeln / Beamer oder Tablet PCs, Smartphones je Mitarbeiter und Schaffen von flexiblen Kapazitäten.

1) Shopfloor-Organisation

Die Einsteuerung selbst, erfolgt nach tatsächlich verfügbarer Kapazität (+ 10 %) und

- **a)** Start-Termin und
- **b)** Reichweitenbetrachtung bei Vorratsaufträgen, bzw.
- **c)** Prio-Nr. gemäß Formel IST- zu SOLL-DLZ und Restfertigungszeit bei reinen Kundenfertigungsaufträgen, bzw. Einzel-Priorisierung
- **d)** Unter Berücksichtigung der Materialverfügbarkeit J / N, sowie, *„Können Fertigungsaufträge zu Rüstfamilien verketten werden?“* 1)

Diese Einsteuerungsregeln sind wichtig, denn heute wird im Regelfalle bei der Auftragsannahme eine Überlast gefahren, da nicht sicher ist, ob die eingeplanten Fertigungsaufträge auch tatsächlich zu dem ursprünglich vorgesehenen Termin gefertigt werden müssen. Was fließt tatsächlich über die Kundenaufträge ab? Wie groß ist die Reichweite der Vorräte? Wie häufig wird der Kundenauftrag in Menge und Termin geändert?

Oder besser: Liegezeiten werden auf null gesetzt
Verkürzt die Durchlaufzeit, Aufträge werden später eingesteuert

Schemadarstellung: *Startterminermittlung*

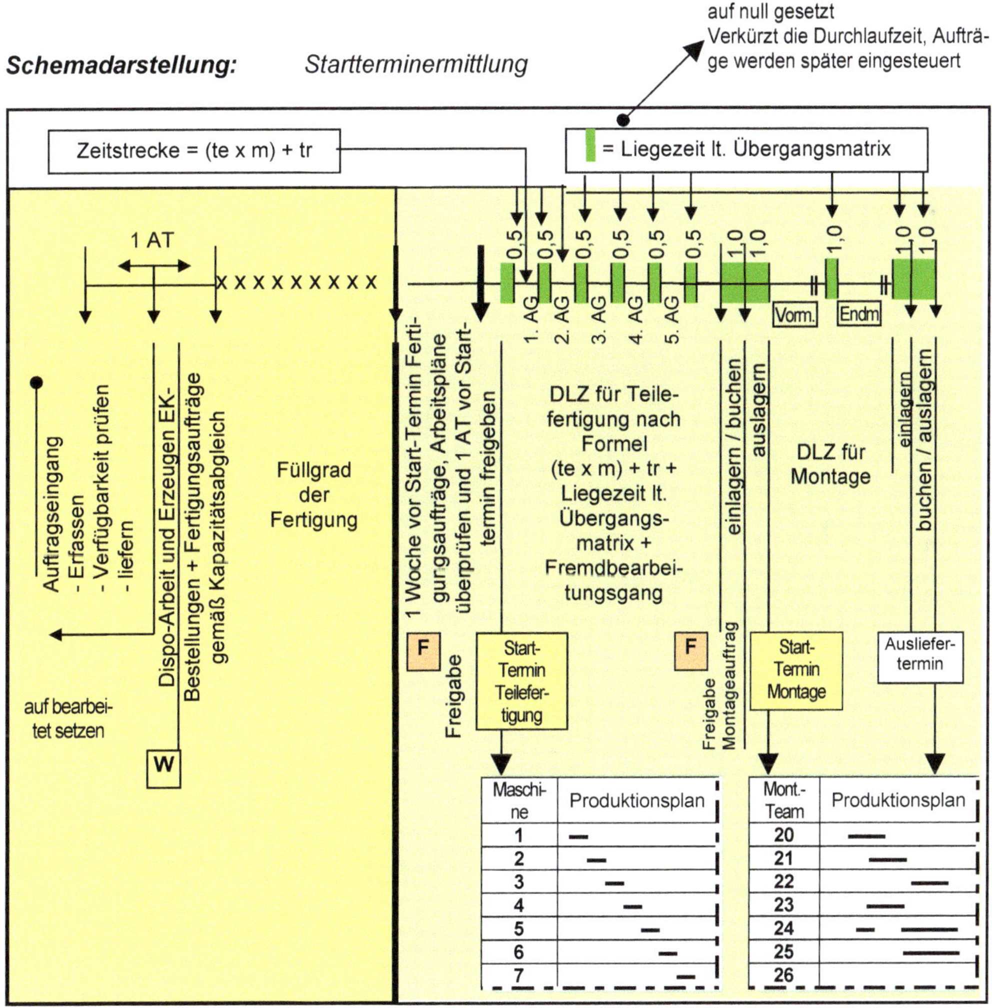

1) Maximal für 5 Arbeitstage, bzw. Schichten, vorgreifen, zusammenfassen, gemeinsam einsteuern. Es sei denn, es herrscht Auftragsmangel

Also Fertigungsaufträge so spät wie möglich einsteuern und Feinplanung von Grobplanung trennen, sind in der Zeitachse zwei verschiedene Tätigkeiten.

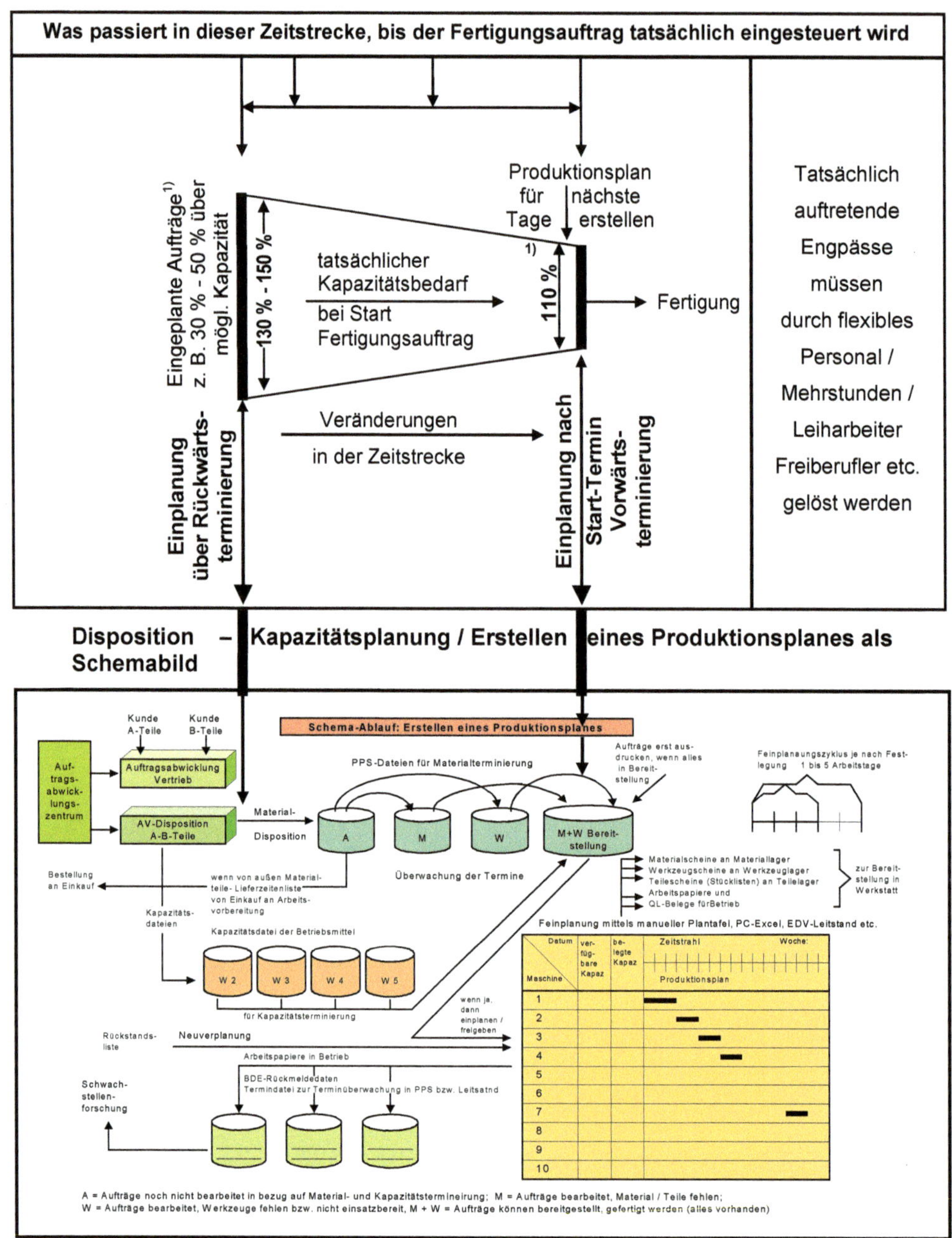

[1] Je nach notwendiger Personal-Anlernzeit ca. 30 % bis 50 %, selten um eine ganze Schicht – Und eine Firma muss wachsen

Flexibilität in der Produktion schaffen

Durch das Termindiktat ist es wichtig, dass der Kapazitätsverzehr der einzusteuernden Aufträge dargestellt wird. Ist der Bedarf größer als die verfügbare Kapazität, muss mit Hilfe der zuvor aufgebauten Kapazitätsreserve-Datei alles getan werden, dass die notwendige Kapazität bereitgestellt wird.

Nur wenn dies nicht gelingt, müssen Starttermine verschoben werden, wobei, je nach Unternehmen, ca. 10 % mehr als die verfügbare Kapazität eingelastet werden kann. Soviel Leistungsreserven sind meist vorhanden.

		Kostenstellen XY / Team ZZ																						
Name		Braun, Peter	Kern, Jens	Kintop, Denis	Glocker, Thomas	Breuer, Thomas	Aceto, Renato	Lohmann, Fritz	Neutz, Thomas	Chimphoo, Yupha	Ntoussian, A.	Kilinc, Mehmet	Weber, Rainer	Reinhard, Maria	Scheib, Katrin	Vitar, Muguel	Wörner, Marion	Kohler, Werner	Tutsch, Sasha	Seibel, Natalie	Wall Nina	**Verfügbare Kapazität ∑**	**Notwendige Kapazität ∑**	**DIFFERENZ + / -**
Pers.-Nr.		201	77	82	95	102	108	91	82	185	90	202	Ich-AG	158	193	187	Ich-AG	Leiharb. 1	Leiharb. 2	Leiharb. 3	Leiharb. 4	∑ Std.	∑ Std.	∑ Std.
Schicht		1	1	1	1	1	1	1	1	2	2	2	2	2	2	2	2	2	2	2	2			
Datum	KW																							
Mo. 02.07.xx	27	K	U	8			8	8	8	6,85	8	U	8	8	8	8	8			8	8			
Di. 03.07.xx	27	K	U	8			8	8	8	6,85	8	U	8	8	8	8	8			8	8			
Mi. 04.07.xx	27	K	U	8			8	8	8	6,85	8	U	8	8	8	8	8			8	8			
Do. 05.07.xx	27	K	U	8			8	8	8	6,85	8	U	8	8	8	8	8			8	8			
Fr. 06.07.xx	27	K	U	8			8	8	8	6,85	8	U	8	8	8	8	8			8	8			
∑																						514,25	674,25	-160,00
Mo. 09.07.xx	28	K	U	8			8	8	8	6,85	8	U	8	8	8	8	U			8	8			
Di. 10.07.xx	28	K	U	8			8	8	8	6,85	8	U	8	8	8	8	U			8	8			
Mi. 11.07.xx	28	K	U	8			8	8	8	6,85	8	U	8	8	8	8	U			8	8			
Do. 12.07.xx	28	K	U	8	8		8	8	8	6,85	8	U	8	8	8	8	U	8		8	8			
Fr. 13.07.xx	28	K	U	8	8		8	8	8	6,85	8	U	8	8	8	8	U	8		8	8			
∑																						506,25	706,25	-200,00

Ziel muss es also sein, eine Kapazitätsreservedatei zu schaffen.

Die Kapazität, um die fehlenden 160 Stunden aufzustocken, die Produktion also flexibel zu gestalten, mittels:

- flexiblen Arbeitszeitkonten
- zusätzlichen Überstunden
- Leiharbeiter
- Unterlieferanten
- Mitarbeiter sind mehrfachqualifiziert, flexibel einsetzbar, kostenstellenübergreifend
- Einsatz von Ich-AG / Fremdpersonal, Freiberufler, die an Engpassplätzen angelernt sind, auf die bei Bedarf zurückgegriffen werden kann, die auf Rechnung arbeiten, also Zusatzkapazität, die von Fertigungsleitung und Fertigungssteuerung im Rahmen eines Budgets selbstständig abgerufen werden kann

Optimierung der Liefertreue / Reduzierung des Working Capital durch optimierte Steuerungskonzepte *und „Nur Fertigen was gebraucht wird“*

- ***Schemabild:* Einsteuern der Aufträge in die Fertigung „Ein IST-Zustand“**

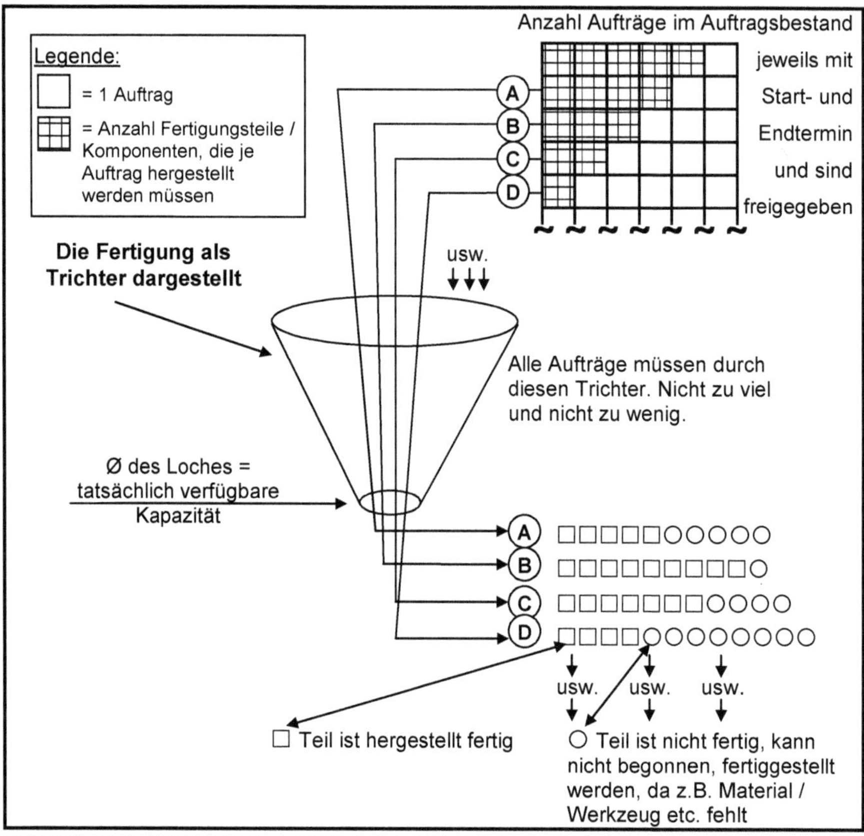

Da nicht weiter produziert werden kann, müssen immer neue Fertigungsaufträge begonnen werden, es befinden sich immer mehr Aufträge gleichzeitig in der Fertigung.

Aussage dieses Bildes, übersetzt in einen Kaffee-Aufbrühtrichter:

a) In einen Trichter kann nicht mehr hineingeschüttet werden, als in einer Zeiteinheit durchläuft, wie z. B. beim Kaffee aufbrühen. Bei „zu viel“ entstehen Probleme, läuft über.

b) Es macht auch keinen Sinn Aufträge in die Produktion einzusteuern, wenn Material / Werkzeug / Zeichnung etc. fehlt.
Vergleichbar, wenn Wasser in den Trichter zum Aufbrühen geschüttet wird, aber kein Kaffeepulver vorhanden ist, und

c) Führt zu: Anfangen – Weglegen – Anfangen – Weglegen – Suchen etc., somit zur Überschreitung der geplanten Fertigungszeiten und es wird immer das Falsche fertig, es kann nicht geliefert werden.

Also zielgerichtetes Aufbrühverhalten nach Startterminen und tatsächlich verfügbarer Kapazität organisieren

II *Schemabild:* Auswirkung von vielen Aufträgen gleichzeitig in der Fertigung bezüglich Durchlaufzeit (erzeugt lange Durchlaufzeiten)

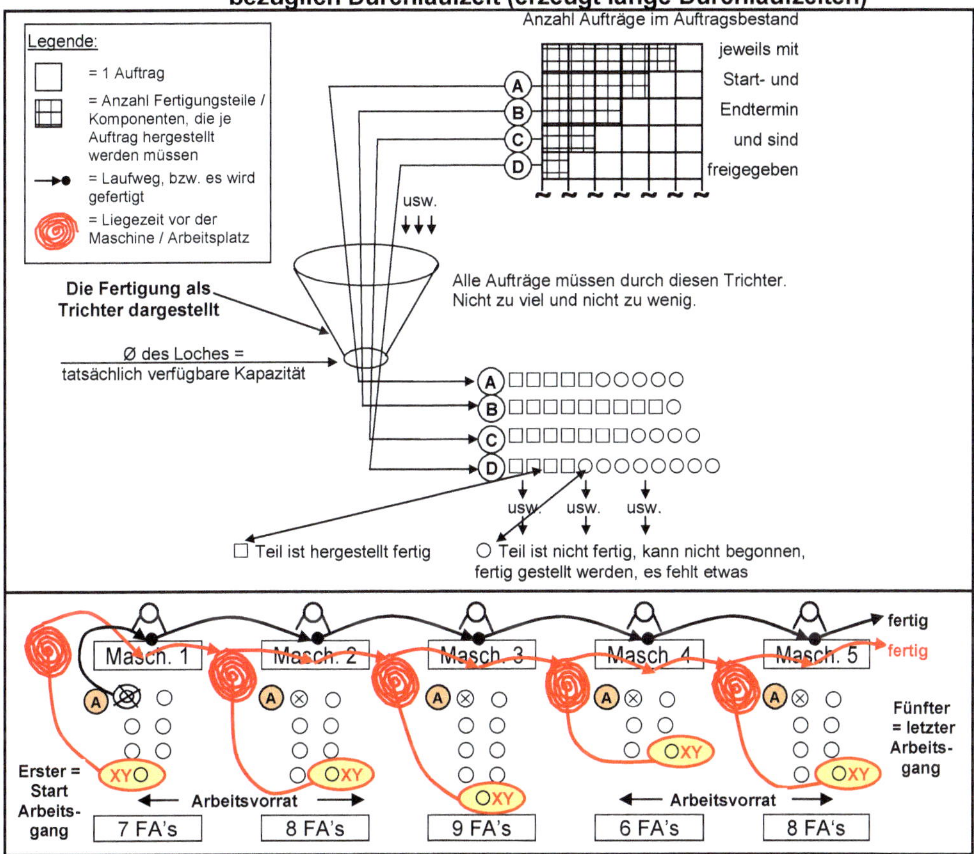

Rechendaten für Durchlaufzeitermittlung:

Alle 38 Aufträge haben 5 Arbeitsgänge	= 5 AG
Jeder Arbeitsgang hat eine Fertigungszeit von Ta = 8 Std. – 1 Arbeitstag und dies wäre für dieses Beispiel, der Einfachheit wegen, bei allen 38 x 5 = 190 Arbeitsgängen gleich	= 1 AT
Es kann nicht überlappt gearbeitet werden	0

Werkzeug für (A) ist eingetroffen – ergibt Eilauftrag. Es wird immer sofort umgerüstet, andere Aufträge bleiben dafür liegen, haben lange DLZ

Ermittlung der Durchlaufzeit (DLZ) Ist-Zustand		kürzeste DLZ =	längste DLZ =	Ø DLZ = ALT	Bemerkung
Bei (A)	5 AG x 1 AT bei Eilauftrag	= 5 AT	---	---	Auftrag ist bei jeder Anlage der Erste
Bei (XY)	7 + 8 + 9 + 6 + 8 = (jeweils 1 Auftrag = 5 AG + Fertigungszeit = 1 AT) = längste DLZ	---	= 38 AT	---	Auftrag ist bei jeder Anlage der Letzte der an die Reihe kommt
Ø	Berechnung der durchschnittlichen Durchlaufzeit Kürzeste DLZ = 5 AT + (33 : 2) = LANGE Ø DLZ Katastrophe bezüglich Flexibilität			21,5 AT	auf 1 AT Bearbeitungszeit kommen im Ø noch ca. 4,3 AT Liegezeit

III *Schemabild:* Es sind so wenig Aufträge gleichzeitig in der Fertigung wie möglich (es darf kein Abriss entstehen)

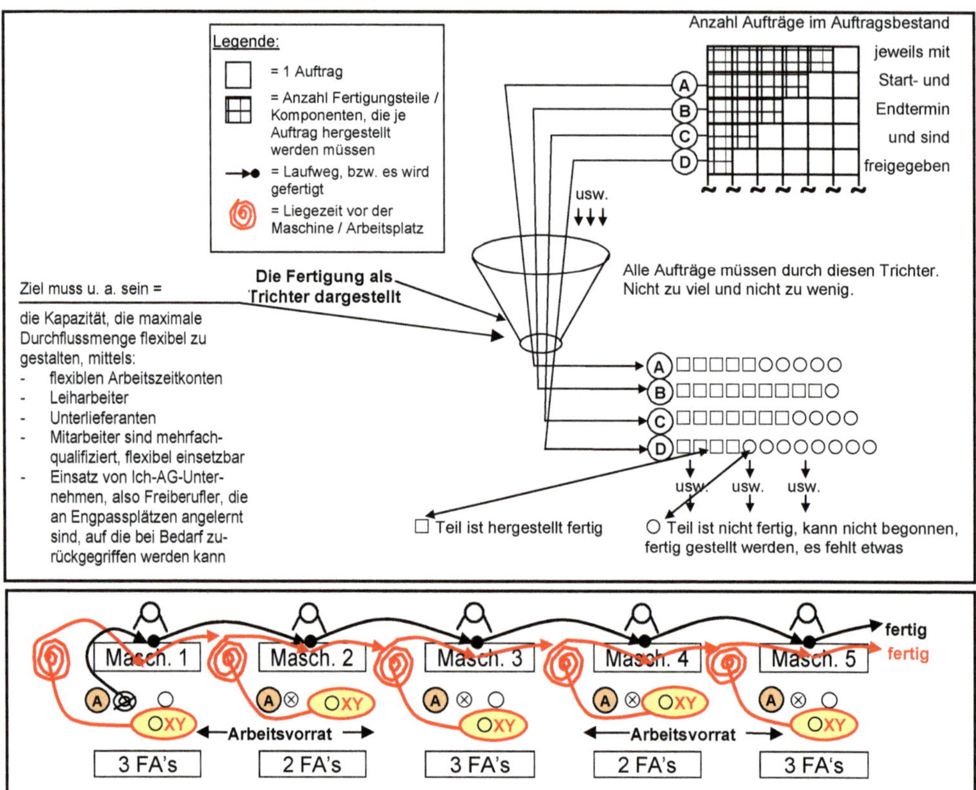

Berechnen der Durchlaufzeiten NEU

Es wird so spät wie möglich eingesteuert, es liegen maximal 2 - 3 Aufträge vor den Maschinen (siehe neues Schemabild oben), dann ergibt sich ein neuer Wert:

	Ermittlung der Durchlaufzeit (DLZ) NEU	kürzeste DLZ =	längste DLZ =	Ø DLZ = NEU	Bemerkung
Bei (A)	5 AG x 1 AT bei Eilauftrag	= 5 AT	---	---	Auftrag ist bei jeder Anlage der Erste
Bei (XY)	3 + 2 + 3 + 2 + 3 = (jeweils 1 Auftrag = 5 AG + Fertigungszeit = 1 AT) = längste DLZ	---	= 13 AT	---	Auftrag ist bei jeder Anlage der Letzte der an die Reihe kommt
Ø	Berechnung der durchschnittlichen Durchlaufzeit NEU Kürzeste DLZ = 5 AT + (8 : 2) = KURZE DLZ / HOHE FLEXIBILITÄT			9,0 AT	auf 1 AT Bearbeitungszeit kommt im Ø noch ca. 1 AT Liegezeit

Das Ziel: Kurze Durchlaufzeit, hohe Flexibilität wird erreicht

Praxistipp	Vor den einzelnen Maschinen / Arbeitsplätzen darf maximal für 4 - 5 Stunden Arbeit liegen. Alles war darüber ist, ist von Übel.

IV Auswirkungen auf die Produktivität beachten

Damit die Mitarbeiter in der Fertigung die Arbeit nicht in die Länge ziehen (man meint, es sei keine Arbeit mehr da), muss in irgendeiner Form,

z. B. per Bildschirm

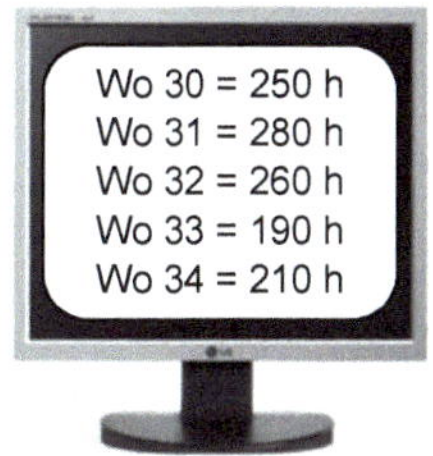

täglich die tatsächliche Kapazitätsbelegung aus der mittelfristigen Planung abrufbar sein

oder per Grafik

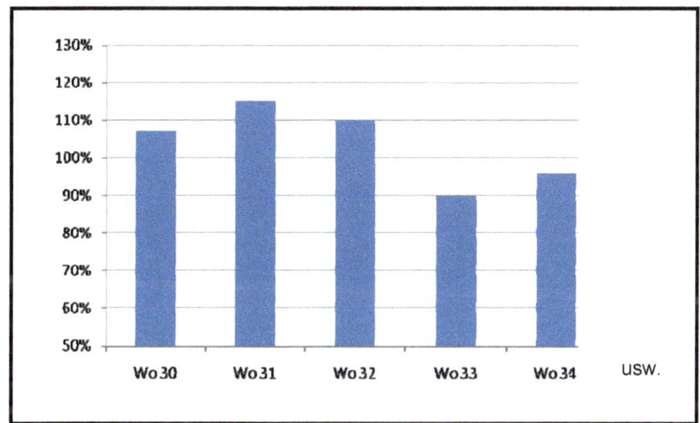

wöchentlich der tatsächliche Auftragsbestand / die vorhandene Auslastung mitgeteilt werden

WICHTIG: Sonst bricht die Produktivität ein

V Die tatsächlich verfügbare Kapazität muss vor Start *„Erstellen Produktionsplan“* bekannt sein

Dies bedeutet, dass z. B. jeweils freitags bis zu einer bestimmten Uhrzeit bekannt sein sollte, ob z. B. ein Mitarbeiter, der sich im Krankenstand befindet, für den nächsten Planungshorizont, ab welchem Tag, wieder zur Verfügung steht (Anruf im Unternehmen).

VI Kapazität flexibilisieren

Dies ist wichtig, da dies den Durchlass des Trichters / die tatsächlich verfügbare Kapazität wesentlich beeinflusst, bzw. bei *„Nein“*, muss eventuell Personal umgesetzt oder Leiharbeiter, Ich-AG-Personal eingesetzt / organisiert werden.

7.5.3.1 Prioritätenregeln

Rückstandsfrei produzieren durch eine verbesserte Fertigungssteuerung / Nur fertigen was gebraucht wird / Prio-Regelungen

In welcher Form letztlich die eigentliche Fertigungssteuerung erfolgen soll, ist dem Unternehmen freigestellt und richtet sich meist nach Branche, Organisationsgrad und Unternehmensgröße.

Dies kann ***DEZENTRAL*** oder ***ZENTRAL*** sein.

Wichtig ist nur, dass die zuvor genannten Denkansätze auch umgesetzt werden, wie z. B.:

- kleine Lose fertigen (80-20-Prinzip)
- Übergangszeiten auf null setzen
- So spät wie möglich einsteuern
- Bei Vorratsteilen Reichweite abprüfen bevor eingesteuert wird
- Abrufaufträge erst nach Rücksprache mit Kunde freigeben
- Keine Aufträge ohne Materialprüfung einsteuern
- Die Produktion nach Fertigungslinien als Röhrensystem organisieren und nur so viel einsteuern, was der jeweilige Engpass im Prozess leisten kann, „Engpassplanung"
- Prio-Regelungen für eine optimierte Reihenfolge in der Fertigung festlegen, mit Info-System für die Mitarbeiter (Multimedia-Tafeln / Belegungslisten / Bildschirme / Tablets vor Ort etc.), nach Formeln und

  z. B.:
  1. Teil mit höchster Kundenpriorität
  2. Teil mit kürzester Reichweite
  3. Teil mit kürzester Taktzeit
  4. Teil mit kürzester Bearbeitungszeit, z. B. letzter Arbeitsgang

Und wenn zusätzlich noch mittels Shopfloor-Organisation die Feinsteuerung vor Ort über die Montage / den Versand rückwärts erfolgt (Ansprechpartner der jeweilige Meister / Produktmanager / Vorarbeiter je Linie), steigt die Termintreue und die Durchlaufzeit wird weiter verkürzt, das Working Capital erheblich reduziert.

Moderne MES-Systeme ermitteln nach *Dringlichkeit, Reichweite der Bestände im Lager* und *ist Kunde A, B, C oder D*, nach Formeln die Prioritäten

Wie funktioniert das System:

Die Fertigungssteuerung übernimmt die aus dem PPS- / ERP-System zuvor ermittelten Start-Termine, erstellt z. B. mittels Excel-Chip oder elektronischer Plantafel, nach Dringlichkeit / Prioritätenregeln, einen Produktionsplan und stellt diesen ins Netz. Gemäß dieser Reihenfolgenplanung arbeiten die so informierten Mitarbeiter die Aufträge ab. Abweichungen (Detail-Steuerung) werden in den täglichen Shopfloor-Termingesprächen geregelt.

Zwei Arten der automatisierten Prioritätenregelungen haben sich durchgesetzt:

A) Nach Dringlichkeit, gemäß Durchlaufzeit – *bei reiner Auftragsfertigung*

IST-Durchlaufzeit in Wochen / SOLL-Durchlaufzeit in Wochen = ___ - 1 = ___ x 10 = Prioritäten-Nr. ___

Beispiele:

1.) IST-DL in Wochen (8) entspricht SOLL-DL in Wochen (8)			2.) IST-DL in Wochen (6), also 2 Wochen später eingesteuert und SOLL-DL = 8 Wochen		
8 Wochen / 8 Wochen	= 1 - 1 = 0 x1 0 = 0	= Prioritäten-Nr. 0	6 Wochen / 8 Wochen	= 0,75 - 1 = 0,25 x 10 = 2,5	= Prioritäten-Nr. 3

3.) dito Position 2, aber IST-DL nur noch 4 Wochen			4.) dito Position 2, aber IST-DL nur noch 1 Woche		
4 Wochen / 8 Wochen	= 0,5 - 1 = 0,5 x 10 = 5,0	= Prioritäten-Nr. 5	1 Wochen / 8 Wochen	= 0,125 - 1 = 0,875 x 10 = 8,75	= Prioritäten-Nr. 9

B) Nach Reichweitenbetrachtung – *bei Vorratsfertigung*

Festlegung der Prioritätennummer nach Reichweite, wie viel Tage reichen Vorräte noch aus? (Je weniger Tage, je höher die Prioritätennummer) = Saugsystem

9 = Höchste Priorität **1 = Niedrigste Priorität** **0 = Reiner Füllauftrag**	**z. B. gemäß Reichweitenberechnung der noch vorrätigen Teile in Tagen (je niederer die Reichweite in Tagen, je höher die Priorität)**

C) Ergänzt um A-, B-, C-, D-Kunde nach Umsatz oder Kennung aus den Stammdaten, sowie der möglichen Einzel-Priorisierung durch manuelle Eingabe

Nach dieser Prio-Kennzeichnung je Betriebsauftrag, sowie nach effektiver Kapazität und jetzt nach tatsächlichem Bedarf wird der Produktionsplan / die Feinplanung erstellt. Somit ist sichergestellt, dass nichts gefertigt wird, was momentan nicht gebraucht wird, bzw. was zurückgestellt werden kann, ohne dass dadurch Lieferprobleme entstehen.

Automatisierte Einplanung in elektronische Plantafeln / MES-Systeme nach DRINGLICH und WICHTIG

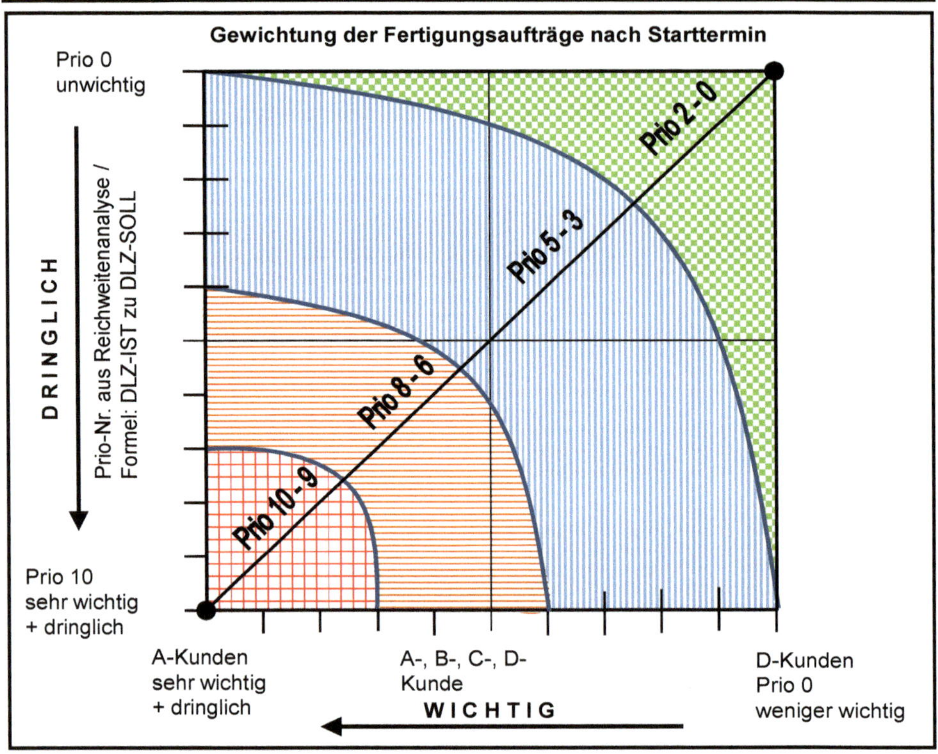

Und im Einzelfall ergänzt um ergänzende Einzelfallpriorisierung[1]:

Prio-Höhe	Kunde	Vorratsteile Prio aus Formel Reichweite im Lager zu Durchlaufzeit	Kundenspezifische Auftragsfertigung Prio aus Formel IST-DLZ zu SOLL-DLZ	Ersatzteile / Kosten unpünktliche Lieferung	Sonstiges und Engpassbetrachtung
0	D-Kunde	Faktor aus Reichweitenanalyse größer als F 3,0	Faktor IST-DLZ zu SOLL-DLZ = 0	Füllauftrag	Zahlungsverhalten Mahnstufe = rot Auftrag wird nicht eingeplant
1		Faktor aus Reichweitenanalyse größer als F 2,5	Faktor IST-DLZ zu SOLL-DLZ = 1		Artikel mit niederem Deckungsbeitrags
2			Faktor IST-DLZ zu SOLL-DLZ = 2	Keine Folge / Schadenskosten	Auftrag mit kürzester Restfertigungszeit
3	C-Kunde	Faktor aus Reichweitenanalyse größer als F 2,0	Faktor IST-DLZ zu SOLL-DLZ = 3		Zahlungsverhalten Mahnstufe Kunde = gelb
4			Faktor IST-DLZ zu SOLL-DLZ = 4	Geringe Folge- / Schadenskosten	Rückstand, aber Teillieferung möglich
5		Faktor aus Reichweitenanalyse größer als F 1,5	Faktor IST-DLZ zu SOLL-DLZ = 5		
6	B-Kunde		Faktor IST-DLZ zu SOLL-DLZ = 6	Mittlere Folge- / Schadenskosten	Auftrag mit kürzester Fertigungs- / Taktzeit
7		Faktor aus Reichweitenanalyse kleiner als F 1,5	Faktor IST-DLZ zu SOLL-DLZ = 7		Artikel mit hohem Deckungsbeitrag
8	Neu-Kunde	Faktor aus Reichweitenanalyse kleiner als F 1,5	Faktor IST-DLZ zu SOLL-DLZ = 8		
9		Faktor aus Reichweitenanalyse kleiner als F 1,0	Faktor IST-DLZ zu SOLL-DLZ = 9	Hohe Folge- / Schadenskosten	Rückstand, keine Teillieferung möglich
10	A-Kunde	Faktor aus Reichweitenanalyse kleiner als F 0,5	Faktor IST-DLZ zu SOLL-DLZ = 10		Chef-Auftrag

1) Prio 10 kann nicht überschritten werden

Rückstandsanalysen zur kontinuierlichen Verbesserung (KVP)

Mit dem Führen / Pflegen von Rückstandslisten auf Basis eines Gründekatalogs für Fertigungsaufträge die nicht rechtzeitig eingesteuert werden können, wird der Organisationsablauf perfektioniert. Der Ablauf sichert

- eine Fertigung mit wenig organisatorisch bedingten Störungen, so dass die Führungskräfte sich ihren eigentlichen Aufgaben widmen können,
- einen geordneten und jederzeit kontrollierbaren Ablauf in der Arbeitsvorbereitung,
- dass die Geschäfts- und Fertigungsleitung über die Dinge, bei denen sie eingreifen muss, kontinuierlich informiert ist,
- dass wirklich Fehlendes rechtzeitig erkannt wird und gezielt nachgefasst werden kann.

Verfallene Termine, Basis Starttermin, werden nach Gründen geordnet, aufgelistet:

a) materialbedingt – Einkauf
b) bestandsbedingt – Dispo-Lager
c) personalbedingt – Fertigungsleitung
d) konstruktionsbedingt, z. B. fehlende Zeichnungen – Konstruktion
e) vertriebsbedingt – Vert.-Ltg. Eilaufträge eingeschoben
f) werkzeugbedingt – Werkzeugbau
g) kundenbedingt – fehlende technische Spezifikationen

und daraus Überlegungen angestellt werden:

a) Wie die Rückstände in sinnvoller Weise ausgearbeitet werden können?

b) Und wie diese Schwachstellen gezielt abgestellt werden können.

Bild 7.17: *Muster einer Rückstandsliste*

Fa.		**Rückstandsliste**					**Gründekatalog-Nr.: z. B. a)**	**Woche:**		**Blatt:**
Benennung	Zeichnungs-Nr.	Auf-trags-Nr.	Termin		Menge		Grund des Rückstandes	Maßnahme durchgeführt (bis wann erl.)	f. Betrieb neuer Termin		Erledigt (Grund)
			Start	Ende	Start	Ende			Start	Ende	

7.6 Termintreues und kostenoptimiertes Durchsetzen der Aufträge in der Fertigung / Feinsteuerung

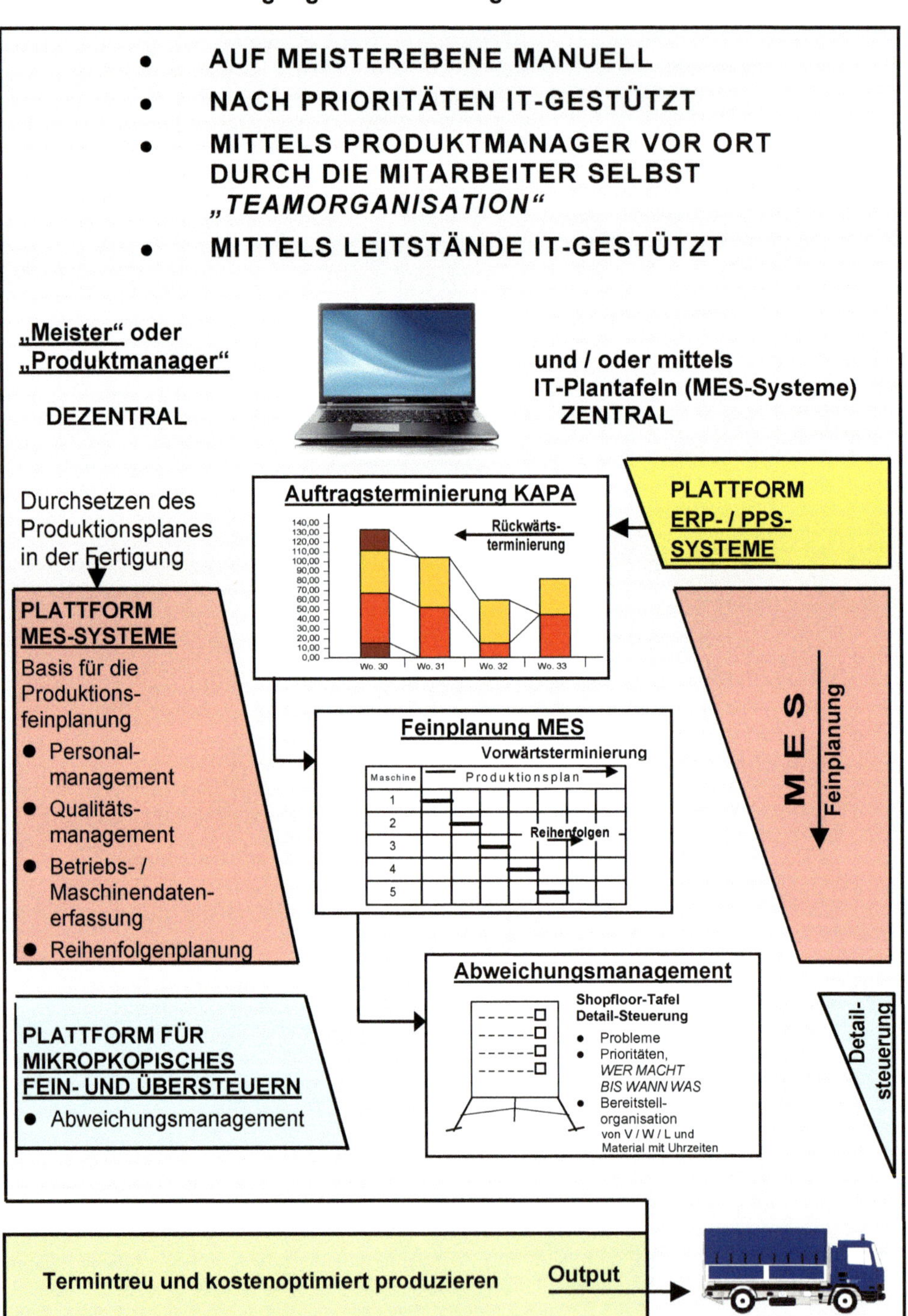

In Anlehnung an Zeitschrift UDZ 2/2018, Unternehmen der Zukunft, Herausgeber FIR an der RWTH Aachen

7.6.1 Organisationsformen der Werkstattsteuerung

Die Werkstattsteuerung ist durch zwei grundsätzliche Erscheinungsformen gekennzeichnet:

a) Die dezentrale Werkstattsteuerung — Basis: Excel-Übersichten

b) Die zentrale Werkstattsteuerung. — Basis: Elektronische Plantafel, MES-Systeme

Die dezentrale Werkstattsteuerung sieht eine Zuordnung der Dispositionskompetenz auf die Führungskräfte in der Werkstatt „Meister / Gruppe" vor. Basis hierfür ist der Produktionsplan.

Bei einer zentralen Werkstattsteuerung erfolgt die Dispositionskompetenz mittels Leitstandsystem. Die Aufgabe des Leitstandes ist es, die Aufbereitung der vom PPS-System periodisch erstellten Fertigungsaufträge in kurzfristige, detaillierte Reihenfolgen für die Fertigung, unter Berücksichtigung der aktuellen Situation, zu bringen. Der wesentliche Vorteil einer zentralen Werkstattsteuerung ist die hohe Transparenz und schnelle Reaktionsfähigkeit. Nachteilig ist der Führungs- und Pflegeaufwand. Voraussetzung: Korrekte Arbeitspläne.

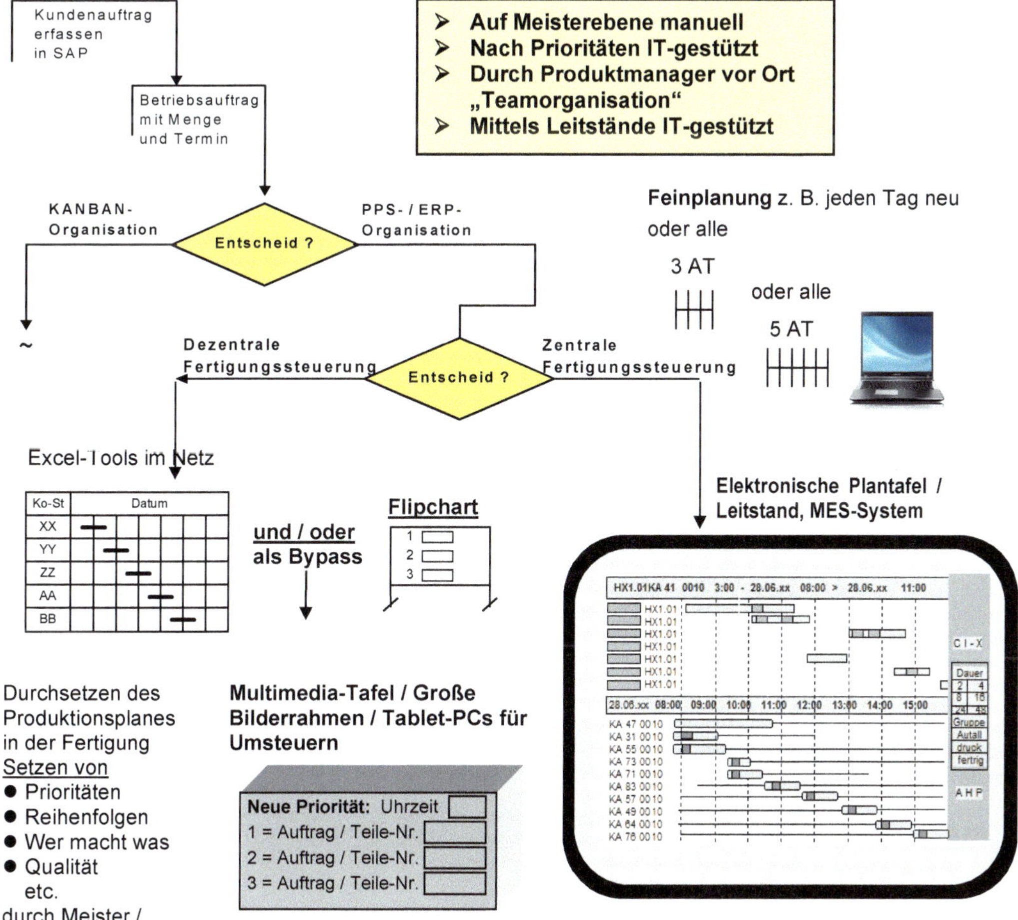

Mit welchem Werkzeug der Produktionsplan erstellt wird, hängt letztlich davon ab:

a) Will das Unternehmen mit einer dezentralen Fertigungssteuerung auf Meister- / Teamleiterebene die Aufträge durchsteuern

oder

b) mit einer zentralen Fertigungssteuerung mittels einer elektronischen Plantafel (auch Leitstand / MES-System[1]) genannt) arbeiten. Dann müssen auch die Arbeitspläne stimmen

c) Welche Möglichkeit bietet das im Hause installierte ERP- / PPS-System? Ist ein zusätzliches MES-System erforderlich, eventuell von einem spezialisierten Softwarehaus?

Und wie ist / soll das Rückmeldewesen organisiert werden? **„Z E I T N A H"**

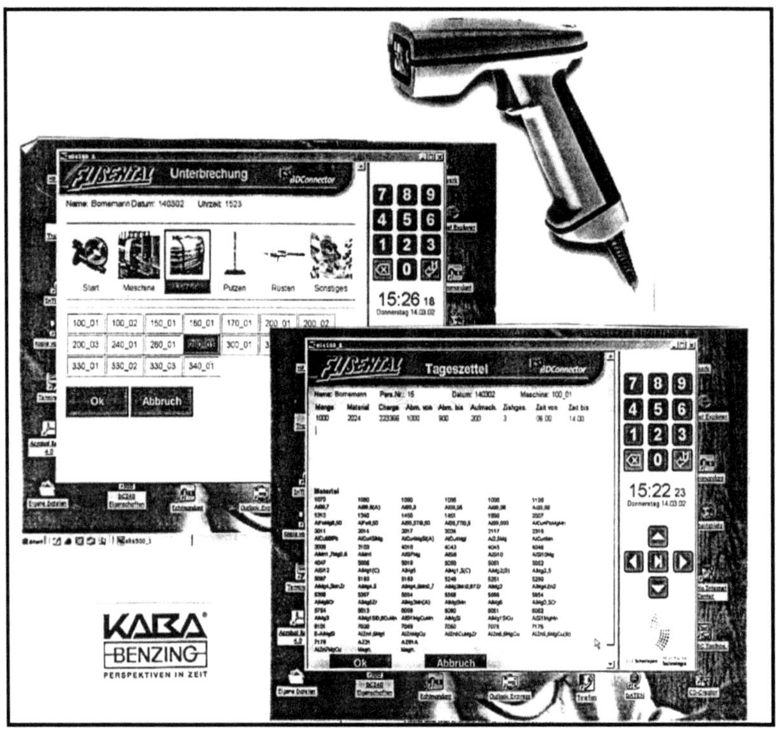

Der wesentliche Vorteil einer zentralen Werkstattsteuerung ist die hohe Transparenz und schnelle Reaktionsfähigkeit.

1) MES = Manufacturing Execution System

7.6.1.1 Dezentrale Fertigungssteuerung

Bei der dezentralen Steuerung, die meist mittels Excel-Tools, die ins Netz gestellt werden, organisiert wird, hat sich für die kurzfristige Umterminierung der Einsatz von Multimediatafeln, große elektronische Bilderrahmen, vor Ort bewährt. PC-gestützt können so übergeordnete Prioritätenveränderungen schnell, ohne großen Aufwand, den Meistern / Teamleitern etc. mitgeteilt werden. Dies erfolgt ohne Eingriff im PPS-System, quasi als Bypass. Laufen wird vermieden und Prio ist für jeden sichtbar.

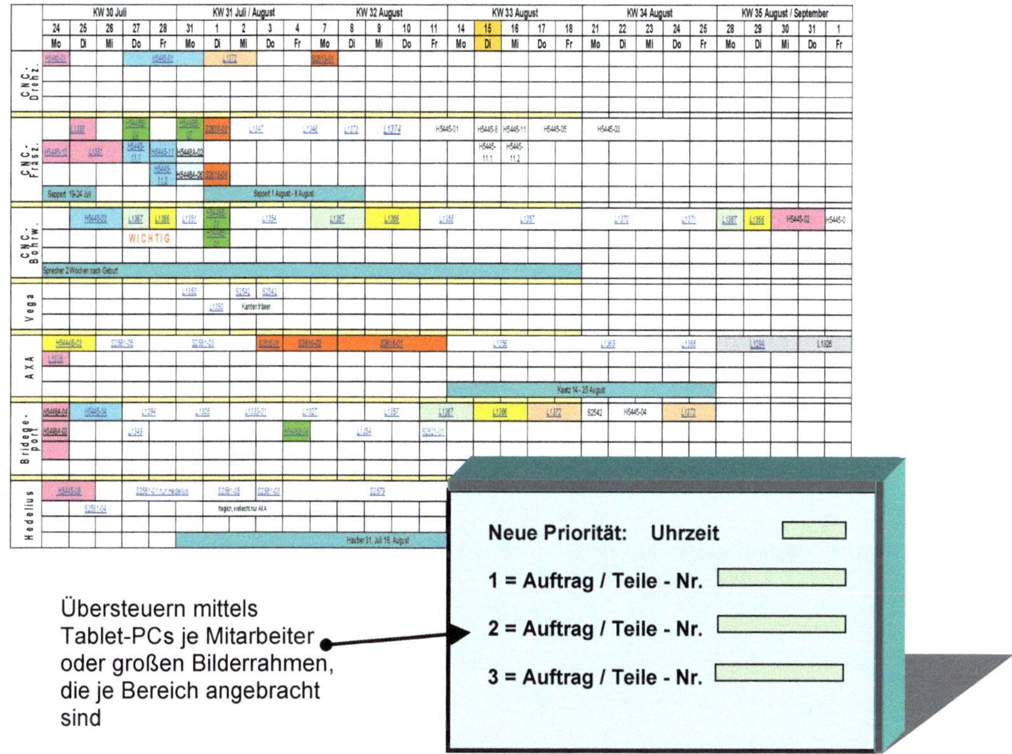

Auch der Einsatz von Flipcharts und zweimal tägliche Betriebsbegehungen oder die Vorgabe von Reihenfolgen mittels eines halbstündigen Teamgespräches pro Tag, vor Ort, und Eintrag auf einer Whiteboard-Wand, haben sich bewährt.

Die Durchsetzung, dass auch so gearbeitet wird, erfolgt durch die Vorgesetzten, bzw. Schulung der Mitarbeiter, damit die Regeln verinnerlicht werden (5 S).

Die Fertigmeldung von Arbeitsgängen erfolgt:

- durch die Vorgesetzten, 2 x pro Tag, löschen in der Excel-Tabelle

oder

- per BDE-Meldung im ERP-System und ein- bis zweimal pro Tag separater Löschlauf von ERP in Excel

Dies ist ein Nachteil bei dezentraler Fertigungssteuerung mittels Excel-Tabellen.

Im Maschinenbau die Fertigung visualisieren

Gut bewährt hat sich bei reinen Auftragsfertigern wo hunderte Aufträge mit tausenden Arbeitsgängen gleichzeitig in der Fertigung abgearbeitet werden müssen, die zusätzliche Einführung einer sogenannten *„optisch erkennbaren Verursacher-Nummer"*.

Jeder Fertigungsauftrag erhält beim Erstellen der Arbeitspapiere (ist die Startwoche) eine andere Farbe / Farbfeld (Druck Arbeitspapiere), somit ist in der Fertigung visuell sichtbar, welche Teile z. B. für einen Kundenauftrag zusammengehören.

Beispiel:

Alle Fertigungsaufträge eines Kundenauftrages / einer Anlage erhalten jeweils eine andere Farbe / ein anderes Farbfeld

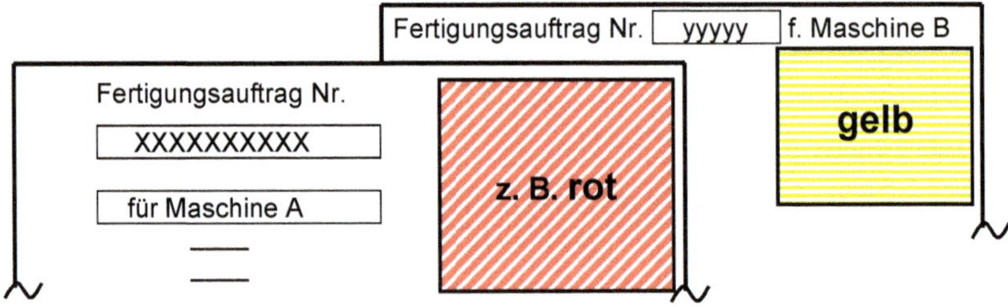

Alle Teile jeder Baugruppe (wie sie in der Stüli gekennzeichnet sind, z. B. Gruppe 3 = Spindelkasten) erhalten in den Betriebsaufträgen im Farbfeld eine zugeordnete standardisierte Nummer

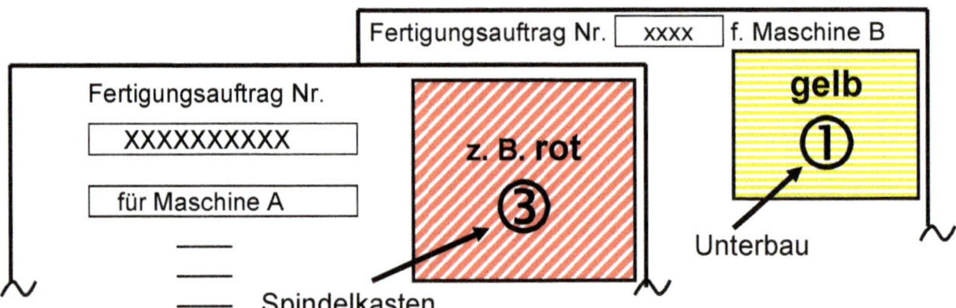

so dass über diese Visualisierung eine eindeutige Komponenten-Zuordnung **(= Verursachernummer)** je Fertigungsauftrag erfolgt (Vorratsteile laufen über die Reichweiten-Prio-Nummer).

Je Kapazitätsgruppe wird eine Multimediatafel installiert (PC-gestützt geführt), oder große elektronische Bilderrahmen, oder Flipcharts

Auftrags-Nr. der Anlage	Farbe	Kennung Baugruppe	Prio
XXXXXX	rot	3	1
YYYYYY	gelb	1	2

Eventuell weitere Details, sofern notwendig

Die Fertigungssteuerung pflegt diese Multimediatafel, bzw. diese Flipcharts, sorgt in Zusammenarbeit mit den jeweiligen Teamleitern der einzelnen Fertigungsbereiche dafür, dass auch so gefertigt wird. Bahnhöfe mit Farbeinteilung, rot = Prio ①, gelb = Prio ②, grün = Arbeitspuffer, optimieren die Visualisierung.

Tägliche Termingespräche (Shopfloor-Management) mit

- Versandleiter
- Meister oder Teamleiter
- Produktmanagern (dies sind Mitarbeiter aus der Fertigung, die für den termintreuen Durchsatz über alle Fertigungsstufen für bestimmte Artikelgruppen verantwortlich sind)

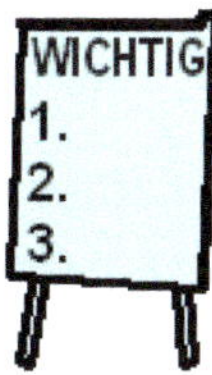

und Festlegungen, z. B. auf Shopfloor- / Whiteboard-Tafeln abbilden, sichern das System ab.

Wichtige Aufträge laufen so ohne große Liegezeiten durch die Fertigung, da nur das produziert wird, was über die Engpässe auch machbar ist. Füller, oder weniger wichtige Fertigungseinheiten, werden automatisch hintenangestellt, also gar nicht begonnen, und dadurch das Umlaufkapital minimiert. Eilaufträge überholen andere Aufträge.

Am Ende einer Planperiode müssen aber alle eingeplanten Fertigungsaufträge erfüllt sein. Ansonsten werden sie in eine Rückstandsliste übernommen und während der nächsten Produktionsabstimmung ggf. neu definiert.

Die Vorteile dieses vereinfachten / verbesserten Werkstattsteuerungssystems liegen auf der Hand:

- Verbessern und Wiederherstellen der durch den IT-Einsatz teilweise verloren gegangenen Verantwortlichkeit und Motivation aller an Ausführung und Disposition Beteiligten
- Radikales Senken der benötigten Durchlaufzeiten / der Bestände und des Umlaufkapitals bei wesentlicher Verbesserung der Reaktionsfähigkeit
- Es werden genau die Aufträge zuerst gefertigt, die die höchste Priorität haben, gemäß neuester Information
- Vereinfachen von Abläufen, Beleg- und Informationsflüssen und damit Erhöhung der Transparenz in der Werkstatt
- Nutzen der Steuerungsmöglichkeiten auf Werkstattebene, damit Verminderung der Steuerungs-, Abwicklungs- und IT-Kosten
- Leichte Durchschaubarkeit, da Engpässe konsequent, nach sinnvollen Reihenfolgen von den Teamleitern / Produktmanagern ausgeplant werden
- Keine Auswirkung auf die heute üblichen Verfahren zur Produktionsplanung und Steuerung (PPS- / ERP-gestützt).

Nachteil: Hoher manueller Planungs- / Feinsteuerungsaufwand, da Excel weder mit einem ERP- noch mit einem BDE-System *ONLINE* verbunden ist / verbunden werden kann.

Bild 7.18: *Zusammenhang Feinplanung – Werkstattsteuerung – Durchsetzen auf Meister- / Gruppenebene, bei einer dezentralen Werkstattsteuerung*

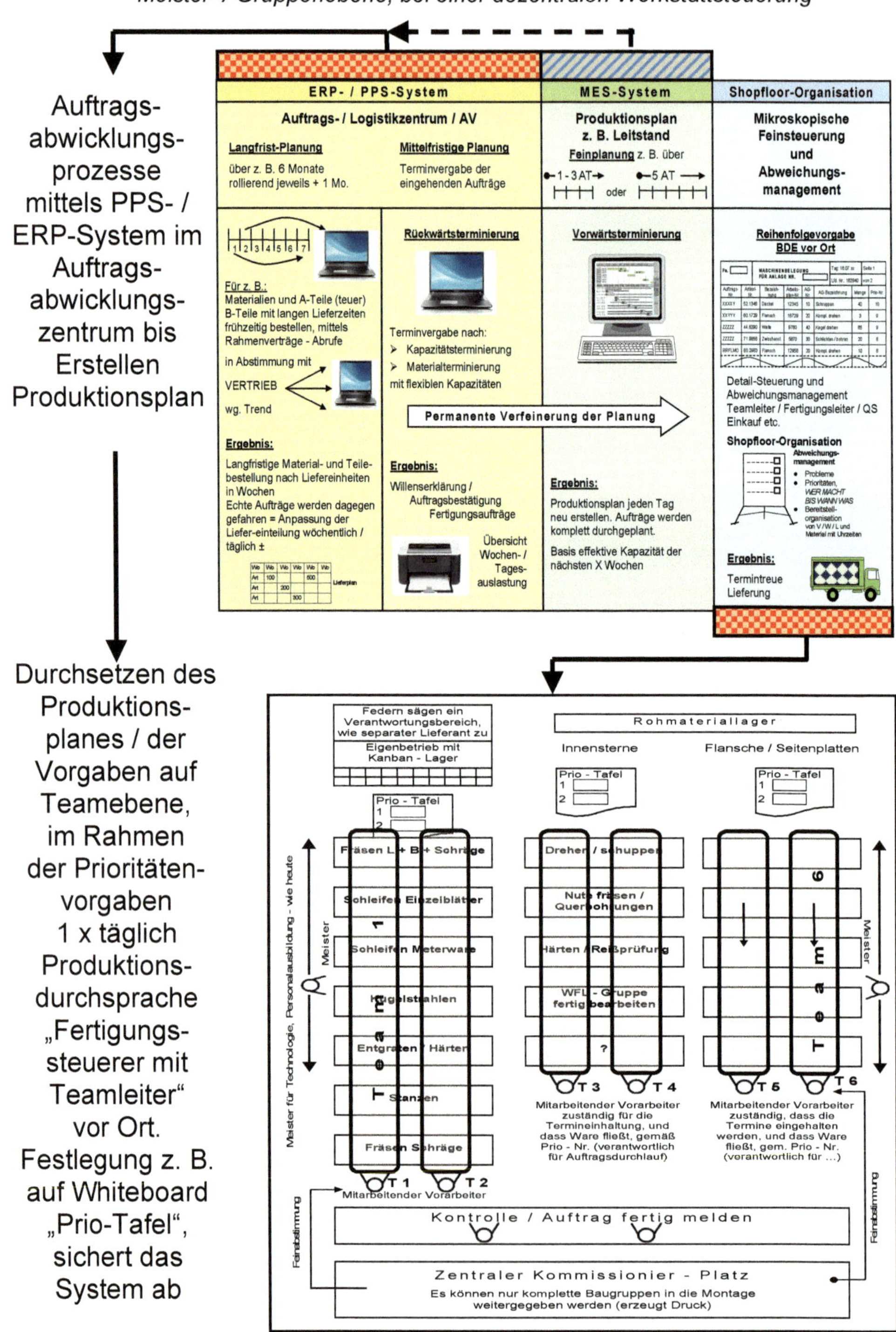

7.6.1.2 Zentrale Fertigungssteuerung, Leitstände / Elektronische Plantafeln

Mittels Leitständen, elektronischen Plantafeln MES- und BDE-Systemen Termine durchsetzen

Anstatt der zuvor beschriebenen dezentralen Lösung kann auch ein zentrales Steuerungssystem, wie z. B. ein elektronisches Leitstandsystem (MES), eingesetzt werden.

Bei der zentralen Organisationsform übernimmt die Fertigungssteuerung alle Aufgaben der Planung, das heißt sowohl Grob- als auch Feinplanung. Der Teamleiter / Mitarbeiter fungiert lediglich als *„Empfänger"*, der die Planvorgaben der Fertigungssteuerung durchsetzt. Eine eigenständige Planung vor Ort ist nicht möglich. Infolgedessen wirken sich jegliche Störungen im Betrieb unmittelbar auf die Fertigungssteuerung aus, weshalb diese zu häufigen Umplanungen gezwungen wird. Die Ergebnisse dieser täglichen Planläufe sind dann zur Durchsetzung wieder in Form von Belegungslisten bzw. Bildschirme an den Arbeitsplätzen sichtbar.

Unter Wegfall des hohen manuellen Arbeitsaufwandes bieten somit „elektronische Plantafeln" die Möglichkeit die Fertigungssteuerung aktiv zu nutzen. Das MES-System liefert hierzu ONLINE am Bildschirm folgende Informationen:

- Belastungsprofile der Kapazitätsgruppen / der Arbeitsplätze gemäß Vorwärtsterminierung
- Auftragsdurchläufe / Reihenfolgeplanung gemäß Prioritäten
- Arbeitsvorrat der Arbeitsplätze mit optimierten Arbeitsreihenfolgen
- Arbeitsfortschritt / Transportorganisation

Wobei vom übergeordneten ERP- / PPS-System alle freigegebenen Fertigungsaufträge gemäß Priorisierung und Starttermine, mittels Vorwärtsterminierung, auf Basis aktueller Arbeitspläne in das MES-System übernommen und eingeplant werden. Bei Überlast wird gemäß den hinterlegten Formeln der Prioritätenregelungen verfahren.

Eine Produktionsfeinplanung[1)] mittels elektronischen Plantafeln / Leitständen, ist in jedem Fall zu empfehlen, sofern der Erstellungs- und Pflegeaufwand der erforderlichen Arbeitspläne in einer vertretbaren Größe gehalten werden kann.

Nachteile der IT-gestützten Leitstandsysteme sind:

- ➢ der Betreuungs- / Führungsaufwand des Systems selbst

und

- ➢ die dem System zugrunde liegenden Arbeitspläne mit den darin enthaltenen Rüst- und Stückzeiten / Arbeitsplatzzuordnungen müssen stimmen

[1)] Nur die Feinplanung. Wenn alle Aufträge eingeplant werden, also auch die, die erst Wochen später gefertigt werden sollen, stellen die Systeme eine Scheinwelt dar, da sich bis zur Start-Terminierung, noch zu viel verändert. Dafür gibt es in den ERP-Systemen die Grobplanung.

Abb.: *Schemadarstellung – Funktionsweise eines elektronischen Leitstandes bei zentraler Werkstattsteuerung*

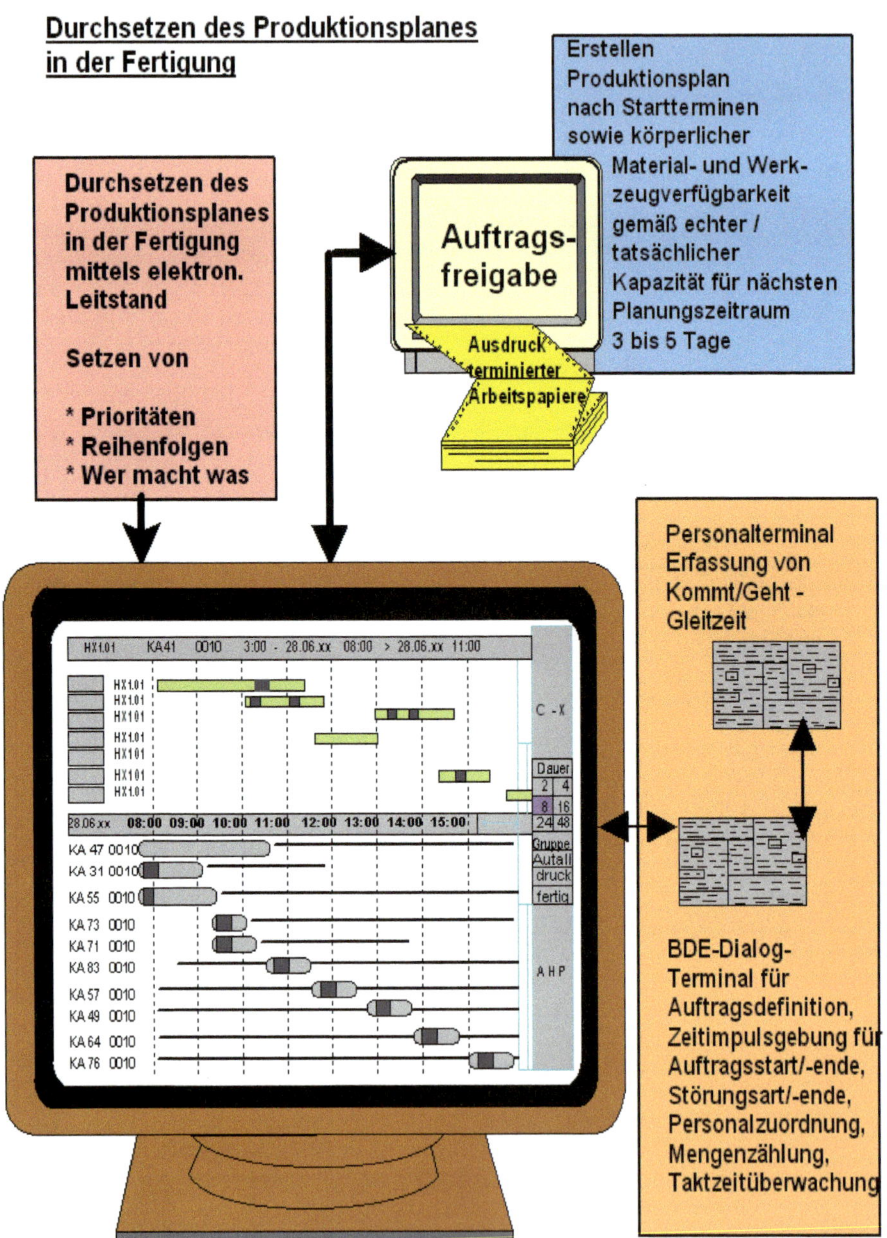

Optimal = An den Arbeitsplätzen sind Bildschirme installiert, wo der (die) nächste(n) Auftrag (Aufträge), der (die) gefertigt werden muss (müssen), angezeigt wird (werden), incl. aller notwendigen Infos für Material- und Werkzeugbereitstellung.

Die Vorteile sind:

- ➢ Das System ernährt sich aus der mittelfristigen Planung, den dort gesetzten Startterminen, der vorgeschalteten Verfügbarkeitsprüfung und den genannten Prio-Formeln, bzw. händischer Prio-Setzung
- ➢ Die Produktionsreihenfolgen (Feinplanungsläufe) können beliebig neu vom System generiert werden. Die Infos sind immer aktuell.
- ➢ Die Vorgaben sind eindeutig und können je nach Orga-Stand
  - in Form von Belegungslisten täglich neu an die Mitarbeiter übergeben werden
  - Beleglos in vor Ort installierte Bildschirme eingestellt werden (evtl. mit Zusatzinfos, wie Zeichnung, Rüst- / QS-Hinweise etc.).

Jedoch ist Voraussetzung, dass die im System hinterlegten Arbeitspläne, die Rüst- und Stückzeiten, sowie die Arbeitsplatzzuordnungen stimmen (Stammdatenpflege)

Die Systeme gibt es in unterschiedlicher Ausprägung:

A) Für z. B. Auftragsfertiger / Kleinserien- / Variantenfertiger die rein auf BDE-Basis – *Auftrag anmelden → Auftrag fertigmelden* – aufgebaut sind und danach die Kapazität entlastet wird

Bild 7.19: *Elektronische Plantafel / HYDRA-Leitstand für die Feinplanung, hier für Auftragsfertiger von Fa. MPDV Mikrolab GmbH, www.pmdv.com*

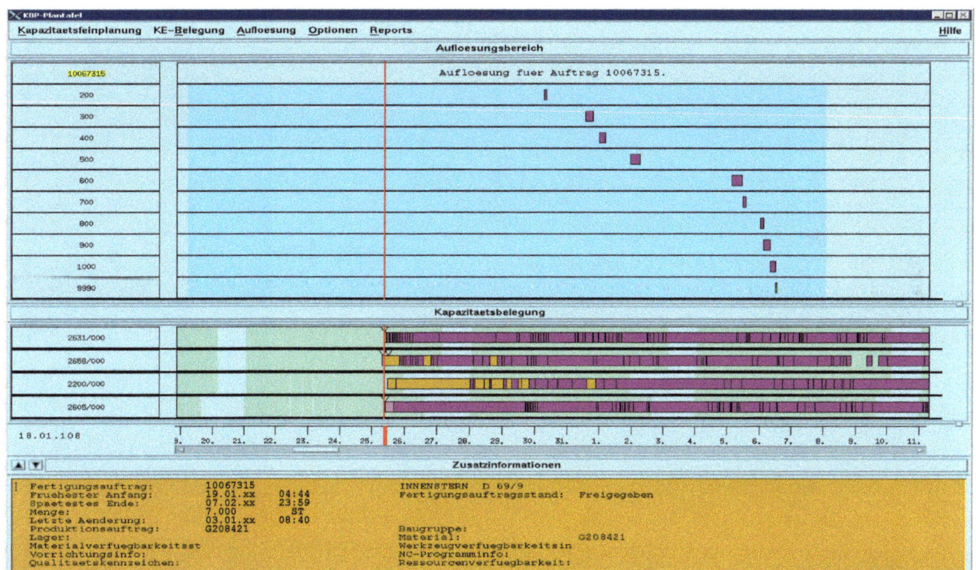

Ähnlich aufgebaut in der Funktionsweise, ist der MES-Leitstand der *Fa. gbo datacomp GmbH*, Email: info@gbo-datacomp.de

Weitere Adressen finden Sie im Internet.

Daraus entstehen Maschinenbelegungs- / Terminabstimmungslisten

Fa. ☐	MASCHINENBELEGUNGSLISTE FÜR ANLAGE NR. ☐					Tag: 16.07.xx / Lfd. Nr.: 162940		Seite 1 von 2			
Auftrags-Nr.	Artikel-Nr.	Bezeichnung	Arbeitsplan - Nr.	AG-Nr.	AG-Bezeichnung	Menge	Fertigstelltermin AG	Fertigstelltermin Auftrag	Belegzeit n	Priorität	Vorarbeitsgang fertig gemeldet
XXXXY	52.1346	Deckel	12345	10	Schruppen	40	21.07.xx	26.07.xx	10,9	9	J
XXYYY	60.1729	Flansch	16729	20	Kompl. drehen	3	19.07.xx	19.07.xx	1,2	9	J
ZZZZZ	44.8290	Welle	9760	40	Kegel drehen	65	16.07.xx	18.07.xx	13,4	8	N
ZZZZZ	71.9856	Zwischenst.	5670	30	Schlichten / bohren	20	24.07.xx	30.07.xx	6,0	8	N
RRFLMO	60.2983	Flansch	12956	20	Kompl. drehen	10	28.07.xx	29.07.xx	2,9	7	J

Liste wird nach jedem Leitstandlauf neu erzeugt und an den Anlagen ausgehängt.

Der Warentransport von Anlage zu Anlage erfolgt durch Staplerfahrer über Bahnhöfe und Hinweisbelege „Nächste Kostenstelle", oder in der Prozesszeit durch die Mitarbeiter selbst.

Für die Meister / mitarbeitende Produktmanager / Terminverantwortliche vor Ort können bei Bedarf so genannte Terminabstimmungslisten ausgedruckt werden. Druckfolge ***„von Auftrag ___, bis Auftrag ___ / von Termin ___, bis Termin ___ / von Anlage ___, bis Anlage ___"*** nach Wahl

Bildschirm: *Nächster Auftrag mit allen weiteren Infos zur Material- / Werkzeugbereitstellung etc. (beleglose Fertigungssteuerung)*

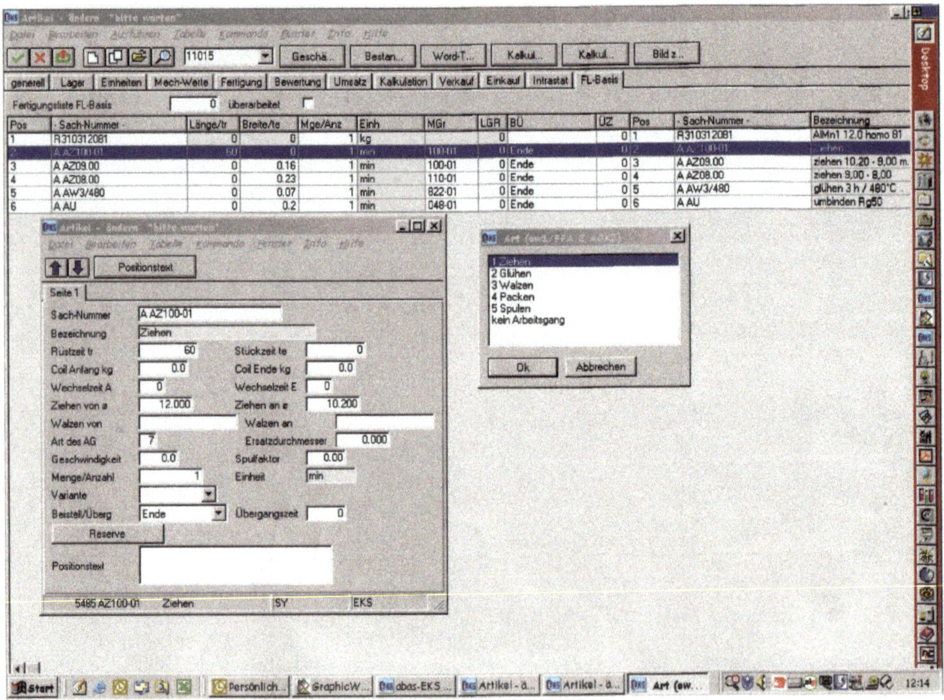

Oder jeder Mitarbeiter in der Fertigung erhält ein firmeneigenes Smartphone oder entsprechendes Tablet.

B) Für z. B. Massenfertigung (hier Kunststoffteile-Hersteller)
Die Fertigungsaufträge laufen meist über mehrere Schichten, so dass eine reine Beginn- und Fertigmeldung nicht genügend aussagekräftig ist. Das Gantt-Diagramm für den notwendigen Kapazitätsverzehr ist meist in zwei Balken eingeteilt

1 x SOLL-Kapazitätsverzehr, lt. Belegzeit

und integriert (meist mit anderer Farbe)

1 x IST-Arbeitsfortschritt, gemäß rückgemeldeter gefertigter Mengen aus BDE / MDE

Auch wird eine eventuelle Hubzahlabweichung mit aufgezeigt, incl. die sich dadurch ergebende Kapazitätsverzehränderung (Balkenlänge für SOLL wird neu gerechnet)

Bild 7.20: *Elektronische Plantafel für Massenfertiger mit mitlaufendem Arbeitsfortschritt*

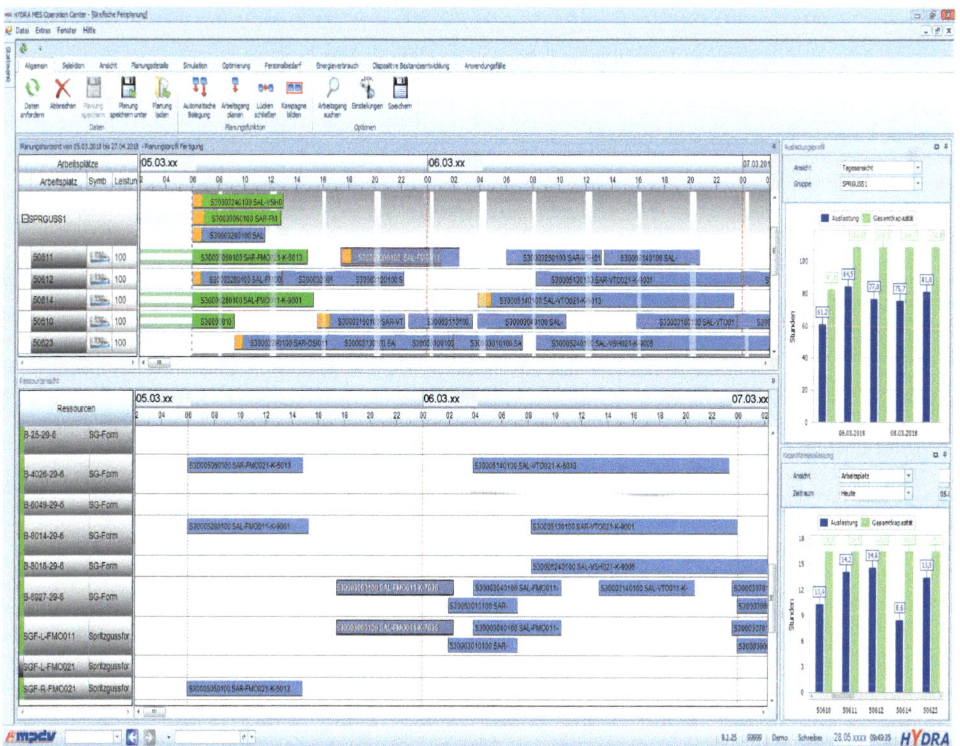

Bildmaterial:
HYDRA-Leitstand, Fa. MPDV Mikrolab GmbH
www.mpdv.com

Wichtig ist jedoch, dass Aufträge die 100 % zugesagt sind, hoch priorisiert werden, damit sie nicht mehr verschoben werden können.

Warum sind manuelle Eingriffe auch bei einer Leitstandorganisation notwendig / Abweichungsmanagement

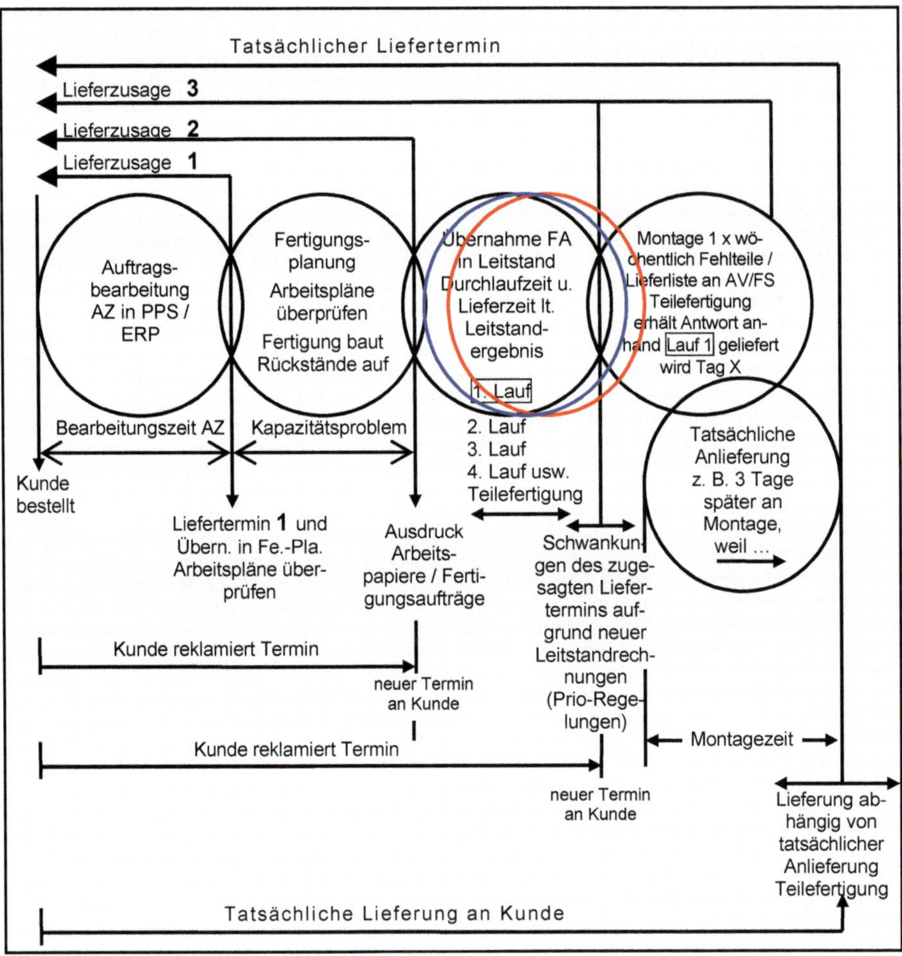

Durch stetig steigenden Anzahl Änderungen der Prioritäten, sowie Menge und Termin, ist auch bei einer noch so optimalen ERP- / MES-gestützten Fertigung nicht mehr sichergestellt, dass das Richtige zum richtigen Zeitpunkt „punktgenau" in der Montage / dem Versand ankommt. Manuelle Eingriffe, *„Abweichungsmanagement"*, wird immer notwendig sein.

APS-Systeme (= MES-Systeme mit hinterlegten mathematischen Optimierungsverfahren), die dynamisch reagieren, sind deshalb die Fertigungssteuerungssysteme, die dem Unternehmen den meisten Nutzen bringen.

Und wie wird eine Umterminierung über die Auftragskette an alle weiteren Fertigungsaufträge, die zu diesem Kundenauftrag gehören weitergegeben? Werden diese auch automatisch umterminiert?

7.6.1.3 Abweichungsmanagement

Mittels Shopfloor-Systematik mikroskopisch übersteuern

Jede noch so perfekte Planung scheitert im Einzelfall an ungeplanten Störungen aller Art:

- Maschinen- / Werkzeugausfälle
- Personelle- / Materialprobleme
- etc.

Die so eingetretenen Ereignisse müssen einer kurzfristen Lösung zugeführt werden

„ABWEICHUNGSMANAGEMENT"

Das geeignete Instrument ist hierfür die sogenannte Shopfloor-Organisation vor Ort.

Shopfloor-Tafel und z. B. eine

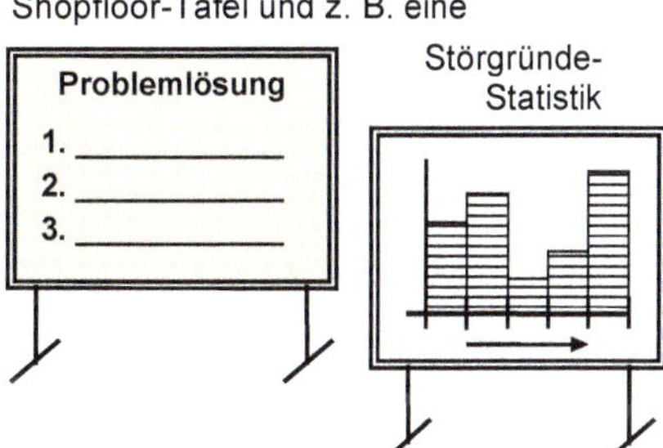

Mittels täglicher Betriebsbegehung und einem ca. 0,25 Stunde dauernden Gespräch zwischen *„Steuerung – Fertigungsleitung – Teamleitung des jeweiligen Bereiches, plus evtl. QS-MA / Produktmanager"* werden die Vorkommnisse aufgenommen und mittels einem Handlungsplan einer Lösung zugeführt.

Je nach Art und Dauer der Auswirkung wird die sich daraus ergebende Neueinplanung im Planungssystem berücksichtigt, spätestens beim nächsten Planungslauf, woraus sich auch eine eventuelle Neuterminierung mit Info an Vertrieb ergibt.

Schemabild Shopfloor-Tafeln: **– Agenda**
– Kennzahlen
– Fehlersammlung etc.

Tafel: Problemlösung
Fertigungslinie oder Anlage ☐

Teamleiter	**Name:** ________				________				________			
Woche ☐	**Frühschicht**				**Spätschicht**				**Nachtschicht**			
	6.^{00}→	8.^{00}→	10.^{00}→	12.^{00}→	14.^{00}→	16.^{00}→	18.^{00}→	20.^{00}→	22.^{00}→	24.^{00}→	2.^{00}→	4.^{00}→
Montag												
Dienstag												
Mittwoch												
Donnerstag												
Freitag												
Wöchentlich												
Monatlich												

Maßnahmen

WER	BIS WANN	WAS

rot = Problem grün = Prio-Aufgabe schwarz = Was fehlt ☑ = erledigt

7.7. BDE-Rückmeldungen – Fertigungscontrolling

Sofern mit MES-Systemen / elektronischen Plantafeln geplant werden soll, ist der Einsatz von BDE-Systemen (bei Massenfertigung, MDE-Systeme) unerlässlich.

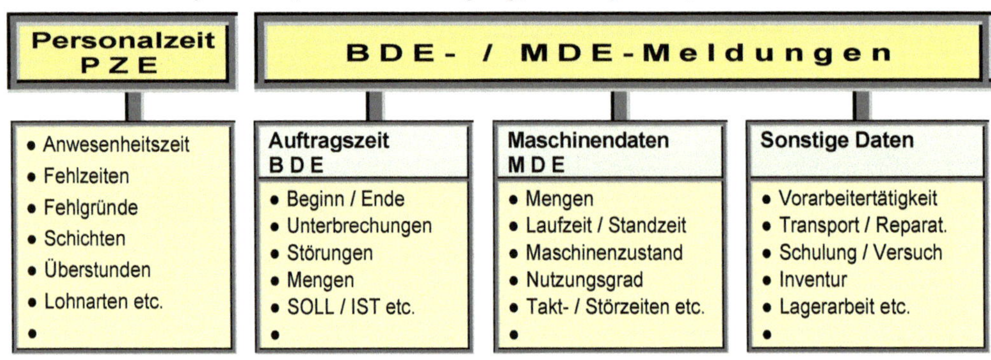

Damit die BDE-Meldungen nach Tätigkeits- / Auftragsarten etc. korrekt und zeitnah erfolgen, ist von Vorteil, wenn die BDE-Abläufe in einer Arbeitsanweisung festgelegt sind und die Daten weitestgehend automatisiert erfasst werden.

Muster einer Arbeitsanweisung BDE-Rückmeldungen

<u>Grundsätzlich:</u> Es muss zeitnah und korrekt nach Betriebsauftrag / Menge und Tätigkeitsart gemeldet werden.

I Betriebsdatenerfassung von Betriebs- / Fertigungsaufträgen über BDE-Terminal (Ausnahme per Lohnschein)

Teile-Nummer: gemäß Betriebs- / Fertigungsauftrag

Arbeitsplan-Nummer: gemäß Betriebs- / Fertigungsauftrag

BA-Nummer: gemäß Betriebs- / Fertigungsauftrag

Arbeitsfolgen: gemäß Betriebs- / Fertigungsauftrag

Plan-Arbeitsplatz: gemäß Betriebs- / Fertigungsauftrag

Rückmelde-Arbeitsplatz: realer Arbeitsplatz, im Regelfalle gemäß Betriebsauftrag

Menge: gefertigte Stück ☐ / davon Gut-Stück ☐ / davon Ausschuss ☐ } wichtig

Zweck: Erfassen aller BDE-Daten für das Unternehmen

Durchführung: Mittels An- und Abmelden per Barcode auf dem Lohnschein und der Personalkarte, oder Tastatureingabe am BDE-Terminal in Echtzeit.

Verantwortlich: Mitarbeiter für die korrekte, zeitnahe Meldung Zuständiger Meister für die Vollständigkeit aller Meldungen, incl. der zeitnahen Erfassung (max. 1 min. Toleranz je Arbeitsgang und Mitarbeiter). Verbleibende Differenzen werden als Fehlzeiten behandelt.
Die Auswertung erfolgt im BDE- / ERP-System automatisiert

II Betriebsdatenerfassung von allgemeinen Arbeiten / Versuche etc., lt. Anweisung von Vorgesetzten

Auftragsnummer: lt. Nummer Gründekatalog

Arbeitsfolge: entfällt

Planarbeitsplatz: xxxx allg. Arbeit / Sammler

Rückmeldeplatz: jeder ist möglich

Zweck: Mit diesen so angelegten Betriebsaufträgen lt. Gründekatalog sollen Zeiten für Arbeiten erfasst werden, welche von den Mitarbeitern außerhalb der reinen Auftragsbearbeitung erledigt werden müssen. Diese Aufgaben werden auf Anordnung von TGL, BL, Meistern durchgeführt.

Diese Arbeiten sind Gemeinkosten (Meldung auf Kostenstelle):

- Sonstiger Lohn (z. B. Packerei, Lager, Kontrolle)
- Arbeitsplatzreinigung, Maschinenpflege
- Seminare, Schulungen, Anlernen, Ausbilden
- sonstige unvermeidliche Stillstände / Reparaturen
- Versuche

Hinweis: Nacharbeit / Betriebs- / Lieferantenausschuss muss immer über Fertigungsauftrag und Zusatzarbeitsgang / Nacharbeit (wegen B / L) erfasst werden

Durchführung: Der verantwortliche Vorgesetzte weist die Arbeit an, übergibt den dafür angelegten Gemeinkostenauftrag.

Der Mitarbeiter meldet die Arbeit am BDE-Terminal mittels Barcode und Personalkarte, oder per Tasteneingang zeitnah an, sowie zeitnah ab. Die so erfassten Zeiten werden pro Monat ausgewertet und dürfen in Summe ein für die Kostenstelle festgelegtes Budget in Prozent zu Anwesenheitszeit nicht überschreiten.

Verantwortlich: Mitarbeiter für die korrekte Meldung.

Meister oder Auftraggeber für Tätigkeitsart (Buchung) und Stunden auf den Meldungen und Budget Einhaltung z. B. max. 5 % der Anwesenheitszeit

AV für Auswertung, Einleiten von KVP-Prozessen / Abstellmaßnahmen, sowie Archivierung der Unterlagen

7.8 Kapazitätsvorhalt erhöht die Flexibilität und reduziert Bestände

Was will das Unternehmen?

? Kostenführerschaft,
dann 7 Tage Produktion á 3 Schichten, mit Ergebnis
geringe Flexibilität – hohe Bestände

? Absolute Kundennähe,
dann müssen einzelne Maschinen, insbesondere bei hoher Variantenvielfalt auch mal stehen, mit dem Ergebnis
hohe Flexibilität – niedere Bestände – kurze Lieferzeiten

Beispiel:

Es wird eine neue, effizientere Anlage gekauft
Sie würde vier alte Anlagen ersetzen. Der Cashflow ist sichergestellt, z. B. 1,8 Jahre

Tayloristische Denkweise – Einzeloptima:

Vier alte Anlagen verschrotten / verkaufen – Arbeitsplaner muss schnellstmöglich die Arbeitspläne auf die neue Anlage umstellen, damit der Ratio-Erfolg „kalkulationsrelevant" wird, mit folgendem Ergebnis:

- Früher konnten vier verschiedene Aufträge parallel gefertigt werden. Jetzt nur noch hintereinander – es entstehen Reihenfolgeprobleme.

- Nach ca. 4–6 Monaten ist die neue Anlage ein Engpass und erzeugt in der termintreuen Lieferung Probleme.

Lean Denkweise – Gesamtoptima:

Wenn Platz vorhanden, die vier oder drei alten Anlagen behalten. Möglichst für Teile die in großen Stückzahlen benötigt werden, eingerüstet stehen lassen und für diesen Zweck nutzen, bzw. wenn auf neuer Anlage Engpässe entstehen, bestimmte Artikel auf den alten Anlagen fertigen, oder anstatt eines teuren Vollautomaten, besser zwei Halbautomaten kaufen. *Wichtig: „Engpässe entzerren"*

Entstehen durch das Fertigen auf solchen Reserveanlagen wirklich Mehrkosten? (Nachkalkulation) Oder ist dies nur Papiergeld, weil z. B. die Maschinen abgeschrieben sind, bzw. welche Mehrkosten entständen durch Sonderfahrten zum Härten / Lackieren außer Haus, Konventionalstrafen wegen zu später Lieferung? Wie gehen solche Mehrkosten in eine Nachkalkulation ein?
Richtig ist natürlich, dass in der Stillstandzeit keine Wertschöpfung erzeugt wird und Platz vorhanden sein muss.

Block 8 — Prozessorientierte Fertigungsstrukturen reduzieren die Planungskomplexität und verkürzen die Durchlaufzeit

- ➢ Linienfertigung einführen / Durchlaufzeiten verkürzen durch prozessorientierte Fertigungsstrukturen
- ➢ Arbeitsplätze – Arbeitsgänge konsequent nach Materialfluss einrichten, prozessorientiert
- ➢ Auf mehrere kleinere Anlagen setzen, Großaufträge von Kleinaufträgen trennen (Schneckensyndrom)
- ➢ Teamarbeit einführen, Mitarbeiter mehrfach qualifizieren
- ➢ Einfache Steuerungsprinzipien nach dem Pull-System einrichten, den Kunden die Produktion steuern lassen

Fertigungssegmentierung und termintreues Durchsetzen der Aufträge in der Fertigung

- ◆ Das Konzept der Fertigungssegmentierung, prozessorientiert
- ◆ Optimieren der Produktionsreihenfolgen durch Online-Informationen vor Ort
- ◆ Reorganisation der Fertigungsabläufe, der Arbeitsorganisation, Personalflexibilisierung
- ◆ Radikale Verkürzung der Durchlaufzeiten verbessert die Reaktionsfähigkeit, senkt die Bestände und erhöht die Liquidität
- ◆ Durch Fertigungssegmentierung, prozessorientiert nach dem Fließprinzip (auch Röhrensystem genannt) und dem Einsatz von Produktmanagern in der Fertigung, die nach dem Ziehprinzip nur das Fertigen, was der Kunde will, erreichen Sie folgende Ziele:
  - ⇨ Reduzierung des Umlaufvermögens über 50 %
  - ⇨ Durchlaufzeitreduzierung in der Fertigung bis zu 70 %
  - ⇨ Steigerung der Produktivität bis zu 20 %, bei wesentlich verbesserter Termintreue und Fehlerquote null

8.1 Engpassanalysen und Raupenfertigung

Was bringt eine hohe Einzelleistung / ein hoher Nutzungsgrad einer Maschine, wenn die Teile anschließend nicht weiterbearbeitet werden, weil z. B. die nachfolgende Anlage ein Engpass ist?

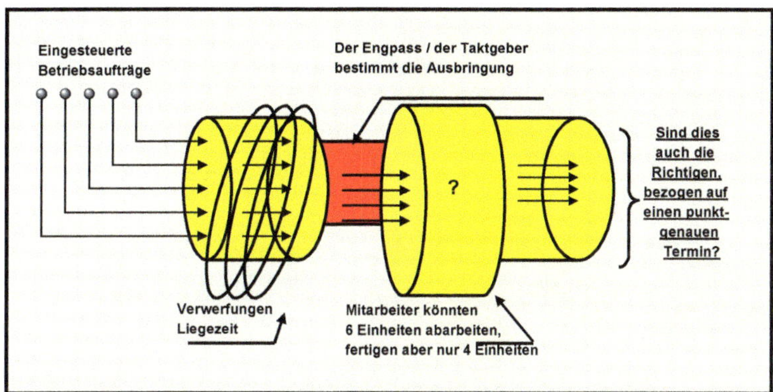

Welche(r) Arbeitsplatz / Anlage ist der Taktgeber? Nur dieser bestimmt die Ausbringung über den gesamten Prozess, die Mitarbeiter vor / nach dem Engpass richten sich bewusst / unbewusst in ihrer Leistung nach dem Taktgeber.
Daher Glättung der Fertigung durch flussorientierte Fertigungskonzepte, prozessorientiert, mit flexiblen Mitarbeitern und Pull-System, z. B. Drehen / Fräsen steuert Säge

Bild 8.1: *Die atmende Fabrik, auch RAUPENFERTIGUNG genannt*

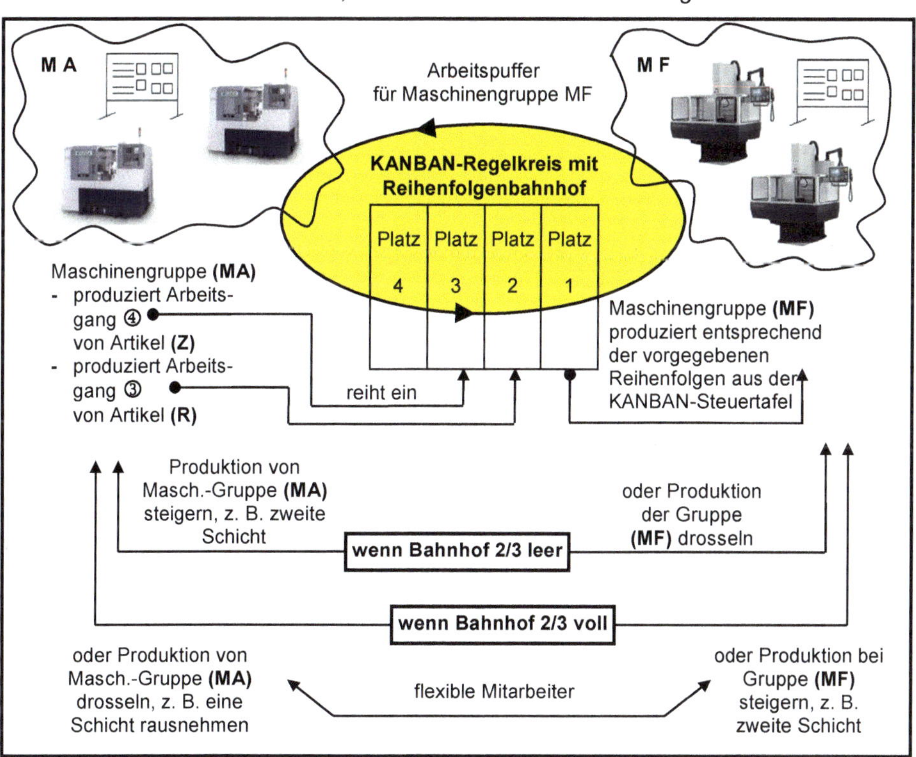

Das Auftragsseil muss strammer gezogen werden, Liegezeiten, Warteschlangen minimieren

Die Durchlaufzeiten beeinflussen die Höhe der Bestände / die betriebliche Flexibilität wesentlich. Erfahrungswerte zeigen, dass bei einer Durchlaufzeit von z. B. 20 AT = 100 % nur ca. 10–15 % = 2 – 3 AT wertschöpfende Tätigkeiten im Sinne des Arbeitsfortschrittes sind. Also: Straffung der Produktionsprozesse durch Überarbeitung der ERP- / PPS-Einstellungen und der Fertigungsorganisation. Linienfertigung verringert die Zersplitterung von Arbeitsvorgängen, sichert eine termintreuere Fertigung mit kurzen Durchlaufzeiten.

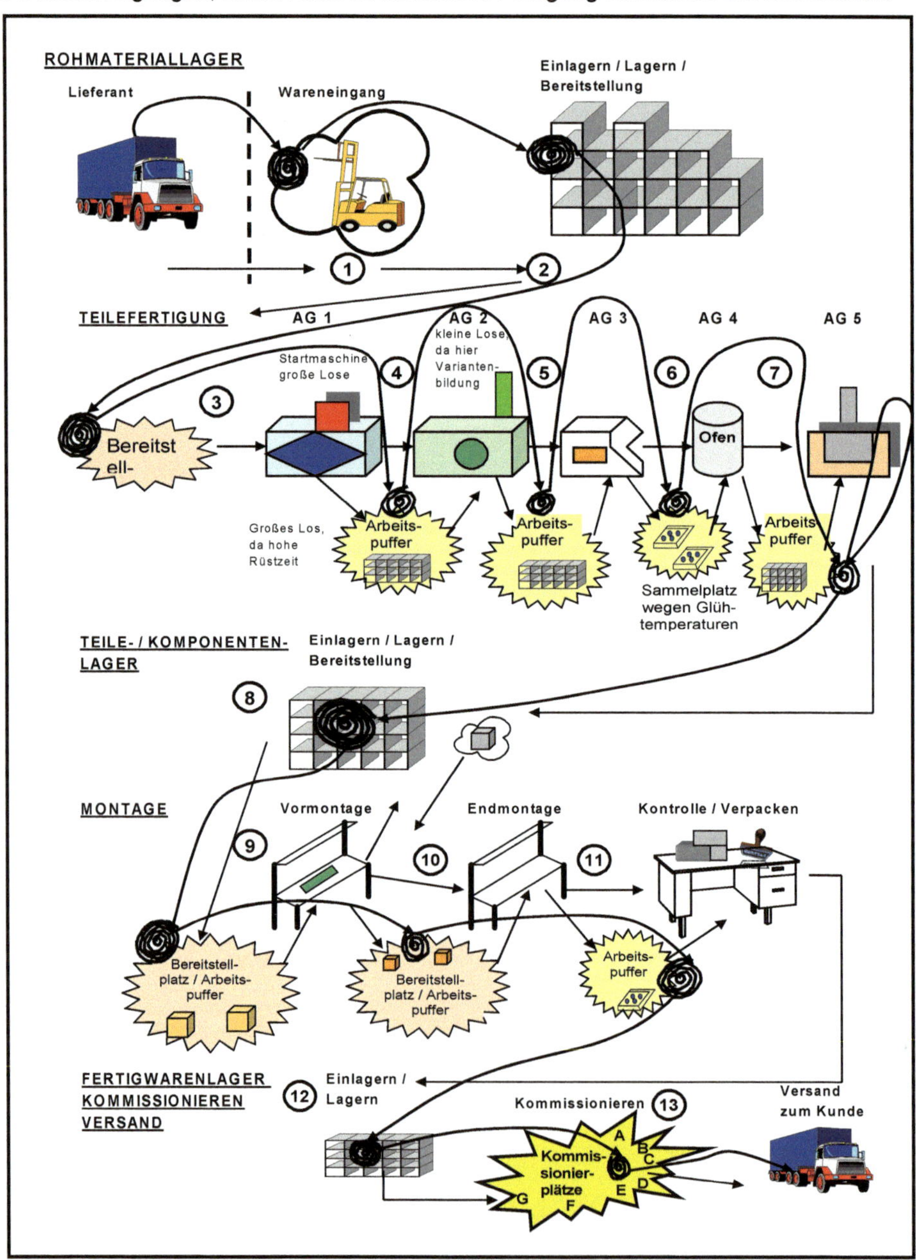

Je tayloristischer / zersplitteter gefertigt wird, je länger werden die Durchlaufzeiten in Tagen, durch Addition der Wartezeiten vor den Maschinen / Arbeitsplätzen. Je zersplitteter gefertigt wird, je unproduktiver wird die Fertigung, durch Addition der nicht wertschöpfenden Handlingsarbeiten (aufnehmen – ablegen, heben – senken, transportieren etc.).

Deshalb, Straffung der Produktionsprozesse durch verdichten der Arbeitsinhalte und Neugestaltung der Fertigungs- und Montageabläufe durch Linienfertigung / Personalqualifizierung und Teamarbeit und saubere Bahnhöfe.

Bild 8.2: *Fertigungs- und Liegezeiten in Prozent zur Gesamtdurchlaufzeit*

Durchlaufzeit	**100%**
Prozesszeit "wertschöpfend"	**10% - 12%**
Rüstzeit	**2% - 3%**
"nicht wertschöpfende" Tätigkeiten	**3% - 5%**
Liegezeit	**80% - 85%**
Arbeitsablaufbedingte Liegezeit	(Warteschlangen-problematik) = **70% - 75%**
Kontrollzeit	**5% - 8%**
Transportzeit	**3% - 4%**
Lagerungszeit	**2% - 3%**

Die Reduzierung der Durchlaufzeiten ist einer der Hauptansatzpunkte zur Bestandsverminderung / Erhöhung der Flexibilität / Liquidität und Verkürzung der Lieferzeiten.

Und erkennen, was sind „nicht wertschöpfende" Tätigkeiten / vermeidbare Verschwendung in der Produktion?

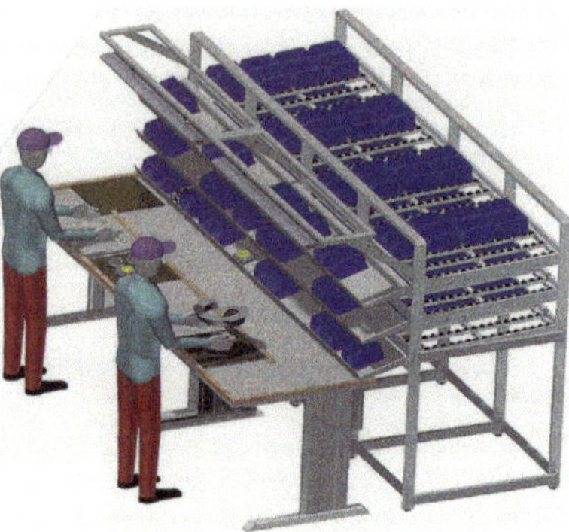

Strukturierte Materialzuführung über ein Fifo-Durchlaufregal in eine Fertigungslinie, an der bis zu zwei Mitarbeiter im One-Piece-Flow-System Geräte montieren können

Bild: *www.teston.de*

→ Alles was nicht dem Arbeitsfortschritt dient, z. B. Nacharbeit, Rückfragen, Laufen, Transportieren etc.

→ Ein Teil / einen Arbeitsgang abarbeiten der z. Zt. nicht gebraucht wird, nur weil der Mitarbeiter keine andere Arbeit beherrscht

Und dem „verstehen lernen", was versteckte Verschwendung ist, anhand eines Montagearbeitsganges in seinen Teilabschnitten

Heben – Senken / aus Kiste – in Kiste / aufnehmen – ablegen – transportieren

Pos.	Tätigkeit	Minuten	Bemerkung
1.	10 Teile aufnehmen aus Behälter und auf Tisch ablegen	0,30	nicht wertschöpfend
2.	1 Teil in Vorrichtung einlegen	0,15	nicht wertschöpfend
3.	Montieren	1,10	wertschöpfend
4.	Entnehmen / optisch kontrollieren und ablegen auf Tisch	0,25	nicht wertschöpfend
5.	10 Teile in Behälter geordnet ablegen	0,30	nicht wertschöpfend
Gesamtzeit	**Minuten**	**2,10**	Plus Anteil Transport zum nächsten Arbeitsplatz – Nicht wertschöpfend

Schwere Geräte, deren Handling und Montage erfolgt mithilfe eines Krans und Materialwagen

Bosch-Rexroth.de

„Wertschöpfend" ist nur die Tätigkeit an der Ware selbst, der Montagevorgang

ZIEL MÜSSTE ALSO SEIN:

1 Teil aufnehmen – einlegen – sofort montieren – entnehmen – Kontrolle und danach in Vorrichtung für nächsten Prozess / Arbeitsgang einlegen

Das Scan-2-Light-System signalisiert dem Werker die Kanban-Box mit dem nächsten zu verbauenden Teil und die Stückzahl.

Bild: *Minitec*

Fließfertigung – One-Piece-Flow
Das Fifo-Regal wird von hinten durch Logistiker bestückt, die Teile werden somit nach dem Fifo-Prinzip verbraucht.

Die Zwischenräume zwischen den Arbeitsplätzen fangen Taktzeitabweichungen ab, die durch die hohe Variantenvielfalt entstehen.

Je nach Auftragslage arbeiten an der Fertigungslinie 2 - 5 Mitarbeiter die umfassend angelernt sind

8.2 Fließprinzip / Linienfertigung ein Erfolgsrezept zur Verkürzung der Durchlaufzeiten / Reduzierung des Working Capital

Um das Ziel *„Kurze Durchlaufzeiten, hohe Produktivität, niedere Bestände"* zu erreichen, muss die Fertigung vom Verrichtungsprinzip in ein Fließprinzip umgestellt werden, das prinzipiell auf zwei verschiedenen Regelkreisen aufbaut.

Bild 8.3: ***Regelkreis 1*** *– Schemadarstellung Fertigungszelle Teilefertigung mit unterschiedlichen Fertigungstechnologien ausgerüstet*

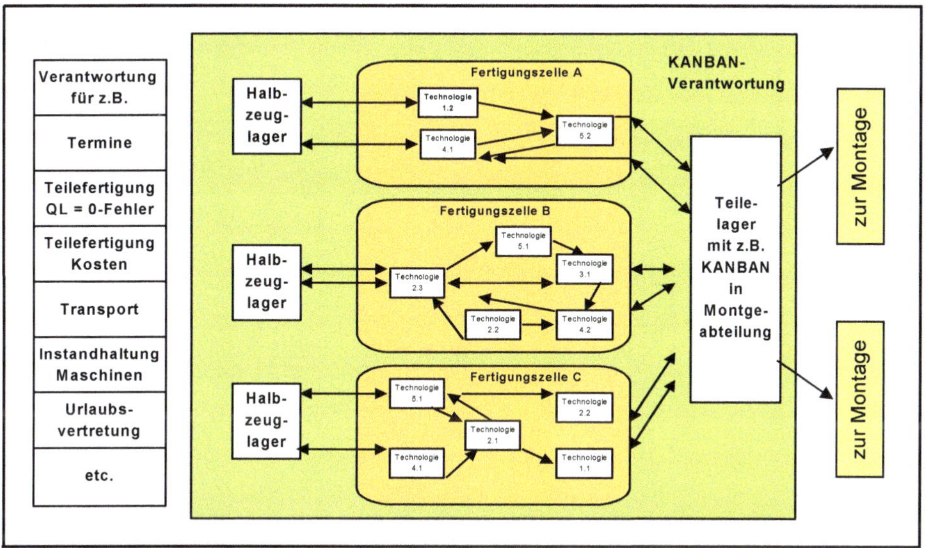

Bild 8.4: ***Regelkreis 2*** *– Schemadarstellung Montagelinie = Linienfertigung Vor- / Endmontage verkettet*

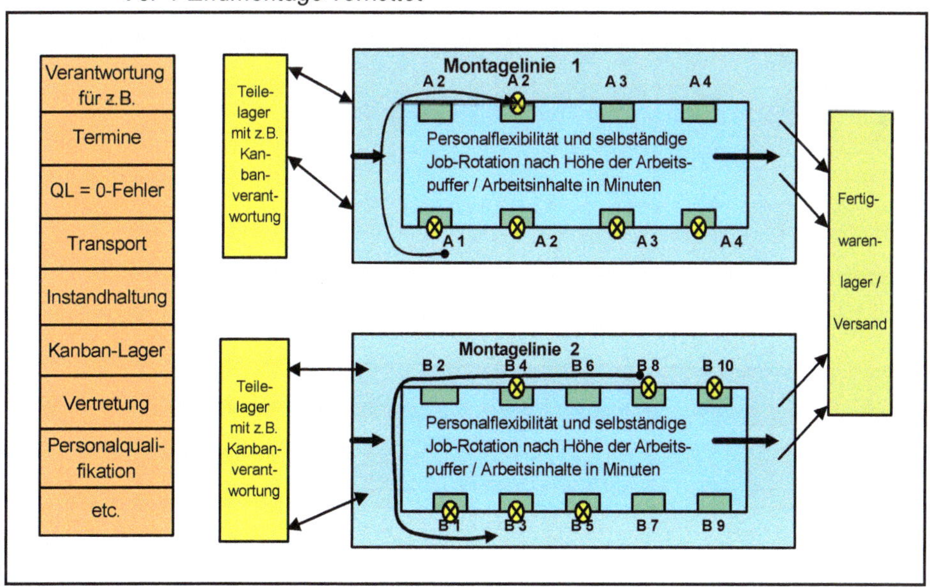

Beispiel: Umbau einer tayloristisch organisierten Endlossägeband-Herstellung (Kleinserie) in eine Fließfertigung, mit Ergebnis: *Durchlaufzeitverkürzung 70 %, Produktivitätssteigerung 20 %.*

Beispiel: *Endlossägeband bei Kleinserienhersteller – Tayloristischer Ablauf*

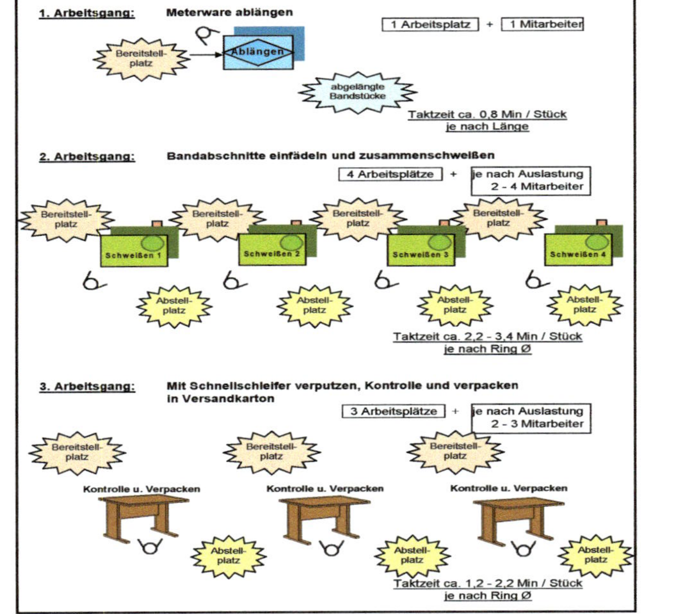

Bild 8.5: *Arbeitsplätze verketten / Linienfertigung einführen / Abbau nicht wertschöpfender Tätigkeiten*

Einzelarbeitsplätze mittels Transfersystemen oder Schiebetische mit Werkstückträgern in eine Linienfertigung mit Pufferstrecke umgestalten. Idealerweise in U-Form, wenn mehr als 4 Arbeitsgänge im Prozess erforderlich sind.

Reserveplätze, wenn Engpässe entstehen, durch unterschiedliche Arbeits-inhalte
Pufferstrecke
Pufferstrecke
Schweißen 1
Schweißen 2
Schweißen 3
Schweißen 4
Ablängen
Kontrolle u. Verpacken 1
Kontrolle u. Verpacken 2
Kontrolle u. Verpacken 3
8 Arbeitsplätze mit 3 - 6 Personen besetzt, je nach Auslastung

Legende:
- = Teile unbearbeitet
- = Teile bearbeitet, o.k. für nächsten Arbeitsgang

Einsparung:
- Transport und Fertigungszeit ca. 15 - 20 % von Gesamtzeit und
- eventuelle Qualitätsprobleme werden früher festgestellt
- Durchlaufzeit von zuvor 3 - 5 Arbeitstage auf jetzt 0,3 bis 0,5 Arbeitstage reduziert

Mitarbeiter sind für alle Arbeitsplätze qualifiziert und helfen sich gegenseitig aus, wenn Ware am Arbeitsplatz xy aufpuffert.

6 x Heben → senken, aufnehmen → ablegen → 3 x transportieren – entfällt und es wird gezielt ein Auftrag nach dem anderen abgearbeitet. Die Pufferstrecken fangen Taktzeitabweichungen der verschiedenen Varianten auf. Die Mitarbeiter sind mehrfach qualifiziert und können durch Arbeitsplatzwechsel sich gegenseitig helfen und dadurch entstehende Engpässe / Staus abbauen. Voraussetzung: Es gibt entsprechende Reservearbeitsplätze innerhalb der Linien. Die Ware wird zum Fließen gebracht.

Auch die Qualität wird verbessert, da Produktionsfehler frühzeitig beim Folgearbeitsgang erkannt und der Vorstufe gemeldet werden können. Und die Kapazitätsplanung wird einfacher und aussagekräftiger, da innerhalb dieser schlüssigen Fertigungsrohre nur über den jeweiligen Engpass geplant und gesteuert wird und mit einfachen Mitteln / Simulationsvorgängen kann das Produktionsprogramm gebildet werden / erkannt werden, was z. B. ein Riesenauftrag anrichtet und Großaufträge, Rennerprodukte „*Schnelldreher*", werden nicht durch viele Klein- und Kleinstaufträge zu „*Langsamdrehern*" gemacht (auch Schneckensyndrom genannt).

Senkt die Bestände, erhöht den Umsatz und die Liefertreue!

Linienfertigung / Fließprinzip verkürzt die Durchlaufzeit und steigert die Produktivität

Engpässe / Auftragsspitzen an bestimmten Arbeitsplätzen werden durch den wechselweisen Einsatz der Mitarbeiter untereinander, durch die Gruppe selbst gelöst (Trennen der Maschinenzeit von der Menschzeit durch die Anwendung flexibler Arbeits- und Betriebszeit, sowie Umsetzen von Mitarbeitern aus anderen Kostenstellen / Fertigungsgruppen). Auf eine detaillierte Kapazitätsauslastungsübersicht je Maschinengruppe kann im PPS-System verzichtet werden. Kapazitätsengpässe werden also nicht mehr verwaltet, sondern vor Ort durch selbstständiges, verantwortungsvolles Handeln, durch die Mitarbeiter / Produktmanager / Teamleiter aufgelöst.

Schemabild: *Produktmanager / Teamleiter steuern die Aufträge nach dem Saugprinzip durch die Fertigung*

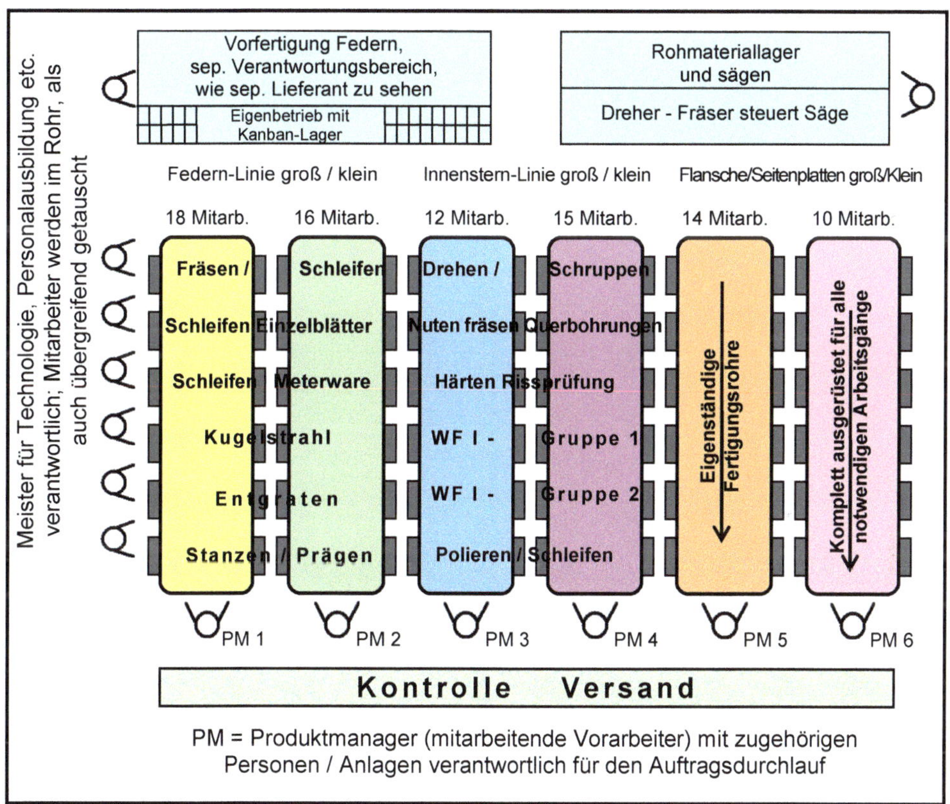

Die Übergangszeiten im PPS- / ERP-System werden auf null gesetzt. Die Durchlaufzeit ist nur noch die reine Fertigungszeit TA + 1 AT für Bereitstellung und Kontrolle.

Was sich auch im PPS- / ERP-System in einfachen, prozessorientiert ausgerichteten Kapazitätsgruppen widerspiegelt. Nach Produkt- / Warengruppen, oder große Teile / kleine Teile, Blechteile, etc. gegliedert.

Beispiel: *Kapazitätsgruppen nach Warengruppen mit Engpasssteuerung*

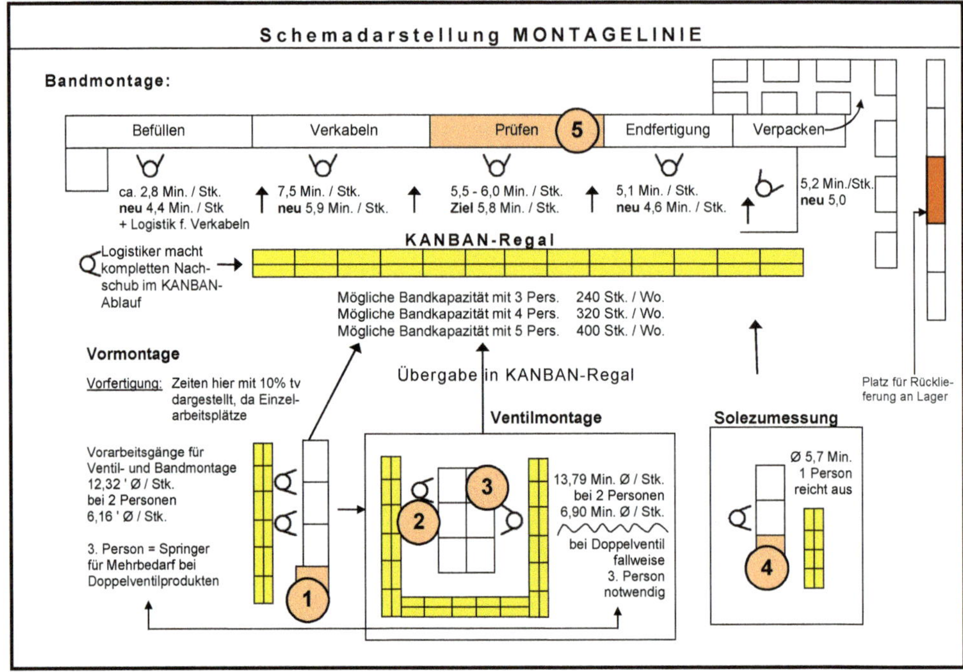

Engpassanalysen / Bilden von Fertigungslinien

Im ersten Schritt wird nach dem 80-20-Prinzip eine theoretische Segmentbildung vorgenommen. Gleichartige Teile / Warengruppen werden nach logischen / fertigungstechnischen Gesichtspunkten zusammengefasst und die Arbeitspläne entsprechend in einer Tabelle hinterlegt.

Im zweiten Schritt werden Auftragsmengen angenommen und dann, entweder in Excel oder im ERP-System, durchsimuliert nach der Methode: *„Was wäre, wenn diese, eine andere Menge, oder wenn so oder so zusammengefasst produziert würde“*. Die Entscheidungen bezüglich Kapazitätsbedarf je Linie, mit *Erkenntnis „Sind weitere Vorrichtungen / Anlagen etc. für eine Realisierung vor Ort notwendig J / N?“*, ergibt sich durch die Simulation von selbst und es wird eine einfache Engpassplanung möglich.

Die KANBAN-Regale sind minimierte Arbeitspuffer und fangen somit u. a. auch Taktzeitabweichungen, die durch die Variantenfertigung entstehen, ab. Es wird nur das nachgefertigt, was auch abfließt.

Grob-Kapazitätsbedarfsrechnung / Engpassanalysen für die geplante Linienfertigung in der mechanischen Fertigung auf Basis aktueller Mengen und Arbeitspläne, nach Warengruppen aufgeteilt

LINIE 1 Warengruppe (A)	Zu produzierende Stück pro Tag	Kapazitätsbedarf: Minuten pro Tag	Kapazitätsbedarf: Stunden pro Tag	Stück pro Monat bei 21 AT	Kapazitätsbedarf: Minuten pro Monat bei 21 AT	Kapazitätsbedarf: Stunden pro Monat bei 21 AT	Benötigter Kapazitätsbedarf bei 128 prod. Std. / Mo. (80% v. 160 Std.)	Aufteilung der Anlage: Verfügbare Kapazität / Monat	Aufteilung der Anlage: Ergebnis
Drehen konventionell		1.078,71	17,98		22.652,91	377,58	2,95	3	✓
CNC-Drehen		2.168,95	36,15		45.547,95	759,15	5,93	6	✓
CNC-Rundschleifen		1.098,43	18,31		23.067,03	384,51	3,00	3	✓
Summe	360,00	4.346,09	72,44	7.560,00	91.267,89	1.521,24	11,88	12	✓

LINIE 2 Warengruppe (B)	Zu produzierende Stück pro Tag	Minuten pro Tag	Stunden pro Tag	Stück pro Monat bei 21 AT	Minuten pro Monat bei 21 AT	Stunden pro Monat bei 21 AT	Benötigter Kapazitätsbedarf bei 128 prod. Std. / Mo. (80% v. 160 Std.)	Verfügbare Kapazität / Monat	Ergebnis
Drehen konventionell		118,23	1,97		2.484,09	41,37	0,32	zu	—
CNC-Drehen		12,35	0,21		259,35	4,41	0,03	Linie 3	—
CNC-Rundschleifen		158,09	2,63		3.319,89	55,23	0,43	↓	—
Summe	41,00	288,73	4,81	861,00	6.063,33	101,01	0,79		—

LINIE 3 Warengruppe (F)	Zu produzierende Stück pro Tag	Minuten pro Tag	Stunden pro Tag	Stück pro Monat bei 21 AT	Minuten pro Monat bei 21 AT	Stunden pro Monat bei 21 AT	Benötigter Kapazitätsbedarf bei 128 prod. Std. / Mo. (80% v. 160 Std.)	Verfügbare Kapazität / Monat	Ergebnis
Drehen konventionell		836,94	13,95		17.575,74	292,95	2,29	2	✓
CNC-Drehen		1.100,35	18,34		23.107,35	385,14	3,01	3	✓
CNC-Rundschleifen		1.017,51	16,96		21.367,71	356,16	2,78	3	✓
Summe	342,00	2.954,80	49,25	7.182,00	62.050,80	1.034,25	8,08	8	✓

Theoretische Linie 2 + 3
zu einer Linie zusammenfassen

LINIE 4 Warengruppe (K)	Zu produzierende Stück pro Tag	Minuten pro Tag	Stunden pro Tag	Stück pro Monat bei 21 AT	Minuten pro Monat bei 21 AT	Stunden pro Monat bei 21 AT	Benötigter Kapazitätsbedarf bei 128 prod. Std. / Mo. (80% v. 160 Std.)	Verfügbare Kapazität / Monat	Ergebnis
Drehen konventionell		83,20	1,39		1.747,20	29,19	0,23	zu	—
CNC-Drehen		40,36	0,67		847,56	14,07	0,11	Linie 5	—
CNC-Rundschleifen		2.445,36	40,76		51.352,56	855,96	6,69	↓	—
Summe	852,00	2.568,92	42,82	17.892,00	53.947,32	899,22	7,03		—

LINIE 5 Warengruppe (M+N)	Zu produzierende Stück pro Tag	Minuten pro Tag	Stunden pro Tag	Stück pro Monat bei 21 AT	Minuten pro Monat bei 21 AT	Stunden pro Monat bei 21 AT	Benötigter Kapazitätsbedarf bei 128 prod. Std. / Mo. (80% v. 160 Std.)	Verfügbare Kapazität / Monat	Ergebnis
Drehen konventionell		122,54	2,04		2.573,34	42,84	0,33	1	✓
CNC-Drehen		402,81	6,71		8.459,01	140,91	1,10	1	✓
CNC-Rundschleifen		179,14	2,99		3.761,94	62,79	0,49	7	✓
Summe	123,00	704,49	11,74	2.583,00	14.794,29	246,54	1,93	9	✓

Theoretische Linie 4 + 5
zu einer Linie zusammenfassen

Summe aller Linien	Zu produzierende Stück pro Tag	Minuten pro Tag	Stunden pro Tag	Stück pro Monat bei 21 AT	Minuten pro Monat bei 21 AT	Stunden pro Monat bei 21 AT	Benötigter Kapazitätsbedarf bei 128 prod. Std. / Mo. (80% v. 160 Std.)	Verfügbare Kapazität / Monat	Bemerkung
Drehen konventionell		2.239,38	37,33		47.033,28	783,93	6,12	6	Abweichungen werden über Schichtbetrieb bzw. Zukauf geregelt
CNC-Drehen		3.724,32	62,08		78.221,22	1.303,68	10,19	10	
CNC-Rundschleifen		4.898,53	81,65		102.869,13	1.714,65	13,40	13	
Summe	1.718,00	10.863,33	181,06	36.078,00	228.123,63	3.802,26	29,71	29	

Ideal ist, wenn die Röhrenorganisation innerhalb eines Bereiches als separates Fertigungssegment aufgebaut werden kann.

Aus vielerlei Gründen ist dies in der Praxis aber häufig nicht möglich. Daher werden die Teams auch raum- bzw. kostenstellenübergreifend gebildet.

Um die „Abrechnungseinheiten“ optisch zusammenzuführen, obwohl sie untereinander nicht in Sichtweite sind, empfiehlt es sich:

a) Alle Maschinen / Arbeitsplätze, die zu einem Fertigungsrohr gehören, farblich zu kennzeichnen (mittels farbiger Magnetschilder)

b) Die zu diesem Team gehörenden Mitarbeiter erhalten entsprechend farbig angepasste Ausweise, die offen zu tragen sind

c) Entsprechende Bahnhöfe einzurichten (farblich gekennzeichnet)

Somit ist das Patendenken, wer gehört zu wem, sichergestellt.

Eventuell auftretende Engpässe in den Röhren, werden durch Farbwechsel gelöst. Mitarbeiter und Maschinen / Arbeitsplätze werden einer anderen Fertigungslinie zugeordnet.

Durch Zuordnen von Kapazitäten (ausleihen von Kapazitäten) werden atmende Rohre geschaffen, die für begrenzte Zeiträume unterschiedliche Kapazitäten besitzen.

Hinweis:

Es wird also nicht die Arbeit in ein anderes Rohr gegeben, sondern Kapazitäten werden neu zugeordnet. Das erleichtert die Auftrags- und Terminplanung, Kapazitätswirtschaft und Fertigungssteuerung wesentlich. Die Feinsteuerung selbst läuft über den Teamleiter des Fertigungsrohres; Basis Prio-Nummern lt. Multimediatafel / Tablet PCs Whiteboard-Tafeln, Beamer etc.

Eine wichtige Voraussetzung, dass die gewollte Flexibilität

a) innerhalb der einzelnen Fertigungsrohre

b) zwischen den Fertigungsrohren

reibungslos funktioniert ist, dass die Mitarbeiter bei einem

1-Schichtbetrieb zwischen 3 und 5 verschiedenen Tätigkeiten[1)]
2-Schichtbetrieb zwischen 4 und 6 verschiedenen Tätigkeiten[1)]
3-Schichtbetrieb zwischen 5 und 7 verschiedenen Tätigkeiten[1)]

beherrschen, also Mehrfachqualifikation vorhanden ist, angelernt nach folgender Formel:

Anzahl Schichten + 3 = gewollte Mehrfachqualifikation

1) Prozessorientiertes Anlernen muss das Ziel sein

Und was besonders wichtig ist:

Über den flexiblen Einsatz der Mitarbeiter und einem externen Personalpuffer bekommen Sie, in Verbindung mit der flexiblen Arbeitszeit

Auftragsschwankungen – Flexibilität zu den Kunden

besser in den Griff.

Qualifikationsmatrix – Voraussetzung für Personalflexibilität

Das Qualifizierungsziel muss lauten: Jeder Mitarbeiter soll wenigstens über drei, besser fünf, verschiedene Arbeitsplatzqualifikationen verfügen. Für welche Mitarbeiter müssten noch Qualifizierungsmaßnahmen geplant werden? Ziel: Für jeden Arbeitsplatz / Tätigkeit mindestens drei, besser fünf, qualifizierte Mitarbeiter ausbilden. Idealerweise prozessorientiert

Quelle:
REFA-Nachrichten /
Industrial Engineering International
ISSN 0033-6874

Formel: Anzahl Schichten 1 / 2 / 3?
plus 3, besser 4, ausgebildete Mitarbeiter je Arbeitsplatz / Tätigkeit

Personalentwicklungsplan **Stand der Qualifizierung im Betrieb**

1-Schichtbetrieb 4 - 5 angel. MA / Platz
2-Schichtbetrieb 5 - 6 angel. MA / Platz
3-Schichtbetrieb 6 - 7 angel. MA / Platz
4-Schichtbetrieb 7 - 8 angel. MA / Platz

○ 1 = geeignet, aber noch nicht angelernt
◑ 2 = geeignet, angelernt
● 3 = geeignet, angelernt, kann rüsten
⊗ 4 = kann auch andere anlernen

Personal – Name	Stamm-Nr.	Eintritt	M 1 Typ A	M 2 Typ A	M 3 Typ B	M 4 Typ C	X 1 Typ X	X 2 Typ X	X 3 Typ X	X 4 Typ Y	X 5 Typ Y	S 1 Typ S	S 2 Typ Z	S 3 Typ R
Bauz, M.	04045903	01.10.xx	● 20/yy		○ 22/yy	○ 20/yy		○ 24/yy		○ 26/yy				
Blauig, W.	17116506	01.04.xx	● 22/yy			○ 24/yy							⊗ 22/yy	
Habel, H.	22055807	03.09.xx	○ 30/yy	● 30/yy				42/xx						
Ider, K.	17054205	11.01.xx		● 35/yy			○ 40/yy		○ 40/yy		◑ 35/yy			
Kramer, J.	28114707	09.04.xx	32/xx		● 28/yy							○ 28/yy		
Matt, E.	13013804	05.10.xx		40/xx	● 44/yy	○ 46/yy							○ 50/yy	
Müller, S.	11115701	27.11.xx	● 22/yy		○ 10/yy	● 21/yy								○ 10/yy
Meyer, S.	11115701	01.03.xx					● 18/yy	○ 26/yy				○ 30/yy		
Neon, P.	03135108	01.09.xx	● 20/yy				● 20/yy		25/xx		○ 30/yy			
Otmar, J.	08086406	03.08.xx		30/xx		○ 20/yy	○ 20/yy	● 40/yy		○ 40/yy				

mit Termin nächstes Audit ● xx/xx (Woche/Jahr)

⊗ = Spezialist für diese Tätigkeit

● mit Termin nächstes Audit

xx/xx (gelb markiert): wird z. Zt. qualifiziert, gepl. Abschluss

Darstellung der Durchlaufzeiten bei

A) Verrichtungsprinzip, mit Übergangszeiten gerechnet

B) Verrichtungsprinzip, Übergangszeiten auf null gesetzt

C) Linienfertigung / überlapptes Fertigen, prozessorientiert ausgerichtet

Bild 8.6: *Durchlaufzeit bei Verrichtungsprinzip zu Unterschied bei Fließfertigung*

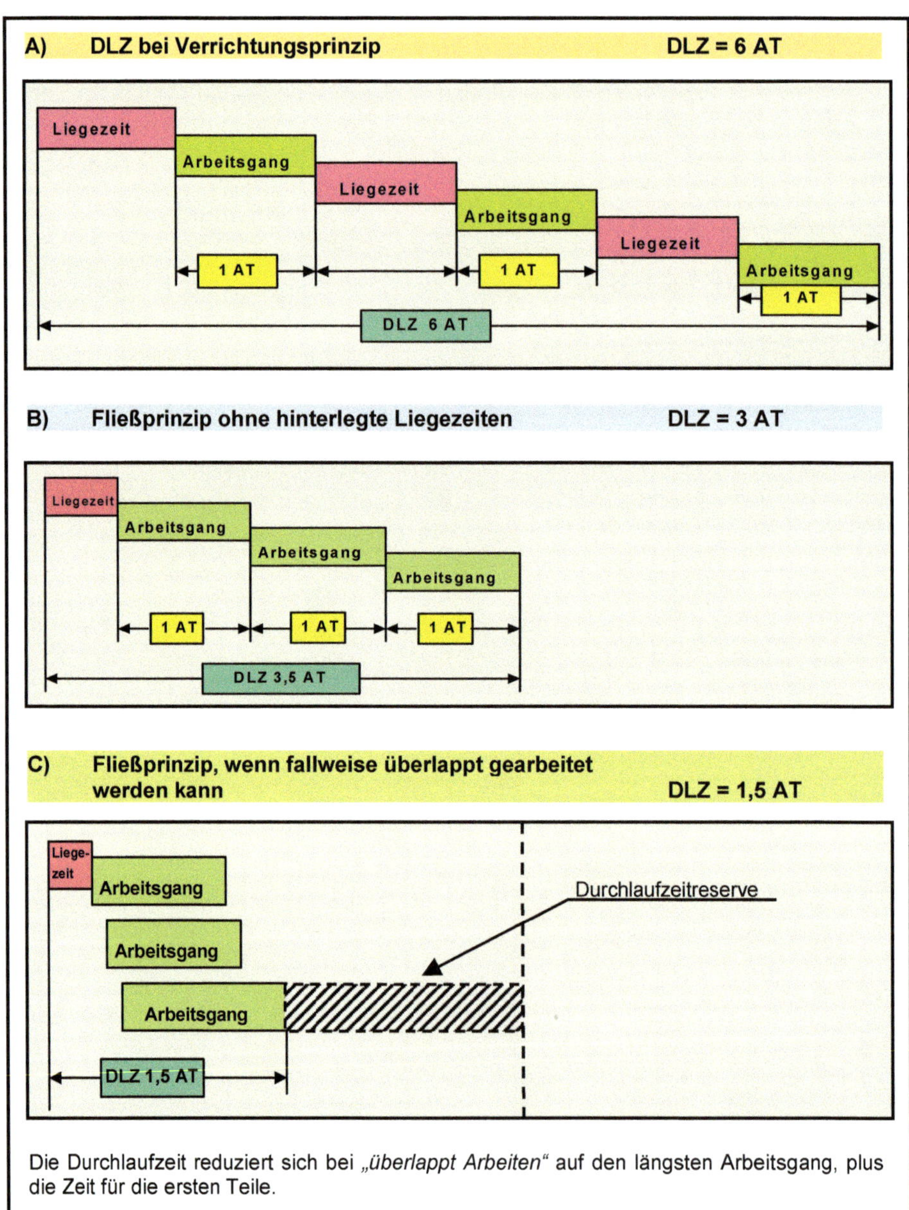

Die Durchlaufzeit reduziert sich bei *„überlappt Arbeiten"* auf den längsten Arbeitsgang, plus die Zeit für die ersten Teile.

8.3 Lean-, Werkstatt- und Arbeitsplatzorganisation

Damit die dargestellte Werkstattsteuerung (zentral oder dezentral) reibungslos funktioniert, muss die Fertigung / der Betrieb / die Werkstatt entsprechend organisiert und die notwendigen Abläufe entsprechend geregelt werden.

Dazu ist folgende Aufbau- / Ablauforganisation in der Fertigung notwendig:

- Kompetenzen für Schichtführer, Meister, Einrichter, Produktmanager
- Mitarbeiterbelegungsplanung / -Umbesetzungsregelungen (*wer kann was?*) / Mitarbeiterqualifikation / Stundensparbuch
- Qualitätsverantwortung / Quittieren Vollständigkeit / Werker-Selbstkontrolle
- Organisation der Bereitstellung durch Transportorganisation
- Schaffung von Bereitstellbahnhöfen, idealerweise mit Reihenfolgenfestlegungen
- Schaffung von Zeithinweisen an den Maschinen / Arbeitsplätzen (wann Auftrag voraussichtlich fertig gestellt ist)
- Festlegung von Terminreihenfolgen / Prioritätsregelungen / Multimedia / Beamer (Schilder 1 / 2 / 3) etc.
- Schaffung von geordneten Bereitstellplätzen an den Maschinen für:
  - ► Werkzeuge / Vorrichtungen / Spannmittel
  - ► Messmittel / Lehren / Programme / Arbeits- / Kontrollbelege etc.

    } für nächsten Auftrag (so kann auf Vollständigkeit quittiert werden)
  - ► Abrüstplatz (für laufenden Auftrag, wenn abgerüstet wird)

  und die **6 S** des kontinuierlichen Verbesserungsprozesses für die eigene Arbeit und das Arbeitsumfeld einführen

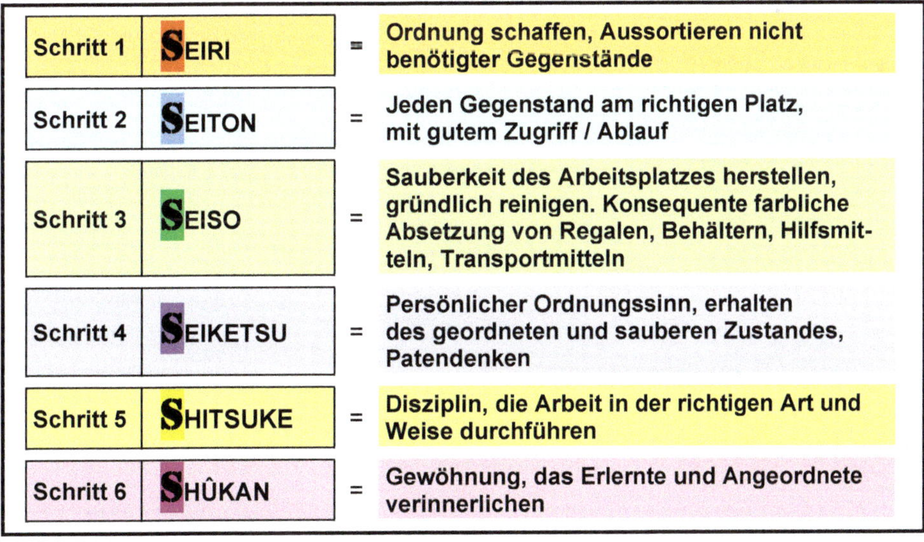

Schritt	S		Bedeutung
Schritt 1	SEIRI	=	Ordnung schaffen, Aussortieren nicht benötigter Gegenstände
Schritt 2	SEITON	=	Jeden Gegenstand am richtigen Platz, mit gutem Zugriff / Ablauf
Schritt 3	SEISO	=	Sauberkeit des Arbeitsplatzes herstellen, gründlich reinigen. Konsequente farbliche Absetzung von Regalen, Behältern, Hilfsmitteln, Transportmitteln
Schritt 4	SEIKETSU	=	Persönlicher Ordnungssinn, erhalten des geordneten und sauberen Zustandes, Patendenken
Schritt 5	SHITSUKE	=	Disziplin, die Arbeit in der richtigen Art und Weise durchführen
Schritt 6	SHÛKAN	=	Gewöhnung, das Erlernte und Angeordnete verinnerlichen

Wie setzt man es um?

Die Umsetzung der 5S- oder auch 6S-Methode beginnt mit einem Audit zur Erfassung des IST-Zustandes. Dann folgt das Coaching der Mitarbeiter und die Umsetzung. Es wird aufgeräumt, aussortiert, verschrottet, geordnet. Offene Regale und Stellplätze werden aufgestellt und beschriftet. Für die Werkzeuge werden *„Shadowborads"* eingerichtet, Werkzeugwagen angeschafft. Alle notwendigen Maßnahmen für die Standardisierung werden in einem Maßnahmekatalog mit klaren Verantwortlichkeiten erfasst.

Um die Ordnungsprinzipien auf Dauer sicherzustellen, hat sich das Patendenken bewährt:

- Ein Mitarbeiter ist Pate für einen bestimmten Tätigkeitsbereich (Maschine, Arbeitsplatz, Werkzeuge, Vorrichtungen)
- Ein Mitarbeiter ist Pate für Sauberkeit der Wege, der Arbeitsräume, des Umfeldes
- Ein Mitarbeiter ist Pate für bestimmte Transportmittel, Regale (Sicherheit in seinem zugeordneten Bereich)
- Ein Mitarbeiter ist verantwortlich für sonstige technische Einrichtungen, wie z. B. Werkzeugschränke, Messmittel etc.

Was bringt 6S?

- → Ergonomische und sichere Arbeitsplätze
- → Erhöhung der Produktivität, Reduzierung von Störungen
- → Reduzierung von Einarbeitungszeiten
- → Senkung von Vorbereitungs- und Rüstzeiten
- → Erhöhung der technischen Verfügbarkeit der Maschinen / Anlagen
- → Reduzierung von Fehlern, Erhöhung der Qualität, Reduzierung von Reklamationen, Erhöhung der Kundenzufriedenheit
- → Ein funktionierendes 6S-Konzept ist die Basis für Standardisierung und kontinuierliche Verbesserung und eine bessere Flächennutzung
- → Der große Vorteil: Die 6S-Methode kann ohne großen Aufwand direkt eingeführt werden

Checklisten, in denen die Verantwortungen, die Häufigkeiten der Audits, sowie die zugrundeliegenden Arbeitsvorschriften visualisiert sind, sichern das System ab.

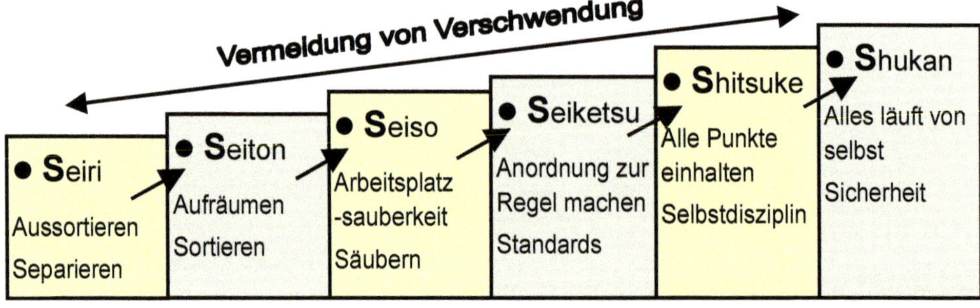

Ergebnis Audit – z. B. Arbeitsplatz

Neue Arbeitsplätze gestalten, Investitionen tätigen, neue Maschinen anschaffen ist ein Teil, um stabile Produktionsprozesse einzuführen. Ein Werkzeug zur Überwachung auf Einhaltung können Audits sein, anbei ein Muster als Vorlage einer selbst erstellten Auditcheckliste.

Die Besten Maschinen und Werkzeuge sind nicht zielführend, wenn sie nicht korrekt genutzt und benutzt werden. Audits stellen sicher, dass die Einhaltung norm- sowie sachgerecht eingesetzt wird.

Musterabbildung: *Arbeitsplatz Audit*

INFO:
- Die Begehung wird gemäß Checkliste durchgeführt, Abweichungen werden im FM_UP05_02_006_Maßnahmenplan Audits dokumentiert.
- Berechnung / Bewertung:
  0 = i.O Sepzifikation/ Anforderung erfüllt
  1 = n.i.O Spezifikation/ Anforderung **nicht** erfüllt

	Bewertungskriterien	Prüfung relevant j / n	Ergebnis Stanz-Biegetechnik	Prüfung relevant j / n	Ergebnis Hybridtechnik	Prüfung relevant j / n	Ergebnis (WKZ-Bau)	Prüfung relevant j / n	Ergebnis (Lager& Versand)	Prüfung relevant j / n	Ergebnis Infrastruktur / Betriebstechn.
		/		/		/		/		/	
1. Arbeitssicherheit und Umweltschutz											
1.1	Sind alle Fluchtwege, Feuerlöscher und Verbandskästen frei und zugänglich? Sind als gesperrt gekennzeichnete Flächen frei von sonstigen gegenständen/ Brandlasten?		1		0		1		0		1
1.2	Sind alle Behälter beschriftet und auf dem vorgesehenen Platz aufbewahrt?		1		0		1		0		1
1.3	Gibt es ausgelaufene Flüssigkeiten (Wasser, Öl, etc.) auf dem Boden? Bestehen sonstige stolper-, sowie rutschgefährliche Stellen?		1		1		1		1		1
1.4	Sind zutreffende Betriebsanweisungen für Gefahrstoffe, wassergefährdende Stoffe und Maschinen und Anlagen vor Ort ausgehängt?		0		0		0		1		1
1.5	Sind alle Sicherheitseinrichtungen an den Anlagen geschlossen?		0		0		0		0		0
1.6	Wird die persönliche Schutzausrüstung entsprechend der durchzuführenden Tätigkeit getragen (Gehörschutz, Sicherheitsschuhe, Schutzbrille, etc.)?		1		0		1		0		0
1.7	Sind die Regale (aller Art) beschädigt oder nicht geprüft?		0		0		0		0		0
1.8	Sind alle ortsveränderlichen Kabel und Geräte nach DGUV v3 geprüft?		0		0		0		0		0
1.9	Gibt es Druckluftleckagen? Sind Anlagen eingeschaltet, obwohl nicht produziert wird? Ist die Kühlung bei offenem Fenster aktiv?		0		0		1		0		0
2. Ordnung und Sauberkeit											
2.1	Befinden sich alle Betriebsmittel, Fertigprodukte, Halbzeuge, Leergut und Abfallbehälter auf den vorgesehenen Flächen? Und sind diese unbeschädigt?		1		1		1		0		0
2.2	Sind Fahrwege zugestellt?		1		1		1		0		0
2.3	Stehen Kisten, Kartons auf dem Boden?		1		1		1		0		0
2.4	Sind die Arbeitsplätze sauber und ordentlich?		1		1		1		1		1
3. Qualität											
3.1	Sind alle Waren eindeutig gekennzeichnet?		1		0		1		0		0
3.2	Sind alle erforderlichen Qualitätsdokumente, Arbeitsanweisung etc. vorhanden und werden diese korrekt ausgefüllt bzw. ausgeführt?		0		0	n	0	n	0	n	0
3.3	Werden zusätzlichen ungeplanten Arbeiten wie Nacharbeit durchgeführt?		0		0	n	0	n	0	n	0
3.4	Sind die Prüfmittel technisch in Ordnung, sauber, funktionsfähig und kalibriert, sowie die Prüfplakette gut sichtbar/ vorhanden und im Prüfintervall?		1		0		0		0		0
3.5	Ist Ausschuss vorhanden und als solcher gekennzeichnet?		1		1	n	0	n	0	n	0
4. Dokumentation und Standards											
4.1	Wird der Standardablauf zur Materialbereitstellung und Werkzeugversorgung eingehalten und angebrochene Ware zurückgeschickt?		0		0	n	0	n	0	n	0
4.2	Sind alle erforderlichen Dokumente an der Maschine vorhanden (Auftrag, Produktmappe, Anfahrteile, Fertigungsprüfplan, Fehlerkatalog)?		1		0	n	0	n	0	n	0
4.3	Sind die vorgeschriebenen Verpackungsmaterialien wie in den Auftragspapieren aufgeführt im Einsatz?		0		0	n	0	n	0	n	0
		$21^{1)}$	$12^{2)}$	$21^{1)}$	$6^{2)}$	$15^{1)}$	$10^{2)}$	$15^{1)}$	$3^{2)}$	$15^{1)}$	$5^{2)}$
Ergebnis "Einzelbereich"			**42,9**		**71,4**		**33,3**		**80,0**		**66,7**
Ergebnis "Gesamt"							**58,9**				

Bemerkungen:

Formel: 100 - (100 / Anzahl zu bewertende, relevante Fragen$^{1)}$) * Anzahl Abweichungen$^{2)}$

1) Summe relevanter Fragen, ohne mit "n" gekennzeichnete Fragen, diese nicht relevant

2) Abweichungen = mit "1" gekennzeichnet

Auditor	Datum:	Unterschrift
	21.07.20xx	

Werker Selbstkontrolle, Visualisieren der Qualität, Systematische Fehlersammlung

Shopfloor-Management

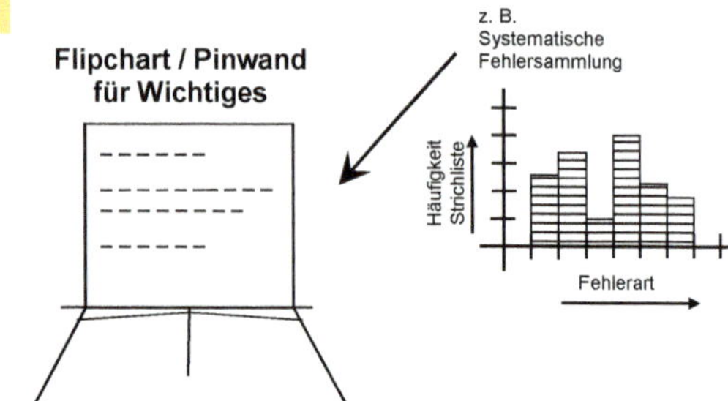

1 Flipchart je Arbeitsbereich, alle Störungen, Auffälligkeiten werden nach Grund und Zeit festgehalten

2 Rote Behältnisse / Regale

Alle Ausschussteile werden systematisch gesammelt und 1 x pro Woche nach Gründen ausgewertet

rot

Zeitnahe und korrekte BDE-Meldungen müssen eine Voraussetzung sein:

- gefertigte Menge
- davon Gut-Stück
- davon Ausschuss

2.1 Bei Großserienfertigung

Fallweise Zusatzbehälter für Erstmusterprüfung, bzw. geprüfte Teile lt. QS-Prüfplan separat gesammelt, für Lieferungen dokumentiert und aufbewahrt

gelb

3 KVP-Sündentisch
1 x pro Woche werden die Gründe besprochen, warum / wieso diese Fehler aufgetreten sind und es werden Abstellmaßnahmen festgelegt

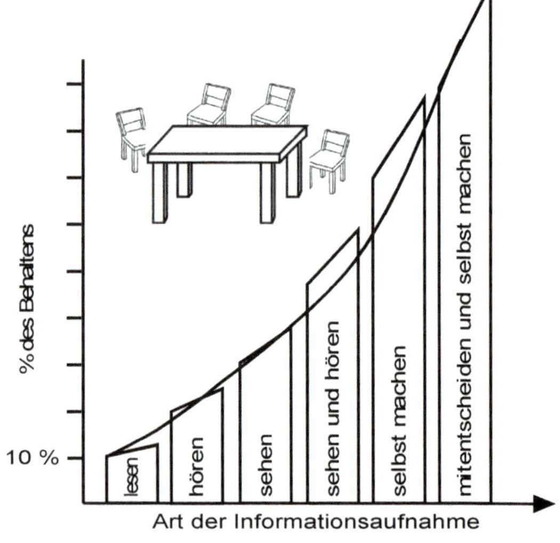

4 Maßnahmeplan

Maßnahme	WER, mit WEM	Datum	Erledigt Vermerk

Aufbau und Ablauforganisation einer durchlaufoptimierten und flexiblen Werkstattorganisation, incl. der notwendigen Logistik- / Steuerungs- und Meldesysteme mit QS-Verantwortung

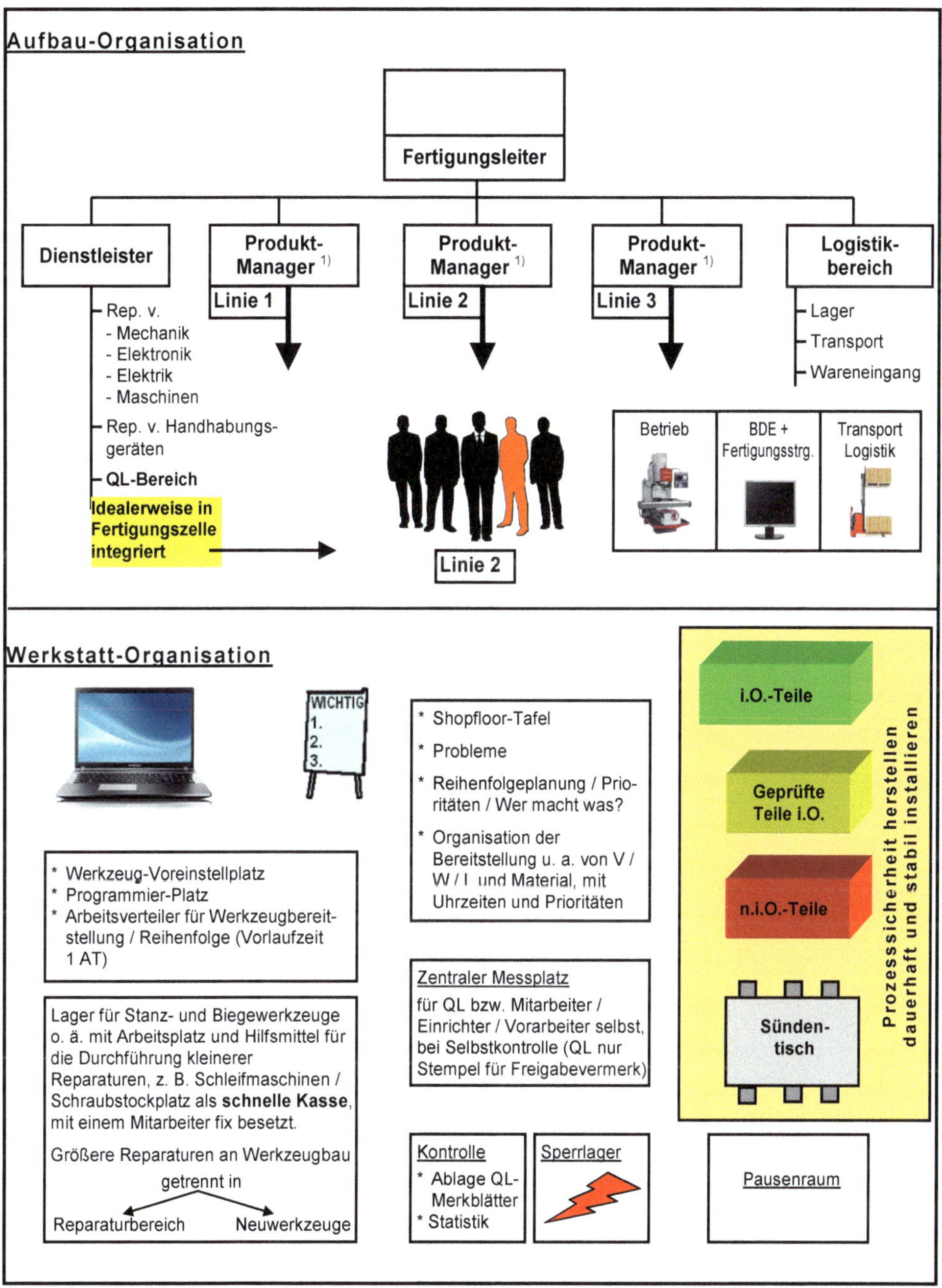

[1] oder Teamleiter

Ein Arbeitsplatz innerhalb der Werkstattorganisation mit Meldesystem für Teilenachschub bzw. Störung *„KLEINSERIENFERTIGUNG"*

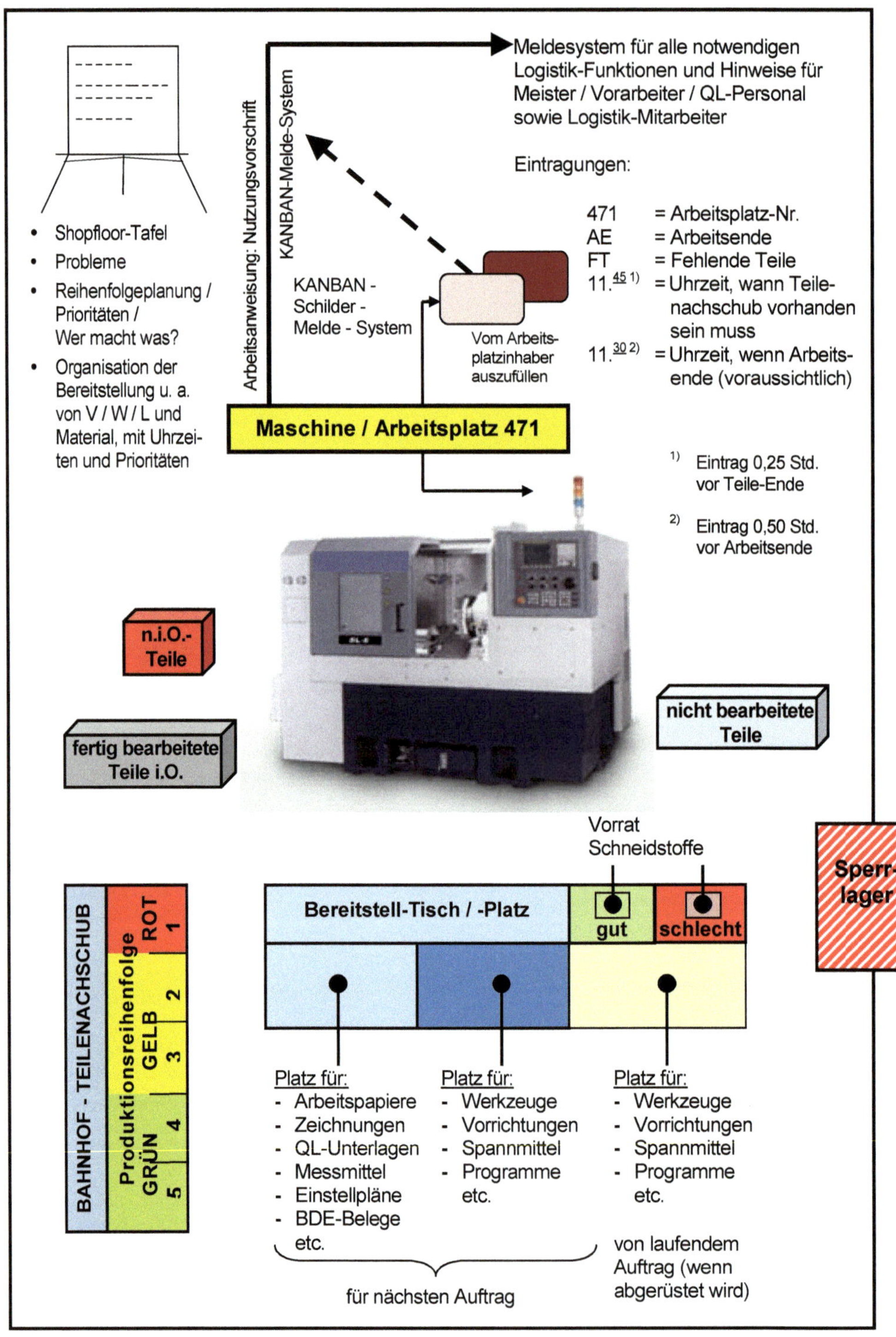

Ein Arbeitsplatz innerhalb der Werkstattorganisation mit Meldesystem für Teilenachschub bzw. Störung *„MASSENFERTIGUNG / GROSSSERIENFERTIGUNG“*

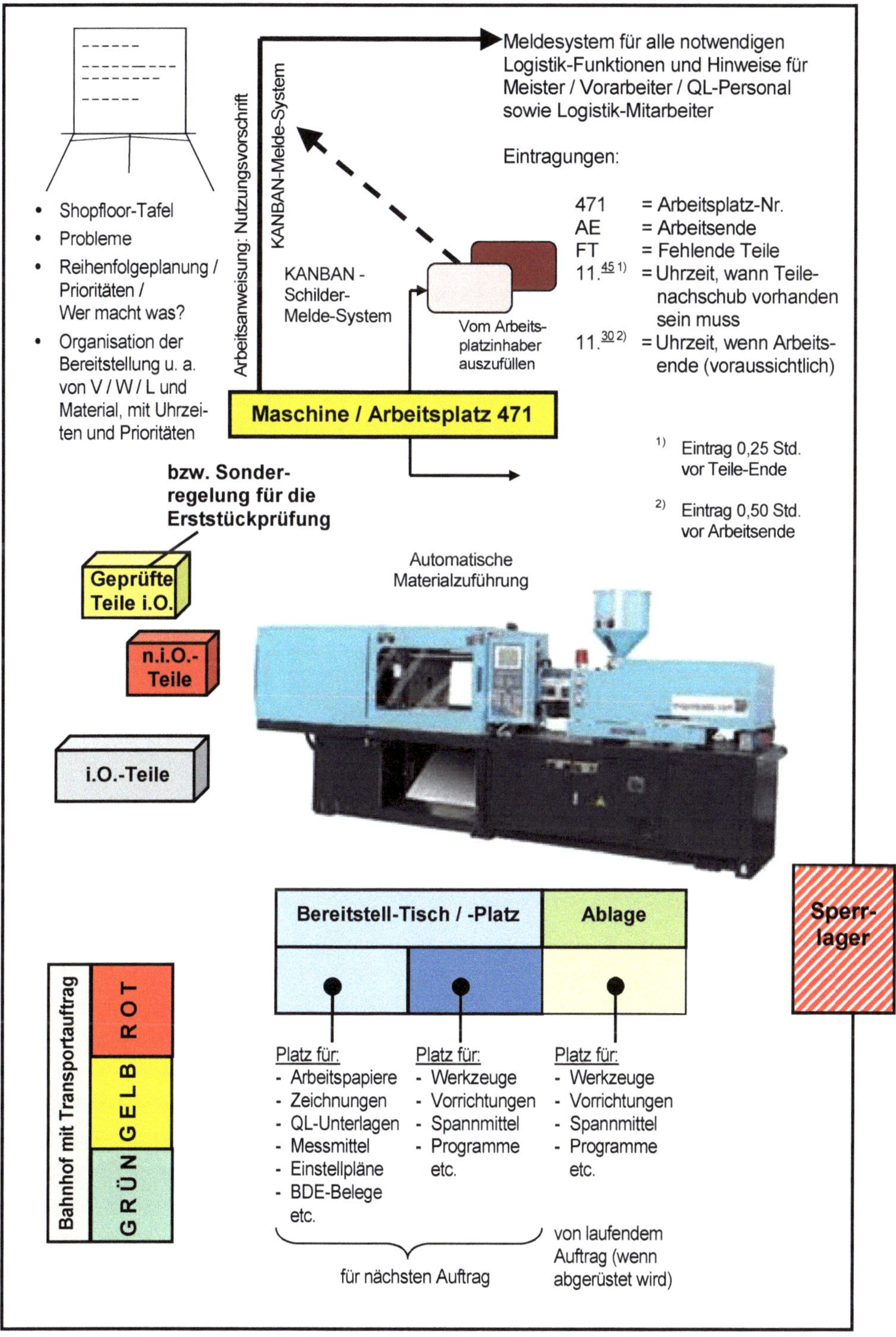

Verbesserte Organisationsformen in der Produktion verbessern die Produktivität, z. B. fünf Mitarbeiter betreuen 8 Anlagen / Arbeitsplätze als Team, mit gegenseitigem Helfen

Bild 8.7: *Darstellung einer Fertigungszelle in einer segmentierten Fabrik*

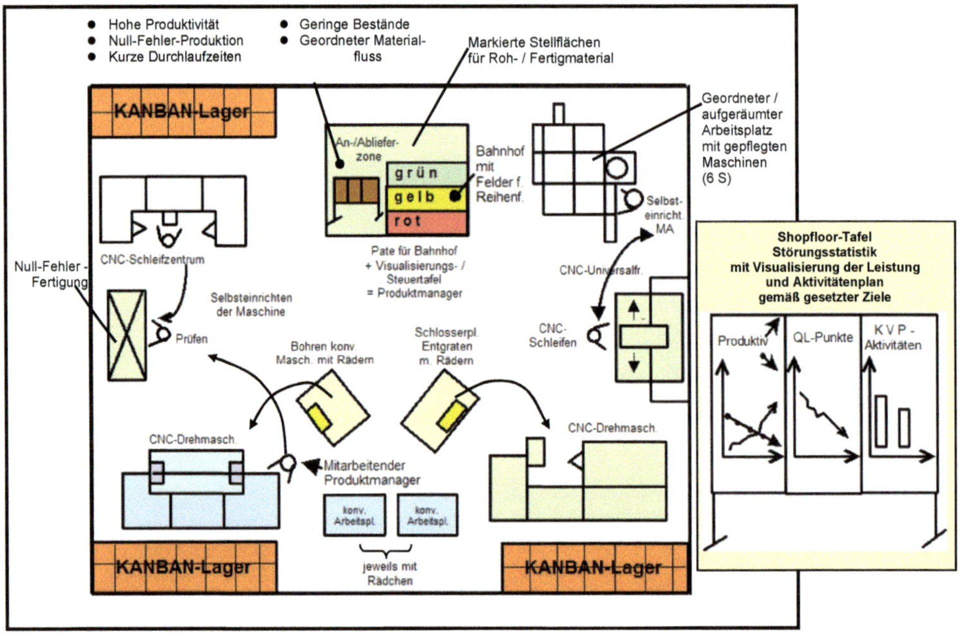

die nach folgenden Regeln arbeitet:

- Alle Standards bezüglich Arbeitsmethoden, Qualität, Instandhaltung, Materialbedarf / Stückzahlen am Arbeitsplatz aufhängen, ebenso Leistungs- / Qualitätsdaten, Produktivität, Termintreue, Beschwerden von Kunden
- Maschinenausfallzeiten minimieren, Patendenken in der Instandhaltung einführen. Hinweis Engpassanlage – automatische Warnhinweise bei Störungen
- Immer auf der Anlage mit kürzester Taktzeit produzieren, wenn Kapazität vorhanden
- Qualität produzieren, die Mitarbeiter auf die drei Grundprinzipien einschwören: Keine defekten Teile annehmen, keine defekten Teile herstellen, keine defekten Teile weitergeben *(„Mach's gleich richtig / mach's gleich fertig")*

  Rote Behälter für Ausschuss einrichten, mit Sündentisch, 1 x pro Woche Gespräch, wie vermieden werden kann, Beschwerden von Kunden aushängen
- Arbeiten ohne Wertezuwachs minimieren, wie z. B. weite Wege, Suchen, mehrfaches Handhaben (nichts zweimal anfassen), Zusatzgeräte für Tätigkeiten während der Prozesszeit, wie z. B. Bohren / Entgraten etc., haben Räder, sind beweglich und können von Platz zu Platz gefahren werden
- Gegenseitiges Helfen, u. a. beim Rüsten sowie Kommunizieren nach dem Pull-Prinzip mit den vor- / nachgeschalteten Fertigungsstellen, für eine optimierte Auftragssteuerung
- Mehrfachqualifizierung, möglichst prozessorientiert, muss eine Selbstverständlichkeit werden, Raupenfertigung einführen

Alles in Richtung Industrie-4.0-Produktion ausgerichtet

- Alle Fertigungsaufträge / Artikel / Transportmittel / Werkzeuge / Spannmittel / Werkzeugträger / etc.

sind mit Transponder ausgerüstet, auf denen alle relevanten Daten für die notwendigen Fertigungsprozesse / Programmsteuerungen, Transportorganisation abgelegt sind. Eine vollautomatische Fertigung über alle Arbeitsgänge mit höchster Transparenz wird ermöglicht. Schemabild fir.rwth-aachen.de

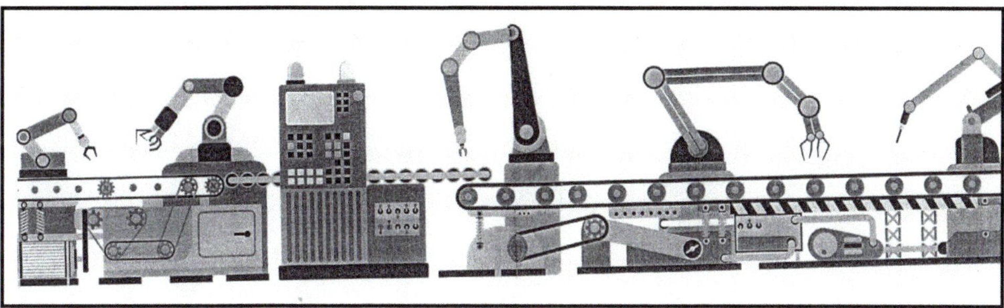

Das Forschungsinstitut fir an der RWTH-Aachen bietet Industrie 4.0 Planspiele an

Die Arbeitsplätze und das zugehörige Planspiel sind im ERP-Innovation-Lab des Clusters Smart Logistik angesiedelt. Das Planspiel wurde in einem Gemeinschaftsprojekt des ‚*Centers Enterprise Resource Planning*' und der Fachgruppe Produktionsregelung des FIR entwickelt. Sie sind interessiert an den Erkenntnissen aus dem Planspiel oder möchten die Technologien gerne selbst erleben? Besuchen Sie für nähere Informationen die Webseite unserer Fachgruppe über folgenden Link: aachener-produktionsregelung.de.
Gern können Sie sich auch direkt über folgende E-Mail-Adresse an unseren Experten wenden: Moritz.Schroeter@fir.rwth-aachen.de

Mobiles Robotersystem

Mit Viarobot können manuelle Lager ohne zusätzliche Infrastruktur schnell, einfach und flexibel automatisiert werden.

(***Bild:*** *Viastore*)

Der Aufbau einer Industrie-4.0-Fertigungsstraße als Demonstrator (© Hanser)

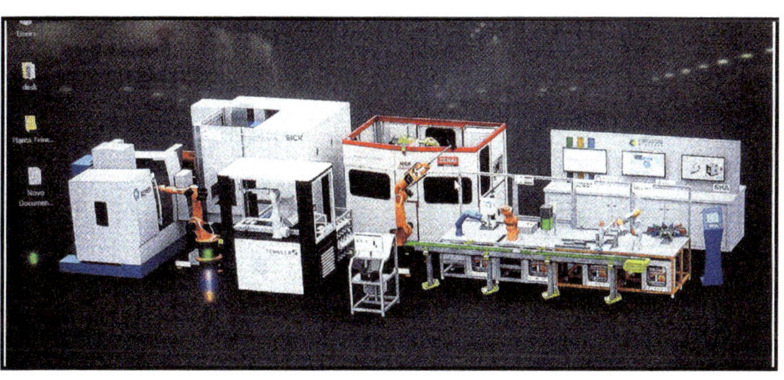

Kleine Lose effizient produzieren
Eine Forderung zum Erfolg der heutigen
Just in time - Gesellschaft

Rüstvorgänge und Laufwege analysieren
= **Spaghetti-Diagramm**
Schrittzähler + Anzahl Meter,
sowie Häufigkeiten aufnehmen
und minimieren: **1 Schritt = 1 Sekunde**

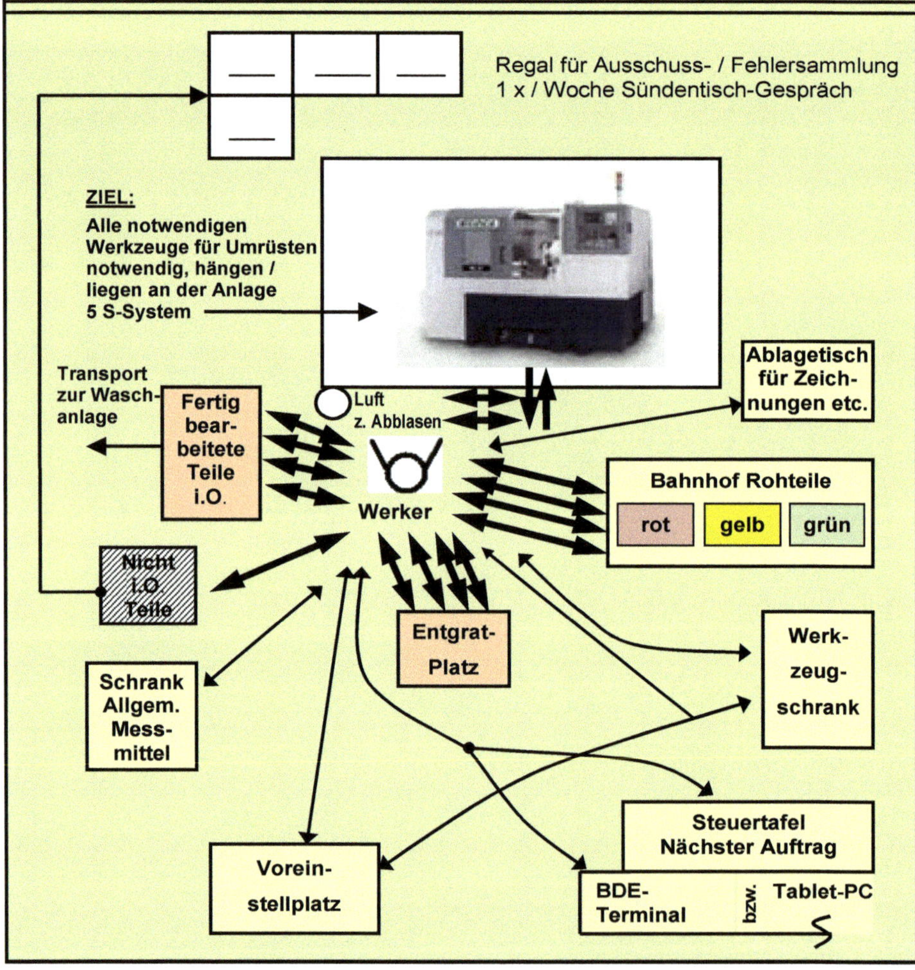

9.1 Mythos Rüstzeit durchbrechen

Wird Rüsten / Rüstkosten überbewertet?

Eine nachhaltige Verkürzung der Rüstzeiten, insbesondere bei Engpassmaschinen, wirkt sich unmittelbar auf eine verbesserte Lieferfähigkeit mit niederen Stückkosten und Beständen aus. Wobei sich die Frage erhebt: Hat das Unternehmen überhaupt echte geldwerte Nachteile, wenn Lose nach dem 80-20-Prinzip verkleinert werden, oder kann dies vernünftig gemacht, von der Fertigung problemlos aufgefangen werden?

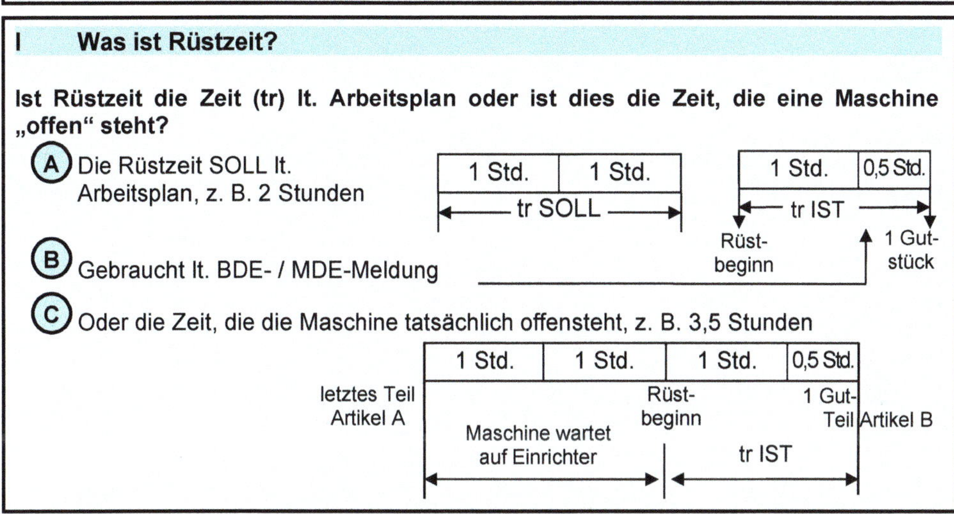

II Analyse Einrichter – Tätigkeitszeiten / Tatsächliche Auslastung, bezüglich Rüst-Tätigkeit:

a) Anwesenheitszeit pro Jahr x 5 Einrichter 1.500 Std. x 5 = 7.500 Std

b) Summe Rüstzeit in Std. lt. BDE- / MDE - Meldungen pro Jahr: = 3.500 Std.[1]

c) Summe aller SOLL-Rüstzeiten der in diesem Jahr produzierten Fertigungsaufträge = 4.000 Std.

d) Was ist mit den restlichen Zeiten zu 7.500 Stunden? Transport, QS–Arbeit oder?

III Reale Einsparungen von fiktiven unterscheiden lernen!

a) Wie viele Stunden müssten tatsächlich mehr umgerüstet werden, wenn die Lose der 20 % der Artikel, die die Maschinen zu ca. 80 % belegen, um 50 % reduziert würden? Werden die wenigen, zusätzlichen Rüstvorgänge überhaupt kostenrelevant?[2] (Die restlichen 80 % der Teile, die die Anlage nur zu 20 % belegen, bleiben in der festgelegten Losgröße.) Also pro Jahr zwar mehr Rüstvorgänge anfallen, aber null Stunden zusätzliche Rüstzeit und die Chance besteht, dadurch mehr Rüstverkettungen zu erreichen.

b) Und wie fließen die sogenannten „ungeplanten Umrüstvorgänge“, u. a. wegen Eilaufträgen, in die Formel ein? Lassen Sie über Monate eine Strichliste vor Ort führen. Die Erkenntnis könnte sein, dass große Lose mehrmals unterbrochen werden. Dann können die Lose gleich minimiert werden.

1) Kürzer als SOLL, da häufig Aufträge verkettet werden können
2) Realer Geldfluss gemeint

9.2 Schnell wirksame Rüstzeitminimierungsmaßnahmen

Darstellung des Potenzials als Tätigkeitsanalyse der einzelnen Rüstprozesse in Minuten und Prozentanteilen

Tätigkeit Rüst-Prozess-Kategorie	Rüsten / Rüsttätigkeit		Messen / Prüfen	Nach-justie-ren / mes-sen/ prüfen	Freigabe	**Laufen / Wege/ Trans-portie-ren**	Störun-gen / Unter-brechun-gen z.B. Hilfestel-lung an anderem Arbeits-platz	Gesamt	Warten auf Um-rüsten (Maschi-ne steht)
	Ab-rüs-ten	Auf-rüs-ten							
Zeit in Minuten	15 '	25 '	5 '	8 '	9 '	**41 '**	17 '	120 '	36 '
%	12,5%	20,8%	4,2%	6,7%	7,5%	**34,2%**	14,1%	100%	30%
Anteil wert-schöpfend / nicht wert-schöpfend	**Wertschöpfend** 37,5 %		**Nicht wertschöpfend** 62,5 %					**Ges. 100%**	

Daraus resultiert:

Erste Schritte

- **Was kann außerhalb der Maschine vorgerüstet werden**
- Engpassmaschinen kennzeichnen, müssen sofort umgerüstet werden
- Rüstzeitenminimierungsmaßnahmen nur an Engpassmaschinen im ersten Schritt
- Pausen durchrüsten[1] / zwei Personen rüsten um / Teambildung in der Fertigung einführen, z. B. fünf Mitarbeiter betreuen 8 Maschinen (helfen sich gegenseitig beim Rüsten und Störungen beheben)
- **Laufwege, nicht wertschöpfende Tätigkeiten u. a. mittels Laufwege-Diagramm und Video-Aufnahmen[2] reduzieren (Spaghetti-Diagramm)**
- **Verkettungsnummern einführen / Rüstpersonal gibt selbst frei**
- Teile auf andere (langsamere) Maschinen legen, wegen Warteschlangenproblematik (welche Mehrkosten entstehen tatsächlich, wenn z. B. eine andere Maschine noch freie Kapazität hat und sie abgeschrieben ist?)
- **Alle Rüstwerkzeuge in einem Behälter**

[1] Arbeitsgesetze / Betriebsverfassungsgesetzt beachten
[2] Mitbestimmungspflichtig

9.3 Die wichtigsten Ansatzpunkte zur Rüstzeitverringerung

	Einzelmaßnahmen	**Bemerkung**
1	Engpassmaschinen ermitteln (Maschinen mit hohem Rüstzeitanteil und Maschinen mit hohen Einzelrüstzeiten ermitteln)	Darf nie stehen
2	Ratiopotenzial für Geldbudget ermitteln aus BDE / MMH / Video-Studien oder Langzeitstudien nach REFA	Cashflow 2 Jahre
3	Pausen durchrüsten / zwei Personen rüsten um / Einrichter geben selbst frei	
4	Bilden von Rüstfamilien im Rahmen der Produktionsplanerstellung – Variable Reihenfolgebildung vor Ort durch entsprechende Infosysteme, z. B. nach Reichweiten bei Vorratsaufträgen, oder Verhältnis DLZ Soll zu DLZ noch notwendig (Restfertigungszeit)	Verkettungsnummern einführen
5	Schwachstellenanalyse vor Ort, durch die Mitarbeiter selbst, einführen	z. B. mittels Rüstlogbuch
6	Engpassmaschinen kenntlich machen, darf nie „offen" stehen, wird sofort umgerüstet	Keine Engpassbildung Exoten zukaufen
7	Einrichter Tätigkeitsanalyse: Vergleich Anwesenheits- zu Summe tatsächlicher Rüstzeit lt. Fertigungsaufträge / Zeitraum und sep. Auswertung $\sum$ tr lt. Fertigungsaufträgen zu tatsächlich gebraucht, lt. BDE / Zeitraum	Wie viel Zeit wird für Rüsten bzw. anderes verwendet?
8	Teile auf andere Maschinen legen wegen Warteschlangenproblematik	
9	Verkettungsnummer einführen, Bilden von Teilefamilien in Dispo und Fertigung	
10	Exoten zukaufen	Keine Engpassbildung
11	Stillstands - Gründekatalog in der feinen Gliederung abschaffen, umgekehrte Pyramide einführen mit Zielvorgabe, z. B. 6 % pro Monat max. zulässig	Ziel muss sein, Stillstände vermeiden, nicht aufschreiben
12	Technologie-Paten benennen / Aufbauen	
13	**Rüsttechniken / Werkzeuge verbessern, z. B.:** – Hebebühnen für Werkzeuge – Werkzeuge in genügend großer Anzahl – Schnellspannsysteme / -vorrichtungen – Messmittel mit digitaler Anzeige – Werkzeugvoreinstellplätze – Hydraulische / pneumatische Spannsysteme – Was kann außerhalb der Maschinen vorgerüstet werden – Handhabungs- / Informationsaufwand senken – Werkzeugtools einrichten (insbesondere bei Einzelfertigung komplette Rüstsätze vorhalten) – Schnelle Kasse für Durchführung kleinerer Reparaturen einrichten – Werkzeuginstandhaltung verbessern – Werkzeuge / Vorrichtungen farbig (unterschiedlich) kenntlich machen	– ähnliche Teile immer auf die gleichen Maschinen – bei Einzelfertigung „Rüstsätze", Spannmittel etc. rüstfertig an den Maschinen vorhanden – Laufwege mittels Wegediagramm analysieren und reduzieren – alle notwendigen Werkzeuge in einem Behälter aufbewahren
14	Paten für Werkzeuge und Maschinen benennen, monatliche Audits durchführen	
15	**Organisation des Rüstens verbessern** – Organisation der Werkzeugbereitstellung (vollständig und rechtzeitig)	
	– Mitarbeiter werden Kümmerer, quittieren die ordnungsgemäße und vollständige Bereitstellung (umgekehrte Pyramide als Führungsgrundsatz)	Kaizen-Toyota-Prinzip
	– Teambildung in der Fertigung, z. B. 5 Mitarbeiter betreuen 11 Maschinen	Dezentrale Strukturen
	– Mitarbeiterqualifikation / Flexibilität verbessern – Zeitwirtschaft, Rüstzeitrichtwerte aufbauen – Rüstzeit-Richtwerte in Arbeitspläne einsetzen – Einhalten der Rüstzeiten mittels Produktivitätskennzahlen überwachen – Rüstablaufbeschreibungen, Fotos, Videos von Rüstzustand / -ablauf einführen – Werkzeugbau in die Rüstorganisation mit einbinden – Steuertafeln, Auslastungsübersichten, Bildschirme an die Maschinen	Einen Auftrag auf einer alten / langsameren Maschine mitlaufen lassen, wenn sie leer steht Produktivitätskennzahlen als Führungsinstrument
16	Inhalte aus Schwachstellenübersichten der Werker in Produktivität umsetzen	z. B. aus Logbuch
17	Röhrenorganisation / prozessorientierte Fertigung mit Produktmanager einrichten, das gleiche Teil immer auf die gleiche Maschine	Linienfertigung
18	Konstruktion, Reduzieren der Teile- / Variantenvielfalt / rüstgerechtes Konstruieren (Rüstfamilien)	
19	Kennzahlen – Entlohnungsgrundsätze – Leistung ist nur, was hergestellt und umgehend verkauft werden kann	KVP-Gedanke
20	AV-Fertigungssteuerung mit einbeziehen, liegen tatsächlich Engpass- / Rüstprobleme vor, oder werden Aufträge gefertigt, die im Moment nicht gebraucht werden	Hausgemachte Konjunktur

Sonstige Hinweise für eine rationelle Fertigung mit kurzen Lieferzeiten nach Lopez

Die sechs Gebote[1)] für eine rationelle Fertigung

1. Gebot: Verschwendung ausmerzen

- Lagerhaltung abbauen / Überproduktion stoppen
- Blindleistungen abbauen
- Wartezeiten – etwa wegen Maschinenausfällen, Qualitätsprüfungen oder Staus in den einzelnen Produktionsabschnitten – minimieren
- Arbeiten ohne Wertezuwachs (versteckte Verschwendung) streichen, beispielsweise Werkzeugwechsel, Inspektionen, weites Transportieren, Auspacken und mehrfaches Handhaben von Teilen

2. Gebot: Arbeitsplätze ordnen

- Unnötige Werkzeuge entfernen
- Einrichtungen und Material prozessorientiert anordnen, vor allem Werkzeuge, Formen, Container, Transportmittel und Abstellflächen
- KANBAN-Pate für Regale benennen
- Anlieferungsstellen für Material auf dem Boden markieren, mit klar definierten Containergrößen und Mengenangaben Reinigungsprogramm für den gesamten Arbeitsplatz festlegen

3. Gebot: Produktion visualisieren

- Alle Standards bezüglich Arbeitsmethoden, Qualität, Instandhaltung, Materialanstellung und Stückzahlen am Arbeitsplatz aushängen, ebenso Leistungs- / Qualitätsdaten, wie z. B. verkaufte Stunden zu Anwesenheit, Produktivität, Liefer- und Maschinenlaufzeiten, Qualitätspunkte, Kostensatz der Abteilung
- Visuelle und akustische Warnhinweise installieren bei Problemen und Defekten, mit automatischen Stoppvorrichtungen bei fehlerhafter Produktion

4. Gebot: Operationen standardisieren

- Detaillierte Arbeitsblätter zusammen mit dem Meister und Mitarbeiter erstellen; Inhalt, die drei wesentlichen Punkte: Taktzeiten der Maschine, Arbeitsablauf und Material im laufenden Prozess
- Per Arbeitsverteilungsblatt die persönlichen Zykluszeiten der einzelnen Mitarbeiter und die Taktzeit der Maschine genau koordinieren
- Immer auf der Maschine / Anlage mit der kürzesten Taktzeit (te) fertigen

5. Gebot: Qualität sichern

- Die Mitarbeiter in den einzelnen Produktionsabschnitten auf die drei ehernen Grundprinzipien einschwören: keine defekten Teile annehmen, keine Defekte an Teilen verursachen, keine defekten Teile weitergeben
- „First Time Quality"-System einführen (Mach's gleich richtig / mach's gleich fertig); dazu ...
- ... Muster sowie Inspektionsblätter und -vorschriften ...
- ... ebenso Resultate und vor allem Beschwerden von Kunden aushängen

6. Gebot: Linienfertigung und Teamarbeit einführen

- Operationen strikt nach dem Materialfluss organisieren
- Auf mehrere kleine Maschinen setzen, die im Idealzustand nur jeweils ein Teil fertigen und befördern (Losgröße 1 bis ...)
- Produktion in U-Form anlegen, das vereinfacht Kommunikation, Material- und Werkzeugeinsatz sowie die Materialsteuerung
- Teamarbeit einführen, Mitarbeiter mehrfach qualifizieren
- Den Kunden die Produktion nach Bedarf steuern lassen und feste Prioritätenregeln festlegen, was ist zuerst zu fertigen, z. B.:
  1. Teil mit höchster Kundenpriorität
  2. Teil mit kürzester Reichweite
  3. Teil mit kürzester Taktzeit
  4. Teil mit kürzester Restbearbeitungszeit, z. B. letzter Arbeitsgang

Goethe und der kontinuierliche Verbesserungsprozess

[1)] nach Lopez

Block 10 Definieren Sie den Begriff „Leistung“ neu

Leistung ist nur das, was produziert und zeitnah verkauft werden kann, nicht, was an Lager geht

Produzieren Sie nur das, was gebraucht wird, vermeiden Sie Verschwendung an Zeit und Kapazität durch Lagerfertigung. In der Zeit, in der etwas gefertigt, was momentan nicht gebraucht wird, können Sie einen Auftrag / Artikel, der gebraucht wird, nicht fertigen.

Entsprechende Kennzahlensysteme und / oder ziel- und ertragsorientiert aufgebaute Bonus- / Wertelohnsysteme unterstützen dies, denn Menschen machen den Erfolg

- **Es wird nur das gefertigt, was auch gebraucht wird, Verschwendung an Zeit und Kapazität wird vermieden**
- **Mehrausbringung bei verbesserter Qualität und Termintreue von über 25 % wird nicht durch *schneller* – sondern *anders* Arbeiten erreicht**
- **Das Umlaufvermögen / die Durchlaufzeit wird nochmals reduziert**

und

- **die Systeme sorgen dafür, dass wie im Sport die Jahresziele *SCHNELLER – HÖHER – WEITER*, erreicht werden**

10.1 Von der individuellen Leistungsmessung zur ganzheitlichen Leistungsmessung

Prozessorientiert ausgerichtete Linienfertigung und Individualbetrachtungen, lassen sich im Sinne *„Was ist Leistung?“* nicht vereinbaren. Leistung eines Einzelnen, bezogen auf fragwürdige IST-Zeitmeldungen per BDE? Oder ist Leistung das, was an maximalen Gutstücken, bezogen auf die Anwesenheitszeit der Mitarbeiter, hergestellt und verkauft werden kann?

Definieren Sie den Begriff „Leistung“ neu

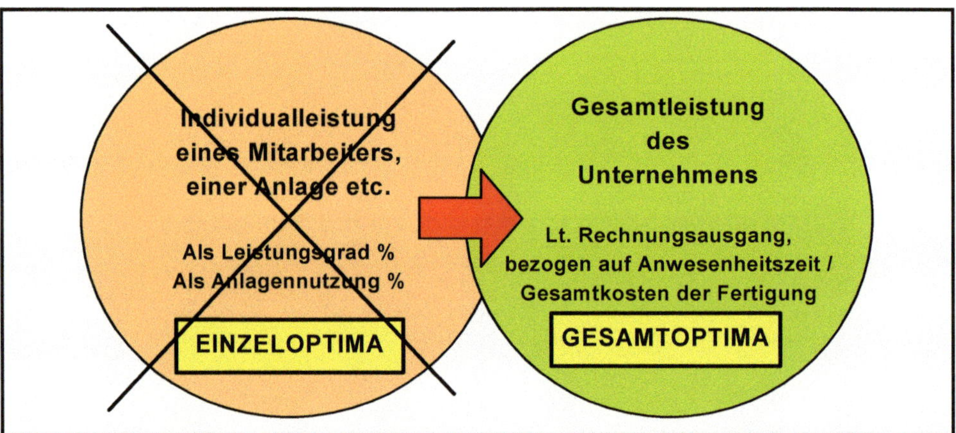

Leistung ist nur das, was produziert und zeitnah verkauft werden kann, nicht, was an Lager geht

- Produzieren Sie nur das, was gebraucht wird, vermeiden Sie Verschwendung an Zeit und Kapazität durch Lagerfertigung. In der Zeit, in der etwas gefertigt, was momentan nicht gebraucht wird, können Sie einen Auftrag / Artikel der gebraucht wird, nicht fertigen.
- Entsprechende Kennzahlensysteme unterstützen dies. Mehrausbringen bei verbesserter Qualität und Termintreue bis zu 25 % werden dadurch erreicht.
- Eine rückstandsfreie Produktion mit kürzester Durchlaufzeit und geringstem Working Capital ist das Ergebnis

Überholte, falsch angewandte Leistungsmessung bei immer kleiner werdenden Losgrößen, führt zu Verschwendung an Zeit und Kapital

Z. B. Ablauf in Abteilung:

Vorgabe:

Taktzeiten müssen 100 % eingehalten werden, z. B. 100 Hub / Min.

Ein Einrichter richtet eine Presse ein

- Nach zwei Stunden soweit alles o. k., aber die Taktzeit, wo Gut-Teile erzeugt werden, beträgt erst 85 Hub / Min. (Material?)
- Um 100 Hub / Min. zu erreichen, muss Einrichter noch ca. eine Stunde Feinabstimmung durchführen

In dieser Zeit, wo weitere Feinabstimmung / Tuning gemacht wird, gehen dem Unternehmen an Produktivität verloren:

A) Eine Stunde an dieser Maschine, also 85 Hub x 60 Min. = 5.100 Hub

und

B) Eine andere Maschine, die ausgelaufen ist und ebenfalls umgerüstet werden muss, steht eine Stunde länger, kann nicht gerüstet werden.

Dem Unternehmen gehen zwei Stunden Produktivität verloren. Kann dies durch die schnellere Laufzeit von Maschine 1 (15 Hub / Min. schneller) wieder eingeholt werden?

ODER Versteckte Verschwendung ist auch:

Wenn Teile geplant auf einem Automat zu fertigen, nicht termintreu gefertigt werden können, da Automat Engpass (Reihenfolgeprobleme), also liegen bleibt. Diese aber auf einem leerstehenden Halbautomat gefertigt werden könnten, dies aber nicht gemacht wird, weil sonst die Nachkalkulation nicht stimmt, der Meister muss sich rechtfertigen.

Was ist besser: Einzeloptima oder Gesamtoptima

Frage: Wie gehen andere Mehrkosten, die jetzt entstehen, in das Einzeloptima Nachkalkulation ein? Wie z. B. entstehende Samstag- / Sonntag-Überstundenzuschläge, Sonderfahrten zum Härten / Lackieren / Kunden, oder ungeplante Umrüstvorgänge bei Folgearbeitsgänge / -maschinen, damit Termin doch noch gehalten werden kann

ODER Es gibt eine feste Mensch-Maschinen-Zuordnung 1:1 oder 1:2 etc.

Aufgrund der Zeitanteile Prozesszeit (Späne fallen) zu Nebenzeit (Einlegen / Messen), könnten aber drei Mitarbeiter fünf Anlagen betreuen, mit verbesserter Anlagennutzung durch gegenseitiges Helfen.

O D E R

Verschwendung an Zeit und Kosten als Ergebnis eines übertriebenen / falsch verstandenem Controllingsystem

EINZELOPTIMA → NACHKALKULATION PRO AUFTRAG

AUSGANGSDATEN:

1. Es handelt sich um eine CNC-Maschine, die zweischichtig im Einsatz ist. Z. Zt. sind nur zwei Mitarbeiter angelernt, daher ENGPASS
2. Ein Auftrag läuft auf der Maschine, der bis zum Termin xx.yy.zz fertig werden muss (Akkreditiv / Panäle droht)
3. Mitarbeiter Spätschicht krank – Maschine steht in Spätschicht
4. Am Arbeitsplatz „Hohnen" wird ein Auftrag abgearbeitet, der ca. zwei Wochen später erst in der Montage benötigt wird und Hohnen ist der letzte Arbeitsgang am Teil.
5. Der Mitarbeiter ist spezialisiert auf Hohnen, lt. Meister nur für diese Arbeit geeignet.

FÜHRUNGSVERHALTEN:

6. Meister schickt Mitarbeiter „Hohnen" nicht an CNC-Maschine, obwohl eingerichtet und nur Teile eingelegt und jedes zehnte kontrolliert werden muss, mit der Begründung:
   - nicht angelernt, z. Zt. auch aus Zeitgründen nicht möglich
   - andere Lohngruppe, und
   - wenn Mitarbeiter „Hohnen" jetzt die Arbeit an der CNC-Maschine machen würde, bräuchte er mehr Zeit als in Arbeitsplan vorgesehen (was passiert mit seinem Akkord?)
   - und die Nachkalkulation würde ausweisen, dass er zu teuer produziert, da alles über BDE erfasst. Er muss sich über die Nachkalkulation rechtfertigen, warum wieder teurer?

ERGEBNIS:

7. Da sich Meister nicht dauernd rechtfertigen will, bleibt Engpassmaschine stehen und Totschlagargument *„keine Zeit"* verhindert weiteres anlernen an Engpassmaschine

WAS IST BESSER - EINZELOPTIMA ODER GESAMTOPTIMA?

8. **Frage:** Wie gehen andere Mehrkosten, die jetzt entstehen, in das Einzeloptima Nachkalkulation ein? Wie z. B.
   - der Auftrag muss, da zu spät von der CNC-Maschine fertig, überholen, ergibt ungeplante Umrüstungen bei Folgemaschinen
   - er muss mit Überstundenzuschlägen, samstags, durchgeboxt und
   - mit Sonderfahrt zum Härten gebracht werden, damit Termin noch gehalten werden kann, etc.

O D E R

Nicht mehr zielführende Leistungskennzahlen, die sich auf einzelne Personen oder Anlagen beziehen, wie z. B.

- Mengen- / Nutzungsprämien
- Anzahl bedienter Maschinen
- Akkord / erzielter Zeitgrad etc.

deren Ergebnisse

lauter Einzeloptima erzeugen und sich häufig an Obergrenzen festgefahrener Leistungskennzahlen selbst ausbremsen, da die weggelaufenen Basiswerte, wie z. B. Vorgabezeiten, Leistungseckwerte, aus vielerlei Gründen nicht gepflegt werden, bzw. durch Abgrenzungsprobleme „verrechenbare" zu „nicht verrechenbaren" Stunden, Leistungsergebnisse passend gemacht werden.

Muster eines Lohnartenschlüssel- / Gründekatalogs, für BDE-Erfassung und Schwachstellenforschung gedacht:

Gründekatalog

1.	***Normale Produktion***	
	00	auf Auftrag
2.	***Mehrarbeit, Nacharbeit***	
	10	Mehraufwand betriebsbedingt (Fehler an Betriebsmittel, Erprobung von Betriebsmittel, unplanmäßige Kostenstelle, usw.)
	20	Mehraufwand materialbedingt
	21	Mehraufwand auftragsbedingt (Auftragsunterbrechung, Auftragsänderung, fehlerhafte Fertigungsunterlagen, usw.)
	40	Nacharbeit von Betriebsausschuss
	41	Nacharbeit von Lieferantenausschuss
3.	***Gemeinkosten (Meldung auf Kostenstelle)***	
	60	Vorarbeiter und Einrichtertätigkeiten
	62	Sonstiger Lohn (z. B. Packerei, Lager, Kontrolle, Transport)
	70	Arbeitsplatzreinigung, Maschinenpflege
	71	Seminare, Schulungen, Anlernen, Ausbilden
	72	Betriebsversammlungen, Gang zum Betriebsrat, Betriebsratstätigkeit
	73	sonstige unvermeidbare Stillstände
4.	***Unterbrechungen (Meldung auf Kostenstelle)***	
	80	Zwangsstillstand (organisatorisch bedingt): Auftragsmangel, Materialmangel, Einspindelbetrieb etc.
	81	Zwangsstillstand (technisch bedingt): Reparatur

Praxistipp:

Die betrieblichen Führungskräfte erhalten eine Vorgabe, wie viel Geko-Anteil in ihrem Fertigungsbereich, der produktiven Mitarbeiter pro Zeitraum anfallen darf, z. B. max. 8 %. Diese Kennzahl wird fortgeschrieben und muss jährlich weiter minimiert werden.

10.2 Steigerung der Produktivität / Reduzierung des Working Capitals durch zeitnahes Produzieren und einer ganzheitlichen Leistungsbetrachtung

Um also die tatsächliche Leistung eines Unternehmens zu messen und die richtigen Maßnahmen zur Effizienzsteigerung daraus ableiten zu können, bedarf es eines Instrumentariums, das den Ressourceneinsatz in Bezug auf Bestände, Personal, Kapazität, Qualität, Produktivität und Termin misst und das sich im Unternehmensergebnis / der Kundenorientierung widerspiegelt. Dies geschieht am einfachsten mittels Top-Kennzahlen, die in einem Produktionscontrolling zusammengefasst werden, mit den gleichen Zielen für Geschäftsleitung und Mitarbeiter.

1. Termintreue

Verhältnis gesamt gelieferte Aufträge zu termintreu gelieferten Aufträgen (eventuell noch separiert nach Alter der Rückstände in Tagen / Wochen)

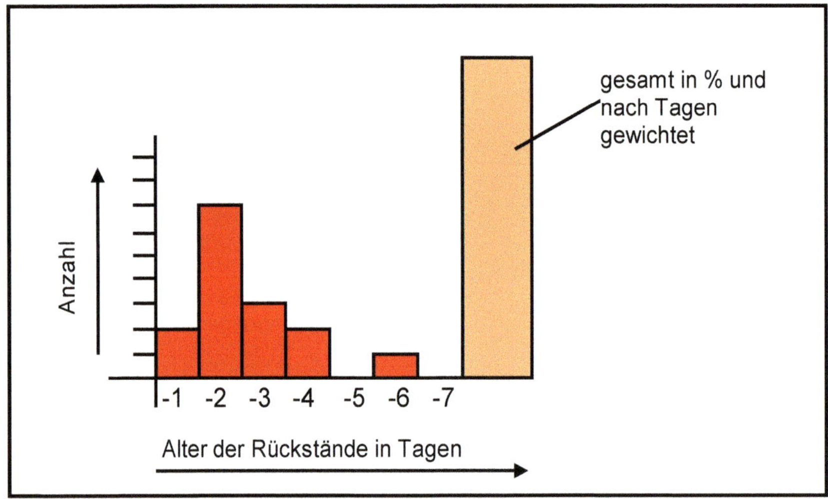

2. Servicegrad = WIRD IMMER WICHTIGER

3. Durchlaufzeit in Tagen / Flexibilitätsgrad

Wobei die Kennzahl so aufgebaut sein sollte, dass die Häufigkeit der DLZ bzw. als Alternative der sogenannte Flexibilitätsgrad sichtbar ist, mit Ziel, die Durchlaufzeit zu verkürzen

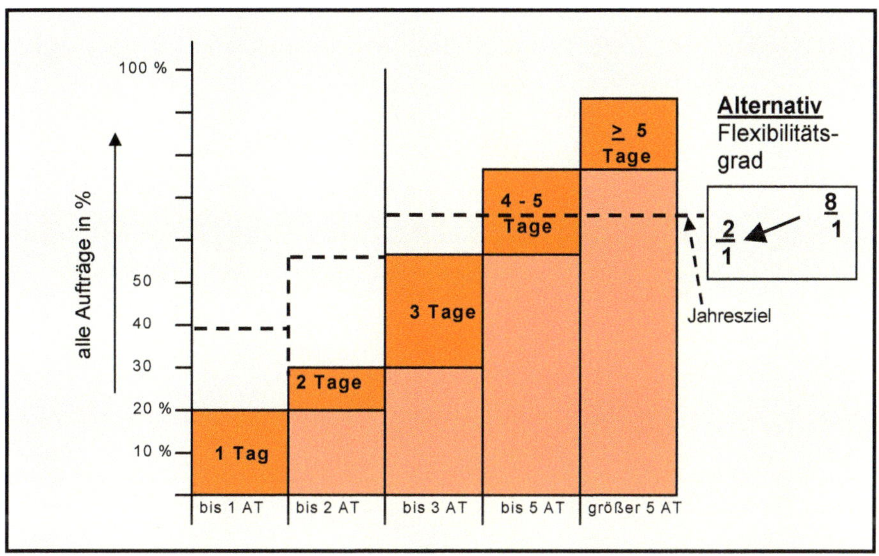

$$\text{Kennzahl / Flexigrad} = \frac{\text{Durchlaufzeit in Tagen eines Betriebsauftrages}}{\text{Summe der Fertigungszeit dieses Betriebsauftrages}}$$

Diese Kennzahl sagt aus, wie flexibel / unflexibel die Fertigung arbeitet

4. Reklamationsquote in EURO oder in QS-Punkten

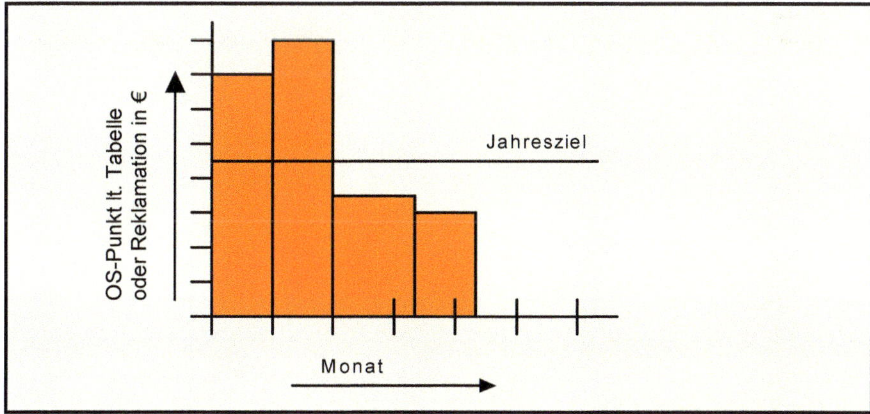

Basis hierfür sind die Fehlerberichte, die für alle Schadensfälle bzw. Rücklieferungen intern über das Qualitätsaudit erstellt werden (Höhe der Gutschrift der Sendung, bzw. HK des Fertigungsauftrages).

5. Produktivität

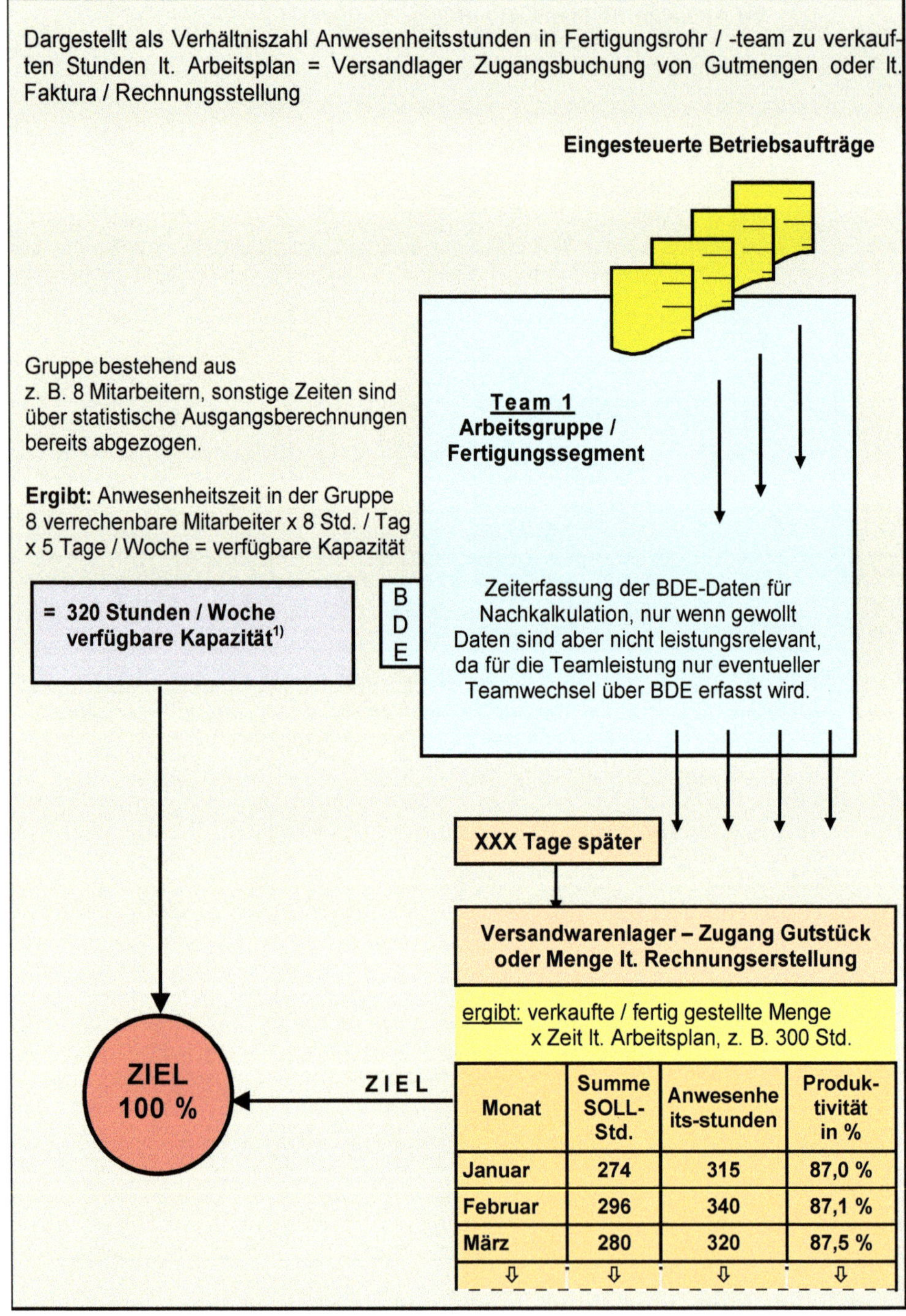

Monat	Summe SOLL-Std.	Anwesenheits-stunden	Produktivität in %
Januar	274	315	87,0 %
Februar	296	340	87,1 %
März	280	320	87,5 %
⇩	⇩	⇩	⇩

1) Anwesenheitszeit wird über PZE oder BDE gemäß Kostenstellenwechsel erfasst

10.3 Installation eines ganzheitlichen Leistungs- und Führungsinstrumentes auf Basis verkaufter Stunden zu Anwesenheitszeiten aufwandsneutral

Alle Daten sind im ERP- / PPS-System vorhanden.

Rückgerechnet aus der verkauften Menge lt. Rechnungsausgang, oder fallweise Gut-Stück lt. Fertigwarenlagereingang zu Summe Anwesenheitszeit aller Mitarbeiter in der Kostenstelle / Fertigungslinie. Das ideale Führungsinstrument.

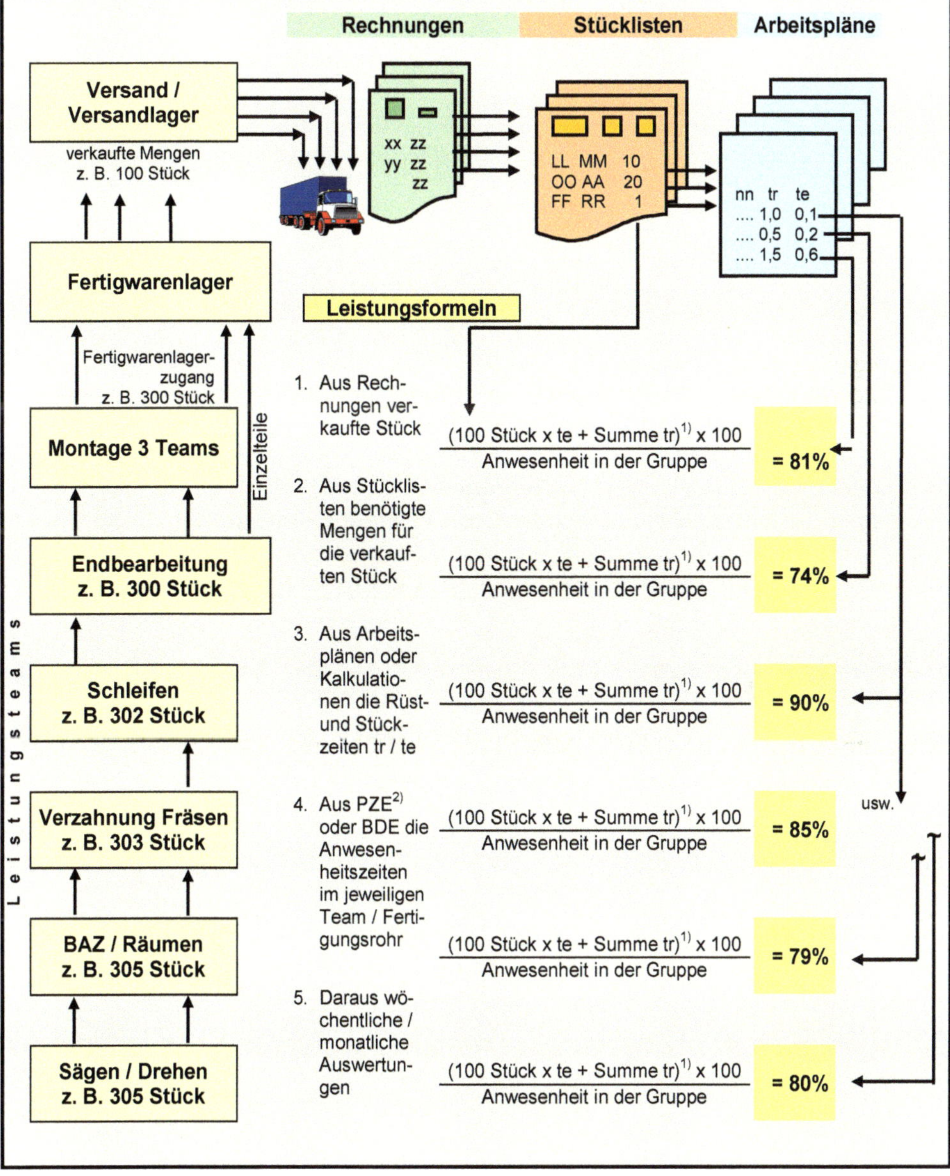

[1] Arbeitspläne müssen für Abrechnung mit den Stücklistenpositionen verkettet werden

[2] Anwesenheitszeit im Team lt. Personalzeiterfassung PZE oder BDE

Wenn viel auf Lager produziert wird, weil z. B. eine hohe Maschinennutzen wichtig ist, oder Kleinmengen liegen bleiben, weil große Mengen bevorzugt abgearbeitet werden, dadurch aber einzelne Kundenaufträge nicht geliefert werden können, brechen die Kennzahlen ein. Sie zeigen somit auf, wie Ihre Fertigung bezüglich Produktivität, Kundennähe, Working Capital etc. tatsächlich atmet / funktioniert, und ob einzelne Bereiche personell überbesetzt sind.

Daraus resultiert:

Umgekehrte Pyramide als Führungsgrundsatz

Diese ganzheitliche Leistungsbetrachtung ergibt somit als Führungsgrundsatz:

> Nicht die Chefs, Betriebsleiter o. ä. müssen alles im Detail anregen / vorgeben wie, was, mit welchen Hilfsmitteln etc. getan werden muss, damit die Unternehmensziele insgesamt erreicht werden
>
> SONDERN
>
> Es ist die Aufgabe aller betrieblichen Führungskräfte, die Arbeitsbedingungen und Hilfsmittel zu schaffen, die die Belegschaft benötigt, um die vereinbarten Ziele zu erreichen, was in folgenden wichtigen Aussagen mündet:

Führungskräfte bekommen ihr Gehalt nicht, damit sie erklären, warum ein bestimmtes Ziel nicht erreicht wurde
SONDERN
sie bekommen ihr Gehalt, damit sie sagen was getan werden muss,
DAMIT DAS ZIEL ERREICHT WIRD!

Produktivitätsentwicklung seit Einführung der ganzheitlichen Leistungsbetrachtung und Einführung des Führungsgrundsatzes „*Umgekehrte Pyramide*“

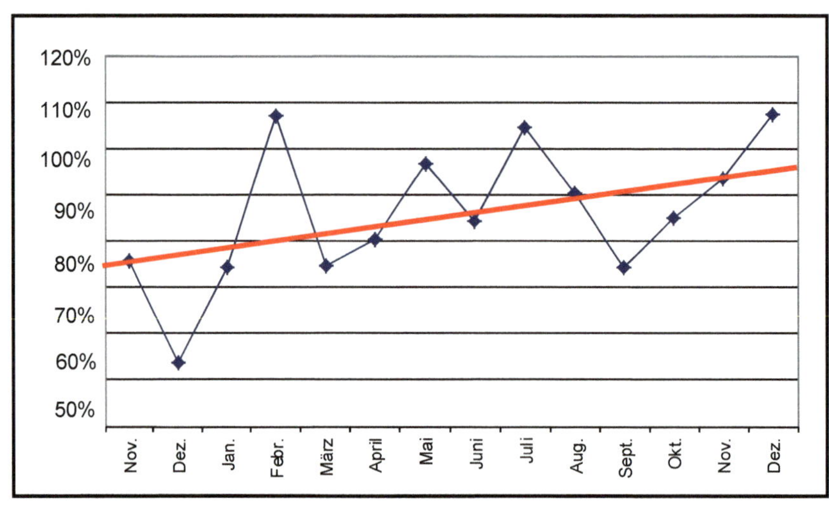

10.4 Nutzen der gewonnenen Erkenntnisse und Leistungskennzahlen zur Einführung von Bonus- / Wertelohnsystemen

Neues Denken und neue Organisationsformen benötigen neue Motivationsziele, insbesondere deshalb, weil die übergeordneten Ziele, wie z.B. Termineinhaltung / Produktivität / Qualität, sowie ein weiter steigender Automatisierungsgrad die Beeinflussung des einzelnen Mitarbeiters in Bezug auf Vorgabezeiten zwangsläufig einschränkt.

Geistige Leistungen, mehrfach qualifizierte Mitarbeiter, Selbstkontrolle, Abbau von Gemeinkostenzeiten, Erhöhung der Präsenzzeit, Mit- und Vorausdenken, werden dagegen immer wichtiger, denn ***„Leistung ist nur das, was produziert und auch zeitnah verkauft werden kann - nicht was an Lager geht".***

Ziel- und ertragsorientiert aufgebaute Kennzahlen bzw. Bonus- / Wertelohnsysteme unterstützten dies, denn Menschen machen den Erfolg:

- Es wird nur das gefertigt, was auch gebraucht wird, Verschwendung an Zeit und Kapazität wird vermieden
- Mehrausbringung bei verbesserter Qualität und Termintreue von über 25 % wird nicht durch *schneller*, sondern ***anders*** Arbeiten erreicht, und
- die Systeme sorgen dafür, dass, wie im Sport, die Jahresziele ***SCHNELLER - HÖHER - WEITER***, erreicht werden.

Kennzahlen, die die wirkliche Produktivität des Unternehmens widerspiegeln, sind somit ein Teil des Erfolges insgesamt bzw. der Faden, der das System zusammenhält.

Dies können sein:

A) So genannte KVP-Systeme (**K**ontinuierlicher **V**erbesserungs**p**rozess) Einmalprämie nach Überschreiten eines vorgegebenen Zieles innerhalb des kontinuierlichen Verbesserungsprozesses

B) Zukunftsorientiert aufgebaute Werte- / Bonuslohnsysteme, die auf anderen quantifizierbaren Bezugsgrößen als ausschließlich der Zeit aufbauen. Durch die individuelle Gestaltungsmöglichkeit dieser Systeme kann maximaler Einfluss auf die einzelne Arbeit bzw. die Gruppe genommen werden. Durch den Einbau bestimmter Komponenten, wie z.B. Termintreue, Qualität / Produktivität, errechnete Wertschöpfung zu Mehrkomponenten-System kann dieser Forderung Rechnung getragen werden

U N D

Negativprobleme von herkömmlich, akkordähnlich aufgebauten Systemen müssen umgekehrt werden in Motivationsziele durch Lohnsysteme mit Schwerpunkt
„Menschen machen den Erfolg"

Niemand kennt seinen Arbeitsplatz besser, incl. des Umfeldes, als die Mitarbeiter selbst, die dort arbeiten.
Also konsequente Fortsetzung des Lean-Gedankens.

Was nutzt es dem Unternehmen, wenn Störungen / Stillstände / notwendiger Tätigkeitswechsel / sonstige Probleme, die im täglichen Betriebsablauf immer wieder auftreten und gelöst werden müssen, im Durchschnitt bezahlt werden, oder nur aufgeschrieben und verwaltet werden, und / oder die Mitarbeiter halten Leistung zurück, da sie ihre (veraltete) offizielle oder nicht offizielle Leistungsobergrenze erreicht haben und die Zeitwirtschaft, die Obergrenzen aus den verschiedensten Gründen nicht korrigiert wurden.

Ziel- und ertragsorientiert eingerichtete Kennzahlen / Lohnsysteme erbringen dagegen im Regelfalle

- Produktivitätsverbesserungen von über 20 % und mehr
- da nur noch das bewertet wird, was tatsächlich an die Kunden geliefert wird:
  - → es bleibt nichts mehr liegen, die Ware fließt
  - → es wird nur noch das produziert, was auch tatsächlich gebraucht wird
  - → es verbessert sich die Qualität der Produkte automatisch, da nur Gutstücke abgerechnet werden
  - → Termine werden besser eingehalten
- das System passt sich permanent an die Leistungsverbesserungen an
- die Durchlaufzeiten reduzieren sich nochmals um ca. 10 % – 20 %.

Insbesondere, wenn die Mitarbeiter über die Entwicklung der Kennzahlen, oder Auftragsstand etc. permanent informiert werden und sie dieselben positiv beeinflussen können.

Festlegung von Leistungsausgangs- und -endwerten mit Hilfe der mathematischen Statistik

Die Bedeutung der mathematischen Statistik, zur Ermittlung von Leistungseckwerten, gewinnt ständig an Bedeutung. Sie wird dort angewandt, wo andere Verfahren sich nicht mehr anbieten, da z. B. zu zeitaufwendig.

Voraussetzung ist hierbei, dass die Daten, die über mathematische Statistik in die Berechnung einfließen, überhaupt verwendet werden können, und dass die wichtigsten Messzahlen, wie z. B.

1. Mittelwert $\overline{X}$
2. die Streubreite (Standardabweichung S)
3. die Genauigkeit der Stichprobe (ε-Wert),

eine angemessene Genauigkeit haben.

Vorgehensweise:

1.) Ermittlung Mittelwert $\overline{X}$ und Standardabweichung S gemäß den Formeln der Statistik

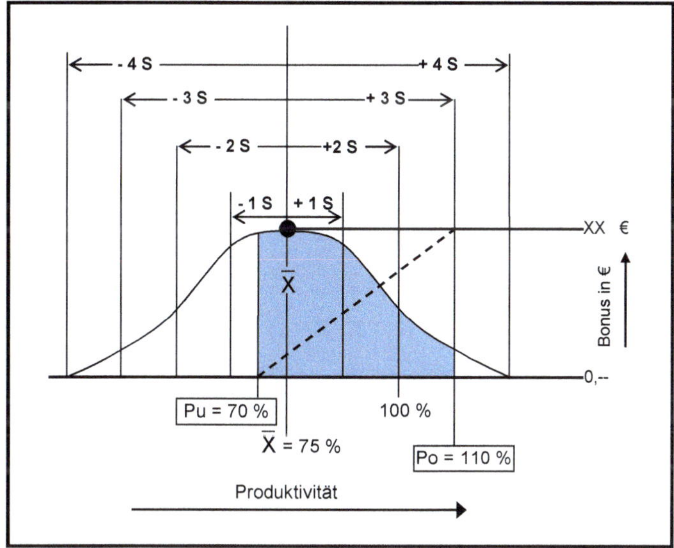

2.) Ermittlung der Leistungsuntergrenze = Pu
Mittelwert $\overline{X}$ der Ergebnisse minus 0,5 bis max. 1 Standardabweichung (je nach Streubreite)

3.) Ermittlung der Leistungsobergrenze = Po
Mittelwert $\overline{X}$ der Ergebnisse plus 2 x Standardabweichung bzw. max. 3 x Standardabweichung (je nach Streubreite)

Sofern unterschiedliche Einflussgrößen bzw. weitere Einflussgrößen vorhanden sind, also keine Normalverteilung erreicht wird, müssen Gewichtungsfaktoren, entweder mittels REFA-Methodenlehre, oder Befragen / Selbstaufschreibung etc., ermittelt werden, damit alle relevanten Einflussgrößen sachgerecht berücksichtigt werden.

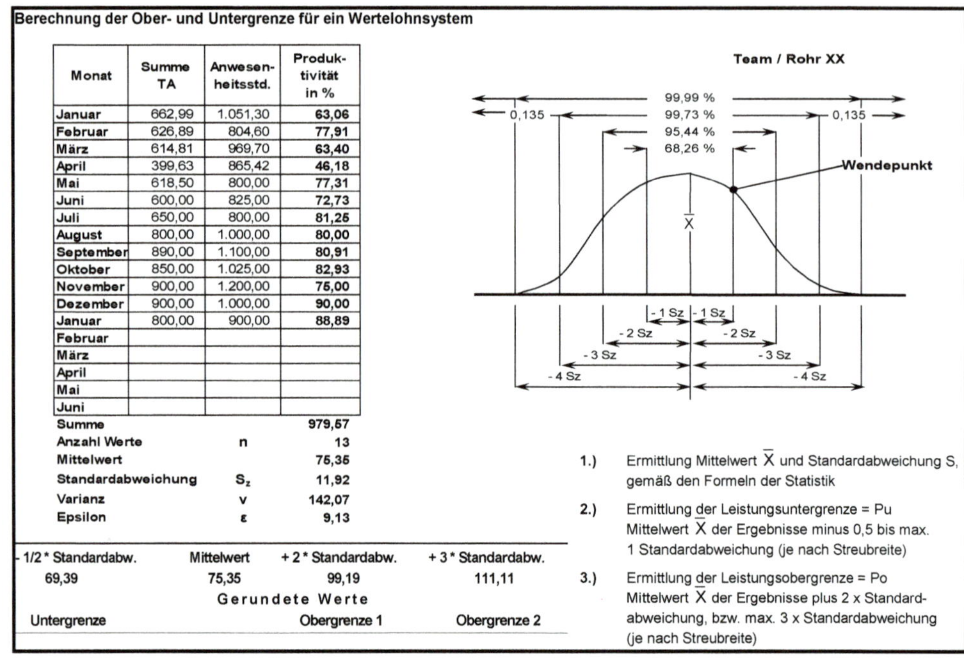

Berechnung der Ober- und Untergrenze für ein Wertelohnsystem

Monat	Summe TA	Anwesenheitsstd.	Produktivität in %
Januar	662,99	1.051,30	**63,06**
Februar	626,89	804,60	**77,91**
März	614,81	969,70	**63,40**
April	399,63	865,42	**46,18**
Mai	618,50	800,00	**77,31**
Juni	600,00	825,00	**72,73**
Juli	650,00	800,00	**81,25**
August	800,00	1.000,00	**80,00**
September	890,00	1.100,00	**80,91**
Oktober	850,00	1.025,00	**82,93**
November	900,00	1.200,00	**75,00**
Dezember	900,00	1.000,00	**90,00**
Januar	800,00	900,00	**88,89**
Februar			
März			
April			
Mai			
Juni			
Summe			**979,57**
Anzahl Werte		n	**13**
Mittelwert			**75,35**
Standardabweichung		S_z	**11,92**
Varianz		v	**142,07**
Epsilon		ε	**9,13**

- 1/2 * Standardabw.	Mittelwert	+ 2 * Standardabw.	+ 3 * Standardabw.
69,39	75,35	99,19	111,11
	Gerundete Werte		
Untergrenze		Obergrenze 1	Obergrenze 2

1.) Ermittlung Mittelwert $\bar{X}$ und Standardabweichung S, gemäß den Formeln der Statistik

2.) Ermittlung der Leistungsuntergrenze = Pu Mittelwert $\bar{X}$ der Ergebnisse minus 0,5 bis max. 1 Standardabweichung (je nach Streubreite)

3.) Ermittlung der Leistungsobergrenze = Po Mittelwert $\bar{X}$ der Ergebnisse plus 2 x Standardabweichung, bzw. max. 3 x Standardabweichung (je nach Streubreite)

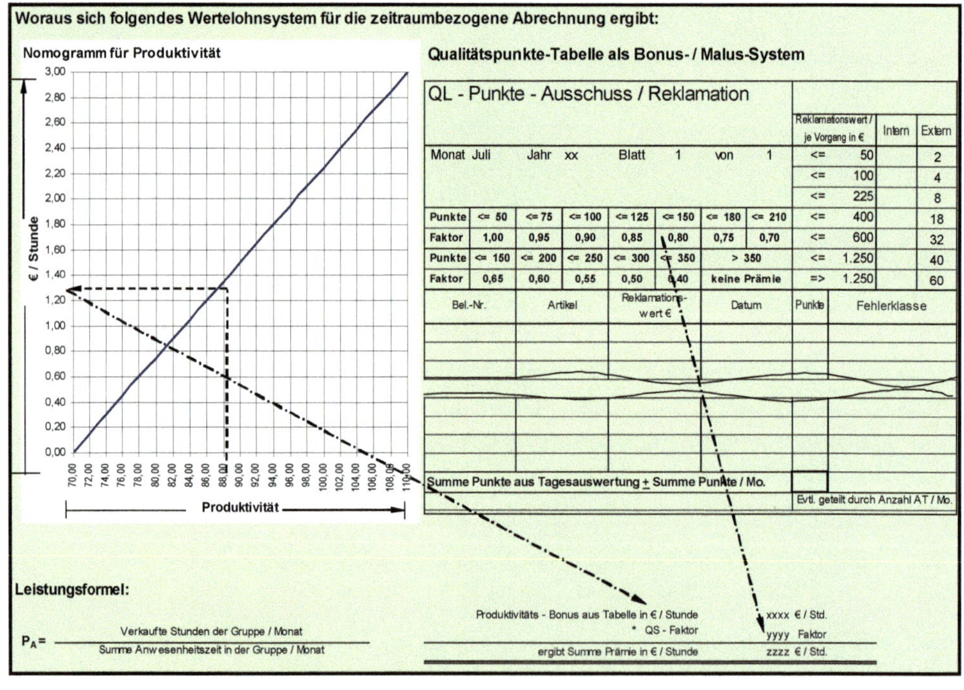

Woraus sich folgendes Wertelohnsystem für die zeitraumbezogene Abrechnung ergibt:

Qualitätspunkte-Tabelle als Bonus- / Malus-System

QL - Punkte - Ausschuss / Reklamation

Monat Juli Jahr xx Blatt 1 von 1

Reklamationswert / je Vorgang in €		Intern	Extern
<=	50		2
<=	100		4
<=	225		8
<=	400		18
<=	600		32
<=	1.250		40
=>	1.250		60

Punkte	<= 50	<= 75	<= 100	<= 125	<= 150	<= 180	<= 210
Faktor	1,00	0,95	0,90	0,85	0,80	0,75	0,70
Punkte	<= 150	<= 200	<= 250	<= 300	<= 350	> 350	
Faktor	0,65	0,60	0,55	0,50	0,40	keine Prämie	

Bel.-Nr.	Artikel	Reklamations-wert €	Datum	Punkte	Fehlerklasse

Summe Punkte aus Tagesauswertung ± Summe Punkte / Mo.

Evtl. geteilt durch Anzahl AT / Mo.

Leistungsformel:

$$P_A = \frac{\text{Verkaufte Stunden der Gruppe / Monat}}{\text{Summe Anwesenheitszeit in der Gruppe / Monat}}$$

Produktivitäts - Bonus aus Tabelle in € / Stunde	xxxx € / Std.
* QS - Faktor	yyyy Faktor
ergibt Summe Prämie in € / Stunde	zzzz € / Std.

K V P im Bonus- / Wertelohn

KVP-Prinzipien (kontinuierliche Verbesserungsprozesse) sollten in Bonus- / Wertelohnsysteme direkt mit eingebaut werden. Es gilt dann folgende Regelung:

Die Systeme werden als offene Systeme mit einer Leistungs- und Geldwertobergrenze (Optimum) geführt, mit folgenden beispielhaften Regelungen:

A) Werden die Obergrenzen auf Dauer überschritten, so werden die Überschreitungen wie normale Bonusbeträge ermittelt und in einem Sammeltopf abgestellt.

Die Geschäftsleitung gibt ihrerseits zusätzlich z. B. 20 % bis 50 % des Betrages[1)] hinzu und bietet der Gruppe diesen Gesamtbetrag zur Ausschüttung an, unter der Bedingung, dass nach Auszahlung die Leistungsobergrenze entsprechend erhöht wird, bei gleichzeitiger Beibehaltung des Bonusbetrages in €, bzw. in Prozent als Obergrenze. Die Höhe des Zinssatzes richtet sich nach der Größe der Leistungsöffnung, siehe Schemabild:

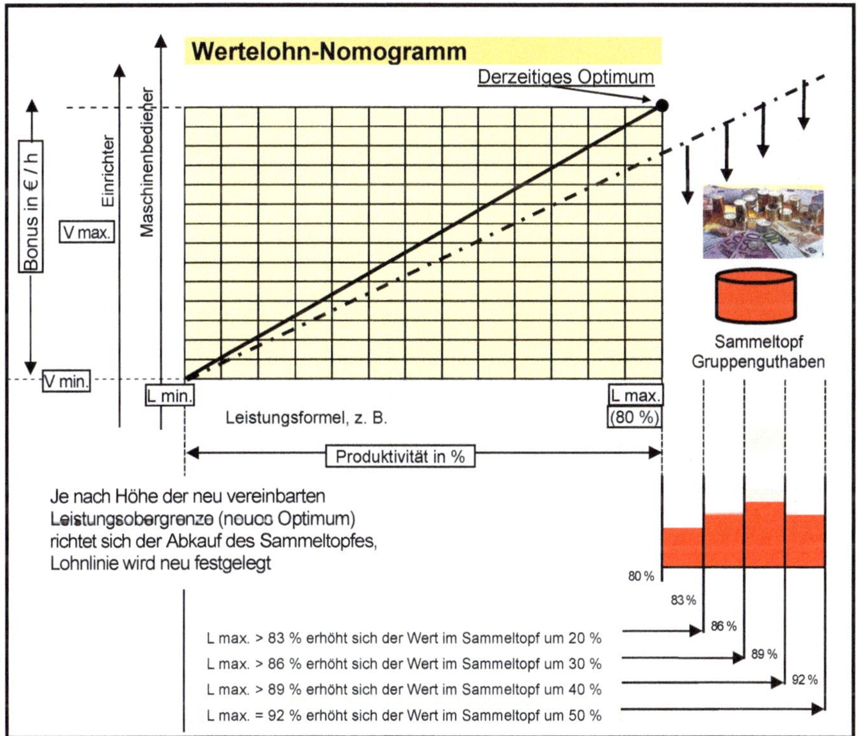

B) Oder Produktivitätsverbesserungen werden jährlich erhöht / fortgeschrieben, z. B. um 10 %.
50 % davon in Lohn umerechnet[1)] und an die Mitarbeiter ausgeschüttet, die andere Hälfte bleibt beim Unternehmen (ähnliches System wie Berechnung der Ausschüttung von Verbesserungsvorschlägen).

[1)] Höhe je nach Regelung gemäß Verbesserungsvorschlagssystem

10.5 Voraussetzungen für die Einführung eines zeitgemäßen, auf Dauer funktionierenden / einfach abrechenbaren, ziel- und ertragsorientiert ausgerichteten Bonus- / Wertelohnsystems

1.) Es kann nur das bezahlt werden / in System einfließen, was auch verkauft wird

- also wo Rechnungen geschrieben werden, oder
- Gut-Stück gemäß Fertigwarenlagereingang

} Also wo Wertschöpfung entsteht

Zeitliche Abgrenzungsprobleme bleiben unberücksichtigt, da diese im Regelfall pro Abrechnungszeitraum in etwa gleich bleiben / sich ausgleichen.

2.) Das System darf nicht *„akkordähnlich“* sein, was bedeutet:

- Das Wort „Durchschnittsbezahlung“ bzw. besondere Berücksichtigung von Gemeinkostenzeiten in der Berechnungsformel darf nicht vorkommen
- Als Verrechnungsgrundlage kann immer nur die Brutto-Arbeitszeit (Anwesenheitszeit) verwendet werden
- Es soll Mitdenken – Vordenken, Abbau von nicht wertschöpfenden Tätigkeiten etc. entlohnt werden. Also nicht schneller, sondern anders arbeiten
- Es muss ein statistisch abgesichertes System sein, das auf den Ausbringungsergebnissen pro Zeiteinheit der Vergangenheit aufbaut und
- Es kann nur mehr bezahlt werden, wenn das Unternehmen pro Tag / Woche / Monat etc. tatsächlich mehr produziert bzw. termintreuer in optimaler Qualität verkauft

3.) Das System muss team- bzw. prozessorientiert ausgerichtet, aufgebaut sein:

- Einzeloptima pro Arbeitsplatz machen wenig Sinn, treiben das Umlaufkapital in die Höhe, verlängern die Durchlaufzeit – termintreue Lieferungen sind das Ergebnis
- Prozessorientiert ausgerichtete Teams, auch Röhrensystem genannt, haben über die Kennzahlen die gleiche Zielsetzung wie das Unternehmen
  - schneller Durchlauf
  - es wird nur das gefertigt, was auch benötigt wird
  - Verschwendung an Zeit und Kapazität wird vermieden
  - Das System unterstützt die heute notwendige, absolute Kundenorientierung

4.) Dienstleister, insbesondere aus den fertigungsnahen Randbereichen, können / sollten in das Wertelohnsystem mit eingebunden sein:

- Dieser Personenkreis hat ebenfalls großen Einfluss auf das Ausbringungsergebnis

5.) Das ziel- und ertragsorientiert ausgerichtete Lohnsystem muss nach oben offen sein:

Es darf sich nicht, wie bei akkordähnlichen Systemen üblich, an einer stillschweigenden Leistungsobergrenze festlaufen. Der KVP-Gedanke, wie zuvor dargestellt, muss eingebaut sein.

6.) Der Pflegeaufwand für Betreuung und Abrechnung muss gegen null laufen

7.) Wenn wesentliche Punkte dieser Auflistung nicht erfüllt werden können, ist es auf Dauer besser, „Zeitlohn in Verbindung mit Führen nach Kennzahlen (KVP-Prinzip)“ einzusetzen, denn konventionell aufgebaute Systeme laufen irgendwann an ihren Obergrenzen fest; können nur sehr schwer angepasst werden.

Dienstleistungstätigkeiten / -Prozesse, deren Entwicklung im Griff behalten – Ein Wettbewerbsvorteil

Kalkulation von Dienstleistungen

Auftragsart

Artikel-Art

Kalkulationstyp

Was sind Logistikkosten?

Pos.	Kalkulationsposition / Dienstleistungsart	Bezugsgröße	Menge	Prozesskosten in €	Summe €
	2	3	4	5	4 x 5 = 6
1	Kosten für die kfm. Auftragsbearbeitung	Festwert / Auftragsart	1	78,--	78,--
2	Kosten für Beschaffung / Lagerung / Bereitstellung	Anz. Positionen der Stückliste	32	21,--	672,--
3	Vorgangskosten für Konstruktion / QS / Arbeitsplanerstellung	Anzahl Neuteile	4	160,--	640,--
4	Kosten für die betr. Auftragsabwicklung, AV – Planung – Steuerung	Anzahl Stücklistenpositionen	32	15,--	512,--
5	Kosten für Versandtätigkeiten – Fakturierung	Festwert / Auftragsart	1	18,--	18,--
6	Schnellschusssteuerung	Festwert / Auftragsart	--	30,--	-,--
↓	↓	↓	↓	↓	↓

Prozesskosten	***Potentiale erkennen und nutzen***
• ermitteln • direkt zuordnen • optimieren und begrenzen	• Kostentransparenz herstellen • Flexibilität und Handlungsfähigkeit verbessern

Erfolge darstellen

Warum gewinnt die Prozesskostenrechnung immer mehr an Bedeutung?

Die Prozesskostenrechnung, auch Vorgangskostenrechnung genannt, kann als neuer Ansatz verstanden werden, die Kostentransparenz in den indirekten Leistungsbereichen zu erhöhen, einen effizienten Ressourcenverbrauch sicherzustellen, mittels Kennzahlen die Kapazitätsauslastung aufzuzeigen, die Produktkalkulation zu verbessern und damit strategische Fehlentscheidungen zu vermeiden, bzw. die Personalauslastung / Personalplanung zu verbessern, oder anders ausgedrückt, überhaupt entsprechende Kennzahlen für qualifizierte Entscheidungen zu besitzen.

Daher ist es wichtig,

⇨ Ablaufuntersuchungen durchzuführen (wer macht wann, wie, was, zu welchem Zweck), wo entsteht Doppelarbeit etc.

und mittels

⇨ Prozesskostenrechnung (was kostet ein bestimmter Arbeitsprozess, eine Tätigkeit, eine Auftragsabwicklung / ein Wareneingang etc.) zu ermitteln

ob dies alles bezüglich des Warenwertes / der Durchlaufzeit noch in einer vertretbaren Relation steht oder es Wege mit einfacheren Mitteln gibt, eine noch bessere Kundenorientierung zu erreichen.

Die Gründe dafür sind:

- Immer kürzer werdende Lieferzeiten, gepaart mit höherer Flexibilität bezüglich immer schneller zu realisierenden Kundenwünschen
- Steigende Komplexität und Variantenvielfalt
- Steigende Qualitäts- und Zuverlässigkeitserwartungen, gepaart mit verschärften rechtlichen Bestimmungen, wie z. B. Umweltschutz / Sicherheitsbestimmungen etc.
- Steigende Gemeinkosten in den planenden, steuernden und verwaltenden Bereichen. Das Verhältnis produktive Mitarbeiter zu Dienstleistern wird immer ungünstiger, gerät ins Wanken
- Schaffen von Kostentransparenz durch eindeutigen Zusammenhang zwischen Kostenverursachung und Kostenzuordnung, also Umbau von Gemeinkosten in kalkulierbare Einzelkosten

Also muss die Devise lauten:

→ Prozesskosten ermitteln / Kostentransparenz herstellen

→ Prozesskosten senken und begrenzen

→ Prozesskosten verursachungsgerecht zuordnen

Was sind Logistikkosten / -prozesse / -kennzahlen?

Sowohl in Industrie- als auch in Handels- und Dienstleistungsunternehmen wird somit mehr und mehr in prozessorientierten Abläufen gedacht und kalkuliert.

Dabei ist zu beachten, dass diese Prozesse aus gesamtbetrieblicher Sicht zu optimieren sind. Also nicht nur im Hinblick auf den Logistikbereich, sondern auch hinsichtlich anderer betrieblicher Bereiche, wie z. B. Einkauf, Produktion, Vertrieb / Versand, Finanzbuchhaltung etc.

Beispiele für Logistikkosten und -kennzahlen:

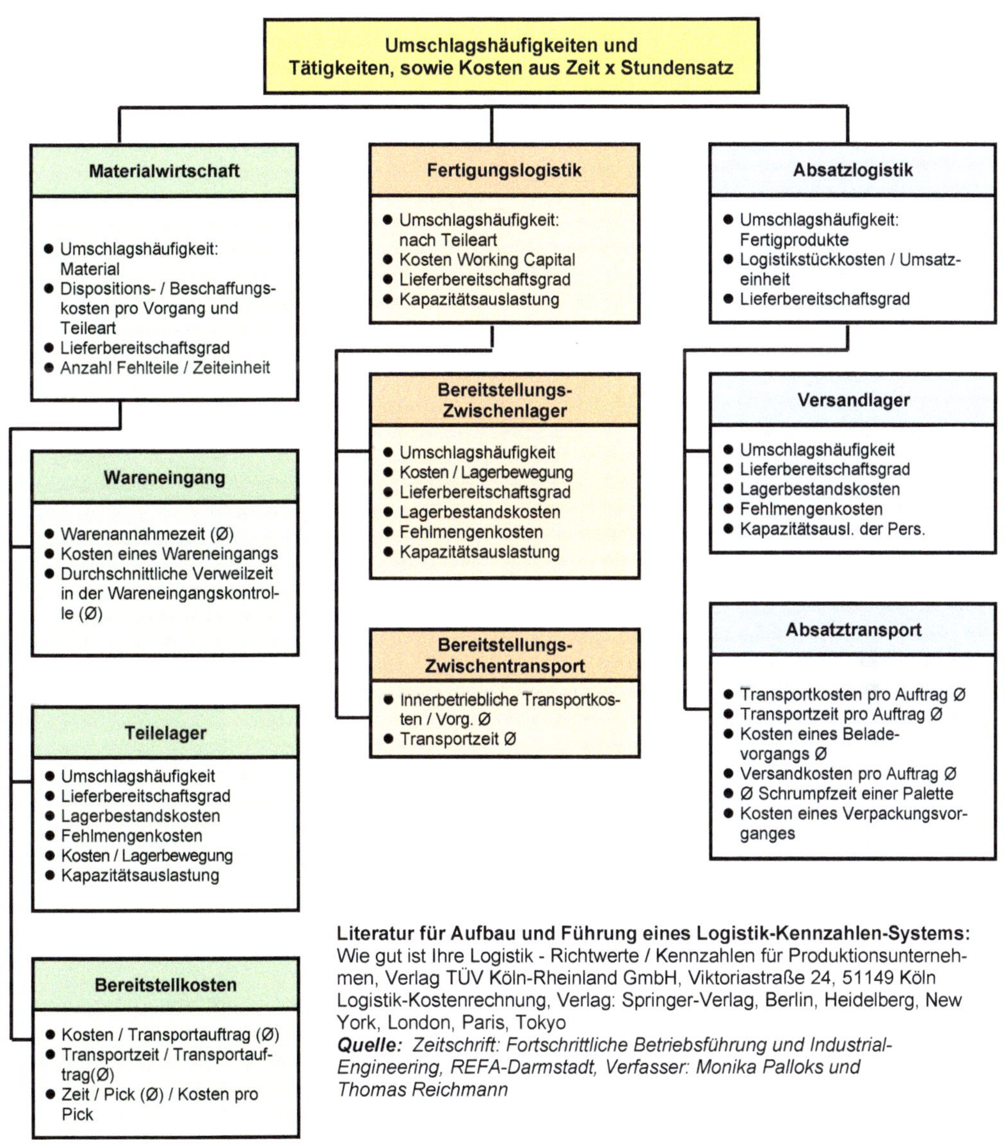

Literatur für Aufbau und Führung eines Logistik-Kennzahlen-Systems:
Wie gut ist Ihre Logistik - Richtwerte / Kennzahlen für Produktionsunternehmen, Verlag TÜV Köln-Rheinland GmbH, Viktoriastraße 24, 51149 Köln
Logistik-Kostenrechnung, Verlag: Springer-Verlag, Berlin, Heidelberg, New York, London, Paris, Tokyo
Quelle: *Zeitschrift: Fortschrittliche Betriebsführung und Industrial-Engineering, REFA-Darmstadt, Verfasser: Monika Palloks und Thomas Reichmann*

11.1 Wie können Prozesskosten ermittelt werden?

Durchschnittliche Kostenwerte kann man durch die Division von Kosten, z. B. der Summe aller Logistikkostenstellen in Euro durch die entsprechende Bezugsgröße, z. B. Anzahl Zugriffe (Entnahmen), ermitteln.

Kennzahl	Ermittlung	Formel	letztes Jahr	Ziel dieses Jahr	Benchmark/ Zielgröße
Beschaffungs- / Lagerungs- / WE und Bereitstellungskosten im Verhältnis zu Gesamtkosten Materialeinsatz p. a. oder jede Kostenstelle einzeln, bzw. pro Entnahme p. a.	1.1 ∑ aller Logistikkostenstellen Kostenstelle 21005 Warenannahme 21010 WE-Kontrolle 21020 Lager Rohmaterial 21040 Lager Teile 21035 Lager Fertigware 21060 Einkauf / Disposition Summe Kosten in €	$\frac{\sum \text{Logistikkosten p. a.}}{\sum \text{Anzahl Entnahmen p. a.}}$	**53,30 €**	**50,00 €**	**38,50 €**
		$\frac{\sum \text{Logistikkosten p. a.}}{\sum \text{Materialeinsatzkosten p. a.}} \times 100$	**6,3 %**	**5,8 %**	**3,0 - 4,0 %**

Oder Versandkosten pro Vorgang:

Versandkosten insgesamt und je Vorgang	$\frac{\text{Versandkosten absolut}}{\text{Anzahl Rechnungspositionen}}$	=	**24,20 €**	**16,00 €**	**12,10 €**

Oder in Form einer Ablaufanalyse, evtl. ergänzt um eine Wertstromdessin-Abbildung

Diese Vorgehensweise hat den Vorteil einer einfachen und schnellen Ermittlung.

Der Nachteil ist: Durchschnitt ist eine gefährliche Sache, bezüglich seiner Aussagekraft auf einen einzelnen Vorgang.

Der korrektere Weg ist, Prozesskosten über Tätigkeitsanalysen mit einer sachlich korrekten Zeitzuordnung zu ermitteln, wie es in der Produktion zum Zwecke der Produktkalkulation üblich ist.

Ablauf- / Tätigkeitsschritte eines Kommissioniervorganges, incl. Ware verpacken, verladen als Wertstromdessin dargestellt, für Teile bis max. 10 kg

Pos.	Abteilung	Lager - Kommissionieren - Verpacken									
	Person / Name	HS	RM	OP	ZE	Laufmeter		Zeit in Minuten		Durchlaufzeit in Tagen	
	Tätigkeit / Arbeitsschritt					Min	Max	Min	Max	Min	Max
1	Abrufen / National	●									
2	Picklisten ausdrucken	●						0,5	1,0	0,3	1,0
3	Picklisten in Ablagekorb	●									
4	Picklisten aus Korb und lesen		●					0,5	1,0		
5	Kommissionieren 10 Positionen		●					30,0	40,0	0,2	0,5
6	Entnahme buchen	●						2,0	3,0		
7	An Versandplatz		●					1,0	2,0		
8	Ware kontrollieren und abzeichnen			●				5,0	10,0		
9	Verpacken (Verp.-Art XY)			●							
10	Packliste und Beipackzettel dazu			●				0,5	1,5	0,5	1,0
11	In Gitterbox ablegen			●				0,5	1,0		
12	Ladeliste ausdrucken		●					1,5	3,0		
13	An Bahnhof XY bringen			●							
14	Verladen				●			3,5	5,0	hängt von LKW / Versandart ab	
15	Summe / Auftrag							45'	67,5'	1,0	2,5
Zeit pro Position		geteilt durch 10 Positionen						4,5'	6,75'		

Woraus sich folgende Kalkulation ergibt:

Tätigkeitsart	Zeitaufwand			Stundensatz	Kosten / Vorgang		
	Min.	Max.	Ø		Min.	Max.	Ø
Kommissionieren / verpacken / verladen eines Teiles bis max. 10 kg	4,50	6,75	5,63	60,-- € / h	4,50 €	6,75 €	5,63 €

Was kostet ein Warenzugang, eine Entnahme, ein Kommissioniervorgang, ins Verhältnis gesetzt zum Warenwert? Z. B. 180,-- €

Ein Beispiel:

Wobei diese Betrachtung mehrmals, nach einfach, aufwendig, Anliefer- / Versandart etc., durchgeführt werden muss

Vorgang / Prozesse	Zeitaufwand in Min.[1]		%-Anteil je Tätigkeit
	minimal	maximal	
1. LKW abladen und Transport an WE-Platz	3	5	10% [2]
2. Ware auf Beschaffenheit prüfen, Empfang quittieren	2	3	6%
3. Erfassen am Bildschirm, Ausdruck WE-Beleg, WE-Platz eintragen	1	2	4%
4. Prüfen sachlich und Menge 1 und Bildschirmeingabe	5	10	18% [2]
5. Transport zu Prüfplatz Qualität	1	2	4%
6. Prüfen Qualität und Vermerk in QS-Programm	10	20	37% [2]
7. Transport an Einlagerplatz, Nr. eintragen	1	2	4%
8. Einlagern in Stellplatz	3	4	9% [2]
9. Verbuchen Lagerzugang Menge 2	1	2	4%
10. Einscannen und Ablage WE-Papiere und Lieferschein	1	2	4%
11.			
Gesamtzeit in Minuten	**28**	**52**	**40**
x Ø - Stundensatz, z. B. 60,-- € /h	**28,00 €**	**52,00 €**	**100%**
Ergibt Kosten für diesen Arbeitsprozess / diese Tätigkeit =	**Ø**	**40,00 €**	

Und was völlig vergessen wird:

Stehen die Kosten, die durch die Abläufe in der Logistik, von Dispo und Beschaffen / von Warenanlieferung bis Einlagerung, bzw. Bereitstellen für die Produktion, noch im Verhältnis zum Warenwert?

ODER

Müssen wir uns bei ständig steigender Auftragseingangszahl (hier Anliefertakte) effizientere Abläufe einfallen lassen?

[1] Zeitwerte über Befragen ermittelt
[2] Zeitfresser

Oder mittels Zeit- und Ablaufstudien Prozesskosten ermitteln und
„Was kann optimiert werden?“

Auswertung einer Zeitstudie / Tätigkeitsanalyse mit ihren Teilprozessen für den Gesamtprozess / für die Tätigkeit „Wareneingang“ mit Zeitfresser-Analyse

Pos.	Teilprozess und gegebenenfalls Messpunkte	gemessene Zeit in Min.	Leistungsgrad in %	Zeit/ Vorgang in Min.	Bezugsgröße	Bemerk.
1.	LKW abladen und Transport an WE-Platz	4,0	100%	4,0	pro Lieferung	
2.	Ware auf Beschaffenheit prüfen, Empfang quittieren	5,5	90%	5,0	pro Lieferung	
3.	Erfassen am Bildschirm, Ausdruck WE-Beleg, WE-Platz eintragen	1,0	100%	1,0	pro Artikel / Lieferposition	
4.	Auspacken, prüfen sachlich und Menge 1 und Bildschirmeingabe	2,2	90%	2,0	pro Artikel / Lieferposition	
5.	Transport zu Prüfplatz Qualität	1,5	100%	1,5	pro Lieferung	
6.	Prüfen Qualität und Vermerk in QS-Programm	3,0	100%	3,0	pro Artikel / Lieferposition	je nach QS-Vorgabe
7.	Transport an Einlagerplatz, Nr. eintragen	1,5	100%	1,5	pro Lieferung	
8.	Einlagern in Stellplatz	1,1	110%	1,2	pro Artikel Lieferposition	Gewicht / Position
9.	Verbuchen Lagerzungang Menge 2	0,2	100%	0,2	pro Artikel	
10.	Ablage WE-Papiere und Lieferschein	0,5	100%	0,5	pro Lieferung	
11.						
12.						
	Gesamt			**19,8**		

Relation Aufwand zu Nutzen beachten!

Zeitermittlung mittels:

- Befragen / Schätzen
- Selbstaufschreibung
- Wertstromdessin
- Kennzahlen aus dem IT-System
- Zeitstudien – REFA-Methodenlehre
- PC-gestützte Expertensysteme

Auf weitere Details, wie z. B. Berücksichtigung von Mitbestimmungsregeln (Festhalten von Name / Uhrzeiten / Art der Anlieferung / Sonstiges (?)), soll nicht weiter eingegangen werden, denn sinnvollerweise sollten solche mit der Uhr vorgenommenen Zeitstudien / Tätigkeitsanalysen von einem/r ausgebildeten REFA-Mitarbeiter/in[1] vorgenommen werden.

[1] Interner / externer Mitarbeiter

Kalkulationsbeispiel von Dienstleistungstätigkeiten

Wenn Zeitwerte pro Vorgang und Kostensätze pro Kostenplatz, z. B. Stundensatz für Einkauf, Wareneingang, Lager, Versand etc. vorliegen, können die Kosten pro Vorgang detailliert kalkuliert werden. Wie die Arbeitsprozesse in einer Fertigung.

Vorgang / Prozesse		Bezugs-größe	Zeitaufwand in Minuten	Kosten € / Min.		Prozesskosten in €	
				Vollko.	Grenzko.	Vollko.	Grenzko.
1.	LKW abladen und Transport an WE-Platz	1	4,0	0,67	0,42	2,68	1,68
2.	Ware auf Beschaffenheit prüfen, Empfang quittieren	1	5,0	0,67	0,42	3,35	2,10
3.	Erfassen am Bildschirm, Ausdruck WE-Beleg, WE-Platz eintragen	4	4,0	0,67	0,42	2,68	1,68
4.	Prüfen sachlich und Menge 1 und Bildschirmeingabe	4	8,0	0,67	0,42	5,36	3,36
5.	Transport zu Prüfplatz Qualität	1	1,5	0,67	0,42	1,01	0,63
6.	Prüfen Qualität und Vermerk in QS-Programm	4	12,0	1,10	0,50	13,20	6,00
7.	Transport an Einlagerplatz, Nr. eintragen	1	1,5	1,10	0,50	1,65	0,75
8.	Einlagern in Stellplatz	4	4,8	0,60	0,42	2,88	2,02
9.	Verbuchen Lagerzungang Menge 2	4	0,8	0,60	0,42	0,48	0,34
10.	Ablage WE-Papiere und Lieferschein	1	0,5	0,60	0,42	0,30	0,21
Gesamt			**42,1**			**33,59**	**18,76**

Nach diesem einfachen Kalkulationssystem lassen sich somit beliebige Prozesskosten für alle denkbaren Dienstleistungen berechnen, um daraus u. a. Managemententscheidungen abzuleiten.

Wobei aus dieser Darstellung sichtbar wird, dass eine Gliederung nach Auftrags- / Anlieferarten sinnvoll ist, wie z. B.:

- Container-Anlieferung / Wie ist verpackt?
- Anlieferung durch Frächter / Spedition
- Anlieferung durch Lieferanten mit eigenem LKW
- Anlieferung durch schnelle Post, z. B. UPS
- Wie muss die Qualitätsprüfung vorgenommen werden?

usw.

Aus dieser Systematik ergeben sich die Hauptaufgaben:

1. Schaffen der betriebswirtschaftlichen Voraussetzungen für die Prozesskostenrechnung

2. Schaffen der zeitwirtschaftlichen Voraussetzungen für die Prozesskostenrechnung mit Ziel, Fortschreibung solcher Werte als Kennzahlen

3. Einflussgrößenbestimmung – Was sind abgrenzbare Tätigkeitsschritte, bezogen auf die Mengengerüste und deren Einflussgrößen für eine eindeutige Kalkulation

4. Durchführungsart festlegen – Kalkulationsschema festlegen

5. Aus den Erkenntnissen Maßnahmen treffen, **Veränderungen herbeiführen**

A L S O

Prozesskosten direkt zuordnen und begrenzen, Kostentransparenz herstellen, wie z. B. Kalkulation der Logistikkosten als Einzelkosten (wie Logistik-Centren) kalkulieren

Wobei die Ermittlung von Vorgängen sowie deren Darstellungen in Häufigkeiten (Mengen) und Zeiten nur der erste Schritt ist. Es müssen auch Entscheidungen getroffen werden.

Zum Beispiel Einbindung der Logistikkosten in die Kalkulation und Preisfestlegung von Produkten. Siehe nachfolgendes Beispiel eines entsprechend eingerichteten Kalkulationsschemas mit der **Kalkulationsposition B** Prozesskosten für Materialbeschaffung / -lagerung und Bereitstellung, oder als Verrechnungsgrundlage für eigenständige Logistikzentren, die die komplette Logistik abwickeln.

Ob man die Kosten am Markt über die Preise durchsetzen kann, ist eine andere Sache. Man kann nur **Kosten**, keine **Preise** kalkulieren. Wichtig ist nur die Kostentransparenz.

Bild 11.1: *Kalkulation und Preisfestlegung, unter Berücksichtigung von Prozesskosten in den Dienstleistungsbereichen, z. B. Position **B, D, E, G M***

Kalkulation und Preisfestlegung mit Einbau Prozesskosten			
Pos.	**Kalkulationsposition**	**Vollkosten**	**Grenzkosten**
A	Materialkostenkalkulation (Menge x Preis)		
B	**Kalkulation der Kosten für Beschaffung, Lagerung und Bereitstellung von Material (Stüli-Positionen x Vorgangskosten)**		
C	Materialkosten ges. = A + B = C		
D	**Kalkulation der Kosten für betriebliche Auftragsabwicklung (Festwert / Auftrag)**		
E	**Kalkulation der Rüstkosten (Zeit x Std.-Satz) oder Zeit x Lohn plus Zuschlag in % für Fertigungsgemeinkosten**		
F	Kalkulation der Fertigungskosten (Zeit x Std-Satz) oder Zeit x Lohn plus Zuschlag in % für Fertigungsgemeinkosten		
G	**Kalkulation der Vorgangskosten für Konstruktion / QL-Wesen für Änderungen, Varianten Festwert x Anzahl Varianten / Neuteile**		
H	Fertigungskosten ges. = D + E + F + G = H		
I	Kalkulation der Herstellkosten = H + C = I		
K	Kalkulation der Sondereinzelkosten der Fertigung wie z. B. Modelle, Werkzeuge etc.		
L	Kalkulation der Verwaltungskosten als %-Zuschlag auf Pos. H oder I		
M	**Kalkulation der Vertriebskosten (Festwert / Auftrag)**		
N	Kalkulation der Sondereinzelkosten des Vertriebes z. B. Verpackung etc.		
O	Kalkulation der Selbstkosten = I + K + L + M + N = O		
P	Kalkulation von Gewinn und Risiko in % auf Pos. O		
Q	Kalkulation von Erlösschmälerungen, wie z. B. Skonto, Provision, Rabatte etc.		
R	Kalkulation des kalkulatorischen Preises = O + P + Q = R		
S	Festlegung des Angebotspreises gemäß Pos. R (Vollkosten- / Grenzkostenergebnis), sowie nach Auftragsgröße, Auslastungssituation etc.	**Angebotspreis**	

11.2 Führen nach Kennzahlen

Eine konsequente Weiterentwicklung des Lean-Gedankens / der KVP-Prozesse, bzw. des Denkens in Tätigkeiten und Geschäftsprozessen ist, dass in den jeweiligen Arbeitsbereichen / Abteilungen, bei den einzelnen Mitarbeitern / Führungskräften / Dienstleistern etc. ein beträchtliches Detailwissen vorhanden ist, das mittels Führen nach Zielvorgaben (Organisation von unten, also durch die Mitarbeiter selbst) genutzt werden kann.

Es gibt nichts, was man nicht verbessern kann!

Verbesserung der Transparenz in Kosten – Leistung – Qualität durch Einsatz aussagekräftiger und ergebnisorientierter Leistungskennzahlen

A Kennzahlen im Auftrags- / Logistikzentrum (AZ)

Pos.	Bezeichnung	Formel	Ziel
1	**Anzahl Neukunden**	Statistik je Stichtag	↗
2	**Umsatz / Deckungsbeitrag pro Monat**	Statistik je Stichtag	↗
3	**Ø Zeit von Auftragseingang bis Lieferung in AT**	Statistik je Stichtag	↘
4	**Anzahl erfasste Aufträge / -Position je Anwesenheitsstunde**	Summe Anzahl Aufträge / Position je Zeiteinheit / Summe Anwesenheitszeit je ZE	↘
5	**Höhe der Versandkosten je Zeitraum, absolut und je Rechnung**	Versandkosten / Zeiteinheit / Anzahl Rechnungen / ZE	↘
6	**Reklamationen / Monat**	Anzahl Reklamationen / Mo. / Anzahl Bestellungen / Mo. x 100	↘
6a	**Reklamationsstatistik nach Fehlergründen gegliedert**	falsch / fehlerhaft; falsche Versandart; zu viel / zu wenig; falscher Termin; falscher Preis/Kunde; falsche Bestelldaten	↘
7	**Abgegebene Angebote / Mo.**	Statistik je Stichtag	↗
8	**Erfolgsquote**	Anzahl Aufträge aus Angeboten / Anzahl abgegebene Angebote x 100	↗
9	**Anzahl Mitarbeiter im AZ**	Statistik je Stichtag	↘
10	**Anzahl Fehltage im AZ**	Statistik je Stichtag	↘
11	**Kosten der Kostenstelle**	Statistik je Stichtag	↘
12	**Entwicklung der Variantenzahl zu Ø Losgröße je Auftrag**	Statistik je Stichtag	→
13	**Anzahl gleichzeitig in der Fertigung befindlicher Betriebsaufträge**	Statistik je Stichtag	↘
14	**Kosten eines Angebotes**	Zeit x Stundensatz	↘
15	**Kosten einer Auftragsabwicklung (einer Position)**	Zeit x Stundensatz	↘

B Kennzahlen in Disposition / Einkauf

Pos.	Bezeichnung	Formel	Ziel
1	**Anzahl Lieferanten aufgeteilt nach Umsatzgrößen** (A-Lieferanten / B-Lieferanten / C-Lieferanten)	Statistik je Stichtag	↘
2	**Anzahl Bestellungen / Bestellpositionen**	Statistik je Stichtag	↘
3	**Anzahl Abrufe bei Lieferanten**	Statistik je Stichtag	↗
4	**Anzahl Lieferanten die für uns Vorräte halten**	Statistik je Stichtag	↗
5	**Anzahl Lieferanten die uns mit KANBAN beliefern**	Statistik je Stichtag	↗
6	**Kosten / Bestellung pro Lieferant**	Summe Kosten / Zeiteinheit / Anzahl Lieferanten/Bestellungen / ZE	↘
7	**Anzahl Lieferreklamationen, absolut und je Lieferung**	Lieferreklamationen / ZE / Anzahl Lieferungen / ZE	↘
8	**Anzahl Fehlteile je KANBAN-Lieferung**	Anzahl Fehlteile / Zeiteinheit / Anzahl KANBAN-Lieferungen / ZE	↘
9	**Anzahl Mitarbeiter in Disposition / Einkauf**	Statistik je Stichtag	↘
10	**Anzahl Fehltage in Disposition / Einkauf**	Statistik je Stichtag	↘
11	**Liefertreue der Lieferanten in %**	Anz. termintreu gelief. Bestelng. / ges. Zahl gelieferte Bestellungen x 100	↗
12	**Kosten der Kostenstelle**	Statistik je Stichtag	↘
13	**Einkaufserfolg**	€ / Zeitraum	↗
14	**Ø Lieferzeit in Tagen**	Statistik je Stichtag	↘
15	**Anzahl Dispo-Vorgänge / Monat**	Statistik je Stichtag	↘
16	**Anzahl Neuteile / Monat**	Statistik je Stichtag	↘
17	**Anzahl ausgelöster Betriebsaufträge / Monat**	Statistik je Stichtag	→
18	**Anzahl zu disponierende Fertigungsaufträge / Monat**	Statistik je Stichtag	↘
19	**Kosten eines Dispositionsvorganges**	Zeit / Vorgang x € / Std.	↘
20	**Umschlagshäufigkeit / Drehzahl (evtl. je Disponent)**	Verbrauch / Jahr / Bestand am Stichtag	↗
21	**Höhe der jährlichen Verschrottungs- / Abwertungskosten**	€ pro Stichtag	↘
22	**Anzahl Bestellungen unter € 300,--**	Statistik je Stichtag	↘
23	**Anzahl Teile pro Disponent / Einkäufer**	Statistik je Stichtag	↗
24	**Einkaufsvolumen pro Mitarbeiter**	Statistik je Stichtag	↗
25	**Anzahl Lieferanten mit Freipässen**	Statistik je Stichtag	↗
26	**Monatlicher Einkaufswert zu Umsatz Vormonat in Prozent**	Σ Obligo / Monat / Σ Umsatz Vormonat x 100	↘

C Kennzahlen im Lager (Beispiele)

Pos.	Bezeichnung		Formel	Ziel
1	Anzahl Stellplätze		Statistik je Stichtag	→
2	Anzahl verschiedene Lagerorte		Statistik je Stichtag	→
3	Anzahl Teilenummern (Artikel) zu lagern		Statistik je Stichtag	↘
4	Anzahl Mitarbeiter	Lager Wareneingang Versand	Statistik je Stichtag	↘
5	Anzahl Fehltage je Mitarbeiter		Statistik je Stichtag	↘
6	Durchschnittliche Durchlaufzeit / Bereitstellzeit eines Auftrages in Arbeitstagen im Lager		Erhebung	↘
7	Genauigkeit des Lagerbestandes in %		Inventurauswertung	↗
8	Anzahl Fehlteile Ø pro Woche		Statistik	↘
9	Anzahl Zugriffe / Wareneingänge, Versandpositionen pro Monat	Zugänge/Abgänge WE-Positionen Versandpositionen	Statistik	↘
10	Durchschnittliche Zugriffszeit in Minuten	Lager Wareneingang Versand	Summe Anwesenheitszeit des Personals / Anzahl Zugriffe / Bewegungen	↘
11	Durchschnittliche Kosten eines Zugriffs in Euro, im Lager		Zeit x € / Std. (Stundensatz)	↘
12	Durchschnittliche Verweilzeit eines Wareneinganges im Wareneingang / eines Bereitstellvorgangs im Lager etc.		Statistik	↘
13	Durchschnittliche Kosten eines Wareneinganges / eines Bereitstellvorgangs in Euro		Zeit x € / Std. (Stundensatz)	↘
14	Durchschnittliche Zeit eines Versand- / Verpackungsvorganges in Minuten		Erhebung	↘
15	Durchschnittliche Kosten eines Versand- / Verpackungsvorganges in Euro		Zeit x € / Std. (Stundensatz)	↘
16	Umschlagshäufigkeit der Teile in Lager nach Teileart und Wertigkeit (A- / B- / C-Gliederung)	Halbzeug Kaufteile Fertigungsteile Handelsware Fertigware	Verbrauch / Jahr / Bestand am Stichtag	↗
17	Durchschnittlicher Lagerbestand in Euro pro Stichtag (gegliedert wie Pos. 16)		Statistik je Stichtag	↘
18	Anzahl Reklamationen		Statistik nach Reklamationsart	↘
19	Durchschnittszeit eines Transportvorganges Teilelager → Fertigung und Fertigung → Versand		Erhebung	↘
20	Anzahl Transportvorgänge (Gliederung wie Pos. 19)		Statistik	↘
21	Durchschnittliche Kosten eines Transportvorganges Teilelager → Fertigung / Fertigung → Versand		Zeit x € / Std. (Stundensatz)	↘
22	Durchschnittliche Kosten eines Beladungsvorganges		Erhebung	↘
23	Anzahl Transportmeter (Ø) pro Transportvorgang		Erhebung	↘
24	Ø Lauf- / Transportmeter / Monat		Pos. 20 x Pos. 23 je Monat	↘
25	Anzahl Null-Dreher im Lager (Bodensatz)		Statistik gegliedert nach Jahren	↘

D Kennzahlen im Produktionsbereich

Pos.	Bezeichnung	Formel	Ziel
1	Produktivität des Betriebes / einer Abteilung	Anzahl verkaufter Plan-Stunden lt. Rechnungsausgang x 100 / Bezahlte Anwesenheitsstunden in der Fertigung	↗
2	Anzahl gleichzeitig in der Fertigung befindliche Betriebsaufträge / Arbeitsgänge	Statistik je Stichtag	↘
3	Durchschnittlicher Umlaufbestand in der Fertigung (Working Capital)	Statistik Wert je Stichtag	↘
4	Termintreue = bestätigter Termin; Servicegrad = Kundenwunschtermin	Anzahl termintreu gelieferter Aufträge x 100 / ges. Anzahl gelieferter Aufträge	↗
5	Verhältnis Fertigungszeit zu Durchlaufzeit	Durchlaufzeit in Tagen eines Betriebsauftrages / Summe der Fertigungszeit dieses Betriebsauftrages	↘
6	Anzahl Schnittstellen je Auftrag	Zählen	↘
7	Durchschnittliche Durchlaufzeit in Arbeitstagen	∑ Durchlaufzeit in Tagen aller Aufträge von Datum Auftragseingang bis Lieferung / Anzahl gelieferte Aufträge	↘
8	Rückstände in Anzahl und Alter der Rückstände in Tagen	Tabelle / Statistik Anzahl + Alter Rückstände / Aufträge 1 Tag: 10 · 2 Tage: 4 · 3 Tage: 8 · 4 Tage: 20 · älter 4 Tage: 40	↘
9	Ausschuss- / Reklamationshöhe in € pro Monat	Basis Statistik Fehlerberichte intern, plus Rücklieferungen von Kunden, entsteht über QL-Audit	↘
10	Anzahl Materialbewegungen (Aufnehmen / Ablegen / Heben / Senken)	Anzahl einzelner Arbeitsgänge x 2 x Anzahl Teile / Pakete x Anzahl Betriebsaufträge die so bewegt werden	↘
11	Anzahl Transportvorgänge / Zeitraum	Erhebung	↘
12	Anzahl Fehltage	Statistik je Stichtag	↘
13	Rationalisierungserfolg	Bezahlter Lohn / Verkaufte Einheiten	↗
14	Verhältnis produktive Stunden zu Gemeinkostenstunden / Monat	Geko-Std. x 100 / Prod.-Std. lt. BDE	↘
15	Laufmeter für eine Auftragsabwicklung (nach Auftragsarten gegliedert)	Erhebung	↘

Pos.	Bezeichnung	Zeitachse →					
		1/18	1/19	1/20	1/21	1/22	1/23
	Eine kontinuierliche Fortschreibung der Kennzahlen ist wichtig						

11.3 Analyse der Logistik- und Fertigungsprozesse nach (IE) Industrial Engineering - Methoden, bzw. den „Toyota-Kaizen“-Lean-Erfolgstools

Höhere Variantenvielfalt bedeutet kleinere Lose je Fertigungsauftrag. Kleinere Lose bedeutet in allen Bereichen der Auftragsabwicklung / in der Logistik, von Beschaffung, bis die Ware im Lager, und bei Komponentenmontage auf Vorrat, bis die Ware in der nächst höheren Fertigungs- / Stücklisten-Strukturstufe wieder eingelagert ist, mehr Aufwand in dem Bereich der sogenannten *NICHT WERTSCHÖPFENDEN TÄTIGKEITEN.*

Nachfolgendes Beispiel soll aufzeigen, ob es nicht wirtschaftlicher wäre, diesen Montage-Arbeitsgang nicht mehr in der eigenen Fertigung zu tätigen, sondern von einem der drei Lieferanten komplett als Baugruppe zu beziehen. Die Einsparungen in Zeit und Tätigkeitsfolgen sind enorm.

Auch eine Vergabe der Montagetätigkeiten, z. B. an eine externe Werkstatt, wäre wenig sinnvoll, da

a) alle Logistiktätigkeiten 1:1 blieben

b) zusätzliche Tätigkeiten, wie z. B. Lieferschein erstellen und Wareneingangstätigkeiten, zusätzlich anfallen

Die Umtriebe würden steigen.

Bild 11.2: *Baugruppe bestehend aus vier Teilen*

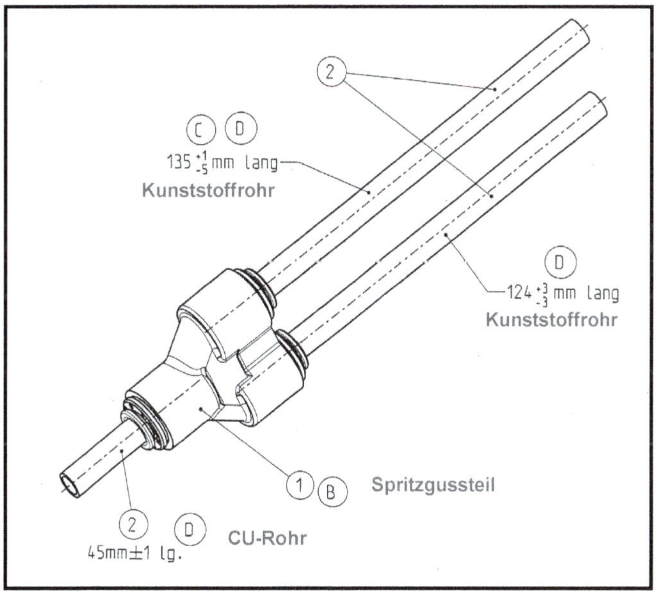

„ANDERS SEHEN LERNEN“

Siehe nachfolgende Berechnungen, bezüglich *„Was ist wertschöpfende, bzw. nicht wertschöpfende Arbeit, bzw. versteckte Verschwendung?“*

Analyse des kompletten Logistikvorganges auf *„wertschöpfende" / „nicht wertschöpfende"* Tätigkeiten:

Früher: Wenig Varianten = Große Lose
Heute: Viele Varianten = Kleine Lose

(A) Berechnung Zeitaufwand für Beschaffen bis Teile einlegen

Pos.	Tätigkeit	Häufigkeit	Zeitbedarf	Fruher wenig Varianten große Lose: für Menge	Fruher wenig Varianten große Lose: Zeitaufwand in Minuten	Heute viele Varianten kleine Lose: für Menge	Heute viele Varianten kleine Lose: Zeitaufwand in Minuten
1.1	Disponieren und Beschaffen, Terminüberwachung	4 x	3,0 Min.	2.000	12,0 Min.	500	12,0 Min.
1.2	Wareneingangstätigkeiten, Buchen + QS + WE-Papiere drucken	4 x	12,0 Min.	2.000	48,0 Min.	500	48,0 Min.
1.3	Einlagern und Zugangsbuchung	4 x	3,0 Min.	2.000	12,0 Min.	500	12,0 Min.
	Zwischensumme Pos. (A) für Beschaffen und Einlagern				**= 72,0 Min.**		**= 72,0 Min.**

(B) Berechnung Zeitaufwand für Erstellen Fertigungsauftrag und Materialbereitstellung

Pos.	Tätigkeit	Häufigkeit	Zeitbedarf	Auftragsgröße 500 Stück		Auftragsgröße 50 Stück	
2.1	Arbeitspapiere, Entnahmestückliste ausdrucken	1 x	1,0 Min.	500	1,0 Min.	50	1,0 Min.
2.2	Teile Auslagern, Transport an Bereistell-platz, Abgang buchen	4 x	2,5 Min.	500	10,0 Min.	50	10,0 Min.
2.3	Transport in Fertigung	1 x	4,0 Min.	500	4,0 Min.	50	4,0 Min.
	Zwischensumme Pos. (B) für Fertigungsauftrag erstellen + Mat.-Bereitstellg.				**= 15,0 Min.**		**= 15,0 Min.**

(C) Berechnung Zeitaufwand für Montagearbeit

Pos.	Tätigkeit	Häufigkeit	Zeitbedarf	Auftragsgröße 500 Stück		Auftragsgröße 50 Stück	
3.0	Auftrag anmelden BDE Arbeitsplatz einrüsten, Teile bereitstellen	1 x	5,0 Min.	500	5,0 Min.	50	5,0 Min.
4.0	Teile lt. Zeichnung montieren 4 Teile aufnehmen 3 Teile in Klebstoffbehälter tauchen und zusammenstecken, nachdrücken auf Anschlag, ablegen	1 x	0,5 Min.	500	250,0 Min.	50	25,0 Min.
5.0	Auftrag fertigmelden Arbeitsplatz abrüsten BDE und Teile an Bahnhof stellen	1 x	3,0 Min.	500	3,0 Min.	50	3,0 Min.
	Zwischensumme Pos. (C) Montagezeit für Auftragsgröße 500				**= 258,0 Min.**		**= 33,0 Min.**

(D) Berechnung Zeitaufwand Baugruppe einlagern + Zugang buchen

Pos.	Tätigkeit	Häufigkeit	Zeitbedarf	Auftragsgröße 500 Stück		Auftragsgröße 50 Stück	
6.1	Transport in Zentrallager	1 x	4,0 Min.	500	4,0 Min.	50	4,0 Min.
6.2	Einlagern und Zugang buchen	1 x	3,5 Min.	500	3,5 Min.	50	3,5 Min.
6.3	Auftrag in AV fertigmelden	1 x	0,5 Min.	500	0,5 Min.	50	0,5 Min.
	Zwischensumme Pos. (D) für Einlagern + Buchen Auftragsgröße 500				**= 8,0 Min.**		**= 8,0 Min.**

(E) Ergibt Verhältnis "wertschöpfende Arbeit" zu "nicht wertschöpfender Arbeit", bezogen auf

	bei Auftragsgröße 500 Stück	
Anteil nicht wertschöpfende Arbeit in Minuten	Wertschöpf. Arbeit	Verhältnis NW zu W
$\left[\frac{(A)}{4\text{ Lose}}\right]$+B+D = 18+15+8 = 41 Min.	258 Min.	**1 : 6**

	bei Auftragsgröße 50 Stück	
Anteil nicht wertschöpfende Arbeit in Minuten	Wertschöpf. Arbeit	Verhältnis NW zu W
$\left[\frac{(A)}{10\text{ Lose}}\right]$+B+D = 7,2+15+8 = 30,2 Min.	33 Min.	**1 : 1**

Die Summe aller Dienstleistungstätigkeiten ist, bezogen auf die Losgröße 50, in Zeit etwa 1:1 zur Fertigungszeit dieses Arbeitsganges. Wäre es nicht sinnvoll, bei diesem Verhältnis die Baugruppen komplett zuzukaufen, die nicht wertschöpfenden Tätigkeiten zu minimieren? Auch wenn der Preis bei Zukauf, bezogen auf die eigenen Herstellkosten, etwas höher wäre. Die üblicherweise nicht kalkulierten, hohen Logistik-Dienstleistungen dafür entfallen?

Block 12 Schlusswort

Perfekt Planen und Steuern – Termintreu liefern
Mit den richtigen Instrumenten zu nachhaltigen Spitzenleistungen

Mit den dargestellten Best-Practice-Lösungen für Planung und Steuerung der Produktion, den damit verbundenen Logistikabläufen über alle Ebenen, sind Systemabläufe aufgezeigt für eine tiefgreifende Verbesserung der Organisation, des ERP- / PPS- / MES-Einsatzes, der Ressourcennutzung und einen dauerhaften Erfolg am Markt.

Allerdings gehört dazu Mut zur Veränderung, um mit zukunftsorientiertem Denken und Handeln, die notwendigen Verschmelzungen der Produktionslogistik, Lean-Factory, Supply-Chain-Management und IT, Industrie 4.0 ausgerichtet, auch tatsächlich zu erreichen.

Es ist davon auszugehen, dass im Rahmen der fortschreitenden Digitalisierung wesentliche Prozesse der Auftragsabwicklung, Planung und Steuerung der Aufträge, durch hinterlegte Algorithmen, entsprechend identifizierbare Parameter, Schritt für Schritt automatisiert werden. Industrie 4.0 also nicht nur die Produktion, sondern auch weitgehend sämtliche davor / danach notwendigen Arbeitsschritte betrifft[1)]. Die Prozesse müssen also funktionsfähig, stimmend eingerichtet sein. Denn wie sagt Prof. Dr. Schneider von der Hochschule Landshut, wissenschaftlicher Leiter des Technologiezentrums Puls in Dingolfing:

EIN SCHLECHTER PROZESS DER AUTOMATISIERT WIRD,
BLEIBT EIN SCHLECHTER AUTOMATISIERTER PROZESS

UND

DENKEN SIE AN GOETHE:

ES IST NICHT GENUG ZU WISSEN –
MAN MUSS ES AUCH ANWENDEN

ES IST NICHT GENUG ZU WOLLEN –
MAN MUSS ES AUCH TUN

ALSO

STARTEN SIE EINEN HANDLUNGSPLAN / EINE AKTIVITÄTENLISTE,
WER, MIT WEN, BIS WANN, WAS UMSETZT

1) ***Quelle:*** *Zeitschrift UDZ 1/2019 Unternehmen der Zukunft, Herausgeber FIR an der RWTH Aachen*

Die Ergebnisse werden Sie begeistern

Werteorientiert sehen lernen – Informations-, Werte- und Materialfluss verbessern, Verschwendung vermeiden

→ Potentiale erkennen, analysieren und optimieren

→ Kapazitätsverschwendung vermeiden, Prozesse optimieren

→ Produktionsplanung und -Steuerung / ERP- / MES-Systeme besser nutzen

→ Durchlaufzeiten minimieren / Lieferservice steigern

→ Supply-Chain- / Lean-Konzepte nutzen

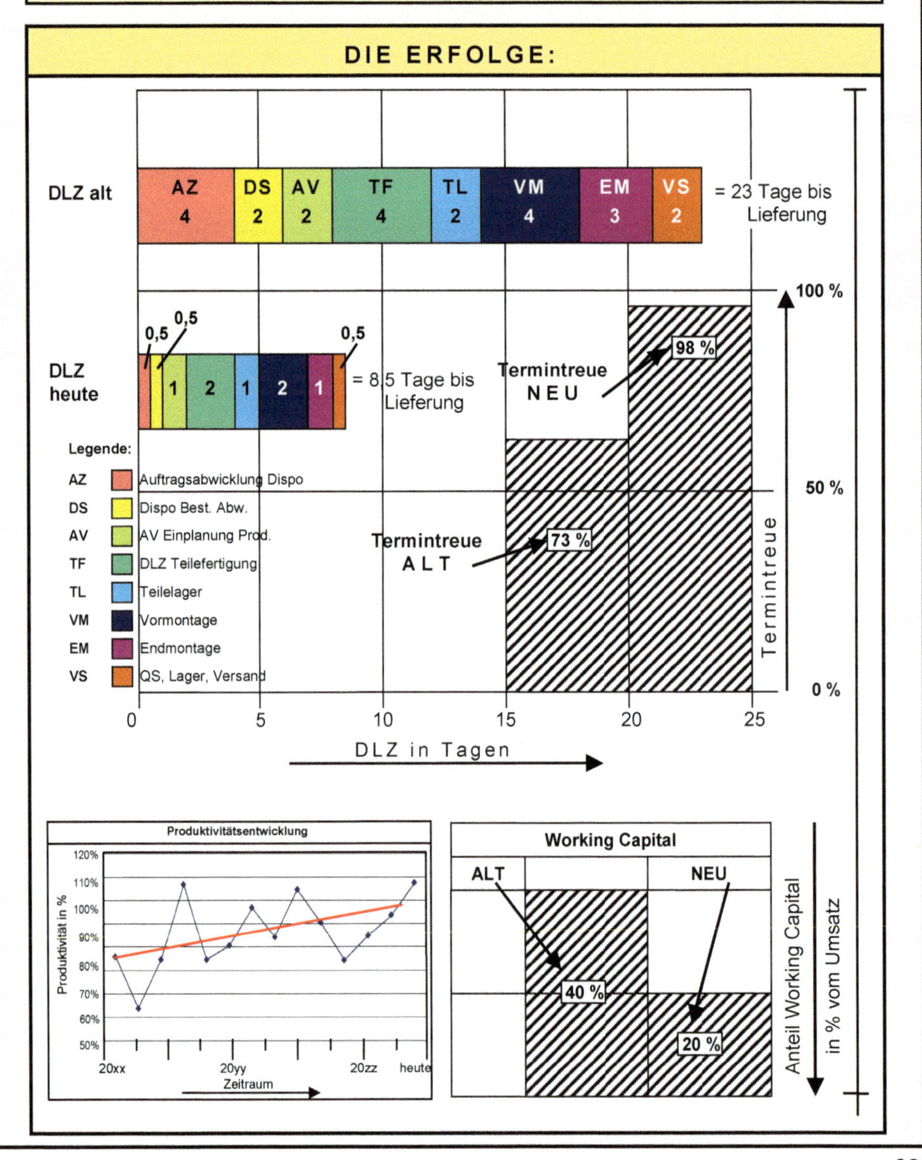

ZUM AUTOR

RAINER WEBER

REFA-ING., EUR-ING.

VORSPRUNG DURCH INNOVATION

Info@Unternehmensberatung-RainerWeber.de

REFERENT UND COACH BEI NAMHAFTEN WEITERBILDUNGSINSTITUTIONEN UND INDUSTRIEUNTERNEHMEN IM GESAMTEN DEUTSCHSPRACHIGEN RAUM

ERFOLGSBUCHAUTOR

INHABER DER GLEICHNAMIGEN UNTERNEHMENSBERATUNG

- ADVANCED TRAINING / COACHING
- SUPPLY-CHAIN-BERATUNG
- PROZESS- / STRATEGIE-BERATUNG
- CHAIN-MANAGEMENT-BERATUNG

ALS PARTNER ZUVERLÄSSIG UND KOMPETENT

- ➢ INDUSTRIAL ENGINEERING / SUPPLY-CHAIN-MANAGEMENT
- ➢ BESTANDS- / MATERIAL- / LOGISTIKMANAGEMENT
- ➢ PERFEKTES AUFTRAGSMANAGEMENT / PLANEN UND STEUERN DER PRODUKTION
- ➢ ERP- / MES-ANWENDUNGSOPTIMIERUNG / EFFIZIENTE SYSTEM-PARAMETRISIERUNG
- ➢ TECHNISCH- / ORGANISATORISCHE FERTIGUNGSOPTIMIERUNG
- ➢ LEAN FACTORY / PROZESS- / RESSOURCENOPTIMIERUNG
- ➢ KOSTENMANAGEMENT / CONTROLLING
- ➢ ADVANCED TRAINING / VERMITTLUNG VON FACHWISSEN
- ➢ COACHING VON PROJEKTEN

WISSEN – PRAXIS – ERFOLGE

- ➢ EFFIZIENZSTEIGERUNG ÜBER 30 %
- ➢ DURCHLAUFZEITVERKÜRZUNG 75 %
- ➢ BESTANDSREDUZIERUNG ÜBER 50 %
- ➢ TERMINTREUE NAHE 100 %
- ➢ LIQUIDITÄTSVERBESSERUNG ÜBER 100 %

RAINER WEBER
REFA-ING., EUR-ING.
Unternehmensberatung

Im Hasenacker 12
D -75181 Pforzheim-Hohenwart
Telefon (07234) 59 92 · Fax (07234) 78 45
www.Unternehmensberatung-RainerWeber.de

Literaturverzeichnis

Weber, Rainer, Zeitgemäße Materialwirtschaft mit Lagerhaltung
Expert Verlag, 71268 Renningen, ISBN 978-3-8169-3437-0

Weber, Rainer, Lageroptimierung
Expert Verlag, 71268 Renningen, ISBN 978-3-8169-3326-7

Weber, Rainer, KANBAN-Einführung
Expert Verlag, 71268 Renningen, ISBN 978-3-8169-3385-4

Weber, Rainer, Bestandsoptimierung
Expert Verlag, 71268 Renningen, ISBN 978-3-8169-3400-4

REFA-Methodenlehre des Arbeitsstudiums, Verschiedene Bände
Planung und Gestaltung komplexer Produktionssysteme,
Carl Hanser Verlag, München, www.refa.de

Logistik ONLINE zum Erfolg, Hus-Verlag München, ISBN 3-937711-02-3

Binner, H.F., Handbuch der prozessorientierten Arbeitsorganisation,
Carl Hanser Verlag, München, Wien 2004

Pirntke, G., Moderne Organisationslehre
Expert Verlag, 71268 Renningen, ISBN 978-3-8169-2667-2

Grunewald H., Erfolgreicher einkaufen und disponieren
Haufe-Verlag, Postfach 740, D-79007 Freiburg, ISBN 3-448-02805-3

Eliyahu M. Goldratt, Jeff Cox, Das Ziel
Verlag McGraw Hill Book Companies GmbH, Hamburg, ISBN 3-89028-077-3

Blom, F., Haarlander, A., Logistik-Management
Expert Verlag, 71268 Renningen, ISBN 978-3-8169-2135-6

Günther Schuh, Volker Stich, Produktionsplanung und -Steuerung, Band 1 + 2
ISBN 978-3-642-25422-2 Band 1 – ISBN 978-3-642-25426-0 Band 2

Prof. Dr. Horst Wildemann, Leitfaden Durchlaufzeit-Halbe
München, TCW - Verlag, ISBN 3-929918-15-3

Prof. Dr. Horst Wildemann, Geschäftsprozessorganisation
München, TCW - Verlag, ISBN 3-931511-05-7

Prof. Dr. Horst Wildemann, Leitfaden Fertigungssegmentierung
München, TCW - Verlag, ISBN 3-929918-15-3

Gudehus, T., Dynamische Disposition
Springer Verlag, Berlin, ISBN 13-978-3-540-32236-8

Zahn, E., Bullinger, H.-J., Gatsch, B., Führungskonzepte im Wandel
In: Neue Organisationsformen im Unternehmen, Handbuch für das moderne Management, Springer-Verlag, Berlin, Heidelberg 2002

Prof. Dr. Horst Krampe, Dr. Hans-Joachim Lucke
Grundlagen der Logistik, HUSS-Verlag, München, ISBN 3-937711-23-6

Prof. Dr. Ing. Christian Helfrich, Das Prinzip Einfachheit,
Expert Verlag, 71268 Renningen, ISBN 978-3-8169-2906-2

Kostenrechnung und Kalkulation von A - Z, Sammelwerk, Haufe-Verlag, Freiburg

Marktspiegel ERP / PPS / MES Business Software Trovarit / FIR Aachen
www.it-matchmaker.com

ERP / MES Leitstandsysteme
- Hydra „APS“ Leitstand Fa. MPDU Mikrolap GmbH, www.mpdv.com
- MES Leitstand, Fa. gbo datacomp GmbH, www.gbo-datacomp.de

Zeitschriften:
IT - Industrielle Informationstechnik, Carl Hanser Verlag, München
UDZ - Unternehmen der Zukunft, ISSN 1439-2858, www.fir-rwth-aachen.de
Logistik Heute, HUSS-Verlag, 80912 München

Lehrunterlagen:
Schulungsunterlagen der Unternehmensberatung Rainer Weber
75181 Pforzheim-Hohenwart
Fachlehrgang: Effektive Arbeitsvorbereitung
Fachlehrgang: Die optimierte Fertigung
Fachlehrgang: Erfolgreich Disponieren und Beschaffen
Fachlehrgang: Der erfolgreiche Lagerleiter
Fachlehrgang: Fertigungssteuerung optimieren
Fachausbildung: Logistikleiter Industrie

Fa. Schäfer GmbH, D-57290 Neunkirchen, LVS- / Lagersysteme
BITO-Lagertechnik, Bittmann GmbH, D-55587 Meisenheim
Fa. Hänel GmbH & Co. KG, 74177 Bad Friedrichshall, Paternostersysteme
Siemens, Statistische Qualitätsprüfung, Zentralbereich
Technik - Technische Verbände und Normung (ZT TUN)
Fa. Weigang-Vertriebs-GmbH, 96106 Ebern, KANBAN- / Organisations-Hilfsmittel
Fa. KBS Industrieelektronik GmbH, 79111 Freiburg

Sachregister